大学计算机基础

第 12 版

主　编

王必友　吉根林

编写者

（以姓氏笔画为序）

王必友　吉根林　张　明

顾韵华　赖长缨　蔡绍稷

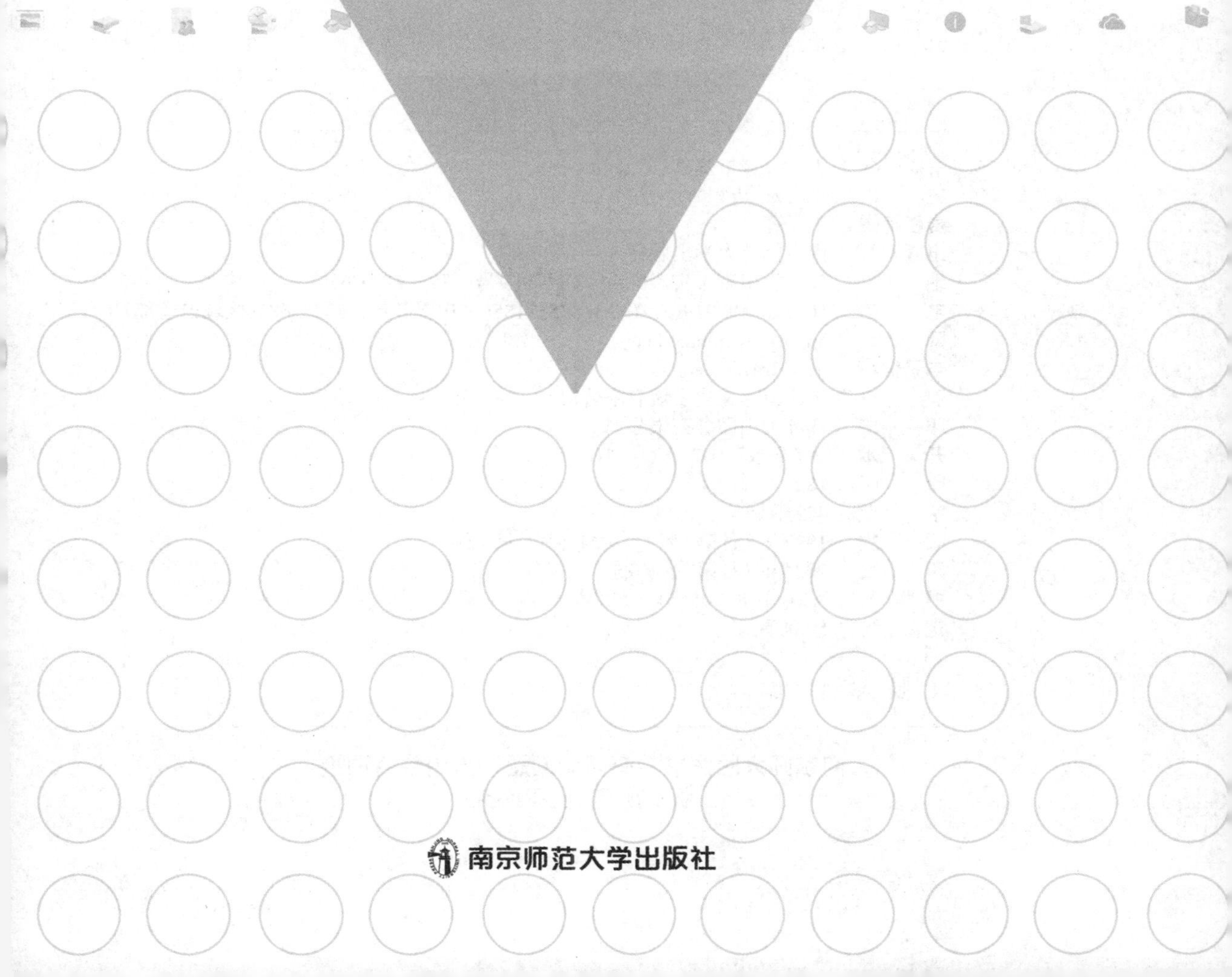

南京师范大学出版社

图书在版编目(CIP)数据

大学计算机基础 / 王必友,吉根林主编. —12版
. — 南京:南京师范大学出版社,2024.3
ISBN 978-7-5651-6150-6

Ⅰ.①大… Ⅱ.①王… ②吉… Ⅲ.①电子计算机-高等学校-教材 Ⅳ.①TP3

中国国家版本馆CIP数据核字(2024)第032782号

书　　名　大学计算机基础(第12版)
主　　编　王必友 吉根林
责任编辑　王　瑾
出版发行　南京师范大学出版社
地　　址　江苏省南京市玄武区后宰门西村9号(邮编:210026)
电　　话　(025)83598919(总编办) 83532185(客户服务部) 83375685(区域渠道部)
网　　址　http://press.njnu.edu.cn
电子信箱　nspzbb@njnu.edu.cn
照　　排　南京凯建文化发展有限公司
印　　刷　江苏中山印务有限公司
开　　本　787毫米×1092毫米　1/16
印　　张　18.5
字　　数　472千
版　　次　1997年8月第1版　2024年3月第12版
印　　次　2024年3月第1次印刷
书　　号　ISBN 978-7-5651-6150-6
定　　价　59.00元

出 版 人　张　鹏

前　言

当今，以计算机为核心的信息技术飞速发展，计算机和人工智能技术在国民经济和各行各业的应用越来越广泛，人们的工作、生活都离不开计算机和网络的支持。熟悉、掌握计算机的基本知识和技能已经成为胜任本职工作、适应社会发展的必备条件之一。"大学计算机基础"已成为高等教育各个专业各类学院必须开设的公共基础课。

本教材按照新的教学大纲组织编写，主要讲解计算机软硬件的基础知识、基本原理及相关应用、计算机网络、数据库及多媒体技术等。同时设计了较多的实验，以加强学生动手能力的培养。

本教材前后共出版了11版，每次改版修订都与时俱进，更新计算机软硬件技术发展的内容。本次修订同时增加了云计算、大数据、人工智能和计算思维方面的知识。

全书共分为七章。第一章介绍计算机与信息技术的基本知识；第二章介绍计算机硬件组成与工作原理；第三章是计算机软件的介绍，包括操作系统、程序设计及软件开发的基本知识；第四章分析计算机网络的组成、功能和原理，介绍了Internet的应用；第五章讲解多媒体系统的工作原理以及Photoshop、Flash等多媒体应用软件的使用；第六章讲解数据库系统的基础知识，并对关系数据库Access的使用作了介绍；第七章是Office软件的应用。

本书编写时力求体现计算机新技术的发展，注重应用性，按照先进性和实用性的原则精心选材，力争做到概念清晰正确、原理简明扼要、知识新颖实用、文字通顺流畅。每一章配有习题与实验，并增加了实验指导。

本书由江苏省成人教育计算机教学指导委员会组织编写，南京师范大学王必友和吉根林担任主编，其中，第一、二章由吉根林编写，第三章由南京信息工程大学顾韵华编写，第四章由南京理工大学赖长缨编写，第五章由上海海事大学张明编写，第六、七章由南京师范大学王必友编写。南京大学费翔林教授、东南大学孙志挥教授审阅了全部书稿，提出了许多宝贵意见和建议。此外，本书的出版得到了江苏省教育厅高等教育处的支持，在此一并表示感谢！

限于作者水平，书中难免有许多不当之处，敬请读者批评指正。

编　者

2023年12月

目 录

第一章 计算机与信息技术

电子计算机是20世纪科学技术最卓越的成就之一,它的出现引起了当代科学、技术、生产、生活等方面的巨大变化。计算机技术及其应用已渗透到科学技术、国民经济、社会生活等各个领域,各行各业都可以利用计算机来解决各自的问题。以计算机技术、微电子技术和通信技术为特征的信息技术已经成为当今社会最有活力、最有效益的生产力之一,信息化已成为国民经济和社会发展的推进器,是当今社会发展的大趋势。

本章主要介绍计算机与信息技术的一些基本知识。通过本章的学习,要求学生了解计算机的发展、特点及应用领域;了解什么是信息、什么是信息化、什么是信息技术;掌握计算机中的信息表示方法,包括二进制数、字符编码和汉字编码;了解信息安全、计算机病毒及其防治等基础知识;了解大数据、云计算及人工智能方面的基本概念和基础知识。

§1.1 计算机概述

1.1.1 计算机的发展历程

电子计算机又称电脑,是一种能够自动、高速、精确地完成各种信息存储、数据处理、数值计算、过程控制和数据传输的电子设备。1946年2月,世界上第一台电子计算机在美国宾夕法尼亚大学问世,取名为ENIAC(Electronic Numerical Integrator And Computer),它的运算速度为每秒5 000次(10位十进制的加、减操作)。ENIAC共使用了18 800个真空管,重达30吨。这台计算机的研制历时3年,是美国军方为适应第二次世界大战对新式火炮的需求,为解决在导弹试验中的复杂弹道计算而研制的。从计算工具的意义上讲,电子计算机ENIAC不过是人类传统计算工具(算盘、计算尺及机械计算机等)在历史新时期的替代物。然而,它的问世,开创了一个计算机时代,引发了一场由工业化社会发展到信息化社会的新技术产业革命浪潮,从此揭开了人类历史发展的新纪元。计算机问世以后,经过半个多世纪的飞速发展,已由早期单纯的计算工具发展成为在信息社会中举足轻重、不可缺少的具有强大信息处理功能的现代化电子设备。如今,计算机的应用已广泛渗透到人类社会活动的各个领域。计算机应用的广度和深度已成为衡量一个国家或部门现代化水平的重要指标。

在这半个多世纪中,构成计算机硬件的电子器件发生了几次重大的技术革命,正是由于这几次重大的技术革命,给计算机的发展进程留下了非常鲜明的标志。因此,人们根据计算机所使用的电子器件,将计算机的发展划分为四代。

第一代(1946年到20世纪50年代中期)是电子管时代。这个时期计算机使用的主要逻辑元件是电子管。内存储器先采用延迟线,后采用磁鼓和磁芯,外存储器主要使用磁带。程序方面,用机器语言和汇编语言编写程序。这个时期计算机的特点是:体积庞大、运算速度低(一般每秒几千次到几万次)、成本高、可靠性差、内存容量小。当时计算机主要用于科学计算,从事军事和科学研究方面的工作。其代表机型有:ENIAC、IBM650(小型机)、IBM709(大型机)等。

第二代(20世纪50年代中期到20世纪60年代中期)是晶体管时代。这个时期计算机使用的主要逻辑元件是晶体管。主存储器采用磁芯,外存储器使用磁带和磁盘。软件方面开始使用管理程序,后期使用操作系统并出现了FORTRAN、COBOL、ALGOL等一系列高级程序设计语言。这个时期计算机的应用扩展到数据处理、自动控制等方面,计算机的运行速度已提高到每秒几十万次,体积已大大减小,可靠性和内存容量也有较大的提高。其代表机型有:IBM7090、IBM7094、CDC7600等。

第三代(20世纪60年代中期到20世纪70年代初期)是集成电路时代。这个时期的计算机用中小规模集成电路代替了分立元件,用半导体存储器代替了磁芯存储器,外存储器使用磁盘。软件方面,操作系统进一步完善,高级语言数量增多,出现了并行处理、多处理机、虚拟存储系统以及面向用户的应用软件。计算机的运行速度也提高到每秒几十万次到几百万次,可靠性和存储容量进一步提高,外部设备种类繁多,计算机和通信密切结合起来,广泛地应用到科学计算、数据处理、事务管理、工业控制等领域。其代表机型有:IBM360系列、富士通F230系列等。

第四代(20世纪70年代初期至今)是大规模和超大规模集成电路时代。这个时期计算机的主要逻辑元件是大规模和超大规模集成电路。存储器采用半导体存储器,外存储器采用软磁盘、硬磁盘,并开始引入光盘、U盘。软件方面,操作系统不断发展和完善,同时发展了数据库管理系统、通信软件等。计算机的发展进入以计算机网络为特征的时代。计算机的运行速度可达到每秒上千万次到万亿次,存储容量和可靠性又有了很大提高,功能更加完备。这个时期计算机的类型除小型、中型、大型机外,开始向巨型机和微型机(个人计算机)两个方面发展,计算机开始进入办公室、学校和家庭。

目前,新一代计算机正处在研制阶段。新一代计算机是把信息采集、存储处理、通信和人工智能结合在一起的计算机系统,也就是说,新一代计算机从以处理数据信息为主,转向以处理知识信息为主,如获取、表达、存储及应用知识等,并有推理、联想和学习(如理解能力、适应能力、思维能力等)等人工智能方面的能力,能帮助人类开拓未知的领域和获取新的知识。

我国从20世纪50年代开始研制计算机系统,与国际计算机的发展类似,我国的计算机发展也经历了电子管计算机、晶体管计算机、集成电路计算机时代。在这一发展过程中,银河、曙光、神威系列计算机做出了突出贡献。

1983年,我国国防科技大学研制成功"银河-Ⅰ"巨型计算机,运行速度达每秒1亿次。1992年,国防科技大学研制的巨型计算机"银河-Ⅱ"通过鉴定,该机运行速度为每秒10亿次。1997年又研制成功了"银河-Ⅲ"巨型计算机,运行速度已达到每秒130亿次。1999年银河四代巨型机研制成功。2007年银河五代巨型机研制成功。其系统的综合技术已达到当前国际先进水平,填补了我国通用巨型计算机的空白,标志着我国计算机的研制技术已进入世界先进行列。

中科院国家智能计算机研发中心从20世纪90年代开始研发曙光系列高性能计算机,推出了曙光一号SMP系统、曙光1000MPP系统、曙光2000超级服务器、曙光3000系统,代表着我国高性能计算机的领先水平。

1.1.2 计算机的特点

计算机作为一种通用的信息处理工具,具有极快的处理速度、巨大的数据存储容量、精确的计算和逻辑判断能力,其主要特点如下。

1. 运算速度快

当今中大型计算机的运算速度已达到每秒亿万次,微型机也可达每秒亿次以上,使大量复杂的科学计算问题得到解决。如卫星轨道的计算、大型水坝的计算、24小时天气预报的计算等,过去人工计算需要几年、几十年,而现在用计算机只需几天甚至几分钟就可完成。

2. 计算精确度高

科学技术的发展特别是尖端科学技术的发展,需要高度精确的计算。计算机控制的导弹之所以能准确地击中预定的目标,是与计算机的精确计算分不开的。一般计算机可以有十几位甚至几十位(二进制)有效数字,计算精度可由千分之几到百万分之几,是其他任何计算工具所望尘莫及的。

3. 具有存储和逻辑判断能力

随着计算机存储容量的不断增大,可存储的信息越来越多。计算机不仅能进行计算,而且能把参加运算的数据、程序以及中间结果和最后结果保存起来,以供用户随时调用;还可以通过编码技术对各种信息(如语言、文字、图形、图像、音乐等)进行算术运算和逻辑运算,甚至进行推理和证明。

4. 有自动控制能力

计算机内部操作是根据人们事先编好的程序自动控制进行的。用户根据解题需要,事先设计好运行步骤并编写出程序,计算机十分严格地按程序规定的步骤操作,整个过程不需人工干预。

5. 采用二进制表示数据

计算机用电子器件的状态来表示数字信息,显然制造具有两种不同状态的电子元件要比制造具有10种不同状态的电子元件容易得多。如电器开关的接通与断开,晶体管的导通与截止等,都可以表示为二进制“0”和“1”两个符号。因此,计算机内部采用二进制计数系统,信息的表示形式是二进制数字编码。各种类型的信息(如数据、文字、图像、声音等)最终都必须转换成二进制编码形式,才能在计算机中进行处理。

1.1.3 计算机的分类

电子计算机发展到今天,可谓品种繁多、门类齐全、功能各异、争奇斗艳。通常人们从三个不同的角度对电子计算机进行分类。

1. 按工作原理分类

计算机处理的信息,在机内可用离散量或连续量两种不同的形式表示。离散量也称为断续量,即用二进制数字表示的量(如用断续的电脉冲来表示数字0或1)。连续量则是用连续变化的物理量(如电压的振幅等)表示被运算量的大小。可用一个通俗的比喻来大致说明离散量和连续量的含义:在传统的计算工具中,用算盘运算时,是用一个个分离的算盘珠来代表被运算的数值,算盘珠可看成离散量;而用计算尺运算时,是通过拉动尺片,用计算尺上连续变化的长度来代表数值的大小,这即是连续量。根据计算机内信息表示形式和处理方式的不同,可将计算机分为以下两大类。

① 电子数字计算机(采用数字技术,处理离散量)。

② 电子模拟计算机(采用模拟技术,处理连续量)。

其中,使用最多的是电子数字计算机,而电子模拟计算机用得较少。由于当今使用的计算机绝大多数是电子数字计算机,故一般将其简称为电子计算机。

2. 按用途分类

根据计算机的用途可将其分为通用计算机和专用计算机。

通用计算机的用途广泛，功能齐全，可适用于各个领域。专用计算机是为某一特定用途而设计的计算机，例如，专门用于控制生产过程的计算机。通用计算机数量最大，应用最广，目前市面上出售的计算机一般都是通用计算机。

3. 按规模分类

国内计算机界以前一般根据计算机的规模常把计算机分为巨型机、大型机、中型机、小型机、微型机五类。而目前国内外大多数书刊中采用美国电气与电子工程师协会(IEEE)于1989年11月提出的标准来划分，即把计算机分为巨型机、小巨型机、大型主机、小型机、工作站和个人计算机六类。其中，工作站和个人计算机就是我们常说的微型计算机，简称微型机或微机。

① 巨型机(Supercomputer)，也称为超级计算机。在所有计算机类型中其价格最贵，功能最强，运算速度最快，只有少数几个国家能够生产，目前多用于战略武器的设计、空间技术、石油勘探、天气预报等领域。巨型机的研制水平、生产能力及其实用程度，已成为衡量一个国家经济实力与科技水平的重要标志。

② 小巨型机(Minisupercomputer)，又称小型超级计算机，出现于20世纪80年代中期。该机功能略低于巨型机，而价格只有巨型机的十分之一。

③ 大型主机(Mainframe)，就是国内常说的大、中型机。该机具有很强的处理和管理能力，主要用于大银行、大公司以及规模较大的高校和科研院所。

④ 小型机(Minicomputer)。该机结构简单，可靠性高，成本较低。

⑤ 工作站(Workstation)。这是介于个人计算机与小型机之间的一种高档微型计算机，它的运行速度比个人计算机快，且有较强的联网功能，主要用于特殊的专业领域，如图像处理、计算机辅助设计等。它与网络系统中的“工作站”，在用词上相同，而含义不同。网络上的“工作站”是指联网用户的结点，以区别于网络服务器。此外，网络上的工作站常常只是一般的个人计算机。

⑥ 个人计算机(Personal Computer)，简称PC机。它以其设计先进、功能强大、软件丰富、价格便宜等优势占领计算机市场，从而大大推动了计算机的普及。

1.1.4 计算机的应用

计算机的应用已渗透到社会的各个领域，正在改变着人们的工作、学习和生活的方式，推动着社会的发展。计算机的应用归纳起来可分为以下几个方面。

1. 科学计算(数值计算)

科学计算也称数值计算。计算机最开始是为解决科学研究和工程设计中遇到的大量数学问题的数值计算而研制的计算工具。随着现代科学技术的进一步发展，数值计算在现代科学研究中的地位不断提高，特别是在尖端科学领域中，显得尤为重要。例如，人造卫星轨道的计算，房屋抗震强度的计算，火箭、宇宙飞船的研究设计都离不开计算机的精确计算。

在人类社会的各领域中，计算机的应用取得了许多重大突破，就连我们每天收听收看的天气预报都离不开计算机的科学计算。

2. 数据处理和信息管理

在科学研究和工程技术中，会得到大量的原始数据，包括图片、文字、声音等。数据处理就是对数据进行收集、分类、排序、存储、计算、传输等操作。目前计算机的信息管理应用已非常普遍，如人事管理、库存管理、财务管理、图书资料管理、商业数据交流、情报检索、办公自动化、车票预售、银行存取款等。信息管理已成为当代计算机的主要任务，是现代化管理的基础。据统计，全世界计算机用于数据处理和信息管理的工作量占全部计算机应用的80%以上，显著提高了工作效率和管理水平。

3. 自动控制

自动控制是指通过计算机对某一过程进行自动操作，不需人工干预，能按人预定的目标和预定的状态进行过程控制。所谓过程控制是指对操作数据进行实时采集、检测、处理和判断，按最佳值进行调节的过程。目前计算机被广泛用于操作复杂的钢铁工业、石油化工业、医药工业等生产中。使用计算机进行自动控制可大大提高控制的实时性和准确性，提高劳动效率和产品质量，降低成本，缩短生产周期。

计算机自动控制还在国防和航空航天领域中起决定性作用，例如，无人驾驶飞机、导弹、人造卫星和宇宙飞船等飞行器的控制，都是靠计算机实现的。可以说，计算机是现代国防和航空领域的神经中枢。

4. 计算机辅助功能

计算机辅助功能包括计算机辅助设计、辅助制造、辅助工程、辅助测试、计算机集成制造和计算机辅助教学(统称CAX)。计算机辅助设计(Computer Aided Design，简称CAD)是指借助计算机的帮助，人们可以自动或半自动地完成各类工程或产品的设计工作。目前CAD技术已广泛应用于飞机设计、船舶设计、建筑设计、机械设计、大规模集成电路设计等方面。在京九铁路的勘测设计中，使用计算机辅助设计系统绘制一张图纸仅需几个小时，而过去人工完成同样工作则要一周甚至更长时间。可见采用计算机辅助设计，可缩短设计时间，提高工作效率，节省人力、物力和财力，更重要的是提高了设计质量。目前，CAD已得到各国工程技术人员的高度重视。有些国家已把CAD、计算机辅助制造(Computer Aided Manufacturing)、计算机辅助测试(Computer Aided Test)、计算机辅助工程(Computer Aided Engineering)与计算机管理和加工系统组成了一个计算机集成制造系统(Computer Integrated Manufacturing System，简称CIMS)，使设计、制造、测试和管理有机地组成为一体，形成高度的自动化系统，因此产生了自动化生产线和"无人工厂"。计算机集成制造系统是集工程设计、生产过程控制、生产经营管理为一体的自动化、智能化的现代化生产大系统。

计算机辅助教学(Computer Aided Instruction，简称CAI)是指用计算机来辅助完成教学过程或模拟某个实验过程。计算机可按不同要求，分别提供所需教材内容，还可以个别教学，及时指出该学生在学习中出现的错误，根据计算机对该生的测试成绩决定该生的学习从一个阶段进入另一个阶段。CAI不仅能减轻教师的负担，还能激发学生的学习兴趣，提高教学质量，为培养现代化高质量人才提供有效的方法。

5. 人工智能

人工智能指用计算机来模拟人的智能，代替人的部分脑力劳动。人工智能既是计算机当前的重要应用领域，也是今后发展的主要方向。人工智能应用中所要研究和解决的问题难度很大，均是需要进行判断及推理的智能性问题，因此，人工智能是计算机在更高层次上的应用。尽管在这个领域中技术上的困难很多(如知识的表示、知识的处理等)，目前仍取得了一些重要成果，其中包括机器人的研制与使用、定理证明、模式识别、专家系统、机器翻译、自然语言理解、智能检索等。

2022年11月30日，美国OpenAI公司发布了一款聊天机器人程序，它是生成式人工智能的典型产品。

6. 计算机通信与网络应用

计算机通信与网络应用是计算机技术与通信技术相结合的产物,其发展具有广阔的前景。企业信息化、电子商务、电子政务、办公自动化、信息的发布与检索、Internet等就是其中典型的应用。政府部门和企事业单位可以通过计算机网络方便地实现资源共享与数据通信,收集各种信息资源,利用不同的计算机软件对信息进行处理,从事各项经营管理活动,完成从产品设计、生产、销售到财务的全面管理。Internet改变了人与世界的联系方式,人们通过Internet浏览新闻、发布信息、检索信息、传输文件、收发电子邮件(E-mail)等。

1.1.5 计算机的发展趋势

计算机正向巨型化、微型化、网络化、智能化和多媒体化方向发展。

计算机向巨型化方向发展。巨型化并不是指计算机的体积大,而是指运算速度快、存储容量大、功能更完善的计算机系统。其运算速度通常在每秒5 000万次以上,存储容量超过万亿字节。巨型机的应用范围如今已日渐广泛,如航空航天、军事工业、气象、电子、人工智能等几十个学科领域,特别是在复杂的大型科学计算领域,只有它才能担此重任。

计算机向微型化方向发展。因为微型机可渗透到仪表、导弹弹头、家用电器等中小型计算机无法进入的领地,所以计算机微型化是当今计算机最明显的发展趋向。它极大地推动了计算机应用的普及,使计算机的应用领域拓宽到人类社会的各个方面。

计算机向网络化方向发展。计算机网络是指按照约定的协议,将若干台独立的计算机通过通信线路相互连接起来的系统,它实现了计算机之间互相通信、传输数据、共享软硬件资源。网络技术与计算机技术紧密结合、不可分割,从而产生了“网络计算机”的概念,反映了计算机与网络真正的有机结合。

计算机向智能化方向发展。人们希望让计算机能够进行图像识别、语音识别、定理证明、研究学习以及探索、联想、启发和理解人的思维等。未来的计算机将是微电子技术、光学技术、超导技术和电子信息技术相结合的产物。第一台超高速全光数字计算机,已由英国、比利时、德国、意大利和法国的70多名科学家和工程师合作研制成功,并称之为光脑,其运算速度比电脑快1 000倍。超导计算机、人工智能机均已问世。

计算机向多媒体方向发展。计算机已经不仅能够处理文字、数据,而且具有对声音、图形、图像、动画、视频等多种媒体的处理能力。20世纪90年代多媒体技术发展很快,它在教育、电子娱乐、医疗、出版、宣传、广告、远程会议等方面都得到了广泛的应用。

§1.2 信息与信息技术

1.2.1 什么是信息

信息是现代生活中一个非常流行的词语,但至今对信息这个概念还没有一个严格的定义。《辞源》中将信息定义为“信息就是收信者事先所不知道的报道”。人们已经认识到,信息是一种宝贵的资源,信息、材料(物质)、能源(能量)是组成社会物质文明的三大要素。世间一切事物都在运动,都有一定的运动状态,因而都在产生信息。哪里有运动的事物,哪里就存在信息。人们要进行信息的收集、加工、存储、传递与利用。

在一般用语中,信息、数据、信号并不被严格区别,但从信息科学的角度看,它们是不能等同的。在用现代科技(计算机技术、电子技术等)采集、处理信息时,必须要将现实生活中的各类信息转换成智能机器能识别的符号(符号具体化即是数据,或者说信息的符号化就是数据),再加工处理成新的信息。数据可以是文字、数字、图像或声音,是信息的具体表现形式,是信息的载体。而信号则是数据的电或光脉冲编码,是各种实际通信系统中适合信道传输的物理量。信号可以分为模拟信号(随时间而连续变化的信号)和数字信号(在时间上的一种离散信号)。

1.2.2　什么是信息技术

信息技术是用于获取信息、传递信息、处理并再生信息的一类技术。信息技术的发展历史源远流长,2000多年前中国历史上著名的周幽王“烽火戏诸侯”的故事,讲的就是当时的烽火通信。至今,人类历史上已经发生了四次信息技术革命。

第一次信息革命是文字的使用。文字既帮助了人们的记忆,又促进了人类智慧的交流,成为人类意识交流和信息传播的第二载体。文字的出现还使人类信息的保存与传播超越了时间和地域的局限。

第二次信息革命是印刷术的发明。大约在11世纪(北宋时期),中国人最早发明了活字印刷术。印刷技术的使用导致了信息和知识的大量生产、复制和更广泛的传播。在这时期,书籍成为重要的信息存储和传播媒介,极大地推动了人类文明的进步。

第三次信息革命是电话、广播和电视的使用。电报、电话、无线电通信等一系列技术发明的广泛应用使人类进入了利用电磁波传播信息的时代。这时信息的交流和传播更为快捷,地域更加广大。传播的信息从文字扩展到声音、图像,先进的科学技术更快地成为人类共有的财富。

从20世纪中叶开始进行了第四次信息革命,这就是当今的电子计算机与通信相结合的现代信息技术。现代信息技术将信息的传递、处理和存储融为一体,人们可以通过计算机和计算机网络与其他地方的计算机用户交换信息,或者调用其他机器上的信息资源。

现代信息技术是应用信息科学的原理和方法,有效地使用信息资源的技术体系,它以计算机技术、微电子技术和通信技术为特征。计算机是信息技术的核心,随着硬件和软件技术的不断发展,计算机的信息处理能力不断增强,离开了计算机,现代信息技术就无从谈起。微电子技术是信息技术的基础,集成电路芯片是微电子技术的结晶,是计算机的核心。而通信技术的发展加快了信息传递的速度和广度,从传统的电报、收音机、电视,到移动电话、卫星通信,都离不开通信技术,计算机网络也与通信技术密不可分。

1.2.3　计算机中信息的表示

由于二进制在电路上容易实现,而且运算简单,因此,计算机中的信息均采用二进制表示。任何信息必须转换成二进制编码后才能由计算机进行处理、存储和传输。

1. 二进制数

我们习惯使用的十进制数由0、1、2、3、4、5、6、7、8、9十个不同的数字符号组成,其基数为10,运算规则是逢十进一。每个符号处于十进制数中的不同位置时,它所代表的实际数值是不一样的。例如,5836可表示成

$$5\times10^3+8\times10^2+3\times10^1+6\times10^0$$

式中每个数字符号的位置不同,它所代表的数值是不同的。这就是通常所说的个位、十位、百位、千位……

二进制数也是一种进位数制,它具有下列两个基本特性。

① 二进制数由0和1两个不同的数字符号组成。

② 逢二进一。

二进制数中0和1的位置不同,所代表的数值也不同。例如,二进制数110110可表示成

$$1\times2^5+1\times2^4+0\times2^3+1\times2^2+1\times2^1+0\times2^0=32+16+4+2=54$$

一般我们用( )$_{角标}$表示不同的进制数。例如,二进制数用( )$_2$表示,十进制数用( )$_{10}$表示。也可以在数字的后面用特定的字母表示该数的进制。例如:

B——二进制　D——十进制　O——八进制　H——十六进制

2. 八进制数

八进制具有8个不同的数字符号:0、1、2、3、4、5、6、7,其基数为8,特点是逢八进一。例如:

$$(126)_8=1\times8^2+2\times8^1+6\times8^0=86$$

3. 十六进制数

十六进制具有16个不同的数字符号:0、1、2、3、4、5、6、7、8、9、A、B、C、D、E、F,其中A、B、C、D、E、F分别表示10、11、12、13、14、15,其基数为16,特点是逢十六进一。例如:

$$(28F)_{16}=2\times16^2+8\times16^1+15\times16^0=655$$

四位二进制数与其对应的十进制数、八进制数、十六进制数如表1.1所示。

表1.1　四位二进制数与其他数制的对照

二进制	十进制	八进制	十六进制
0000	0	0	0
0001	1	1	1
0010	2	2	2
0011	3	3	3
0100	4	4	4
0101	5	5	5
0110	6	6	6
0111	7	7	7
1000	8	10	8
1001	9	11	9
1010	10	12	A
1011	11	13	B
1100	12	14	C
1101	13	15	D
1110	14	16	E
1111	15	17	F

4. 不同进制数之间的转换

(1) 十进制整数转换成二进制整数

简单地说,把一个十进制整数转换为二进制整数的方法就是"除2取余法",即:把被转换的十进制数反复地除以2,直到商为0,所得的余数(从最后得到的余数读起)就是这个数的二进制表示。例如,将十进制整数$(214)_{10}$转换成二进制整数,方法如下:

除数	被除数	余数
2	214	0
2	107	1
2	53	1
2	26	0
2	13	1
2	6	0
2	3	1
2	1	1
	0	

于是，$(214)_{10}=(11010110)_2$

理解了十进制整数转换成二进制整数的方法以后，对于十进制整数转换成八进制整数或十六进制整数就很容易了。十进制整数转换成八进制整数的方法是“除8取余法”，十进制整数转换成十六进制整数的方法是“除16取余法”。

(2) 二进制数转换成十进制数

把二进制数转换成十进制数的方法是：将二进制数按权展开求和。例如：

$(10110011)_2=1\times2^7+0\times2^6+1\times2^5+1\times2^4+0\times2^3+0\times2^2+1\times2^1+1\times2^0=128+32+16+2+1=179$

同理，非十进制数转换成十进制数的方法是把各个非十进制数按权展开求和。

(3) 二进制数转换成八进制数

由于二进制数和八进制数之间存在特殊关系，即$8=2^3$，因此转换方法比较容易。具体转换方法是：将二进制数从小数点开始，整数部分从右向左每3位一组，小数部分从左向右每3位一组，不足3位用0补足即可。例如，将$(10111101.1011)_2$转换成八进制数的方法如下：

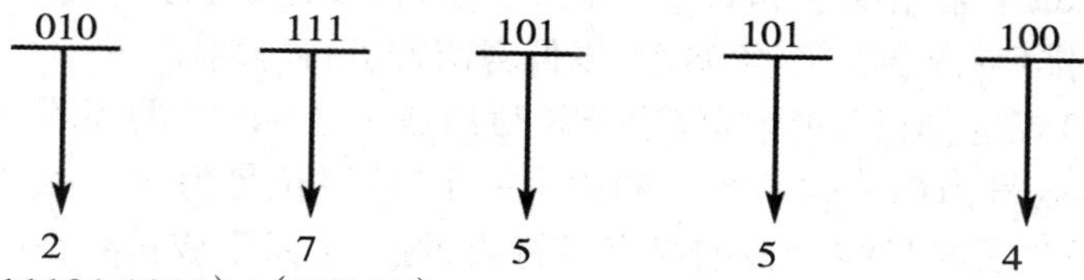

于是，$(10111101.1011)_2=(275.54)_8$

(4) 八进制数转换成二进制数

八进制数转换成二进制数的方法是：将每一位八进制数用相应的3位二进制数取代。例如，将$(467.52)_8$转换成二进制数的方法如下：

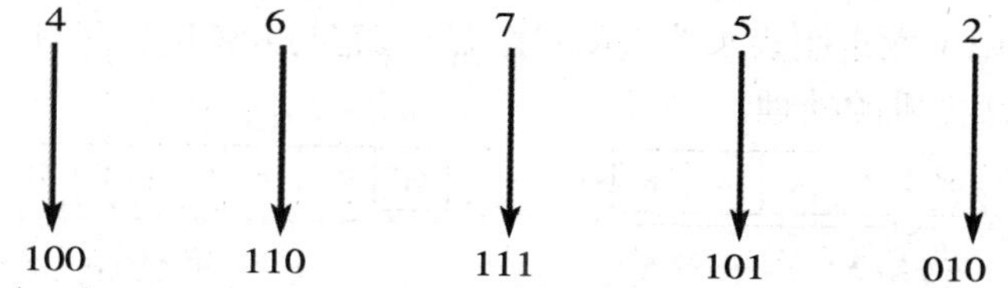

于是，$(467.52)_8=(100110111.10101)_2$

(5) 二进制数转换成十六进制数

由于4位二进制数刚好对应于1位十六进制数，因此，二进制数转换成十六进制数的方法是：将二进制数从小数点开始，整数部分从右向左每4位一组，小数部分从左向右每4位一组，不足4位用0补足，每组对应一位十六进制数。

例如，$(1010111101000111.101101)_2=(AF47.B4)_{16}$

(6) 十六进制数转换成二进制数

其方法是:每一位十六进制数用相应的4位二进制数取代。例如:

$(3DA9.68)_{16}=(0011110110101001.01101000)_2=(11110110101001.01101)_2$

5. 西文字符的编码

在计算机系统中,有两种重要的西文字符编码方式:ASCII码和EBCDIC码。ASCII码主要用于微型机和小型机,EBCDIC码主要用于IBM大型机。

目前计算机中普遍采用的是ASCII(American Standard Code for Information Interchange)码,即美国信息交换标准代码。ASCII码有7位版本和8位版本两种,国际上通用的是7位版本,7位版本的ASCII码有128个元素,只需用7个二进制位(2^7=128)表示,其中控制字符33个,阿拉伯数字10个,大小写英文字母52个,各种标点符号、运算符号等可打印字符33个。在计算机中实际用8位表示一个字符,最高位为"0"。例如,数字0的ASCII码为"48",大写英文字母A的ASCII码为"65",空格的ASCII码为"32"等。有的计算机教材中的ASCII码用十六进制数表示,这样,数字0的ASCII码为"30H",字母A的ASCII码为"41H"……

6. 汉字编码

汉字也是字符,与西文字符比较,汉字数量大(总数超过6万字),字形复杂,同音字多,这就给汉字在计算机内部的存储、传输、交换、输入、输出等带来了一系列的问题。为了能直接使用西文标准键盘输入汉字,必须为汉字设计相应的编码,以适应计算机处理汉字的需要。

(1) GB2312汉字编码

1980年,我国颁布了《信息交换用汉字编码字符集·基本集》,代号为GB2312-80。该字符集中共收录了6 763个常用汉字和682个非汉字字符(图形、符号),其中一级汉字3 755个,以汉语拼音为序排列;二级汉字3 008个,以偏旁部首进行排列。

国标GB2312-80规定,所有的国标汉字与符号组成一个94×94的矩阵,在此矩阵中,每一行称为一个"区"(区号为01~94),每一列称为一个"位"(位号为01~94),该矩阵实际组成了一个94个区,每个区内有94个位的汉字字符集,每一个汉字或符号在码表中都有一个唯一的位置编码,叫作该字的区位码。

GB2312的所有字符在计算机内部采用2个字节(16个二进位)来表示,每个字节的最高位均规定为1,如图1.1所示。这种高位均为1的双字节汉字编码称为GB2312汉字的"机内码"(又称"内码"),以区别于西文字符的ASCII编码。例如,"南"字的GB2312内码是11000100 11001111(用十六进制表示为C4CF)。显然,它与ASCII字符的二进制表示有明显的区别,因而方便了计算机的处理。

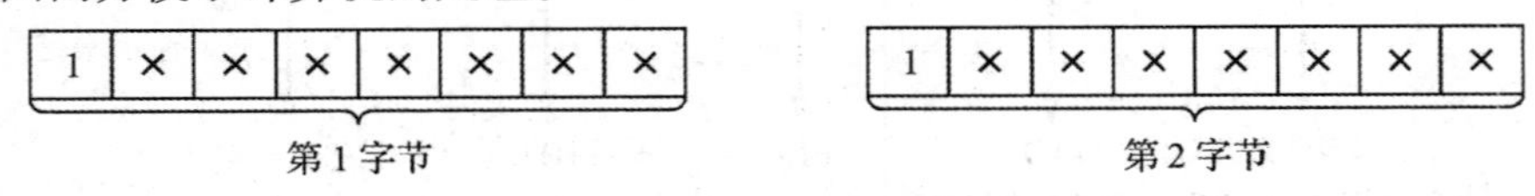

图1.1 GB2312汉字在计算机中的表示

(2) GBK汉字内码扩充规范

GB2312只有6 763个汉字,而且均为简体字,在人名、地名的处理上经常不够用,迫切需要一个包含繁体字在内的更多汉字的标准字符集。于是1995年,我国又发布了一个汉字编码标准,即《汉字内码扩展规范》,代号为GBK。它一共有21 003个汉字和883个图形符号,除了GB2312中的全部汉字和符号之外,还收录了包括繁体字在内的大量汉字和符号,例如

"計算機"等繁体汉字和"冃冄円冇鎔"等生僻的汉字。

GBK汉字在计算机内部也使用双字节表示。由于与GB2312向下兼容,因此所有与GB2312相同的字符,其编码也保持相同;新增加的符号和汉字则另外编码,它们的第1字节最高位必须为"1",第2字节的最高位可以是"1",也可以是"0",如图1.2所示。

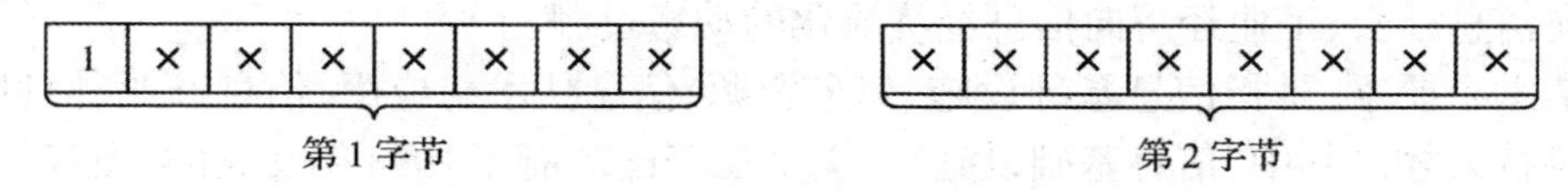

图1.2　GBK汉字在计算机中的表示

(3) UCS/Unicode与GB18030汉字编码标准

上述ASCII字符编码、GB2312和GBK汉字编码都是面向一个国家使用的。为了实现全世界不同语言文字的统一编码,国际标准化组织(ISO)将全世界现代书面文字使用的所有字符和符号(包括中国大陆和港台地区、日本、韩国等使用的汉字,大约10万字符)集中进行统一编码,称为UCS标准,对应的工业标准称为Unicode,它的具体实现(如UTF-8和UTF-16)已在Windows、UNIX、Linux操作系统中及许多因特网应用如网页、电子邮件中广泛使用。

进入21世纪后,我国发布并开始执行新的汉字编码国家标准GB18030,它一方面与GB2312和GBK保持向下兼容,同时还扩充了UCS/Unicode中的其他字符。

(4) 汉字的字形码

每一个汉字的字形都必须预先存放在计算机内,例如,GB2312国标汉字字符集的所有字符的形状描述信息集合在一起,称为字形信息库,简称字库。字库通常分为点阵字库和矢量字库。目前汉字字形的产生方式大多是用点阵方式形成汉字,即用点阵表示的汉字字形代码。根据汉字输出精度的要求,有不同密度的汉字字形点阵,如16×16点阵、24×24点阵、32×32点阵等。汉字字形点阵中每个点的信息用一位二进制码来表示,"1"表示对应位置处是黑点,"0"表示对应位置处是空白。字形点阵的信息量很大,所占存储空间也很大。例如,16×16点阵的汉字字形码就要占32个字节(16×16÷8=32),24×24点阵的汉字字形码需要用72个字节(24×24÷8=72)。因此字形点阵只能用来构成"字库",而不能用来替代机内码用于机内存储。字库中存储了每个汉字的字形点阵代码,不同的字体(如宋体、仿宋、楷体、黑体等)对应着不同的字库。在输出汉字时,计算机要先到字库中去找到它的字形描述信息,然后再把字形送去输出。

§1.3 信息化与信息社会

1.3.1　什么是信息化

信息化的概念起源于20世纪60年代的日本,最初是由日本学者从社会产业结构演进的角度提出来的,实质上是一种社会发展阶段的新学说。所谓信息化就是工业社会向信息社会前进的过程,即加快信息高科技发展及其产业化,提高信息技术在经济和社会各领域的推广应用水平并推动经济和社会发展的过程。

信息化建设的主要目标是在经济和社会活动中,通过普遍采用现代信息技术和有效地开发和利用信息资源,推动经济发展和社会进步,逐步使信息产业以及由于利用了信息技术和信息资源而创造的劳动价值在国民生产总值中的比重不断上升直至占主导地位。

一般而言,信息化建设的主要内容包含三个层面和六个要素。

所谓三个层面,一是信息基础设施与信息资源的开发和建设,这是信息化建设的基础;二是信息技术与信息资源的应用,这是信息化建设的核心与关键;三是信息产品制造业的不断发展,这是信息化建设的重要支撑。三个层面的发展过程是相互促进的过程,也是工业社会向信息社会、工业经济向信息经济演化的动态过程。

所谓六个要素,是指信息基础设施、信息资源、信息技术与应用、信息产业、信息化法规与信息科技人才。其中“信息基础设施”一词是在美国政府于1993年发表的《国家信息基础设施:行动计划》(*The National Information Infrastructure: Agenda for Action*)文件中正式出现的,也有人把它称为“信息高速公路”(Information Superhighways)。它是一个由通信网、计算机、信息资源、用户信息设备与人构成的互连互通、无所不在的信息网络,凭借该网络可以把个人、家庭、学校、图书馆、医院、政府与企业互相连接起来,以获得各种各样的信息资源和信息服务,而且这些新型的服务将不受时间和地点的限制。电子政务、电子商务、远程医疗、远程教学、数字图书馆和数字地球等就是这些信息服务的典型代表。

1.3.2 信息化推动工业化

我国是一个发展中国家,工业化的任务尚未完成,城镇化正在逐步推进。在这样的背景下,用信息化推动工业化是21世纪初我国的必然选择。

信息化和工业化是两个具有本质差别又有一定联系的概念,它们是两个性质不同的社会发展过程。工业化的发展直接导致信息化的出现,信息化的发展又必须借助于工业化的手段;同时,信息化主导着新时期工业化的方向,使工业朝着高效率、高附加值的方向发展。工业化是信息化的基础,为信息化的发展提供物资、能源、资金、人才以及市场,而只有用信息化武装起来的自主和完整的工业体系,才能为信息化提供坚实的物质基础。

信息化对工业化的作用是显而易见的,但信息化不能代替工业化。虽然如此,但从国际经验来看,信息化的发展并不必然以工业化的完成为前提;相反,根据后发优势和经济赶超战略,发展中国家完全可以在完成工业化的同时就着手信息化建设,通过采取“两步并作一步走”的并行发展方针,实现工业化、信息化的跨越式发展。

我国信息化建设除了信息技术、信息基础设施和信息产业的快速发展之外,还要在经济和社会的各个方面应用信息和信息技术来提高效率和效益,以加速传统工业的发展步伐和提高人们的生活质量。

我国目前正处于工业化的中期阶段,技术还比较落后,大量高科技尖端技术并没有完全为我们所掌握。因此,必须充分认识信息化在国民经济和社会发展中的重要意义,凭借“后发优势”,实现信息产业的跨越式发展,并利用信息化来推动工业化和改造传统工业,形成“工业化”与“信息化”相结合的新模式,既要充分发挥工业化对信息化的基础和推动作用,又要使信息化成为带动工业化升级的强大动力,在工业化过程中实现工业信息化,在信息化过程中实现信息工业化,把发达国家近200年内完成的工业化到信息化的实现过程,压缩到今后几十年内完成。

1.3.3 信息化指标体系

国家信息化指标构成方案的指标体系包括以下五个方面。

① 信息化基础设施指标:包括宽带接入速率、移动通信网络覆盖率、固定电话渗透率、

数据中心数量、国内互联网数据中心数量等。

② 信息化应用指标:包括电子政务发展指数、电子商务应用规模、在线教育规模、医疗卫生健康信息化应用规模等。

③ 信息化产业指标:包括信息技术研发投入、集成电路设计能力、软件开发能力、数字内容创新能力、电子商务服务能力等。

④ 信息化人才指标:包括高层次信息化人才数量、本科及以上学历信息化人才数量、各类信息化专业技术人才数量等。

⑤ 信息安全指标:包括信息系统安全等级评定数量、信息安全产品发展规模、信息安全检测技术水平等。

§1.4 信息安全与相关法规

1.4.1 信息安全的概念

随着社会的不断发展,信息资源对于国家和民族的发展,对于人们的工作和生活都变得至关重要,信息已经成为国民经济和社会发展的战略资源,信息安全问题也已成为亟待解决、影响国家大局和长远利益的重大问题。正是由于信息及信息系统的重要性,才使它成为被攻击的目标。因此,信息安全已成为信息系统生存和成败的关键,也构成了IT界一个重要的应用领域。

信息安全有两层含义:数据(信息)的安全和信息系统的安全。数据安全是指保证计算机数据的机密性、完整性和可用性,而信息系统的安全则是指信息基础设施安全、信息资源安全和信息管理安全,它涉及计算机安全和网络安全。所谓计算机安全,是指为数据处理系统建立和采取的安全保护,以保护计算机硬件、软件和数据不因偶然和恶意的原因而遭到破坏、更改和泄露。网络安全就是网络上的信息安全,是指网络系统的硬件、软件及其系统中的数据受到保护,不会因偶然的或者恶意的原因而遭到破坏、更改、泄露,系统连续可靠正常地运行,网络服务不中断。

1.4.2 信息安全技术

保障信息系统安全的方法很多,涉及许多信息安全技术,它们主要是:访问控制、数据加密、身份验证、数字签名和防火墙。

1. 访问控制

为保障网络信息系统的安全,限制对网络信息系统的访问和接触是重要措施。就好比国家重点机密设施由军队守卫、辅以极其严密的安防机制,来保证其防卫的万无一失。网络信息系统的安全也可采用类似的安全机制和访问控制技术来保障。

(1) 建立、健全安全管理制度和措施

必须从管理角度来加强安全防范。通过建立、健全安全管理制度和防范措施,约束对网络信息系统的访问者。例如,规定重要网络设备使用的审批、登记制度,网上言论的道德、行为规范,违规、违法的处罚条例等。规章制度虽然不能防止数据丢失或者操作失误,但可以避免、减少一些错误,特别是养成了良好习惯的用户可以大大减少犯错误的机会。

(2) 限制对网络系统的物理接触

防止人为破坏的最好办法是限制对网络系统的物理接触。但是物理限制并不能制止数据偷窃。而且,限制物理接触虽然可以制止故意的破坏行为,但是并不能防止意外事件。

(3) 限制对信息的在线访问

从通信的基本构造和技术上来讲,每个连接到网络的用户都可以对网上的任何站点进行访问。由此带来的问题是:如何辨认是否合法用户,尤其是从远程站点进行登录访问的用户。通常,限制对网络系统访问的方法是使用用户标识和口令。而通过用户标识和口令进行信息数据的安全保护,其安全性取决于口令的秘密性和破译口令的难度。

(4) 设置用户权限

如果黑客突破了安全屏蔽怎么办?通过在系统中设置用户权限,可以减小系统被非法进入造成的破坏。用户权限是指限制用户具有对文件和目录的操控权力。当用户申请一个计算机系统的账号时,系统管理员会根据该用户的实际需要和身份分配给予一定的权限,允许其访问指定的目录及文件。用户权限是设置在网络信息系统中信息安全的第二道防线。通过配置用户权限,黑客即使得到了某个用户的口令,也只能行使该用户被系统授权的操作,不会对系统造成太大的损害。

2. 数据加密

尽管口令的保护和物理上的安全措施可以限制对数据的访问,但是黑客和非法入侵者仍能想方设法访问到系统中的数据。网上传输的数据会受到各种可能的攻击,包括被窃听、信通量分析、篡改和伪造数据等。

为了使得数据在被窃听情况下也能保证安全,必须对传输的数据进行加密。加密是将原文信息进行伪装处理,即使这些数据被窃听,非法用户得到的也只是一堆杂乱无章的垃圾数据。而合法用户通过解密处理,可以将这些数据还原为有用信息。因此,数据加密是防止非法使用数据的最后一道防线。

通常,将加密前的原始数据称为明文,加密的数据称为密文,将明文与密文进行相互转换的算法称为加密、解密算法,用于数据加密、解密且仅仅只被收发双方知道的信息称为密钥。

1.4.3 计算机病毒及防治

计算机安全中的一个特殊问题是计算机病毒。实际上,计算机系统中经常发生的信息丢失或遭到破坏,其罪魁祸首就是计算机病毒。

1. 计算机病毒的定义

我国颁布的《中华人民共和国计算机信息系统安全保护条例》中指出:“计算机病毒,是指编制或者在计算机程序中插入破坏计算机功能或者毁坏数据,影响计算机使用,并能自我复制的程序代码。”就是说计算机病毒是人为制造出来的专门威胁计算机系统安全的程序。

2. 计算机中毒的症状

计算机病毒的存在都是有一定症状的。下面列出一些具体症状。

① 屏幕显示异常或出现异常提示。这是有些病毒发作时的症状。

② 计算机执行速度越来越慢。这是病毒在不断传播、复制,消耗系统资源所致。

③ 原来可以执行的一些程序无故不能执行了。病毒破坏致使这些程序无法正常运行。

④ 经常出现死机现象。病毒感染计算机系统的一些重要文件,导致死机情况。

⑤ 文件夹中无故多了一些重复或奇怪的文件。例如Nimda病毒,它通过网络传播,在感染的计算机中会出现大量扩展名为“.eml”的文件。

⑥ 系统无法启动。病毒修改了硬盘的引导信息或删除了某些启动文件。

⑦ 经常报告内存不够。病毒在自我繁殖过程中,产生出大量垃圾文件,占据磁盘空间。

⑧ 网络速度变慢或者出现一些莫名其妙的网络连接。这说明系统已经感染了病毒,如特洛伊木马程序,它们正通过网络向外传播。

⑨ 电子邮箱中有来路不明的信件。这是电子邮件病毒的症状。

⑩ 键盘或鼠标无故被锁死,不起作用。

3. 计算机病毒的特点

计算机病毒的特点很多,概括地讲,可大致归纳为以下几个方面。

① 传染性。传染性是计算机病毒的重要特性,病毒为了要继续生存,唯一的方法就是不断地传染其他文件,而且病毒传播的速度极快,范围很广。特别是在互联网环境下,病毒可以在极短的时间内传遍全世界。

② 破坏性。无论何种病毒程序,一旦侵入系统,都会造成不同程度的影响:有的病毒破坏系统运行,有的病毒蚕食系统资源(如争夺CPU、大量占用存储空间),还有的病毒删除文件、破坏数据、格式化磁盘,甚至破坏主板等。

③ 隐蔽性。隐蔽是病毒的本能特性,为了逃避被觉察,病毒制造者总是想方设法地使用各种隐藏术。病毒一般都是些短小精悍的程序,通常依附在其他可执行程序体或磁盘中较隐蔽的地方,因此用户很难发现它们,且往往发现它们时,病毒已经发作了。

④ 潜伏性。为了达到更大破坏作用的目的,病毒在未发作之前往往是潜伏起来。有的病毒可以在几周或者几个月的时间内在系统中进行繁殖而不被发现。病毒的潜伏性越好,其在系统内存在的时间就越长,传染范围也就越广,因而危害就越大。

⑤ 可触发性。病毒在潜伏期内一般是隐蔽地活动(繁殖),当病毒的触发机制或条件满足时,就会以各自的方式对系统发起攻击。病毒触发机制和条件可以说是五花八门,如指定日期或时间、文件类型,或指定文件名、一个文件的使用次数等。例如,"黑色星期五"病毒就是每逢13日且是星期五时就发作,CIH病毒V1.2发作日期为每年的4月26日。

⑥ 攻击的主动性。病毒对系统的攻击是主动的,是不以人的意志为转移的。也就是说,从一定程度上讲,计算机系统无论采取多么严密的防范措施都不可能彻底地排除病毒对系统的攻击,而防范措施只是一种预防的手段而已。

⑦ 不可预见性。从对病毒的检测方面来看,病毒还有不可预见性。病毒对反病毒软件是远远超前的。新一代计算机病毒甚至连一些基本的特征都隐藏了,有些病毒利用文件中的空隙来存放自身代码,有些新病毒则采用变形的方式来逃避检查,这也成为新一代计算机病毒的基本特征。

4. 计算机病毒的传播途径

计算机病毒的传播途径分为被动传播和主动传播两种。

(1) 被动传播途径

① 引进的计算机系统和软件中带有病毒。

② 下载或执行染有病毒的游戏软件或其他应用程序。

③ 非法复制导致中毒。

④ 计算机生产、经营单位销售的机器和软件染有病毒。

⑤ 维修部门交叉感染。

⑥ 通过网络、电子邮件传入。

(2) 主动传播途径

主动传播途径是指攻击者针对确定目标有目的地攻击。主要包括以下几个方面。

① 无线射入:通过无线电波把病毒发射注入被攻击对象的电子系统中。

② 有线注入:计算机大多是通过有线线路联网,只要在网络结点注入病毒,就可以向网络内的所有计算机扩散和传播。

③ 接口输入:通过网络中计算机接口输入的病毒由点到面、从局部向全网迅速扩散蔓延,最终侵入网络中心和要害终端,使整个网络系统瘫痪。

④ 先机植入:这是采用"病毒芯片"手段实施攻击的方式。将病毒固化在集成电路中,一旦需要,便可遥控激活。

5. 计算机病毒的种类

目前针对计算机病毒的分类方法很多,基于技术的分类是基本的分类方法。

(1) 网络病毒

网络病毒是在网络上运行并传播、破坏网络系统的病毒。该病毒利用网络不断寻找有安全漏洞的计算机,一旦发现这样的计算机,就趁机侵入并寄生于其中,这种病毒的传播媒介是网络通道,所以网络病毒的传染能力更强,破坏力更大。例如,它非法使用网络资源,发送垃圾邮件,占用网络带宽等。新的网络病毒主要攻击网络服务器,并向控制他人的计算机和造成受控计算机泄密的方向发展。

(2) 邮件病毒

邮件病毒主要是利用电子邮件软件(如Outlook Express)的漏洞进行传播的计算机病毒。常见的传播方式是将病毒附于电子邮件的附件中。当接收者收到电子邮件,打开附件时,即激活病毒。例如,SirCam病毒会让用户收到无数封陌生人的邮件(垃圾邮件),在这些邮件中附带有病毒文件,可以进一步感染别的计算机。它寻找受害者通讯录中的邮件地址,还在系统中搜索HTML文件中的邮件地址,从而去感染这些邮件地址对应的计算机。典型的邮件病毒有"Melissa"(梅丽莎)和"Nimda"(尼姆达)等。

(3) 文件型病毒

文件型病毒是以感染可执行文件(.com、.exe、.ovl等)而著称的病毒。这种病毒把可执行文件作为病毒传播的载体,当用户执行带病毒的可执行文件时,病毒就获得了控制权,开始其破坏活动。例如,CIH病毒就是一种文件型病毒。

(4) 宏病毒

宏病毒是一种寄存于文档或模板的宏中的计算机病毒。它主要是利用软件(如Word、Excel等)本身所提供的宏能力而设计的。一旦打开这样的文档,宏病毒就会被激活,转移到计算机上,并驻留在Normal模板中。以后,所有自动保存的文档都会"感染"上这种宏病毒,而且如果其他用户打开了感染该种病毒的文档,宏病毒又会转移到其他计算机上。

(5) 引导型病毒

引导型病毒是利用系统启动的引导原理而设计的。系统正常启动时,是将系统程序引导装入内存。而病毒程序则修改引导程序,先将病毒程序装入内存,再去引导系统。这样就使病毒驻留在内存中,待机滋生繁衍,进行破坏活动。典型的引导型病毒有"大麻病毒""小球病毒"等。

(6) 变体病毒

这是一类高级的文件型病毒,其特点是每次进行传染时都会改变程序代码的特征,以防止杀毒软件的追杀。此类病毒的算法比一般病毒复杂,甚至使用数学算法为病毒程序加密,使病毒程序每次都呈现不同的形态,让杀毒软件检测不到。

(7) 混合型病毒

混合型病毒是指兼有两种以上病毒类型特征的病毒,例如,有些文件型病毒同时也是网络病毒。目前最猖獗的邮件病毒中有很多都是文件型病毒和宏病毒的混合体。

6. 计算机病毒的主要危害

随着计算机在国计民生中的作用越来越大,计算机病毒的危害也越来越大,从早期对单台计算机系统资源的破坏,中期对局部网络范围内计算机系统的破坏,到如今对全球网络安全乃至整个社会都构成极大的危害。主要表现为以下几个方面。

(1) 病毒发作对计算机信息数据的直接破坏作用

大部分病毒在发作时直接破坏计算机系统的重要数据,如格式化磁盘、改写文件分配表和目录区、删除重要文件或者用无意义的垃圾数据改写文件等。例如,磁盘杀手病毒(Disk Killer),内含计数器,在硬盘染毒后累计开机时间达48小时时发作,它的破坏作用主要是改写硬盘数据。

(2) 非法侵占磁盘空间,破坏信息数据

病毒体总是要占用一部分磁盘空间,由于是非法占用,势必破坏磁盘中的信息数据。不同类型的病毒,其破坏作用和方式不同。引导型病毒驻存在磁盘引导扇区,为此它要把原来的引导区转移到其他扇区。被覆盖扇区的数据永久性丢失,无法恢复。文件型病毒把病毒体写到其他可执行文件中或磁盘的某个位置。文件型病毒传染速度很快,被感染文件的长度都会不同程度地增长(附带了病毒体),由此造成非法占据大量的磁盘空间。

(3) 抢占系统资源,影响计算机运行速度

除Vienna、Casper等少数病毒外,大多数病毒在发作时都是常驻内存,这就必然抢占一部分内存,导致内存资源减少,使部分软件不能运行。病毒进驻内存后不但干扰系统运行,还要与其他程序争夺CPU,从而影响计算机的运行速度。

7. 计算机病毒的预防

计算机病毒防治的关键是做好预防工作,即防患于未然。而预防工作应包含思想认识、管理措施和技术手段三方面的内容。

(1) 牢固树立预防为主的思想

病毒防治的关键是要在思想上足够重视。要"预防为主,防治结合",从加强管理入手,制定切实可行的管理措施,并严格地贯彻落实。由于计算机病毒的隐蔽性和主动攻击性,要杜绝病毒的传染,在目前情况下,特别是对于网络系统和开放式系统而言,几乎是不可能的。因此,采用"以预防为主、防治结合"的策略可降低病毒感染、传播的概率。即使受到感染,也可立即采取有效措施将病毒消除,从而达到把病毒的危害降到最低的目的。

(2) 制定切实可行的预防管理措施

制定切实可行的预防病毒的管理措施,并严格地贯彻执行。大量实践证明这种主动预防的策略是行之有效的。预防管理措施包括以下几种。

① 尊重知识产权,使用正版软件。不随意复制、使用来历不明及未经安全检测的软件。

② 建立、健全各种切实可行的预防管理规章、制度及紧急情况处理的预案措施。

③ 对服务器及重要的网络设备实行物理安全保护和严格的安全操作规程,做到专机、专人、专用。严格管理和使用系统管理员的账号,限定其使用范围。

④ 对于系统中的重要数据要定期或不定期地进行备份。

⑤ 严格管理和限制用户的访问权限,特别是要加强对远程访问、特殊用户的权限管理。

⑥ 随时注意观察计算机系统的各种异常现象。经常使用杀毒软件进行检测。

⑦ 网络病毒发作期间,暂停使用Outlook Express接收电子邮件,避免来自其他邮件病毒的感染。

(3) 采用技术手段预防病毒

采用技术手段预防病毒主要包括以下措施。

① 安装、设置防火墙,对内部网络实行安全保护。

② 安装实时监测的杀病毒软件,定期更新软件版本,享受杀毒软件提供的防护服务。

③ 从Internet接口中去掉不必要的协议。

④ 不要随意下载来路不明的可执行文件或邮件附件中携带的可执行文件。

⑤ 不要将自己的邮件地址放在网上,以防SirCam病毒的窃取。

⑥ 对重要的文件采用加密方式传输。

8. 计算机病毒的清除

在检测出系统感染了病毒并确定了病毒种类之后,就要设法清除病毒。清除病毒可采用人工清除和自动清除两种方法。

(1) 人工清除病毒法

人工清除病毒方法是借助工具软件对病毒进行手工清除。操作时使用工具软件打开被感染的文件,从中找到并摘除病毒代码,使之复原。手工清除操作复杂,速度慢,风险大,要求操作者具有熟练的操作技能和丰富的病毒知识。这种方法是专业防病毒研究人员用于清除新病毒时采用的,一般用户不宜采取这种方式。

(2) 自动清除病毒法

自动清除病毒方法即使用杀毒软件来清除病毒。用杀毒软件进行杀毒操作简单,用户只要按照菜单提示的联机帮助操作即可。自动清除病毒法具有效率高、风险小的特点,是一般用户都可以使用的杀毒方法。

1.4.4 信息安全相关法规

随着Internet更大范围的普及,网络文化已经融入了人们的生活。任何事物都有它的两面性,Internet也是一样。作为一种技术手段,Internet本身是中性的,它可以被用来做好事,也可能被用来做坏事。

1. 网络的负面影响

如今,信息网络已经涉及国家的政治、军事、经济、文化等各个领域,因此吸引了越来越多人的关注,包括不法分子的关注。近几年来,计算机犯罪案件急剧上升,已经成为普遍的国际性问题。据美国联邦调查局的报告,计算机犯罪是商业犯罪中最大的犯罪类型之一。网络的负面影响还包括计算机诈骗、非法盗版、垃圾邮件、青少年堕落、黄毒泛滥、恐怖活动等。

2. 信息安全与法律

在计算机网络应用比较普及的发达国家,已经比较早地开始研究有关计算机网络应用方面的法律问题,并陆续制定了一系列有关的法律法规,以规范计算机在社会和经济活动中的应用。然而,计算机网络进入人类社会及经济活动的时间相对还比较短,因此有关法律法规的制定工作仍然存在着许多问题和困难。

我国的信息安全与法律问题目前还处于探讨阶段。国内的专家和学者对信息安全法律的问题已经进行了一定程度的研究，对诸如立法框架、主要内容、基本制度等已经有了初步的设想。有关部门对互联网的行政管理已经做出了几项管理规定，如国务院颁布的《互联网信息服务管理办法》等。

3. 预防计算机犯罪的安全防护措施

为预防利用计算机进行犯罪，计算机安全的防护措施必然要综合考虑信息流通的各个环节。因此，应做好以下几个方面的工作。

① 建立信息保护法，做到“有法可依，有法必依，执法必严，违法必究”。

② 建立和健全严密的安全管理规章制度，采取各种预防措施和恢复手段防止来自内部和外部的攻击。

③ 建设好物理保护层，将周密的戒备措施与严格的身份鉴别技术相结合，识别和监视接触信息系统的各类人员。例如，可采用密钥、磁卡、条码等手段来对付“电子作恶”。

④ 保护存储在硬件主体（内存、外部设备、磁盘等）中的信息。例如，构建异地、异机的信息备份机制，定期备份数据。

⑤ 保护通信网络中传输的信息。有效的保护方法就是采用加密技术。

⑥ 保护包括操作系统和用户的应用程序。软件在编写时就要考虑到安全性。

⑦ 保护数据的完整性和安全性，防止数据非法泄露，严禁对数据库的非法存取或篡改。数据库的保护可以采用访问控制技术。

§1.5 大数据与云计算技术

1.5.1 大数据的概念

大数据（Big Data）的概念是2008年提出的。随着大数据概念的普及，人们常常会问，多大的数据才叫大数据？其实，关于大数据，很难有一个定量的定义。根据维基百科的定义，大数据是一种规模大到在获取、存储、管理、分析方面大大超出了常规软件工具能力范围的数据集合，具有海量的数据规模、快速的数据流转、多样的数据类型和价值密度低四大特征。

IBM提出，大数据具有5V特点：Volume（海量）、Velocity（高速）、Variety（多类型）、Value（低价值密度）、Veracity（真实性）。

大数据包括结构化、半结构化和非结构化数据，非结构化数据越来越成为数据的主要部分。据IDC（Internet Data Center，互联网数据中心）的调查报告显示：企业中80%的数据都是非结构化数据，这些数据每年都按指数增长。大数据将成为企业的核心竞争力，成为一种商业资本和企业的重要资产。

2015年9月，国务院印发《促进大数据发展行动纲要》，系统部署大数据发展工作。一是要大力推动政府部门数据共享，稳步推动公共数据资源开放，统筹规划大数据基础设施建设，支持宏观调控科学化，推动政府治理精准化，推进商事服务便捷化，促进安全保障高效化，加快民生服务普惠化。二是要发展大数据在工业、新兴产业、农业农村等行业领域应用，推动大数据发展与科研创新有机结合，推进基础研究和核心技术攻关，形成大数据产品体系，完善大数据产业链。三是要健全大数据安全保障体系，强化安全支撑。

大数据具有以下发展趋势。

趋势一:数据的资源化。

资源化,是指大数据成为企业和社会关注的重要战略资源,并已成为大家争相抢夺的新焦点。因此,企业必须要提前制订大数据营销战略计划,抢占市场先机。

趋势二:与云计算的深度结合。

大数据离不开云计算,云计算为大数据提供了弹性可拓展的基础设备,是产生大数据的平台之一。自2013年开始,大数据技术已开始和云计算技术紧密结合。除此之外,物联网、移动互联网等新兴计算形态,也将助力大数据革命,让大数据营销发挥出更大的影响力。

趋势三:科学理论的突破。

随着大数据的快速发展,就像计算机和互联网一样,大数据很有可能是新一轮的技术革命。随之兴起的数据挖掘、机器学习和人工智能等相关技术,可能会改变数据世界里的很多算法和基础理论,实现科学技术上的突破。

趋势四:数据科学和数据联盟的成立。

数据科学已成为一门专门的学科,被越来越多的人所认知。各大高校将设立专门的数据科学类专业,也会催生一批与之相关的新的就业岗位。与此同时,基于数据这个基础平台,也将建立起跨领域的数据共享平台,之后,数据共享将扩展到企业层面,并且成为未来产业的核心一环。

趋势五:数据泄露泛滥。

在未来,许多部门或企业都会面临数据攻击,无论他们是否已经做好安全防范。所有部门或企业,无论规模大小,都需要重新审视今天的安全定义。企业需要从新的角度来确保自身以及客户数据的安全,所有数据在创建之初便需要获得安全保障,而并非在数据保存的最后一个环节,仅仅加强后者的安全措施已被证明于事无补。

趋势六:数据管理成为核心竞争力。

数据管理成为核心竞争力,直接影响财务表现。当"数据资产是企业核心资产"的概念深入人心之后,企业对于数据管理便有了更清晰的界定,将数据管理作为企业核心竞争力。

趋势七:数据质量是商业智能成功的关键。

很多数据源会带来大量低质量数据,企业需要理解原始数据与数据分析之间的差距,从而消除低质量数据,并通过商业智能获得更佳决策。

趋势八:数据生态系统复合化程度加强。

大数据的世界不只是一个单一的、巨大的计算机网络,更是一个由大量活动构件与多元参与者元素所构成的生态系统,终端设备提供商、基础设施提供商、网络服务提供商、网络接入服务提供商、数据服务使用者、数据服务提供商等一系列的参与者共同构建的生态系统。而今,这样一套数据生态系统的基本雏形已然形成,接下来的发展将趋向于系统内部角色的细分,也就是市场的细分、系统机制的调整,即商业模式的创新,从而使得数据生态系统复合化程度逐渐增强。

1.5.2 大数据技术架构

2012年以来,大数据技术在全世界范围内迅速发展,在全球学术界、工业界和各国政府得到高度关注,已成为各国政府高度重视的战略性高科技技术。

大数据技术的战略意义不在于掌握庞大的数据信息,而在于对这些有意义的数据进行分析、处理、挖掘。换而言之,如果把大数据比作一种产业,那么这种产业实现盈利的关键在于提高对数据的“加工能力”，通过“加工”实现数据的“增值”。大数据并不在“大”，而在于“有用”。挖掘大数据中的价值含量比数量更为重要。对于很多行业而言，利用好这些大规模数据是赢得竞争的关键。

大数据无法用单台计算机进行处理，必须采用并行计算架构。大数据技术横跨多个技术领域，包括数据存储、数据管理、数据挖掘、并行计算、云计算、分布式文件系统、分布式数据库、虚拟化等。云计算和大数据之间的关系是相辅相成的，大数据解决方案离不开云计算的支撑。

大数据技术的架构可以分为四层：基础架构层、数据管理层、数据分析层、大数据应用层。

基础架构层是最低层，实现大数据的存储与共享、存储虚拟化、计算虚拟化、网络虚拟化、云平台和云安全等。

数据管理层将结构化数据和非结构化数据进行一体化管理，包括数据传输和查询；涉及数据并行计算和分布式计算。

数据分析层提供大数据分析工具，包括数据挖掘和机器学习算法、数据可视化等，帮助企业进行大数据分析，挖掘数据的价值。

大数据应用层针对某些领域开发基于大数据的应用，例如：市场预测、行为预测、选举预测、犯罪预测、商品推荐、智能交通、网络舆情分析、欺诈检测、洗钱甄别等。

1.5.3 大数据应用

大数据应用以大数据技术为基础，为各行各业提供决策支持。大数据典型的应用领域和行业有电商领域、电信领域、金融领域、交通领域、医疗领域、安防领域、制造业等，下面做一些简单介绍。

1. 电商领域

电商领域是大数据应用的最广泛的领域之一，比如，精准广告推送、个性化推荐。

2. 电信领域

利用大数据技术进行舆情监控、客户画像，对客户进行离网分析，能够更及时地掌握客户的离网倾向，出台客户挽留措施。典型例子还有利用电信用户位置大数据进行电信基站选址优化等。

3. 金融领域

金融领域也是大数据应用的重要领域，比如，利用客户行为大数据进行客户信用评估。再如，金融领域的风险管控、客户细分、精细化营销也都是大数据应用的典型例子。

4. 交通领域

利用交通大数据进行城市交通路况分析、道路拥堵预测；根据司机位置大数据，准确判断哪里拥堵，进而给出优化的出行路线；智能交通红绿灯、导航最优规划等，都是交通领域应用大数据的体现。

5. 医疗领域

医疗大数据能够帮助我们实现智慧医疗、流行病预测、病源追踪、健康管理，同时还能够帮助我们解读DNA，从而了解更多的生命奥秘。

6. 安防领域

大数据也可以应用到安防领域，比如，监控视频分析，犯罪预防。通过对大量犯罪细节的数据进行分析、总结，从而得出犯罪特征，进而预防犯罪。

7. 制造业

利用工业大数据提升制造业水平,其中包括分析工艺流程、诊断和预测产品故障、改进生产的工艺以及优化生产过程中的生产计划、能耗以及排程等。

1.5.4 云计算技术

2006年8月9日,Google首席执行官埃里克·施密特(Eric Schmidt)在搜索引擎大会首次提出"云计算"(Cloud Computing)的概念。2007年10月,Google与IBM开始在美国大学校园,包括卡内基梅隆大学、麻省理工学院、斯坦福大学、加州大学伯克利分校及马里兰大学等,推广云计算的计划,这项计划希望能降低分布式计算技术在学术研究方面的成本,并为这些大学提供相关的软硬件设备及技术支持,这些计算平台将提供1600个处理器,支持包括Linux、Xen、Hadoop等开放源代码平台。而学生则可以通过网络开发各项以大规模计算为基础的研究计划。

那什么是云计算呢?云计算是一种分布式计算模式,是分布式计算(Distributed Computing)、并行计算(Parallel Computing)、效用计算(Utility Computing)、网络存储(Network Storage Technologies)、虚拟化(Virtualization)、负载均衡(Load Balance)、热备份冗余(High Available)等技术与网络技术融合发展的产物。云计算是通过网络将庞大的计算处理程序自动分拆成无数个较小的子程序,再交由多个服务器所组成的庞大系统经搜寻、计算分析之后将处理结果回传给用户。通过这项技术,网络服务提供者可以在数秒之内,达成处理数以千万计甚至亿计的信息,达到和"超级计算机"同样强大效能的网络服务。云计算将计算分布在大量的分布式计算机上,而非本地计算机或远程服务器中,它意味着计算能力可以作为一种商品进行流通,就像煤气、水电一样,取用方便,费用低廉。最大的不同在于,它是通过互联网进行传输的。

云计算技术在网络服务中已经随处可见,例如搜索引擎、网络信箱等,使用者只要输入简单指令即能得到大量信息。未来如手机、GPS等行动装置都可以通过云计算技术,发展出更多的应用服务。

云计算具有如下特点。

(1) 超大规模

"云"具有相当的规模,Google云计算已经拥有100多万台服务器,Amazon、IBM、微软、Yahoo、阿里云等公司的"云"均拥有几十万台服务器。企业云一般拥有数百上千台服务器。"云"能赋予用户前所未有的计算能力。

(2) 虚拟化

云计算支持用户在任意位置、使用各种终端获取应用服务。所请求的资源来自"云",而不是固定的有形的实体。应用在"云"中某处运行,但实际上用户无须了解、也不用关心应用运行的具体位置。只需要一台笔记本或者一个手机,就可以通过网络服务来实现我们需要的一切,甚至包括超级计算这样的任务。

(3) 高可靠性

"云"使用了数据多副本容错、计算节点同构可互换等措施来保障服务的高可靠性,使用云计算比使用本地计算机可靠。

(4) 通用性

云计算不针对特定的应用,在"云"的支撑下可以构造出千变万化的应用,同一个"云"

可以同时支撑不同的应用运行。例如,阿里云服务着金融、商业、制造、政务、交通、医疗、电信、能源等众多领域的应用。

(5) 高可扩展性

"云"的规模可以动态伸缩,满足应用和用户规模增长的需要。

(6) 按需服务

"云"是一个庞大的资源池,可按需购买;"云"可以像自来水,电,煤气那样计费。

(7) 低成本优势

由于"云"的特殊容错措施,可以采用廉价的节点来构成云,"云"的自动化集中式管理使大量企业无须负担日益高昂的数据中心管理成本,"云"的通用性使资源的利用率较之传统系统大幅提升,因此用户可以充分享受"云"的低成本优势,经常只要花费几百美元、几天时间就能完成以前需要数万美元、数月时间才能完成的任务。

§1.6 人工智能基础知识

1.6.1 什么是人工智能

人工智能(Artificial Intelligence,英文缩写为AI)是研究使计算机模拟人的某些思维过程和智能行为(如学习、推理、思维、规划等)的一门学科,主要包括计算机实现智能的原理、制造类似于人脑智能的计算机,使计算机能实现更高层次的应用。人工智能不是人的智能,但能像人那样思考,也可能超过人的智能。人工智能是研究人类智能活动的规律,构造具有一定智能的人工系统,研究如何让计算机去完成以往需要人的智力才能胜任的工作,也就是研究如何应用计算机的软硬件来模拟人类某些智能行为的基本理论、方法和技术。

自从1956年正式提出人工智能的概念以来,人工智能研究取得了长足的发展,目前成为一门前沿科学技术。20世纪70年代以来,人工智能被称为世界三大尖端技术之一(空间技术、能源技术、人工智能),也被认为是21世纪三大尖端技术之一(基因工程、纳米科学、人工智能)。2017年12月,人工智能入选"2017年度中国媒体十大流行语"。人工智能技术需要数据、算法、算力的支撑。

1.6.2 人工智能学科的研究内容

人工智能的发展历史是和计算机科学技术的发展史联系在一起的。除了计算机科学以外,人工智能还涉及信息论、控制论、自动化、仿生学、生物学、心理学、数理逻辑、语言学、医学和哲学等多门学科。人工智能是当前科技界和产业界研究的热点。它的主要研究内容包括:知识表示、自动推理、机器学习、自然语言理解、计算机视觉、智能机器人、自动程序设计,以及生成式人工智能等方面。

1. 知识表示

知识表示就是对知识的一种描述,或者说是对知识的一组约定,一种计算机可以接受的用于描述知识的数据结构。目前主要使用的知识表示方法有:逻辑表示法、产生式表示法、面向对象的表示方法、语义网表示法、本体表示法等。

2. 自动推理

自动推理就是使用归纳、演绎等逻辑运算方法,针对目标对象进行演算生成结论。

3. 机器学习

机器学习是研究计算机获取新知识和新技能,模拟人类学习活动的一门技术,它用数据或以往的经验自动改进优化计算机程序的性能。它是人工智能的核心,是使计算机具有智能的根本途径。机器学习可以分为监督学习、无监督学习、半监督学习、增强学习、深度学习等。

目前,机器学习已经有了十分广泛的应用,例如:数据挖掘、计算机视觉、自然语言处理、生物特征识别、搜索引擎、医学诊断、检测信用卡欺诈、证券市场分析、DNA序列测序、语音和手写识别、战略游戏和机器人应用。

4. 自然语言理解

自然语言理解的研究目的是使计算机能理解自然语言文本的意义,研究使用计算机模拟人的语言交际过程,使计算机能理解和运用人类社会的自然语言,如汉语、英语等,实现人机之间的自然语言通信,以代替人的部分脑力劳动,包括查询资料、解答问题、摘录文献、汇编资料以及一切有关自然语言信息的加工处理。

5. 计算机视觉

计算机视觉是使用计算机及相关设备对生物视觉的一种模拟。它的主要任务就是通过对采集的图片或视频进行处理以获得相应场景的三维信息,就像人类和许多其他类生物具有视觉器官那样。计算机视觉的挑战是要为计算机和机器人开发具有与人类水平相当的视觉能力。

计算机视觉用各种成像系统代替视觉器官作为输入,由计算机来代替大脑完成处理和解释。计算机视觉的最终研究目标就是使计算机能像人那样通过视觉观察和理解世界,具有自主适应环境的能力。

6. 智能机器人

机器人是一种自动执行工作的机器装置。它既可以接受人类指挥,又可以运行预先编排的程序。它的任务是协助或取代人类工作,例如生产业、建筑业,或是危险的工作。智能机器人是一种具有智能的机器人,它至少具备以下三个要素:一是感觉要素,用来认识周围环境状态;二是运动要素,对外界做出反应性动作;三是思考要素,根据感觉要素所得到的信息,思考采用什么样的动作。智能机器人根据其智能程度的不同,又可分为三种:传感型机器人、交互型机器人、自主型机器人。传感型机器人利用传感机构(包括视觉、听觉、触觉、接近觉、力觉和红外、超声及激光等)进行传感信息处理,实现控制与操作。交互型机器人通过计算机系统与操作员进行人机对话,实现对机器人的控制与操作。自主型机器人可以与人、与外部环境以及与其他机器人之间进行信息的交流,无须人的干预,能够在各种环境下自动完成各项拟人任务。

7. 自动程序设计

自动程序设计,简称软件自动化,是指采用自动化手段进行程序设计的技术和过程,它可以由形式化的软件功能规格说明能自动生成可执行程序代码。从关键技术来看,自动程序设计的实现途径可归结为演绎综合、程序转换、实例推广以及过程实现等4种。自动程序设计在软件工程领域具有广泛应用。

8. 生成式人工智能

生成式人工智能是指一种基于算法、模型、规则生成文本、图像、声音、视频、代码等内容的技术。它主要涉及大模型技术,是一种具有数百万到数十亿参数的深度神经网络模型，它具有更强的学习能力。

1.6.3　人工智能的应用

下面我们列举一些人工智能的应用案例。

1. 人脸识别

人脸识别是基于人的脸部特征信息进行身份识别的一种生物识别技术，它所涉及的技术有图像处理和计算机视觉等。目前，人脸识别技术已广泛应用于多个领域，如金融、司法、公安、边检、航天、电力、教育、医疗等。人脸识别系统的研究始于20世纪60年代，之后，随着计算机技术和光学成像技术的发展，人脸识别技术水平在20世纪80年代得到不断提高。20世纪90年代后期，人脸识别技术进入初级应用阶段。有一个关于人脸识别技术应用的有趣案例：张学友获封“逃犯克星”，因为警方利用人脸识别技术在其演唱会上多次抓到在逃人员。随着人脸识别技术的进一步成熟和社会认同度的提高，其将应用在更多领域，给人们的生活带来更多改变。

2. 无人驾驶汽车

无人驾驶汽车是智能汽车的一种，主要依靠车内以计算机系统为主的智能驾驶控制器来实现无人驾驶。无人驾驶汽车涉及计算机视觉、自动控制等多种技术。美国、英国、德国等国家从20世纪70年代开始就投入到无人驾驶汽车的研究中，中国从20世纪80年代起也开始了无人驾驶汽车的研究。2006年，卡内基梅隆大学研发了无人驾驶汽车Boss，Boss能够按照交通规则安全地驾驶通过附近有空军基地的街道，并且会避让其他车辆和行人。近年来，伴随着人工智能浪潮的兴起，无人驾驶成为人们热议的话题，国内外许多公司都纷纷投入到自动驾驶和无人驾驶的研究中。例如，Google的GoogleX实验室正在积极研发无人驾驶汽车Google Driverless Car；百度也已启动“百度无人驾驶汽车”研发计划，其自主研发的无人驾驶汽车Apollo还曾亮相2018年中央电视台春节联欢晚会。

3. 机器翻译

机器翻译是利用计算机将一种自然语言转换为另一种自然语言的过程。机器翻译用到的技术主要是神经网络机器翻译技术，该技术当前在很多语言上的表现已经超过人类。随着经济全球化进程的加快及互联网的迅速发展，机器翻译技术在促进政治、经济、文化交流等方面的价值凸显，也给人们的生活带来了许多便利。例如我们在阅读英文文献时，可以方便地通过百度翻译、Google翻译等网站将英文转换为中文，免去了查字典的麻烦，提高了学习和工作效率。

4. 智能客服机器人

智能客服机器人是一种利用机器模拟人类行为的人工智能实体形态，它能够实现语音识别和自然语义理解，具有业务推理、话术应答等能力。当用户访问网站并发出会话时，智能客服机器人会根据系统获取的访客地址、IP和访问路径等，快速分析用户意图，回复用户的真实需求。智能客服机器人拥有海量的行业背景知识库，能对用户咨询的常规问题进行标准回复，提高应答准确率。智能客服机器人广泛应用于商业服务与营销场景，为客户解决问题、提供决策依据。同时，智能客服机器人在应答过程中，可以结合丰富的对话语料进行自适应训练，因此其在应答话术上将变得越来越精确。

5. 智能外呼机器人

智能外呼机器人是人工智能在语音识别方面的典型应用，它能够自动发起电话外呼，以语音合成的自然人声形式,主动向用户群体介绍产品。在外呼期间,它可以利用语音识别和自然语言处理技术获取客户意图,而后采用针对性话术与用户进行多轮交互会话,最后对用户进行目标分类,并自动记录每通电话的关键点,以成功完成外呼工作。从2018年开始,智能外呼机器人呈现出井喷式兴起状态,它能够在互动过程中不带有情绪波动,并且自动完成应答、分类、记录和追踪,助力企业完成一些烦琐、重复和耗时的操作,从而解放人工,减少大量的人力成本和重复劳动力,让员工着力于目标客群,进而创造更高的商业价值。当然智能外呼机器人也带来了另一面,即会对用户造成频繁的打扰。为维护用户的合法权益,促进语音呼叫服务端健康发展,2020年8月31日,国家工信部下发了《通信短信息和语音呼叫服务管理规定(征求意见稿)》,意味着未来的外呼服务,无论人工还是人工智能,都需要持证上岗,而且还要在监管的监视下进行,这也对智能外呼机器人的用户体验和服务质量提出了更高的要求。

6. 个性化推荐

个性化推荐是一种基于聚类与协同过滤技术的人工智能应用,它建立在海量数据挖掘的基础上,通过分析用户的历史行为建立推荐模型,主动给用户提供匹配他们的需求与兴趣的信息,如商品推荐、新闻推荐等。个性化推荐既可以为用户快速定位需求产品,弱化用户被动消费意识,提升用户兴致和留存黏性,又可以帮助商家快速引流,找准用户群体与定位,做好产品营销。个性化推荐系统广泛存在于各类网站和App中,本质上,它会根据用户的浏览信息、用户基本信息和对物品或内容的偏好程度等多因素进行考量,依托推荐引擎算法进行指标分类,将与用户目标因素一致的信息内容进行聚类,经过协同过滤算法,实现精确的个性化推荐。

7. 图像搜索

图像搜索是近几年用户需求日益旺盛的信息检索类应用,分为基于文本的和基于内容的两类检索方法。传统的图像搜索方法只能识别图像本身的颜色、纹理等要素,而基于深度学习的图像搜索方法能够考虑人脸、姿态、地理位置等语义特征,针对海量数据进行多维度的分析与匹配。该技术的应用与发展,不仅是为了满足当下用户利用图像匹配搜索以顺利查找到相同或相似目标物的需求,更是为了分析用户的需求与行为,如搜索同款、相似物比对等。

8. 文本、声音、图像的生成

2022年11月30日,美国OpenAI公司发布了一款聊天机器人程序ChatGPT(全名:Chat Generative Pre-trained Transformer),ChatGPT是人工智能生成技术驱动的自然语言处理工具,它能够基于预训练阶段所见的模式和统计规律来生成回答,还能根据聊天的上下文进行互动,像人一样来聊天交流,甚至能完成撰写邮件、视频脚本、文案、翻译、代码,写论文等任务。2024年2月,OpenAI公司又推出了人工智能文生视频大模型"Sora"。

§ 1.7 计算思维

1.7.1 什么是计算思维

2006年,周以真(Jeannette M. Wing)教授在美国计算机权威期刊《ACM通讯》发表文章,提出了计算思维(Computational Thinking)的概念,从而激发了学术界对于计算思维的关注和探讨。那么,什么是计算思维呢？周以真教授认为,计算思维是运用计算机科学的基础概念进行问题求解、系统设计,以及人类行为理解等涵盖计算机科学的一系列思维活动。为了便于理解,也可以把计算思维概括为“用计算机求解问题的思维方法”。计算思维的目的是求解问题、设计系统和理解人类行为,而使用的方法是计算机科学的方法。在不久的将来,计算思维会像普适计算一样成为现实,对科学的进步有举足轻重的作用。

其实,计算思维古已有之,而且无所不在。从古代的算筹、算盘,到近代的加法器、计算器,现代的电子计算机,直到现在全球广泛使用的网络和云计算,计算思维的内容不断拓展。然而,在计算机发明之前的相当长时期内,计算思维研究缓慢,主要因为缺乏像计算机这样的快速计算工具。

科学研究具有三大科学思维方法,分别是理论思维、实验思维和计算思维,其中,理论思维强调推理,实验思维强调归纳,而计算思维希望能自动求解。它们以不同的方式推动着科学的发展和人类文明的进步。

① 理论思维。理论思维又称推理思维,以推理和演绎为特征,以数学学科为代表。

② 实验思维。实验思维又称实证思维,以观察和总结自然规律为特征,以物理学科为代表。

③ 计算思维。计算思维又称构造思维,以设计和构造为特征,以计算机学科为代表。

下面通过两个简单实例说明什么是计算思维。

【例 1.1】计算函数 $f(x)$ 在区间 $[a,b]$ 上的积分。

在高等数学中,计算积分的方法是使用牛顿—莱布尼兹公式,即首先求 $f(x)$ 的原函数 $F(x)$,然后计算$F(x)|_a^b$,不用黎曼积分的原因是计算量太大。在计算机中,计算积分的方法是使用黎曼积分,即对区间 $[a,b]$ 进行 n 等分,然后计算各小矩形的面积。不用牛顿—莱布尼兹公式的原因有两个:一是不同的 $f(x)$ 求原函数的方法是不同的;二是并不是所有的 $f(x)$ 都能找到原函数 $F(x)$ 。

【例 1.2】计算函数 n 的阶乘 $f(n)=n!$ 。

在计算机中,计算 $n!$ 可以采用下面两种方法:一是递归方法,即将计算 $f(n)$ 的问题分解成计算一个较小的问题 $f(n-1)$,再将计算 $f(n-1)$ 的问题分解成计算一个更小的问题 $f(n-2)$ ……一直分解下去直到 $f(1)=1$ 为止不再分解,然后从 $f(1)$ 逐步计算到 $f(n)$;二是迭代方法,即 $f(1)=1$,根据 $f(1)$ 计算 $f(2)$ ……最后根据 $f(n-1)$ 计算 $f(n)$ 。

1.7.2　计算思维的特征和基本方法

计算思维的本质就是抽象(Abstraction)和自动化(Automation)。计算思维中的抽象完全超越物理的时空观,并完全用符号来表示,其中,数字抽象只是一类特例。 自动化就是机械地一步一步自动执行,其基础和前提是抽象。

1. 计算思维的特征

① 计算思维是人类求解问题的一条途径,是属于人的思维方式,不是计算机的思维方式。计算机之所以能求解问题,是因为人将计算思维赋予了计算机。例如,递归、迭代、黎曼积分的思想都是在计算机发明之前人类早已提出,人类将这些思想赋予计算机后计算机才能进行这些计算。

② 计算思维的过程可以由人执行,也可以由计算机执行。例如,不论是递归、迭代,还

是黎曼积分,人和机器都可以计算,只不过人计算的速度很慢而已。借助拥有“超算”能力的计算机,人类就能用智慧去解决那些在计算时代之前不敢尝试的问题,实现“只有想不到,没有做不到”的境界。

③ 计算思维是思想,不是人造物。计算思维不是以物理形式到处呈现并时时刻刻触及人们生活的软硬件等人造物,而是设计、制造软硬件中包含的思想,是计算这一概念用于求解问题、管理日常生活,以及与他人交流和互动的思想。

④ 计算思维是概念化,不是程序化。计算机科学并不仅仅是计算机编程。像计算机科学家那样去思维,不只是能进行计算机编程,更重要的是能够在抽象的多个层次上思维。

2. 计算思维的基本方法

从方法论的角度看,计算思维的核心是思维方法。总的来说,计算思维方法有两大类:一类是来自数学和工程的方法,如黎曼积分、迭代、递归,来自工程思维的大系统设计与评估的方法;另一类是计算机科学独有的方法,如操作系统中处理死锁的方法。

计算思维并不是一种新的发明,而是早已存在的思维活动,是每一个人都具有的一种技能。在日常生活中,计算思维的案例无所不在。例如,学生早晨去学校时,把当天需要的东西放进背包,这就是预置和缓存;某人弄丢钱包后,沿走过的路寻找,这就是回溯;为什么停电时电话仍然可用?这就是失败的无关性和设计的冗余性。

计算思维方法有很多,下面是周以真教授列举的七种方法。

① 约简、嵌入、转化和仿真方法,用来把一个看来困难的问题模拟成一个人们知道问题怎样解决的思维方法。

② 递归方法、并行计算方法。递归就是把一个大型复杂的问题转化为一个与原问题相似的规模较小的问题来求解;并行计算是指同时使用多种计算资源来解决同一个计算问题的过程。

③ 抽象思维方法、问题分解方法。抽象思维凭借科学的抽象概念对事物的本质和客观世界发展过程进行描述,使人们通过认识活动获得远远超出靠感觉器官直接感知的知识。问题分解是对某一问题从纵向、横向、时间和规模等方面进行分解。

④ 选择合适的方法对一个实际问题进行建模的思维方法。

⑤ 按照预防、保护及通过冗余、容错、纠错的方式,并从最坏情况进行系统恢复的一种思维方法。

⑥ 启发式推理,用于在不确定情况下的规划、学习和调度的思维方法。

⑦ 面向海量数据的快速计算,在时间和空间之间,在处理能力和存储容量之间进行折中的思维方法。

本章小结

本章主要介绍了计算机的发展历程、特点、分类以及应用领域,论述了信息与信息技术的基本概念以及信息化指标体系,讨论了计算机中信息的表示方法,介绍了信息安全和计算机病毒的基本知识以及预防计算机犯罪的安全防护措施,介绍了云计算、大数据和人工智能方面的知识。

计算机的发展经历了电子管计算机、晶体管计算机、集成电路计算机、大规模集成电路计算机四个阶段,它将向巨型化、微型化、网络化、智能化和多媒体化方向发展。

计算机可分为巨型机、小巨型机、大型主机、小型机、工作站和个人计算机六类。计算机的应用非常广泛,可应用于科学计算、数据处理和信息管理、自动控制、计算机辅助系统、人工智能、网络通信等各个领域。

信息技术是指用来进行信息的收集、存储、处理、传递的一类技术。现代信息技术以计算机为核心,以计算机技术、微电子技术和通信技术为特征。任何信息必须表示成二进制数后才能由计算机进行处理。

信息化是当今社会发展的趋势,以信息化推动工业化是我国加快实现现代化的必然选择。信息化建设包含信息基础设施与信息资源的开发和建设、信息技术与信息资源的应用、信息产品制造业的不断发展三个层面,以及信息基础设施、信息资源、信息技术与应用、信息产业、信息科技人才、信息化法规六个要素。

信息安全是一个非常重要的问题,已成为信息系统生存和成败的关键。信息安全包括数据的安全和信息系统的安全两层含义。为了保障信息系统安全,可以采用访问控制、数据加密、身份验证、数字签名和防火墙等信息安全措施。计算机病毒对计算机安全造成了极大的威胁,它破坏计算机中的信息、抢占系统资源、影响计算机运行速度甚至使系统瘫痪。对计算机病毒要进行预防、检测与清除。

大数据技术得到全球学术界、工业界和政府的高度重视。大数据的价值并不在“大”,而在于“有用”,分析挖掘大数据中的价值更为重要。

云计算是一种分布式计算模式,是分布式计算、并行计算、效用计算、网络存储、虚拟化、负载均衡等技术与网络技术融合发展的产物。

人工智能是研究计算机模拟人的智能的一门学科,其研究内容包括知识表示、自动推理、机器学习、自然语言理解、计算机视觉、机器人等。人工智能技术不断发展,生成式人工智能是人工智能技术的新突破。

习 题 一

一、问答题

1. 计算机的发展经历了哪些阶段?计算机的发展趋势是什么?
2. 计算机主要有哪些应用领域?
3. 计算机通常分为哪几类?
4. 计算机为什么采用二进制表示数据?
5. 什么是信息技术?人类历史上发生了哪几次信息革命?
6. 何谓信息化?信息化建设包括哪些主要内容?
7. 什么是计算机病毒?它有哪些特点?其主要危害是什么?
8. 如何理解信息安全?主要有哪些信息安全技术?
9. 什么是大数据?大数据有什么特征?
10. 什么是人工智能?人工智能包括哪些研究内容?
11. 什么是生成式人工智能?列举其产品。
12. 什么是云计算?云计算有何特点?
13. 科学研究有哪些思维方法?

二、填空题

1. 世界上第一台电子计算机诞生于______年,取名为__________。
2. 中国巨型机的典型代表是__________、__________和__________。
3. 汉字在计算机内的存储编码是______________。
4. 西文字符在计算机内的存储编码常用的是______________。
5. 现代信息技术的核心是____________________。
6. 计算机最早的应用领域是____________________。
7. 计算机病毒的主要特征是____________________。
8. 目前国内常用的杀毒软件有________________________。
9. 汉字字库的作用是________________________。
10. GB2313-80规定所有的国标汉字与符号组成一个____________的方阵,其中一级汉字有__________个,二级汉字有__________个。

三、解释下列名词术语

CAD　CAM　CAI　CIMS　PC　ASCII　AI　ChatGPT

四、计算题

1. 请将下列十进制数转化为二进制数。

   89　129　153　203　254

2. 请将下列二进制数转化为十进制数、八进制数、十六进制数。

   $(11011011)_2$　$(10010110)_2$　$(10100101)_2$

第二章 计算机硬件

经过半个多世纪的发展，计算机的功能不断增强，应用不断扩展，计算机系统也变得越来越复杂，但无论系统多么复杂，它们的硬件组成与工作原理还是大体相同的。

本章主要介绍计算机硬件的基本结构和常用输入/输出设备的功能与主要性能指标，说明计算机的基本工作原理以及计算机存储体系，介绍微型计算机系统的基本知识。通过本章的学习，要求学生理解计算机系统的基本组成和基本工作方式；掌握各种存储器和常用输入/输出设备的功能；了解微型计算机系统的配置及主要技术指标。

§ 2.1 计算机硬件的基本结构

2.1.1 计算机系统的组成

一个完整的计算机系统包括计算机硬件和计算机软件两大部分。所谓计算机硬件，是指构成计算机的物理设备，也称硬设备。所谓计算机软件，是指计算机系统中的程序、数据以及开发、使用、维护程序所需文档的集合。硬件是计算机系统的基础，软件是计算机系统的灵魂。如果没有软件，计算机就不能工作。通常，人们把不配备任何软件的计算机称为裸机。在计算机技术发展进程中，计算机的硬件和软件是相互依赖、相互支持、缺一不可的。计算机系统的组成如图2.1所示。

2.1.2 计算机硬件的基本组成

世界上第一台电子计算机ENIAC诞生后，被称为“计算机之父”的美籍匈牙利数学家、宾夕法尼亚大学的冯·诺依曼(Von Neumann)教授提出了“存储程序和程序控制”的计算机工作原理，由此奠定了计算机硬件的基本结构。计算机由运算器、控制器、存储器、输入设备和输出设备五个基本部分组成，也称计算机的五大部件。这五大部件通过系统总线互连，传递数据、地址和控制信号。这些系统总线按信号类型分成三类，分别称为数据总线、地址总线和控制总线。

运算器和控制器合在一起称为CPU(Central Processing Unit，中央处理器)，它是计算机的核心。存储器分为内存储器(简称内存)和外存储器(简称外存)两种。CPU、内存储器、总线等构成了计算机的主机。输入设备和输出设备简称I/O(Input/Output)设备。I/O设备和外存储器等通常称为计算机的外部设备，简称外设。图2.2是计算机硬件组成的示意图。

1. 中央处理器

中央处理器，又称中央处理单元，即CPU。它由控制器和运算器组成，通常集成在一块芯片上。计算机中的输入/输出设备与存储器之间的数据传输和处理都通过CPU来控制执行。微机中的中央处理器又称为微处理器，如Intel公司的Pentium(奔腾)处理器。

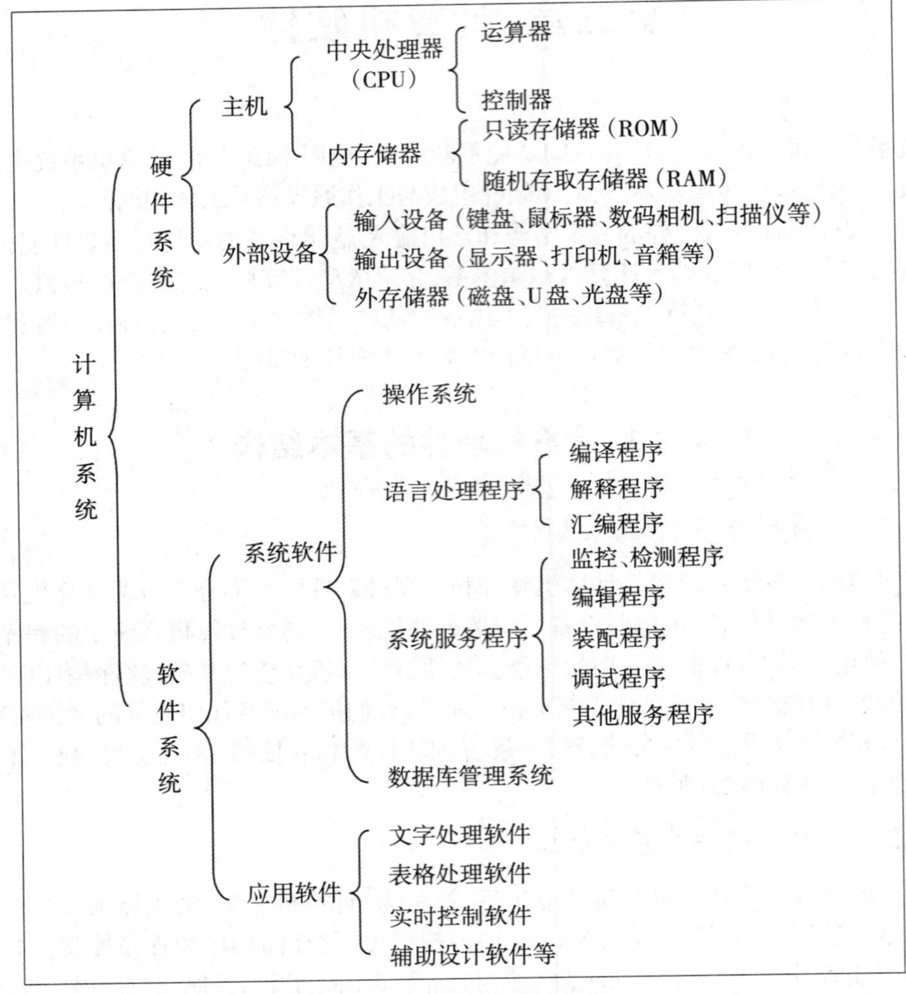

图2.1 计算机系统的组成

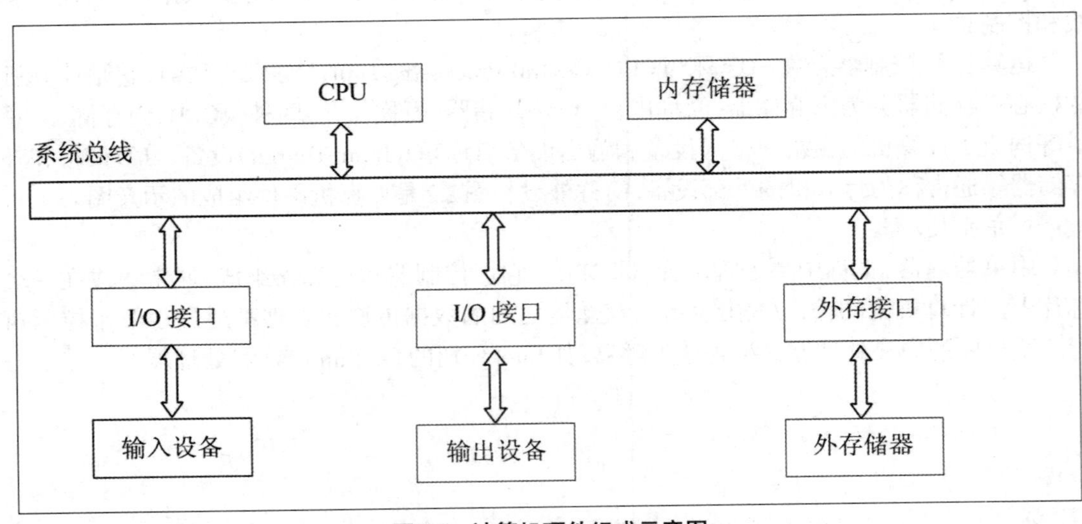

图2.2 计算机硬件组成示意图

(1) 控制器

控制器是对输入的指令进行分析，并统一控制计算机的各个部件完成一定任务的部件。它一般由指令寄存器、状态寄存器、指令译码器、时序电路和控制电路组成。计算机的工作方式是执行程序，程序就是为完成某一任务所编制的特定指令序列，各种指令操作按一定的时间关系有序安排，控制器产生各种最基本的不可再分的微操作的命令信号，即微命令，以指挥整个计算机有条不紊地工作。当计算机执行程序时，控制器首先从程序计数寄存器中取得指令的地址，然后从存储器中取出指令，由指令译码器对指令进行译码后产生控制信号，用以驱动相应的硬件完成指令操作。简言之，控制器就是协调指挥计算机各部件工作的元件，它的基本任务就是根据各类指令的需要综合有关的逻辑条件与时间条件产生相应的微命令。

(2) 运算器

运算器又称算术逻辑单元(Arithmetic Logic Unit，简称ALU)。运算器的主要任务是执行各种算术运算和逻辑运算。算术运算是指各种数值运算，如加、减、乘、除等。逻辑运算是指进行逻辑判断的非数值运算，如与、或、非、比较、移位等。计算机所完成的全部运算都是在运算器中进行的，根据指令所规定的寻址方式，运算器从存储器或寄存器中取得操作数，进行计算后，送回到指令所指定的寄存器或存储器中。运算器的核心部件是加法器和若干个寄存器，加法器用于运算，寄存器用于存储参加运算的各种数据以及运算后的结果。

CPU的主要技术指标是字长和主频。字长是指CPU同时处理二进制数据的位数。字长越长，计算机的运算能力越强，精度越高。常见的字长有16位、32位、64位等，如某类计算机的CPU字长为32位，则相应的计算机称为32位机。主频也叫时钟频率，单位是MHz或GHz，用来表示CPU的运算速度。

2. 存储器

存储器具有记忆功能，用来保存信息，如数据、指令和运算结果等。存储器可分为两种：内存储器与外存储器。

(1) 内存储器

内存储器也称主存储器，它直接与CPU相连接，存储容量较小，但存取速度快，用来存放当前运行程序的指令和数据，并直接与CPU交换信息。内存一般由半导体器件构成。半导体存储器可分为随机存取存储器(RAM)和只读存储器(ROM)两种。

① RAM。RAM是随机存取存储器(Random Access Memory)，其特点是可以读写，存取任一单元所需的时间相同，通电时RAM中的内容可以保持，断电后，存储的内容立即消失。RAM可分为动态(Dynamic RAM)和静态(Static RAM)两大类。所谓动态随机存储器DRAM是用MOS电路和电容来做存储元件的。由于电容会放电，所以需要定时充电以维持存储内容的正确，例如每隔2ms刷新一次，因此称之为动态存储器。所谓静态随机存储器SRAM是用双极型电路或MOS电路的触发器来做存储元件的，它没有电容放电造成的刷新问题。只要有电源正常供电，触发器就能稳定地存储数据。DRAM的特点是集成密度高，主要用于大容量存储器。SRAM的特点是存取速度快，主要用于高速缓冲存储器(也称快存Cache)。

② ROM。ROM是只读存储器(Read Only Memory)，它的特点是存储的信息只能读出，不能写入，断电后信息不会丢失。ROM分为一次性写入ROM、可编程ROM(Programmable ROM，简称PROM)、可擦除可编程ROM(Erasable Programmable ROM，简称EPROM)、电擦除可编程ROM(Electrically Erasable Programmable ROM，简称E^2PROM)。一次性写入ROM只

能读出原有的内容,不能由用户再写入新内容。原来存储的内容是由厂家一次性写入的,并永久保存下来。EPROM存储的内容可以通过紫外光照射来擦除,这使它的内容可以反复更改。

现在PC机主板上的ROM存储器大多采用闪存(Flash Memory),用于存放系统BIOS(或UEFI)软件,通常只读,其存放的软件升级时可写入。

存储器的存储容量以字节(简写为B)为基本单位,每个字节都有自己的编号,称为“地址”。如果访问存储器中的某个信息,就必须知道它的地址,然后再按地址存入或取出信息。

存储容量是存储器的一项很重要的性能指标,它通常使用2的幂次方个字节作为单位。存储容量的常用单位有:

千字节(简写为KB),$1KB=2^{10}B=1024B$;

兆字节(简写为MB),$1MB=2^{10}KB=1024KB$;

吉字节(简写为GB),$1GB=2^{10}MB=1024MB$;

太字节(简写为TB),$1TB=2^{10}GB=1024GB$。

需要注意的是,硬盘厂商提供的硬盘容量衡量标准是:

1TB=1000GB;

1GB=1000MB;

1MB=1000KB;

1KB=1000B。

(2) 外存储器

外存储器又称辅助存储器(简称辅存),它是内存的扩充。外存存储容量大,价格低,但存取速度慢,一般用来存放大量暂时不用的程序、数据和中间结果,需要时,可成批地和内存储器进行数据交换。计算机执行程序时,外存中的程序和相关数据必须先传送到内存,然后才能被CPU使用。常用的外存有磁盘、光盘、U盘和磁带等。

3. 输入设备

“输入”是把信息送入计算机的过程,作为名词使用时,指的是向计算机输入的内容。输入可以由人、外部环境或其他计算机来完成。用来向计算机输入信息的设备通常称为输入设备。按照输入信息的类型,输入设备有多种,例如,数字和文字输入设备(键盘、写字板等),位置和命令输入设备(鼠标器、触摸屏等),图形输入设备(扫描仪、数码相机等),声音输入设备(麦克风、MIDI演奏器等),视频输入设备(摄像机),温度、压力输入设备(温度传感器、压力传感器)等。输入到计算机中的信息都使用二进制(“0”和“1”)来表示。

4. 输出设备

“输出”表示把信息送出计算机,作为名词使用时,指的是计算机所产生的结果。计算机的输出可以是文本、语音、音乐、图像、动画等多种形式。负责完成输出任务的是输出设备,它们的功能是把计算机中用“0”和“1”表示的信息转换成为人可直接识别和感知的形式。例如,在PC机中,显示器、打印机、绘图仪等都是输出文字和图形的设备,音箱是输出语音和音乐的设备。

5. 系统总线与I/O接口

系统总线是用于在CPU、内存、外存和各种输入/输出设备之间传输信息并协调它们工作的一种部件(含传输线和控制电路)。有些计算机把用于连接CPU和内存的总线称为系统总线(或CPU总线、前端总线),把连接内存和I/O设备(包括外存)的总线称为I/O总线。为了方便地更换与扩充I/O设备,计算机系统中的I/O设备一般都通过I/O接口与各自的控制器连接,然后由控制器与I/O总线相连。常用的I/O接口有并行口、串行口、视频口、USB口等。

§2.2 常用输入设备

输入设备用于向计算机输入命令、数据、文本、声音、图像和视频等信息,它们是计算机系统必不可少的重要组成部分。本节主要介绍键盘、鼠标器、手写笔、扫描仪和数码相机等常用的输入设备。

2.2.1 键盘

键盘是计算机最常用也是最主要的输入设备。通过键盘,可以将字母、数字、标点符号等输入到计算机中,从而向计算机发出命令,输入中西文字和数据。

计算机键盘上有一组印有不同符号标记的按键,按键以矩形排列安装在电路板上。这些按键包括数字键(0~9)、字母键(A~Z)、符号键、运算键以及若干控制键和功能键。台式PC机普遍采用的是104键的键盘,表2.1是PC机键盘中部分常用控制键的主要功能。

表2.1 PC机键盘中部分控制键的作用

控制键名称	主要功能
Alt	Alternate的缩写,它与另一个(些)键一起按下时,将发出一个命令,其含义由应用程序决定
Break	与另一个键一起按下时,经常用于终止或暂停一个程序的执行
Ctrl	Control的缩写,它与另一个(些)键一起按下时,将发出一个命令,其含义由应用程序决定
Delete	删除光标右面的一个字符,或者删除一个(些)已选择的对象
End	把光标移动到行末
Esc	Escape的缩写,经常用于退出一个程序或操作
F1~F12	共12个功能键,其功能由操作系统及运行的应用程序决定
Home	通常用于把光标移动到开始位置,如一个文档的起始位置或一行的开始处
Insert	在输入字符时可以有覆盖方式和插入方式两种,Insert键用于在两种方式之间进行切换
Num Lock	数字小键盘可以像计算器键盘一样使用,也可作为光标控制键使用,由本键在两者之间进行切换
Page Up	使光标向上移动若干行(向上翻页)
Page Down	使光标向下移动若干行(向下翻页)
Pause	临时性地挂起一个程序或命令
Print Screen	记录当时的屏幕内容

随着多媒体和因特网应用的普及,有些PC机键盘还增加了一些新的快捷键。例如,有关多媒体控制功能的快捷键可以用来方便地进行如声音的音量控制、静音控制,音轨的前进和后退,节目的播放、暂停、停止,光盘的弹出等;有关因特网的快捷键可用来打开浏览器,转向上一网页,转向下一网页,启动电子邮件程序等。但这些快捷键的数量和功能,各种键盘并不完全相同。

用户按下每个按键时,它们会发出不同的信号,这些信号由键盘内部的电子线路转换成相应的二进制代码,然后通过键盘接口送入计算机。键盘与主机的接口有多种形式,一般采用的是USB接口、AT接口或PS/2接口。

2.2.2 鼠标器

鼠标器简称鼠标,它是一种指示设备,能方便地控制屏幕上的鼠标箭头准确地定位在指定的位置处,并通过按钮完成各种操作。它的外形轻巧,操纵自如,尾部有一条连接计算机的电缆,状似老鼠,故得其名。由于价格较低,操作简便,用途广泛,目前它已成为计算机必备的输入设备之一。

当用户移动鼠标器时,借助于机械或光学的原理,鼠标运动的距离和方向(X方向及Y方向的距离)将分别变换成脉冲信号输入计算机,计算机中运行的鼠标驱动程序把接收的脉冲信号再转换为鼠标器在水平方向和垂直方向的位量,从而控制屏幕上鼠标箭头的运动。

鼠标器的技术指标之一是分辨率,用dpi(dot per inch)表示,它指鼠标每移动一英寸距离可分辨的点的数目。分辨率越高,定位精度就越好,目前可达到12000 ~ 16000 dpi。

鼠标器通常有两个按键,称为左键和右键,它们的按下和放开,均会以电信号的形式传送给主机。至于按键后计算机做些什么,则由正在运行的软件决定。除了左键和右键之外,鼠标器中间还有一个滚轮,这是用来控制屏幕内容进行移动的,与窗口右边框滚动条的功能一样。

鼠标器一般通过USB接口与主机相连,可以方便地进行插拔。无线鼠标也已推广使用,有些产品作用距离可达10 m左右。

2.2.3 手写笔

对于许多用户,用键盘向计算机输入中文毕竟不像使用笔写字那么自然和方便,手写笔的出现就是为了输入中文,它兼有鼠标、键盘及写字笔的功能,结构简单,操作使用也不困难。

手写笔一般由两部分组成:一部分是与主机相连接的“写字板”,接主机的串行口或USB接口;另一部分是在写字板上写字的“笔”。用户通过写字笔与写字板的相互作用来完成写字、画画和控制鼠标箭头的操作。

手写笔的出现为输入汉字提供了方便,用户不再需要学习其他的输入方法就可以很轻松地输入中文,当然这还需要运行专门的手写汉字识别软件。同时,手写笔还具有鼠标的作用,可以代替鼠标操作Windows,并能方便地作画。

2.2.4 扫描仪

扫描仪是将原稿(图片、照片、底片、书稿等)输入计算机的一种输入设备。按扫描仪的结构来分,扫描仪可分为手持式、平板式、胶片和滚筒式等几种。

手持式扫描仪工作时,操作人员用手拿着扫描仪在原稿上移动。它的扫描头比较窄,只适用于扫描较小的原稿。

平板式扫描仪主要扫描反射式原稿,它的适用范围较广,单页纸可扫描,一本书也可逐页扫描。它的扫描速度、精度、质量比较好,已经在家用和办公自动化领域得到了广泛应用。

胶片扫描仪和滚筒式扫描仪都是高分辨率的专业扫描仪,它们在光源、色彩捕捉等方面均具有较高的技术性能,光学分辨率很高,这种扫描仪多数应用于专业印刷排版领域。

扫描仪的主要性能指标包括以下几个方面。

① 扫描仪的分辨率。它反映了扫描仪扫描图像的清晰程度,用每英寸生成的像素数目(dpi)来表示,如300×600 dpi、600×1200 dpi、1200×2400 dpi等。

② 色彩位数(色彩深度)。它反映了扫描仪对图像色彩的辨析能力,色彩位数越多,扫描仪所能反映的色彩就越丰富,扫描的图像效果也越真实。色彩位数可以是24位、30位、36位、42位、48位等。

③ 扫描幅面。指允许被扫描原稿的最大尺寸,例如A4、A4加长、A3、A1、A0等。

④ 与主机的接口。如SCSI接口、USB接口和Firewire接口。

2.2.5　数码相机

数码相机是一种重要的图像输入设备。与传统照相机相比,它不需要胶卷和暗房,能直接将照片以数字形式记录下来,并输入电脑进行处理,或通过打印机打印出来,或与电视机连接进行观看。

数码相机的镜头和快门与传统相机基本相同,不同之处是它不使用光敏卤化银胶片成像,而是将影像聚焦在成像芯片(CCD或CMOS)上,并由成像芯片转换成电信号,再经模数转换(A/D转换)变成数字图像,经过必要的图像处理和数据压缩之后,存储在相机内部的存储器中。整个过程不到1秒钟,其中成像芯片是数码相机的核心。图2.3是数码相机的成像过程。

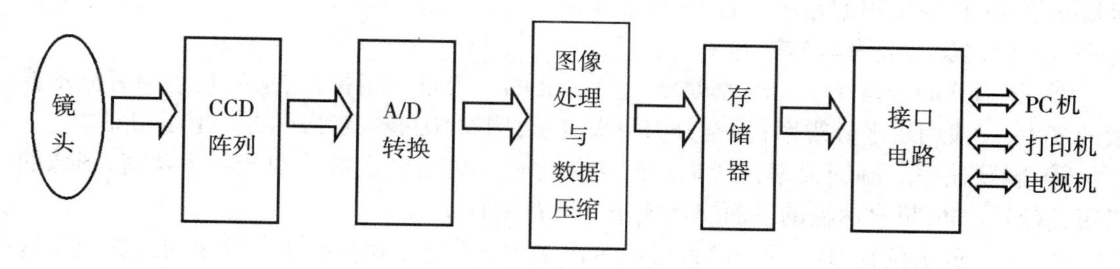

图2.3　数码相机的成像过程

CCD芯片中有大量的CCD像素,每一个像素可记录图像中的一个点,然后将其光信号转换为电信号。显然,CCD像素越高,影像分解的点就越多,最终所得到的影像的分辨率(清晰度)就越高,图像的质量也越好。所以,CCD像素的数目是数码相机的一个至关重要的性能指标。

选用多少像素的数码相机合适,完全取决于对最终图像大小和清晰度的要求。例如获取供计算机显示或网页上使用的图像,以及制作3~5英寸以下的照片(图片)时,中低分辨率(1024×768 dpi~1600×1200 dpi)即可满足要求。所以200万像素左右的数码相机,已经能满足普通消费者的一般应用要求。

经过CCD芯片成像转换得到的数字图像,存储在数码相机的存储器中。数码相机的存储器大多采用快擦写存储器(闪烁存储器),即使断电也不会丢失信息。存储容量是数码相机的另一项重要性能,在图像分辨率和质量要求相同的情况下,存储容量越大,可存储的数字相片就越多。

目前,数码相机的结构已日趋完善,功能趋于多样化。一般使用的轻便数码相机,结构上都配置有彩色液晶显示器、USB数字接口和模拟视频信号输出,具有自动聚焦、自动曝光、自动白平衡调整、数字变焦、影像预视、影像删除等功能,有的还增设了连续拍摄功能,可满足人们多样化的需求。

§2.3 常用输出设备

2.3.1 显示器

显示器是计算机必不可少的一种图文输出设备,其作用是将数字信号转换为光信号,最终将文字与图形显示出来。没有显示器,用户便无法了解计算机的处理结果和所处的工作状态,也无法进行操作。

计算机显示器通常由两部分组成:监视器和显示控制器。监视器以CRT(阴极射线管)显示器或LCD液晶显示器为核心,加上必要的视频信号放大电路及同步扫描电路,它是一个独立的设备,就是我们日常所说的"显示器"。显示控制器在PC机中多半做成扩充卡的形式,所以也叫作显示卡、图片卡或者视频卡。显示卡包含接口电路、控制逻辑、绘图处理器及显示存储器,通常也是一个独立产品。有些个人计算机的主板上已包含有显示卡,这样做一方面成本较低,同时也节省了一个插槽。

显示器的主要性能参数包括以下几个方面。

① 显示屏的尺寸。与电视机相同,计算机显示器屏幕的大小也是以显示屏的对角线长度来度量,目前常用的显示器有15英寸、17英寸、19英寸、21英寸等。显示屏的水平方向与垂直方向之比一般为4:3或16:9。

② 显示器的分辨率。分辨率是衡量显示器的一个重要指标,它指的是整屏可显示像素的多少,一般用水平分辨率×垂直分辨率来表示,例如1024×768 dpi、1280×1024 dpi等。

③ 刷新速率。刷新速率指所显示的图像每秒钟更新的次数。刷新频率越高,图像的稳定性越好。PC机显示器的画面刷新速率一般在85Hz以上。

④ 可显示颜色数目。一个像素可显示出多少种颜色,由表示这个像素的二进位位数决定。彩色显示器的彩色是由三个基色R、G、B合成而得到的,因此是R、G、B三个基色的二进位位数之和决定了可显示颜色的数目。例如,R、G、B分别用8位表示,则它就有$2^{24}\approx1680$万种不同的颜色。

2.3.2 打印机

目前使用比较广泛的打印机有针式打印机、激光打印机、喷墨打印机和热敏打印机。

1. 针式打印机

针式打印机是一种击打式打印机,它的工作原理主要体现在打印头上。打印头上安装了若干根钢针,有9针、16针和24针等几种。

针式打印机在过去很长一段时间内得到广泛使用,但由于打印质量不高、工作噪声大,现已被淘汰出办公和家用打印机市场。但它使用的耗材成本低,能多层套打,特别是平推打印机,因其独特的平推式进纸技术,在打印存折和票据方面,具有其他类型打印机所不具有的优势,在银行、证券、邮电、商业等领域仍有着不可替代的地位。

2. 激光打印机

激光打印机是激光技术与复印技术相结合的产物,它是一种高质量、高速度、低噪声、价格适中的输出设备。

激光打印机多半使用并行接口或USB接口，一些高速激光打印机则使用SCSI接口。

激光打印机分为黑白和彩色两种，其中低速黑白激光打印机的价格目前已经降至普通用户可接受的水平。而彩色激光打印机的价格较高，适合专业用户使用。

3. 喷墨打印机

喷墨打印机也是一种非击打式输出设备，它的优点是能输出彩色图像，经济、低噪音，打印效果好，有利于保护办公室环境等。在彩色图像输出设备中，喷墨打印机已占绝对优势。

喷墨打印机按打印头的工作方式可以分为压电喷墨技术和热喷墨技术两大类。按照喷墨材料的性质又可以分为水质料、固态油墨和液态油墨等类型。

喷墨打印机的关键技术是喷头。要使墨水从喷嘴中以每秒近万次的频率喷射到纸上，这对喷嘴的制造材料和工艺要求很高。喷墨打印机所使用的耗材是墨水，理想的墨水应不损伤喷头，能快干且不在喷嘴处结块，防水性好，不在纸张表面扩散或产生毛细渗透现象。此外，墨水应无毒、不污染环境、不影响纸张再生使用。由于上述要求，因此墨水成本高，而且消耗快，这是喷墨打印机的不足之处。

4. 热敏打印机

热敏打印机结构类似于针式打印机，但打印原理不同。其打印头上有加热元件，耗材是热敏纸，热敏纸是一种专用纸张，涂有一层热敏涂料。当打印机接收到电脑传来的打印信号后，加热打印头，打印头接触热敏纸，纸遇热产生化学反应，生成相应的图形文字。通俗一点就是烧出来的。热敏打印机在pos终端系统、超市、银行系统得到广泛应用。

5. 打印机的性能指标

打印机的性能指标主要是打印精度、打印速度、色彩数目等。

① 打印精度。打印精度也就是打印机的分辨率，它用dpi（每英寸可打印的点数）来表示，是衡量图像清晰程度最重要的指标。针式打印机的分辨率一般只有180 dpi，激光打印机的分辨率最低是300 dpi，有的产品为400 dpi、600 dpi、800 dpi，甚至达到1200 dpi。喷墨打印机分辨率一般可达300 ~ 360 dpi，高的能达到720 dpi以上。

② 打印速度。针式打印机的打印速度用CPS（每秒打印的字符数目）来衡量，一般为100 ~ 200 CPS。激光打印机和喷墨打印机是一种页式打印机，它们的速度单位是每分钟打印多少页纸（PPM），家庭用的低速打印机大约为4 PPM，办公使用的高速激光打印机速度可达到10 PPM以上。

③ 色彩数目。这是指打印机可打印的不同彩色的总数。对于喷墨打印机来说，最初只使用3色墨盒，色彩效果不佳。后来改用青、黄、洋红、黑4色墨盒，虽然有很大改善，但与专业要求相比还是不太理想。于是又加上了淡青和淡洋红两种颜色，以改善浅色区域的效果，从而使喷墨打印机的输出有着更细致入微的色彩表现能力。

除了日常使用的打印机外，工业界还使用3D打印机。其原理是把数据和原料放进3D打印机中，机器会按照程序把产品一层层造出来，即以逐层打印方式来构造为物体。物品先在计算机中设计成型，再将其切片成数字切片，这些数字切片送到3D打印机上，运用特殊的蜡材、粉末状金属或塑料等可黏合材料，通过打印一层层的黏合材料制造三维的物体。如可以打印房子、汽车、衣服、人体器官等。

3D打印不需要机械加工或模具，能直接从计算机图形数据生成任何形状的物体，并通过3D打印机打印出来,带来了世界性制造业革命。

§2.4 外存储器

目前计算机的外存储器主要有硬盘、光盘、U盘、磁带等。

2.4.1 硬盘存储器

硬盘是计算机重要的外存储器。目前的硬盘主要有两种,一种是由磁盘构成的传统的机械式硬盘,另一种是由闪存芯片构成的固态硬盘。下面在不混淆的情况下,前者简称硬盘。

1. 硬盘

硬盘存储器由磁盘盘片(存储介质)、主轴与主轴电机、移动臂、磁头和控制电路等组成,它们全部密封于一个盒状装置内,这就是通常所说的硬盘驱动器。

为了提高CPU访问硬盘的速度,硬盘通过将数据暂存在一个比其速度快得多的缓冲区内来与CPU交换数据,这个缓冲区就是硬盘的高速缓存(Cache)。高速缓存由DRAM芯片构成,由于DRAM的速度比磁介质快很多,因此就加快了数据传输的速度。

硬盘与主机的接口主要有两大类:IDE接口和SCSI接口。个人计算机使用的硬盘接口主要是IDE(Integrated Drive Electronics)接口,IDE接口将控制电路与盘体集成在一起,因而减少了硬盘接口的电缆数目。

SCSI(Small Computer System Interface,小型计算机系统接口)接口使用一根50芯的扁平电缆,可串接多种外部设备。选用SCSI接口必须在主机中配置SCSI适配器及相应的驱动程序。SCSI接口的硬盘数据传输速度快,CPU占用率低,能支持更多的设备在多任务方式下工作。但SCSI接口的硬盘较贵,还需购买SCSI卡,安装也不十分方便,比较适用于服务器之类的计算机。

硬盘存储器的主要性能指标包括容量、平均访问时间、Cache容量、数据传输速率等。

硬盘的正确使用和日常维护非常重要,否则会出现故障或缩短使用寿命,甚至殃及所存储的信息,给工作或学习带来不可挽回的损失。硬盘使用中应注意以下问题。

① 硬盘正在读写时不能关掉电源。因为在硬盘高速旋转时,断电将导致磁头与盘片猛烈摩擦,从而损坏硬盘。

② 保持使用环境的清洁卫生,注意防尘;控制环境温度,防止高温、潮湿和磁场的影响。

③ 防止硬盘受震动。硬盘在进行读写操作时,一旦发生较大的震动,就可能造成磁头与盘片相撞,导致盘片数据区损坏(划盘),丢失硬盘内的文件内容。因此在磁盘工作时严禁搬运。目前市场已经推出了防震硬盘。

④ 及时对硬盘进行整理,包括目录的整理、文件的清理、磁盘碎片整理等。

⑤ 防止计算机病毒对硬盘的破坏,定期对硬盘进行病毒检测。

2. 固态硬盘

固态硬盘(Solid State Disk或Solid State Drives,SSD)是一种主要由控制单元和固态存储单元组成的硬盘。固态硬盘的存储介质分为两种,一种是FLASH芯片(闪存),另一种是DRAM芯片。目前市场上的绝大多数固态硬盘都是基于闪存的固态硬盘,例如笔记本硬盘、微硬盘等。

固态硬盘一般采用SATA、M.2、PCI-E等接口，可以插在总线的标准硬盘插槽中，功能就与硬盘一样，处理来自操作系统的读写逻辑块的请求。

与磁盘相比，基于闪存的固态硬盘有很多优点。SSD由半导体存储器构成，没有机械式移动的部件，因而随机访问时间比旋转的磁盘要快，低噪音，低能耗，防震抗摔，启动速度快，尺寸小，重量轻，以及工作温度范围大。SSD也存在一些缺点。首先，反复写，闪存块会磨损，所以SSD容易损坏，虽然闪存转换层中的平均磨损逻辑试图将擦除操作平均分布在所有的块上，提高每个块的使用寿命，但是最基本的限制还是没有改变。其次，闪存价格比磁盘贵。另外，在固态硬盘上一旦出现数据损坏，想恢复数据是困难的。

在移动设备中，已经普及使用固态硬盘。在笔记本中也越来越多地将固态硬盘作为机械式硬盘的替代品，在台式机和服务器中也开始使用固态硬盘。磁盘还会继续存在，但固态硬盘是一项重要的新的存储技术。

2.4.2 移动存储器

硬盘驱动器拆装麻烦、成本较高，不易携带，移动存储器目前已经成为外存储器的一个重要品种。

目前广泛使用的移动存储器有U盘和移动硬盘两种。

1. U盘

U盘全称为“USB闪存盘”，采用Flash存储（闪存）技术，体积很小，重量很轻，目前市场提供的有4GB、8GB、16GB、32GB、64GB、128GB、256GB、512GB、1TB等容量的U盘，具有写保护功能，数据保存安全可靠，使用寿命可长达数年之久，通过USB接口与计算机连接。

2. 移动硬盘

U盘虽然体积轻巧、携带方便、安全性高，然而最大的问题是容量不是非常大，对于影视、广告等行业中需要保存图像、声音和视频文件的专业用户还远远不够，也不适合用作计算机系统的备份，因而需要使用另一种移动存储器——移动硬盘。

移动硬盘是采用USB或IEEE1394接口、可以随时插拔、小巧而便于携带的硬盘存储器。市场上的移动硬盘存储容量有500GB、600GB、900GB、1000GB（1TB）、1.5TB、2TB、2.5TB、3TB、3.5TB、4TB等。

2.4.3 光盘存储器

自20世纪70年代光存储技术诞生以来，光盘存储器获得了迅速发展，形成了只读光盘、可刻录光盘、可擦写光盘三种类型产品。

只读光盘就是将信息事先制作在光盘上，用户不能抹除，也不能再写入，只能读出盘中的信息。现在PC机上广泛使用的CD-ROM光盘和DVD-ROM光盘就属于这一类。

可刻录光盘，它可以由用户自己将信息写入光盘，但写过后不能抹除和修改，只能在空白处追加写入。这种光盘主要供用户作为信息存档和备份之用，CD-R（CD-Recordable）光盘就属于此类，它可反复多次读取数据。

可擦写型光盘，用户既可以对它写入信息，也可以对写入的信息进行擦除和改写，就像使用磁盘一样。CD-RW（CD-Rewritable）光盘就属于这类光盘，它可多次读写。

光盘存储器的成本较低，存储密度高，容量很大，还具有很高的可靠性，不容易损坏，在正常情况下是非常耐用的。即使盘面有指纹或灰尘存在，数据仍然可以读出。光盘的表面介质也不易受温度与湿度的影响,易于长期保存。光盘存储器的缺点是读出速度和数据传输速度比硬盘慢得多。

1. CD-ROM存储器

CD(Compact Disc)是小型光盘的英文缩写,最早应用于数字音响领域,20世纪80年代开始作为计算机外存储器使用。CD-ROM(只读式CD光盘)与其他CD光盘存储器一样,由光盘片(简称光盘)和光盘驱动器两个部分组成。

CD光盘驱动器的性能指标之一是数据传输速度,它以第一代CD-ROM驱动器的传送速率(每秒150KB)为单位,目前驱动器的速率多为40倍速(6MB/s)、48倍速(7.2MB/s)、52倍速(7.8MB/s)、56倍速,甚至更高。

光驱与主机的接口有IDE(E-IDE)和SCSI之分。目前所使用的光驱大多为E-IDE接口,它可以直接与主板连接。

2. CD-R存储器

CD-R叫作可刻录光盘,也叫光盘刻录机。它是一种写入后不能修改但允许反复多次读出的CD光盘存储器。其数据读取的原理与CD-ROM相同,因而CD-R盘片上刻录的数据,既可以在CD-R刻录机上读取,也可以在普通的CD-ROM驱动器中读取。

3. CD-RW存储器

CD-R可刻录光盘的不足之处是写入数据后不允许改写,操作过程一旦有误则可能导致整个盘片报废。而CD-RW是一种可重复擦写型光盘存储器,它与CD-R在结构、工艺与成本方面均差别不大,且可使用CD-R盘片进行刻录,因此一经问世即迅速普及。目前它已全面取代CD-R刻录光盘而成为市场的主流产品。

但CD-RW光盘存储器对盘片进行重写需要使用专用的CD-RW盘片,而且擦写次数有限。

4. DVD存储器

DVD的英文全名是Digital Versatile Disk,即数字多用途光盘。DVD不仅可以存储数字音像资料,而且可以作为计算机的外存储器。从DVD在娱乐行业的应用来分,它有两种不同的规格:一种是DVD-Video(即通常所说的DVD),用作家用影视光盘,类似VCD;另一种是DVD-Audio,它是音乐光盘,用途类似CD唱片。

从计算机存储器的角度来看,DVD有下列三种不同的产品:

① DVD-ROM。DVD只读光盘,用途类似CD-ROM。

② DVD-R(DVD-Write-Once)。限写一次的DVD,用途类似CD-R。

③ DVD-RW(DVD-Rewritable)。可多次读写的光盘,用途类似CD-RW。

DVD盘片与CD盘片的大小相同,直径约12cm(也有8cm的),可单面存储,也可双面存储,每一面可以是单层也可以是双层存储。因此一张DVD光盘最多可有双面共4层的存储空间。

DVD驱动器目前主要有两类:一类是专门用于播放DVD影碟的DVD影碟机,另一类是安装在PC机上使用的DVD-ROM驱动器。就驱动器而言,两者的结构和原理是一样的,与CD光盘驱动器也无本质的区别。驱动器中最关键的部件是激光头(简称光头)。由于DVD与CD使用的激光波长不同,为了使DVD向下兼容CD及VCD,DVD光头的设计比CD更复杂。

§2.5 计算机基本工作原理

目前，计算机的硬件系统采用的是冯·诺依曼（Von Neumann）体系结构，即计算机由运算器、控制器、存储器、输入设备和输出设备五大部分组成，其工作原理是“存储程序和程序控制”。计算机的工作过程就是执行程序的过程，而程序则是由一条条指令组成。程序通过输入设备并在操作系统的控制下送入内存，然后由CPU按照其在内存中的存放地址依次取出并执行，执行结果由输出设备输出。

当人们需要计算机完成某项任务的时候，事先需要编制程序。编制程序首先要将任务分解为若干个基本操作的序列，并将每一个操作转换成相应的指令；然后按一定的顺序和结构组织指令，即编写程序；在程序中规定计算机需要做哪些事，按什么步骤去做。程序中还包括需要运算处理的原始数据，或规定计算机在什么时候从输入设备获得数据。此外，程序中还需要指出计算结果从什么输出设备、按什么格式输出。

程序一般是用高级语言编写的，编写好的程序经由输入设备（如键盘）输入计算机，存放在存储器中；然后编译程序，将高级语言程序翻译成机器语言程序，即机器指令序列；最后计算机运行程序，按照一定顺序从存储器逐条读取指令，按照指令的要求执行操作，直到运行的程序执行完毕。

1. 指令和程序的概念

指令就是让计算机完成某个操作所发出的命令，它是构成程序的基本单位。指令采用二进制表示，它用来规定计算机执行什么操作。大多数情况下，指令由两个部分组成，前面是操作码，后面是操作数。操作码指明该指令要完成的操作，如加、减、乘、除、取数、存数等。操作数是指参加运算的数据或者数据所在的单元地址。一台计算机的所有指令的集合，称为该计算机的指令系统。

人们根据解决某一问题的步骤，将计算机完成的任务分解为一系列基本操作，将这些基本操作按照一定的顺序进行组织，从而形成一个指令序列。计算机执行了这一指令序列，便可完成预定的任务。这一指令序列就称为程序。显然，程序中的每一条指令必须是所用计算机的指令系统中的指令，因此指令系统是提供给人们编制程序的基本依据。指令系统反映了计算机的基本功能，不同的计算机其指令系统也不相同。

2. 计算机执行指令的过程

尽管计算机可以运行非常复杂的程序，完成多种多样的功能，但是，任何复杂程序的运行总是由CPU一条一条地执行指令来完成的。CPU执行每一条指令都分成若干步，每一步完成一个或几个非常简单的操作（称为微操作）。计算机执行指令的过程大体如下。

① CPU的控制器从内存读取一条指令，并放入指令寄存器。

② 指令寄存器中的指令经过译码，决定该条指令应进行什么操作、操作数在哪里。

③ 根据操作数的位置取出操作数。

④ 运算器按照操作码的要求，对操作数完成规定的运算。

⑤ 将运算结果保存到指定的寄存器或内存单元。

⑥ 计算下一条指令的地址。

3. 程序的执行过程

程序是由一系列指令的有序集合构成的，计算机执行程序就是执行这一系列指令。

CPU从内存读出一条指令到CPU内执行,该指令执行完,再从内存读出下一条指令到CPU内执行。CPU不断地读取指令、执行指令,这就是程序的执行过程。

上面从计算机指令和程序的执行过程介绍了计算机的基本工作原理。下面我们来分析一下用户应用计算机求解问题的过程。

对于大多数用户来说,他们使用计算机处理事务并不需要自己编写程序,只需要面对显示器,使用键盘、鼠标操作计算机,完成有关事务处理。例如,用户利用Word软件打字、编辑、排版文稿。

对于研制软件的计算机工作者来说,任务就复杂多了。他们大致需要经过需求分析、建立数学模型并设计算法、编写应用程序、编译与调试程序、执行目标程序等几个阶段。首先要进行需求分析,就是确认该软件应具备哪些功能;然后根据提出的实际问题建立相应的数学模型;接下来就是设计计算机实现的算法,即制定计算机求解问题的方法和步骤,例如信息检索的方法、数据排序的方法。算法确定之后就可以选择合适的程序设计语言和有关开发工具,编写应用程序;将程序输入计算机后,调用相应的编译程序进行编译,形成机器语言表示的目标程序,并通过调试来修改程序中的错误;最后执行目标程序完成预定的任务。

§2.6 微型计算机系统的配置及主要技术指标

20世纪70至80年代计算机发展史上最重大的事件之一,是出现了微处理器,从而诞生了微型计算机,简称微型机或微机。随着微处理器的问世,微处理器得到了不同寻常的发展,其主要标志是处理器的字长、结构、功能、晶体管数目和工作频率的变化。微处理器的字长从4位、8位、16位、32位,发展到现在的64位,其性能已达到传统的小型计算机的水平。微型计算机具有体积小、功能强、使用方便、环境适应性强、价格便宜等特点,因而它的应用越来越广泛。

2.6.1 微处理器、微型计算机、微型计算机系统

1. 微处理器

微处理器就是微型计算机中的中央处理器(CPU)。例如,IBM PC机中使用的微处理器有Pentium、Pentium Ⅱ、Pentium Ⅲ、Pentium 4、Pentium D(奔腾双核)、Core(酷睿)、Core2(酷睿2)、Core2 Duo(酷睿2双核)、Core2 Quad(酷睿2四核)、Core i3、Core i5、Core i7等。

2. 微型计算机

微型计算机指的是由微处理器、存储器、各种输入/输出接口电路以及系统总线组成的硬件系统。

3. 微型计算机系统

微型计算机系统包括微型计算机、外部设备(键盘、显示器、打印机、外存储器等)、系统软件、应用软件以及电源等部件。

2.6.2 微型计算机的主要技术指标

1. CPU类型

它决定了微型计算机系统的档次。

2. 字长

字长是指CPU一次最多可同时传送和处理的二进制位数，它直接影响到计算机的速度、功能、用途和应用范围。如Pentium 4是64位字长的微处理器。

3. 主频

主频又称时钟频率，它是指CPU内部晶振的频率，常用单位为兆赫兹(MHz)、千兆赫兹(GHz)，它反映了CPU的基本工作节拍。在机器语言中，以执行一条指令所需要的机器周期数来说明指令执行的速度。一般以CPU类型和时钟频率来说明计算机的档次。

4. 运算速度

运算速度是指计算机每秒能执行的指令数。单位有MIPS（每秒百万条定点指令）、MFLOPS（每秒百万条浮点指令）。

5. 存取速度

这是指存储器完成一次读取或保存操作所需的时间，称为存储器的存取时间或访问时间。而连续两次读或写所需要的最短时间，称为存储周期。对于半导体存储器来说，存取周期大约为几十到几百毫微秒之间，它的快慢会影响到计算机的速度。

6. 内存和外存的容量

内存和外存的容量是指计算机中RAM和硬盘的容量，它反映了数据和程序的存储能力。RAM的容量越大，计算机的处理速度就越快；硬盘容量越大，则计算机中可存储的信息量就越大。目前内存配置一般有1GB、2GB、4GB、6GB、8GB、16GB、32GB等；硬盘的容量配置一般有1TB、2TB、3TB、4TB、6TB等。

本章小结

本章主要介绍了计算机硬件系统的基本组成以及计算机各硬件的功能和主要性能指标，包括CPU、存储器、输入设备、输出设备等；介绍了计算机的基本工作原理和微型计算机的基本配置与主要技术指标。

一个完整的计算机系统包括硬件和软件两大部分。计算机的硬件结构是冯·诺依曼(Von Neumann)体系结构，即计算机由运算器、控制器、存储器、输入设备和输出设备五大部分组成。运算器和控制器合在一起称为中央处理器(CPU)。CPU是决定微型计算机性能的核心部件，人们用它来判定微型计算机的档次。存储器是计算机的重要部件，分为内存和外存两大类，内存由RAM和ROM组成，外存主要有硬盘、光盘以及移动存储器等。常用输入设备包括键盘、鼠标器、手写笔、扫描仪、数码相机等，常用输出设备包括显示器、打印机等。微型计算机的主要技术指标包括CPU类型、字长、主频、运算速度、存取速度、内存和外存的容量等。

计算机的基本工作原理是“存储程序和程序控制”。当人们需要计算机完成某项任务的时候，首先要将任务分解为若干个基本操作的集合，并将每一个操作转换成相应的指令；然后按一定的顺序组织指令，即编写程序；最后计算机通过执行程序完成指定任务。

习 题 二

一、问答题

1. 一个完整的计算机系统由哪些部分构成？各部分之间的关系如何？
2. 解释冯·诺依曼(Von Neumann)体系结构。
3. 列举目前常用的输入设备和输出设备。
4. 列举目前常用的内存和外存。
5. 目前常用的打印机有哪几类？它们各有什么应用？
6. 列举打印机的主要性能指标。
7. 微型计算机的主要技术指标有哪些？
8. 简述计算机的基本工作原理。

二、名词解释

CPU　RAM　ROM　Cache　CD-ROM　CD-R　CD-RW　BIOS　IDE　USB
SCSI　裸机　字长　指令　程序　软件　主频　倍速　系统总线　I/O设备

三、填空题

1. 1GB= ______MB=______KB=______B，1TB=______GB。
2. 目前PC机常用的键盘有______个键。
3. 存储器的存储容量以字节为基本单位，每个字节都有自己的编号，称为______。
4. PC机硬件在逻辑上主要由CPU、内存、外存、输入/输出设备和______等主要部件组成。
5. 鼠标器、打印机和扫描仪等设备都有一个重要的性能指标，即分辨率，其含义是每英寸的像素数目，简写成3个英文字母为______。
6. 按信号类型将系统总线分为三类，它们是______、______、______。
7. 被称为“计算机之父”的冯·诺依曼提出了________________________的思想。
8. 计算机外设指的是输入设备、输出设备和______。
9. 数码相机的主要性能指标是______、______等。
10. Pentium 4微处理器的字长是______位。

四、选择题

1. 微机在工作中突然断电，则计算机中______的内容将会丢失。
   A. RAM　B. ROM　C. 硬盘　D. CD-ROM
2. 计算机系统配置Cache是为了解决______。
   A. 内存和外存之间的速度不匹配问题
   B. CPU与外存之间的速度不匹配问题
   C. CPU与内存之间的速度不匹配问题
   D. 主机与外设之间的速度不匹配问题
3. 下面关于微处理器的叙述中，不正确的是______。
   A. 微处理器是由一片或几片大规模集成电路组成的中央处理器
   B. 它具有运算和控制功能，但不具备数据存储功能
   C. 目前PC机使用的微处理器大多是酷睿(Core)系列

D. Intel公司是国际上研制、生产微处理器最有名的公司

4. 下面关于PC机CPU的叙述中,不正确的是______。

A. 为了暂存中间结果,CPU中包含几十个寄存器,用来临时存放数据

B. CPU是PC机中不可缺少的组成部分,它担负着运行系统软件和应用软件的任务

C. 所有PC机的CPU都具有相同的指令系统

D. CPU至少包含1个处理器,也可以包含多个处理器

5. 下面是关于PC机主存储器的一些叙述:

① 主存储器每次读写1个字节(8位)

② 主存储器也称内存,它是一种动态随机存取存储器

③ 目前市场上销售的PC机,其内存容量多数已达64MB以上

④ PC机的内存容量一般是可以扩充的

其中正确的是______。

A. ①和③　　B. ①、②和③　　C. ①和④　　D. ②、③和④

6. CPU的运算速度与许多因素有关,下面______是提高运算速度的有效措施。

① 增加CPU中寄存器的数目

② 提高CPU的主频

③ 增加高速缓存(Cache)的容量

④ 优化BIOS的设计

A. ①和③　　B. ①、②和③　　C. ①和④　　D. ②、③和④

7. 现行PC机中,IDE接口标准主要用于______。

A. 打印机与主机的连接

B. 显示器与主机连接

C. 图形卡与主机的连接

D. 硬盘与主机的连接

8. 下面是关于目前流行的台式PC主板的叙述:

①主板上通常包含微处理器插座(或插槽)和芯片组

②主板上通常包含BIOS和存储器(内存条)插座

③主板上通常包含PCI总线插槽

④主板上通常包含IDE连接器

其中正确的是______。

A. ①和③　　B. ①、②和③

C. ①和④　　D. ①、②、③和④

9. 下面关于USB的叙述中,错误的是______ 。

A. USB2.0的数据传输速度要比USB1.1快得多

B. USB具有热插拔和即插即用功能

C. 主机不能通过USB连接器向外围设备供电

D. 从外观上看,USB连接器要比PC机的串行口连接器小

10. 下面是PC机常用的四种外设接口,适用于连接键盘、鼠标、数码相机和外接硬盘等的接口是______。

A. RS-232　　B. IEEE-1394　　C. USB　　D. IDE

11. 数码相机中CCD芯片的像素数目与分辨率密切相关。假设一个数码相机的像素数目为200万,则它所拍摄的数字图像能达到的最大分辨率为______。

A. 800×600　　B. 1024×768　　C. 1280×1024　　D. 1600×1200

12. 光驱倍速越大,表示______。

A. 数据传输越快　　B. 纠错能力越强

C. 光盘的容量越大　　D. 播放VCD效果越好

13. U盘采用______技术。

A. RAM　　B. ROM　　C. 磁存储　　D. 闪存

14. 下列设备中,______是输入设备,______是输出设备。

A. 键盘　　B. 扫描仪　　C. 绘图仪　　D. 鼠标器

E. 数码相机　　F. 显示器　　G. 打印机　　H. 手写笔

15. 银行打印存折和票据,应选择______。

A. 针式打印机　　B. 激光打印机

C. 喷墨打印机　　D. 绘图仪

第三章 计算机软件

计算机软件(Computer Software)是计算机系统的灵魂。通常我们使用计算机,实际上是在使用各种计算机软件来驱动计算机硬件完成我们要做的工作。随着计算机技术和应用需求的不断发展,计算机软件也日趋丰富与完善。软件已被应用于各个领域,对人们的生活和工作都产生了深远的影响。

本章将向读者讲述计算机软件的基本概念、作用和分类,进而介绍操作系统这一最重要的系统软件以及计算机程序设计语言和软件工程方法。通过本章的学习,要求学生对计算机软件的主要方面有基本的认识,包括:了解计算机软件的基本概念和分类;掌握操作系统的定义,理解操作系统的作用,了解操作系统的特性,结合Windows操作系统,理解操作系统的进程管理、存储管理、文件管理、设备管理等主要功能,了解Windows操作系统的简要发展过程和常用Windows操作系统的版本及特性;掌握软件安装与卸载的常用方法;掌握程序设计语言的作用与分类,通过VB(Visual Basic)理解程序设计语言的数据类型和三种程序基本结构;了解算法与数据结构的基本概念;理解语言处理系统的作用;了解软件开发的基本过程和软件工程的基本概念。

§3.1 计算机软件概述

3.1.1 计算机软件的概念

一个完整的计算机系统是由计算机硬件系统和计算机软件系统组成的。计算机硬件提供执行机器指令的物质基础。计算机软件是指为运行、维护、管理及应用计算机所编制的程序、数据及其文档资料的总和。简言之,软件就是程序、数据及其相关文档的集合。其中,程序是指按一定的功能和性能要求设计的计算机指令序列。程序必须装入计算机内部才能工作,而文档一般是给人看的,不一定装入机器。软件是用户与硬件之间的接口,用户使用计算机,实际上所面对的是经过若干层软件"包装"后的计算机。计算机的功能不仅由硬件系统决定,而且更大程度上取决于所安装的软件系统。

计算机软件是典型的知识型、逻辑型产品。软件研制需要投入大量的、复杂的、高强度的脑力劳动。因此,软件具有版权,版权是授予程序作者或版权所有者某种独占权利的一种合法保护形式。版权所有者享有复制、发布、出售、更改软件的诸多专有权利。

3.1.2 计算机软件的分类

计算机软件极为丰富,通常将软件分为系统软件和应用软件两大类。

1. 系统软件

系统软件是用于控制和维护计算机的正常运行、管理计算机的各种资源、支持应用软件开发和维护、便于用户使用计算机而配置的各种程序。

系统软件主要有以下特征。

① 与具体的应用领域无关,具有计算机各种应用所需的通用功能;与计算机硬件系统有很强的交互性,要对硬件资源进行调度和管理。

② 系统软件中的数据结构复杂,外部接口多样化。

系统软件包括操作系统(如Windows、Unix、Linux)、语言处理程序(如C、C++、Java、Visual Basic等)、数据库管理系统(如Oracle、MySQL、SQL Server)和各种实用程序(如诊断程序、排错程序)。其中操作系统是最重要的系统软件,它负责管理计算机系统的各种资源,提供人机交互接口,控制程序的执行。

2. 应用软件

应用软件是指针对应用需求设计的、用于解决各种不同具体应用问题的专门软件。例如办公软件、图像处理软件、财务管理系统等,都属于应用软件。

按照应用软件的开发方式和适用范围,可将应用软件再分为通用应用软件和定制应用软件两类。通用应用软件可以在许多行业和部门中共同使用。表3.1列出了常用的通用应用软件的功能和流行软件产品。定制应用软件是按照特定用户的应用要求专门设计的软件,如某企业的人事管理系统、某大学的教务管理系统等。

表3.1 常用的通用应用软件

类 别	功 能	流行软件产品
文字处理	文本编辑、图文编辑、排版等	WPS、Word、Acrobat
电子表格	表格定义和处理	Excel
图形图像处理	图像处理、几何图形绘制	Photoshop、AutoCAD
简报软件	幻灯片、演讲报告制作	PowerPoint、WPS
网络通信	电子邮件、网络文件管理、信息浏览、即时通信、搜索引擎等	Outlook Express、Foxmail、CuteFTP、IE、Chrome、QQ、WeChat
统计软件	统计、汇总、分析等	SPSS、SAS
防毒、杀毒软件	防范、查杀病毒	360安全卫士、腾讯电脑管家、Norton AntiVirus、金山毒霸
科学计算	数值分析、数值和符号计算、工程与科学绘图	Matlab、SCILIB、Mathematica

§ 3.2 操作系统

现代计算机系统,无论是微型计算机,还是高性能计算机,都配置了一种或多种操作系统。计算机操作系统的性能在很大程度上决定了整个计算机系统的性能。

3.2.1 操作系统的概念

为了使计算机系统中的各种资源(包括硬件资源和软件资源)协调、高效地工作,就必须有一个管理者来进行统一的调度和管理,这个管理者就是操作系统。

操作系统(Operating System,简称OS)是管理系统资源、控制程序执行、改善人机界面、提供各种服务、合理组织计算机工作流程和为用户有效使用计算机提供良好运行环境的一种系统软件。操作系统在计算机系统中的地位如图3.1所示。

操作系统是紧挨着计算机硬件的第一层软件,是对硬件功能的首次扩充,统一管理和支持各种软件的运行,其他软件则是建立在操作系统之上的。任何计算机都必须在其硬件平台上加载相应的操作系统之后，才能构成一个可以协调运转的计算机系统。没有操作系统，任何其他软件都无法运行。

在计算机系统中引入操作系统有两个目的：第一，从用户的角度看，将计算机硬件系统改造成一台功能更强、更容易使用、更安全可靠的计算机（也称“虚拟机”），用户无须了解有关硬件的细节就可以方便地使用计算机。第二，操作系统可以提高整个系统的使用效率。

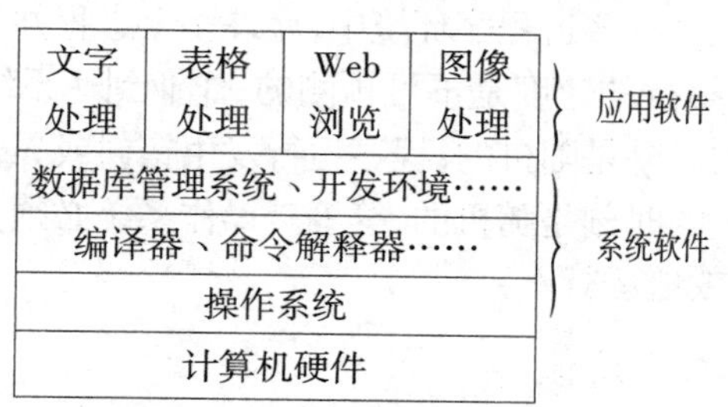

图3.1 操作系统的地位

3.2.2 操作系统的作用

操作系统主要有以下重要作用。

1. 管理系统中的各种资源

计算机系统的资源包括硬件资源和软件资源。所有硬件部件（包括CPU、存储器、输入/输出设备等）称为硬件资源，程序和数据等称作软件资源。操作系统就是资源的管理者，它负责在各个程序之间分配和调度资源，保证系统中的各种资源得以有效地利用。

2. 为用户提供各种服务功能和良好的用户界面

操作系统的用户界面也称用户接口或人机界面，是计算机系统实现用户与计算机通信的软、硬件部分的总称。操作系统提供给用户的使用界面一般分为两个层次：操作界面和编程界面。

操作界面通常以命令行或图形界面方式提供给用户，早期操作系统提供的操作界面是命令行方式的（如MS-DOS、Unix shell命令）。而自20世纪90年代后，操作界面主要是图形用户界面方式。图形用户界面（GUI）以窗口、图标、菜单和对话框的方式为用户提供使用界面，使用户通过点击鼠标的方式进行相关的操作。这种方式易于理解、学习和使用，便于用户灵活、方便、有效地使用计算机。如：Windows 7/8/10、Unix-X Window等。

编程界面是操作系统提供给程序员的使用接口，通常以一系列系统调用的形式提供给用户，用户在程序中像调用子程序一样调用操作系统所提供的子功能。如：Windows API（Windows应用编程接口）。

3.2.3 操作系统的特征

操作系统作为一种系统软件，有着与其他软件不同的特征，这些特征主要表现为：并发性、共享性和异步性。

1. 并发性（concurrence）

并发性是指两个或两个以上的活动在同一时间间隔内发生。操作系统的并发性是指计算机系统中同时存在相互独立的若干个运行着的程序，相互交替穿插着执行。并发性是在操作系统控制下实现的。

2. 共享性(sharing)

共享性指计算机系统中的资源(包括硬件资源和软件资源)可被多个并发执行的应用程序和系统程序共同使用,而不是被其中某个程序所独占。同样,系统资源的共享也是在操作系统控制下完成的。

3. 异步性(asynchronism)

异步性又称随机性。在多道程序环境中,允许多个进程并发执行,并发活动会导致随机事件的发生。例如,程序执行的速度是不可预测的;作业到达系统的类型和时间是随机的;操作员发出命令或按按钮的时刻是随机的;程序运行发生错误或异常的时刻是随机的;各种各样硬件和软件中断事件发生的时刻是随机的,等等。操作系统必须妥善处理好每个随机事件,以保证计算机系统正确、高效地运行。

3.2.4 操作系统的功能

操作系统提供五种主要功能:进程管理、存储管理、文件管理、设备管理和作业管理。

1. 进程管理

进程管理又称处理器管理。处理器(CPU)是最宝贵的系统硬件资源。进程管理的主要任务是对CPU的时间进行合理分配,对CPU的运行实施有效管理,充分发挥CPU的效能。为提高CPU的利用率,现代操作系统中都允许同时有多个程序被加载到内存中执行,这样的操作系统被称为多道程序系统。为了描述多道程序的并发执行,引入了进程的概念。所谓进程,简单地说,就是程序的一次执行过程。进程是操作系统进行资源调度和分配的单位。进程具有生命周期,有产生和消亡的过程。一个程序被加载到内存,系统就创建了一个或多个进程,程序执行结束后,相应的进程也就消亡了。

在Windows、Unix、Linux等操作系统中,用户可以查看到当前执行的进程。例如,在Windows 10环境下,打开任务管理器就可以观察到进程的情况。我们运行Word和Edge两个应用程序,然后按Ctrl+Alt+Del键,点击“任务管理器”,如图3.2所示,可见有Word、Edge和任务管理器三个应用程序,其中任务管理器也是应用程序。切换到“详细信息”选项卡,如图3.3所示,可以观察到Edge和Word两个应用程序对应的进程详情。

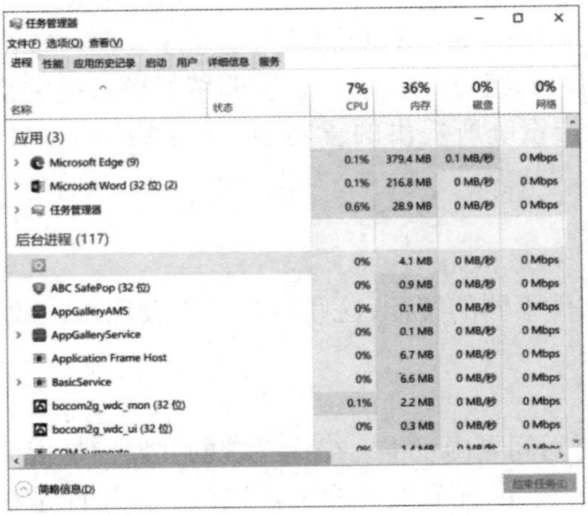

图3.2 Windows 10任务管理器的进程列表

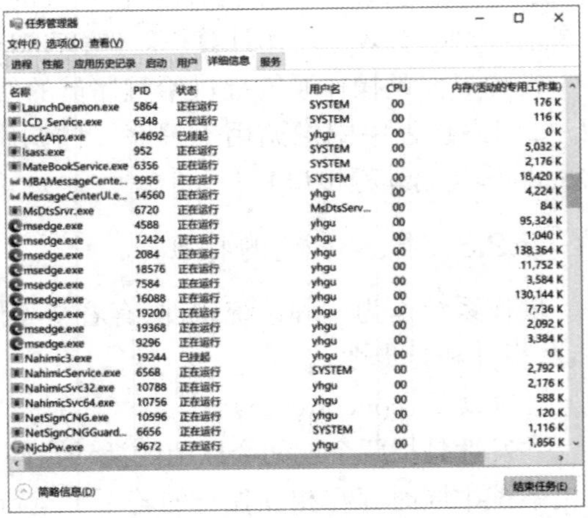

图3.3 Windows 10任务管理器的进程详情

2. 存储管理

内存储器也是计算机的关键资源。操作系统的存储管理主要管理内存资源，对存储器进行分配、保护和回收，还要解决内存“扩充”问题，即提供“虚拟内存”。

内存是CPU可以直接访问的存储器。一个进程要被CPU执行，必须先将其程序装入内存。内存的特点是存取速度快，但是价格较高。虽然目前的计算机所配置的内存容量已大大增加(如微型计算机的内存可配置到8GB甚至更多)，但仍不能满足实际需要。为解决这一问题，操作系统采用了“虚拟内存”技术。所谓虚拟内存，即把一部分的外存空间(通常是硬盘)“模拟”为内存，将内存和外存结合起来管理，为用户提供一个容量比实际内存大得多的虚拟存储空间。在进程运行过程中，当前使用的部分保留在内存，其他暂时不用的部分放在外存，操作系统根据需要负责进行内外存数据的交换。

在Windows 10环境下，系统安装时就创建了虚拟内存文件(pagefile.sys)，虚拟内存的大小默认被设置为与物理内存相同，并且可以根据实际情况进行调整。在“计算机”的快捷菜单中选择“属性”→“高级系统设置”命令项，打开“系统属性”对话框，选择“高级”选项卡中“性能”框的“设置”按钮，可以观察到系统的虚拟内存设置情况。图3.4所示的是某台计算机的虚拟内存设置情况，该计算机的虚拟内存为2432MB。点击“更改”按钮，将出现图3.5虚拟内存设置对话框。可将该系统虚拟内存设置到D或E盘，最大可达到2923MB。

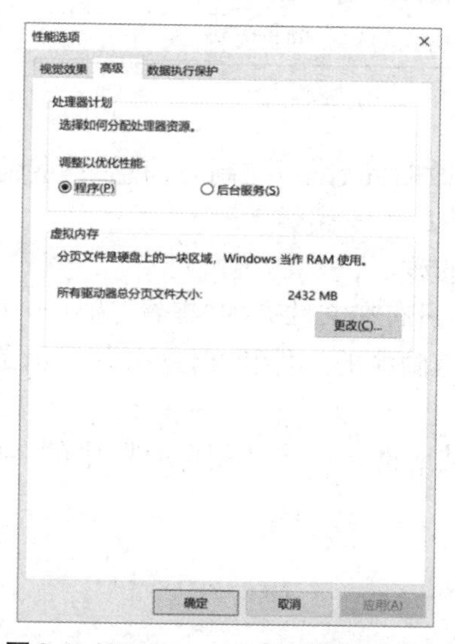

图3.4　Windows 10中查看虚拟内存

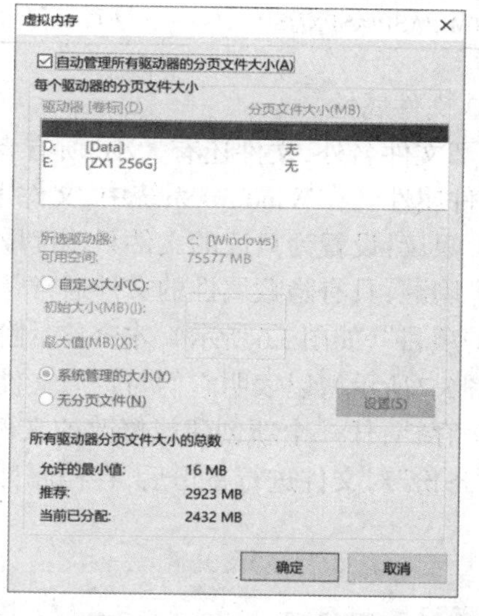

图3.5　Windows 10中更改虚拟内存对话框

3. 文件管理

系统中的信息资源(程序和数据)是以文件形式存储在磁盘等外存储器上的。文件是有文件名的一组相关信息的集合。例如，一个Word文档、一个VB源程序、各种可执行程序等都是文件。文件管理的任务是有效地支持文件的存储、检索和修改等操作，解决文件的共享、保密和保护问题，以便用户方便、安全地访问文件。

(1) 文件名

在操作系统的管理下，用户可以按照文件名访问文件，即“按名存取”，而不必考虑各种外存储器的差异，也不必了解文件在外存储器上的具体存放位置和存放方式。文件名是存取文件的依据，通常文件名由文件主名和扩展名两部分组成。文件主名由用户命名，一般应与文件的用途符合；而扩展名通常表示文件的类型。例如，Windows系统中，文件名

introduction.txt,文件主名为introduction,扩展名为txt。不同的操作系统对文件命名的规定有所不同,如Windows系统对文件名不区分大小写,而Unix系统则进行区分。

大多数操作系统文件的扩展名表示了文件的类型,不同类型的文件,其处理是不同的。表3.2列出了Windows系统中常见的文件扩展名及其含义。

表3.2　Windows系统中常见的文件扩展名及其含义

扩展名	文件类型	含义
EXE/COM	可执行程序	可执行程序文件
BAT	批处理文件	将多个操作系统命令组织在一起，可连续执行
C/CPP/BAS等	源程序文件	程序设计语言的源程序文件
OBJ	目标文件	源程序编译后产生的文件
DOC/XLS/PPT/DOCx/XLSx/PPTx	Office文档	MS Office中Word、Excel、PowerPoint创建的文件
ZIP/RAR	压缩文件	将一个或多个文件经压缩处理后形成的文件
BMP/JPG/GIF/PNG	图像文件	不同格式的图像文件
MP3/WAV/MID	音频文件	不同格式的声音文件
AVI/MPG/MPEG/RM/WMV	视频文件	不同格式的视频文件
HTM/HTML/ASP/ASPX/JSP	网页文件	不同格式的Web网页文件

(2) 文件属性

除了文件名外,文件还有大小、所有者、创建和修改时间、读写控制等信息,这些信息统称为文件属性。在Windows系统中,文件重要的属性有以下三类。

① 只读:设置为只读的文件只能读取信息,不能修改。

② 隐藏:具有隐藏属性的文件通常是不显示的。只有在文件夹的“查看”选项卡中勾选“隐藏的项目”(如图3.6所示),才会显示隐藏文件;并且隐藏的文件和文件夹,其显示是浅色的(如图3.7所示),以表明它们与普通文件不同。

③ 存档:任一个新创建或修改的文件都具有存档属性。而当使用“附件”中的“系统工具”的“备份”对文件进行备份后,存档属性就会消失。

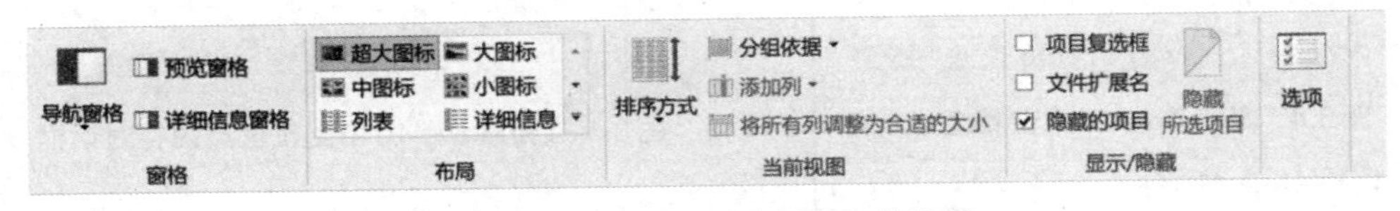

图3.6　Windows 10中显示文件设置

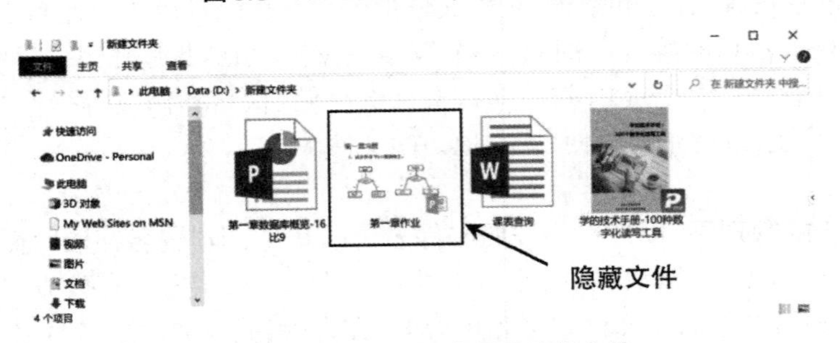

图3.7　Windows 10中显示隐藏文件

(3) 文件操作

对于不同格式的文件往往会有不同的操作,例如,对文档文件可以进行编辑,对可执行文件可以执行程序。而对所有文件可以进行一些常用的共有操作,包括建立文件、打开文件、删除文件、移动文件、更改属性、重命名等。

在Windows环境下,通过资源管理器可以实现对文件的各种通用操作,包括文件查找、复制、删除、重命名、浏览文件目录结构和文件列表等。打开资源管理器的操作方法是:右击“开始”按钮,选择“打开 Windows资源管理器”即可。也可以在文件或文件夹上单击鼠标右键,打开文件的快捷菜单,在其中执行相应的操作。

(4) 目录结构

在现代操作系统中,需要管理大量的文件,这就要求将文件进行有效的组织。最常用的文件组织形式是采用树型目录结构,它可以实现文件的快速检索。Unix、Windows等操作系统均采用树型目录结构。树型文件目录结构的原理如图3.8所示。

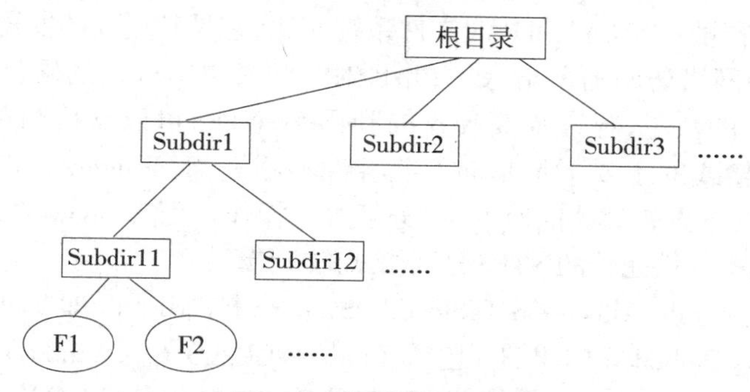

图3.8　树型文件目录结构

在树型文件目录中,有一个主目录(也称根目录)和许多分目录(也称子目录),子目录既可以包含文件,也可以包含下一级子目录,这样推广下去就形成了多级目录结构。图3.9是Windows的树型目录结构。“目录”在Windows系统中也被称为“文件夹”。

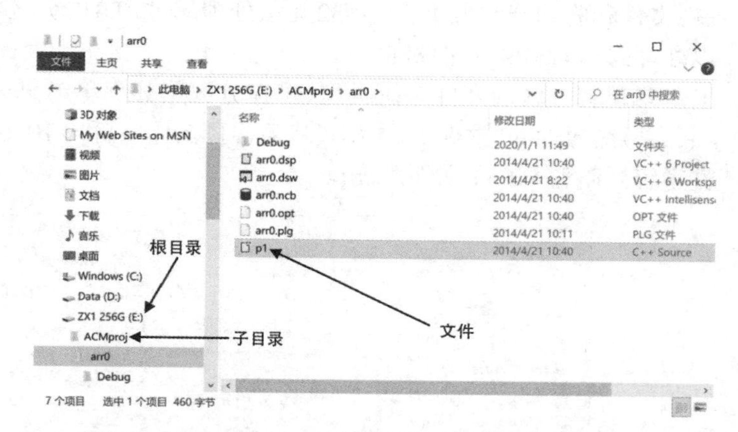

图3.9　在Windows 10资源管理器中显示的树型目录结构

在多级目录结构中,要访问某个文件或子目录,需使用该文件或子目录的路径名来标记。路径名是指从树型目录结构的某个子目录起到达所要访问的文件或子目录经过的各个子目录的名称,之间用分隔符“\”(Windows系统中)或“/”(Unix和Linux系统中)加以分隔。例如,在图3.8中,从根目录起到文件F1的路径需要经过子目录Subdir1、Subdir11,因此文件F1的路径名为:\Subdir1\Subdir11\F1。路径名又分为绝对路径名和相对路径名,绝对路径指的是从根目录出发到指定文件或子目录所经过的目录名序列,而相对路径则是指从当前目录出发到指定文件或子目录所经过的目录名序列。例如,“\Subdir1\Subdir11\F1”就是绝对路径名。再如,在图3.9中,文件p1.cpp的绝对路径名为:E:\ACMproj\arr0\p1.cpp。而若设当前目录为ACMproj,则文件p1.cpp的相对路径名为:arr0\p1.cpp。

(5) Windows文件系统

Windows操作系统支持多种格式的文件系统,包括FAT、FAT32、NTFS和exFAT等。

FAT是File Allocation Table(文件分配表)的缩写。FAT文件系统,通常指FAT16文件系统。它是为小磁盘及简单的目录结构而设计的文件系统,只能支持最多512MB容量,因此目前只用在小容量U盘上。

FAT32文件系统可以支持多达2TB容量,在Windows 95 OSR2及以后的Windows版本中提供支持。FAT32的限制在于兼容性方面,不能保持向下兼容。当分区小于512M时,FAT32不会发生作用。因此,FAT32通常用于硬盘分区中。

NTFS是New Technology File System(新技术文件系统)的缩写。NTFS文件系统是适应Windows NT操作系统而产生的,并随着Windows NT 4.0跨入主力分区格式的行列。它同样能够支持多达2TB容量。与FAT和FAT文件系统相比,它具有更高的安全性和稳定性,可以对文件提供本地和网络访问的严格保护;并且对于超过4GB以上的硬盘,使用NTFS分区,可以减少磁盘碎片的数量,显著提高硬盘的利用率;NTFS可以支持的单个文件可以达到64GB。NTFS文件格式的主要不足是向下兼容性不够好,对Windows 98 SE和Windows ME操作系统,需借助第三方软件才能对NTFS分区进行操作。而Windows 2000、Windows XP以及较高版本的系统都提供完善的NTFS分区格式的支持。

exFAT(Extended File Allocation Table File System,扩展FAT,即扩展文件分配表)是Microsoft在Windows Embeded 5.0以上(包括Windows CE 5.0、6.0、Windows Mobile5、6、6.1等)中引入的一种适合于闪存的文件系统。exFAT是FAT32的继任者,解决了FAT32最大的限制:文件和驱动器的大小。FAT32无法处理超过8TB的分区或超过4GB的文件,而exFAT可以处理高达128PB的文件和分区。

要查看分区的文件系统类型,可在分区图标上单击鼠标右键,选择快捷菜单的“属性”项,在磁盘属性的“常规”页中即可查看。图3.10(a)和3.10(b)分别是某系统的D盘(NTFS文件系统)、E盘(exFAT文件系统)。

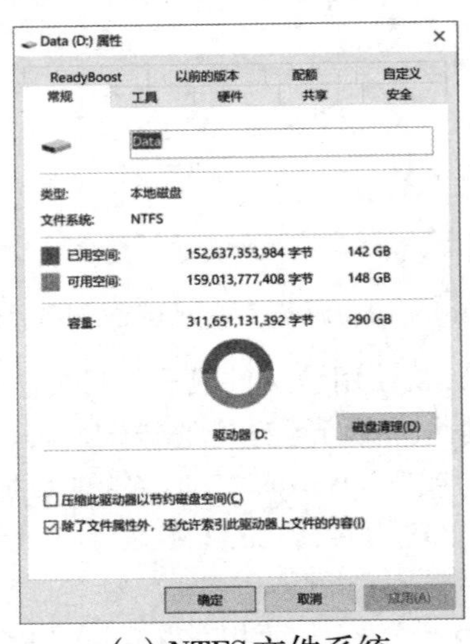

(a) NTFS文件系统

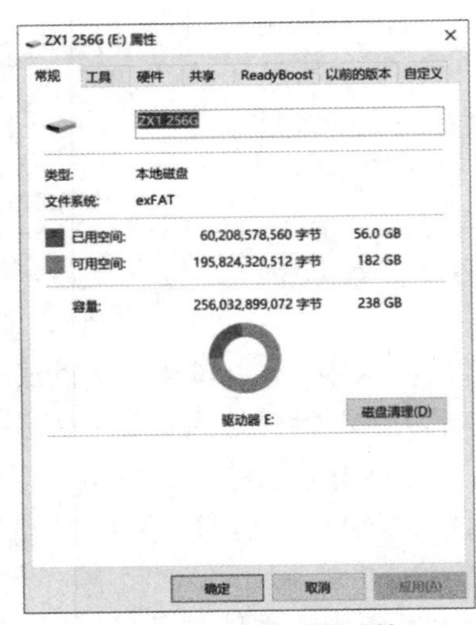

(b) exFAT文件系统

图3.10 Windows 10中查看文件系统类型

4. 设备管理

每台计算机都配备一定数量的外部设备，它们的操作方式各异，操作系统的设备管理就是负责对外部设备进行有效的管理。

设备管理是指对计算机系统中的所有输入/输出设备的管理，包括根据设备分配原则对设备进行分配，使外部设备与主机并行工作，为用户提供简便快捷使用设备的方法等。为了提高设备的使用效率和整个系统的运行速度，操作系统通常采用中断、通道、缓冲和虚拟设备等技术，尽可能地发挥外部设备和主机并行工作的能力。用户使用设备管理提供的界面，不必涉及具体的设备物理特性即可方便灵活地使用外部设备。

在Windows 10环境下，用鼠标右键打开“计算机”快捷菜单，选择“属性”命令项，在所出现的“设置”界面中选择“设备管理器”，即可观察到系统的设备和驱动程序等内容，如图3.11所示。

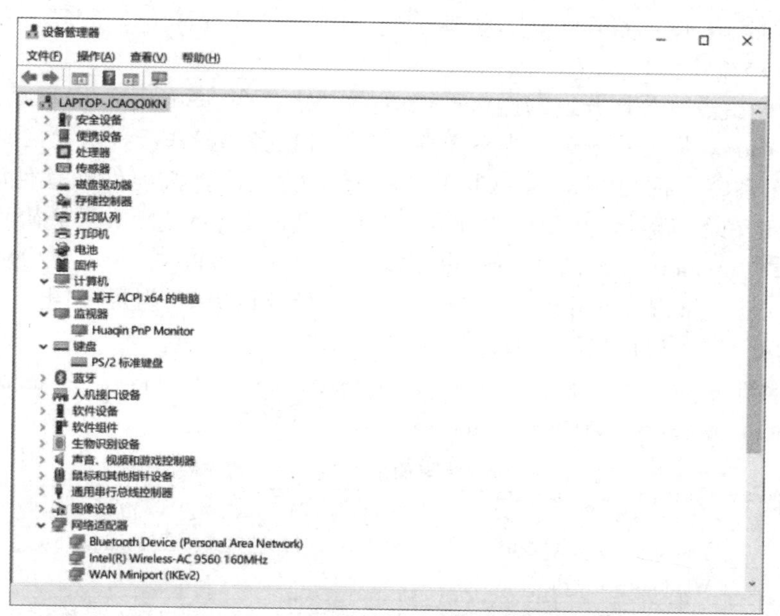

图3.11　Windows 10的设备管理器

5. 作业管理

作业管理的任务是为用户提供一个使用系统的良好环境，使用户能够有效地组织自己的工作流程，使整个系统高效地运行。

作业(Job)是指用户提交的任务，它包括用户程序、数据和作业控制说明。作业控制说明指出了用户对作业的运行要求，通常以作业控制语言(Job Control Language，简称JCL)或操作控制命令实现。

作业管理主要包括两个方面：

① 通过作业控制语言或操作控制命令向用户提供实现作业控制的手段。JCL语句主要指定必须访问的输入数据集和运行所需要的资源。

② 按一定的策略实现作业调度，为用户提供一个使用系统的良好环境，有效地组织其工作流程，使整个系统高效地运行。

操作系统的各个功能之间并不是完全独立的，它们之间存在着相互依赖的关系。随着技术的发展，对操作系统功能要求也越来越多、越来越复杂。现代操作系统除了应具备上述五大管理功能外,还应具有系统安全和网络通信等功能,即能够提供系统安全机制和网络通信、网络服务、网络接口和网络资源管理等功能。但是,无论怎么变,操作系统的目标却是始终不变的,即操作系统必须实现对计算机系统软硬件资源的合理管理,并向用户提供一个越来越易于使用的高效、安全的操作环境。

3.2.5 常用操作系统

根据工作环境的不同,操作系统产品可分为桌面操作系统、服务器操作系统、手机操作系统和嵌入式操作系统。桌面操作系统主要运行在个人计算机(PC)上,主要有Windows、macOS;服务器操作系统主要运行在各类服务器上,占主导地位的有Unix、Linux,Windows也有服务器操作系统系列;手机操作系统主要运行在智能手机上,有Android、iOS、Harmony OS以及Windows phone等;嵌入式操作系统是指用于嵌入式系统的操作系统,主要的嵌入式操作系统有μC/OS-II、嵌入式Linux、VxWorks等。以下介绍几种常用操作系统。

1. Windows操作系统

Windows是由微软公司开发的操作系统,它提供多任务、图形用户界面以及统一的应用程序接口。Windows操作系统可分为桌面操作系统和服务器操作系统两大系列。

桌面操作系统方面,Windows问世于1985年。随着计算机硬件和软件的不断发展,Windows系统也在不断升级,从架构的16位、32位再到64位,系统版本从最初的Windows 1.0到Windows 3.X、Windows 95/Me/98、Windows 2000、Windows NT、Windows XP、Windows Vista、Windows 7、Windows 8、Windows 10和Windows 11,不断持续更新,表3.3列出了Windows桌面操作系统主要的版本名称及发布的时间。

服务器操作系统方面,也经历了Windows Server 2003、Windows Server 2008、Windows Server 2012、Windows Server 2016和Windows Server 2019等版本。

表3.3 部分Windows桌面操作系统版本的发展时间表

发布时间	Windows版本及说明
1985.11	Windows 1.0正式发布。之前于1983年11月微软宣布推出Windows
1992.4	Windows 3.1发布
1993.8	Windows NT 3.1发布。采用Windows NT内核，面向企业的操作系统
1994.9	Windows NT 3.5发布
1995.8	Windows 95发布，第一个可以独立运行而无需DOS支持的Windows版本
1996.8	Windows NT 4.0发布，第一个稳定高效的NT版本
1998.6	Windows 98发布
2000.2	Windows 2000发布。Windows 2000基于Windows NT内核，之前的测试版本被称为Windows NT 5.0
2001.1	Windows 9X内核正式宣告停止
2001.10	Windows XP发布
2007.1	Windows Vista发布
2009.10	Windows 7发布
2013.10	Windows 8发布
2014.4	Windows XP已经在2014年4月8日取消所有技术支持
2015.7	Windows 10发布
2020.1	Windows 7已经在2020年1月14日取消所有技术支持
2021.6	Windows 11发布

（1）Windows 9X

自Windows 1.0至Windows 95、Windows 98和Windows Me等都是基于Windows 9X内核的，是单用户、多任务的操作系统，面向的是微型计算机用户。

1995年发布的Windows 95是Windows操作系统发展史上的一个重要产品，它可以无需MS-DOS支持而独立运行（而之前的Windows操作系统都要借助于MS-DOS的支持）。Windows 95采用32位处理技术，又兼容以前的16位应用程序，在Windows发展史上起到了承前启后的作用。Windows 95的主要优点包括：具有面向对象的图形用户界面；全32位的抢占式多任务和多线程；内置了对Internet的支持；更加高级的多媒体支持（声音、图形、影像等）；支持即插即用的系统配置方法，简化了用户配置硬件操作，并避免了硬件上的冲突；32位线性寻址的内存管理；良好的向下兼容性。

1998年发布的Windows 98基于Windows 95，改良了对硬件标准的支持，如MMX和AGP等，提高了系统的稳定性。Windows 98是一款非常成功的产品。Windows 98的主要特点有：增加了IE浏览器；融入了用于Internet通信的套装工具，包括用于电子邮件的Outlook Express、网络视频会议NetMeeting、网上信息发布Netshow、网页制作FrontPage和个人Web服务器Personal Web Server等；提供了FAT文件系统的改进版本FAT32；提供内置的对先进配置电源接口的支持；支持Win 32驱动程序模型；以及多种加强功能（如Microsoft系统信息工具、注册表检查专家等）。

（2）Windows NT和Windows 2000

基于Windows NT内核的Windows操作系统包括Windows NT 3.1、Windows NT 3.5、Windows NT 4.0、Windows 2000、Windows XP、Windows 2003等，主要运行于专用服务器和高档微型计算机。NT的意思是New Technology，即新技术。NT操作系统的设计目标是：良好的健壮性、可扩展性和可维护性、可移植性、高性能和高安全性。1996年发布的Windows NT 4.0是第一个稳定高效的NT操作系统。Windows NT是一个网络操作系统，含有内置的网络功能，支持多种通信协议。在一个网络中，可将计算机配置成服务器和工作站，服务器需运行Windows NT Server，它负责共享资源管理、通信管理、安全管理等；而工作站可以运行Windows NT Workstation或Windows 95/98等，作为用户使用计算机和网络的界面。

Windows 2000于2000年年初发布，在软件易用性上和以前的Windows 98等操作系统非常类似，在稳定性、安全性和软件界面等方面取得了长足的进步；网络管理功能大大增强；在硬件支持功能上也比以前版本有所超越。Windows 2000提供了专业版、服务器版、高级服务器版和数据中心服务器版等4个版本，以满足不同级别的需要。

（3）Windows XP

Windows XP是为家庭用户和商业计算设计的基于NT内核的操作系统，集成了其稳定性、安全性、多媒体和网络功能，使微软的前台操作系统不再采用9X系列的内核。“XP”是英文“体验”（eXPerience）的缩写。Windows XP的主要特点有：用户界面比以往的视窗软件更加友好；充分考虑到了人们在家庭联网方面的要求；也充分考虑了数码多媒体应用方面的要求；运行速度更快；内建了严格的安全机制。

Windows XP曾是使用最广泛的桌面操作系统，已于2014年4月停止所有技术支持。

（4）Windows 7

Windows 7是微软于2009年10月正式发布的桌面操作系统。与微软之前的操作系统相比，Windows 7具有更加简便易用、更全面的系统安全性、更多对无线连接的支持、更加丰富的媒体功能以及更高效的系统管理功能等优势。

Windows 7的主要版本有Windows 7简易版、Windows 7家庭普通版、Windows 7家庭高级版、Windows 7和Windows 7旗舰版等。安装Windows 7的硬件基本配置为:CPU在2.0GHZ及以上、内存为1GB(32位系统)/2GB(64位系统)、硬盘为16GB可用空间(32位系统)/20GB(64位系统)。

Windows 7是继Windows XP之后PC端的主流操作系统。但随着Windows 10的推出,Windows 7也逐渐退出历史舞台。2020年1月微软停止了对Windows 7的更新。

(5) Windows 10

Windows 10于2015年7月29日发布。Windows 10最显著的特点是跨平台,可以运行在手机、平板、台式机以及Xbox One等设备中,拥有相同的操作界面和同一个应用商店,能够跨设备进行同一个搜索、购买和升级。Windows 10其他的特点包括:全新多任务处理方式、新的Microsoft Edge浏览器、支持智能语音助理Cortana、生物识别功能、云服务支持、安全性提升、更好的用户体验等。

Windows 10共有7个发行版本,分别面向不同用户和设备。

① Windows 10家庭(Home)版:主要面向普通个人和家庭用户,具有Windows 10的基本功能,包括全新的Windows通用应用商店、Microsoft Edge网页浏览器、Cortana个人助理、Continuum平板模式、Windows Hello生物识别等。

② Windows 10专业(Professional)版:主要面向技术爱好者和企业技术人员,除具有家庭版的功能外,还内置一系列Win10增强的技术,包括组策略、Bitlocker驱动器加密、远程访问服务、域名连接,以及全新的Windows Update for Business。

③ Windows 10企业(Enterprise)版:是针对企业用户提供的版本,包括Win10专业版的所有功能,另外为了满足企业的需求,还增加了PC管理和部署、安全性管理、虚拟化等专为企业用户设计的强大功能。

④ Windows 10教育(Education)版:是专为大型学术机构设计的版本,具备了与企业版基本相同的功能,主要差异在于更新选项方面的区别。

⑤ Windows 10移动(Mobile)版:面向使用尺寸较小、配置触控屏的移动设备的用户,具有家庭版功能以及针对触控操作优化的Office。

⑥ Windows 10企业移动(Mobile Enterprise)版:面向企业用户,以移动版为基础,增加了企业管理更新等功能。

⑦ Windows 10物联网核心(IoT Core)版:面向小体积的物联网设备,主要应用于销售终端、ATM或其他嵌入式设备等。

(6) Windows 11

Windows 11是Windows操作系统的最新版本,于2021年6月发布。Windows 11保持了Windows 10大部分功能,并在视觉UI、安全性、跨平台等方面进行了提升。Windows 11最主要的改进是使用了全新的、更加现代化的视觉UI。新的UI侧重于简单性、易用性和灵活性,还有跨平台的连贯性,用户在不同的Windows 11设备上工作时,可以拥有一致的Windows体验。

Windows 11的基本系统要求与旧版本有很大不同,要求计算机的处理器架构为64位,并且采用较新的处理器架构,至少有4GB的系统内存,显卡须支持DirectX 12或更高版本、并且支持WDDM 2.0或更高版本的驱动程序,存储空间要求64GB及以上。

Windows 11的发行版本主要有Windows 11家庭版、Windows 11专业版、Windows 11企业版和Windows 11教育版等。

2. Unix操作系统

Unix是历史最悠久的通用操作系统。它是由贝尔实验室开发的功能强大的多任务、多用户、交互式、分时操作系统。自1970年Unix第一版问世以来,已研制出了许多新的以Unix系统为基础的操作系统软件,包括微型计算机、小型计算机和大型计算机上的各种Unix系统,以及用于计算机网络和分布式计算机系统上的Unix系统等。目前的产品主要有IBM-AIX、SUN-Solaris、HP-Unix等。Unix系统是国际上使用最广泛、影响最大的主流操作系统之一。

Unix系统具有结构简练、功能强大、完备的网络功能、稳定性和可靠性强、可移植性好、可伸缩性和互操作性强、系统安全性强等特点。

3. Linux操作系统

Linux是20世纪90年代出现的多用户、多任务操作系统。Linux操作系统核心最早是由芬兰赫尔辛基大学的学生Linus Torvalds于1991年在Unix的基础上开发的,后来经过众多软件工程师的不断修改和完善,Linux得以在全球普及开来。Linux与Unix兼容,能够运行大多数的Unix工具软件和应用程序。它继承了Unix以网络为核心的设计思想,是一个性能稳定的多用户网络操作系统。在服务器领域及个人桌面系统中,Linux得到越来越多的应用,在嵌入式开发方面更是具有其他操作系统无可比拟的优势。

Linux是一套源代码公开的免费操作系统,其内核源代码可以免费自由传播。它具有与Unix同样的稳定性、强大的功能和良好的性能。Linux还有一项最大的特色在于源代码完全公开,在符合GNU GPL(General Public License)的原则下,任何人皆可自由取得、散布,甚至修改源代码。正因为此,吸引了越来越多的商业软件公司和Unix爱好者加入Linux系统的开发行列中,使得Linux不断地向高水平、高性能发展,在各种平台上使用的Linux版本不断涌现。目前世界上许多ISP已把Linux作为主要的操作系统之一。

Linux版本众多,开发商利用Linux的核心程序,再加上实用程序,就形成了各种Linux版本。目前主要流行的版本有Ubuntu、CentOS、SUSE等。

4. 手机操作系统

随着移动通信技术的迅速发展和移动多媒体时代的到来,手机已从简单的通信工具转变成为功能强大的移动信息处理平台。借助于操作系统和丰富的应用软件,智能手机成为人们日常工作和生活中不可或缺的移动信息处理终端。

手机操作系统主要应用在智能手机上。手机操作系统是在嵌入式操作系统基础之上发展而来、专为手机设计的操作系统,除了具备嵌入式操作系统的进程管理、文件系统、网络协议栈等功能外,还具有电源管理、与用户交互的输入/输出、底层编解码服务、Java运行环境、无线通信核心功能以及智能手机的上层应用等。常见的手机OS有Android、iOS、Harmony OS等。以下简要介绍这3种手机操作系统。

(1) Andriod

Andriod是一个基于Linux内核的开放源代码移动操作系统,目前在手机操作系统中占据较高份额。它最初由Andy Rubin开发,2005年被谷歌(Google)收购。2007年Google与84家硬件制造商、软件开发商及电信营运商组建开放手机联盟,共同研发改进Android系统,随后以Apache开源许可证的授权方式,发布了Android的源代码。Android平台的主要优势是开放性,允许众多的厂商推出功能各具特色的应用产品。我国手机厂商根据用户特点,研发了本土化Android OS,如小米的MIUI、荣耀的MagicOS、VIVO的OriginOS等。

(2) iOS

iOS是由苹果公司开发的移动操作系统。苹果公司最早于2007年发布该系统,是为iPhone设计的,后来陆续扩展到iPod touch、iPad上。iOS属于类Unix的商业操作系统。最初该系统名为iPhone OS,因为iPad、iPhone、iPod touch都使用iPhone OS,所以2010年苹果全球开发者大会上宣布改名为iOS。iOS的主要特点是软硬件配合、安全性较高、人性化设计等。

(3) 鸿蒙系统(Harmony OS)

华为鸿蒙系统(HUAWEI Harmony OS)是华为公司自主研发的操作系统。华为公司于2012年开始规划"鸿蒙"操作系统,在2019年8月9日华为开发者大会上正式发布该系统,并宣布开源。在2023年华为开发者大会上,华为正式推出HarmonyOS 4。至此HarmonyOS已拥有超过220万注册应用开发者,稳健发展成为第三大智能手机操作系统。

鸿蒙系统的主要特点有:

① 全场景设计理念。手机、平板、电视、手表、智慧屏以及车机等都可以使用鸿蒙系统,实现无缝切换和协同工作。

② 稳定性和高性能。鸿蒙系统采用微内核设计,保证系统稳定性的同时也能提高运行速度。

③ 分布式技术。分布式软总线可使多设备融合,带来设备内和设备间高吞吐、低时延、高可靠的流畅连接体验。分布式数据管理使跨设备数据访问如同访问本地,大大提升跨设备数据远程读写和检索性能等。

④ 安全性。鸿蒙系统采用了分布式安全防护、数据加密存储等机制,可有效防止恶意攻击和数据泄露。

⑤ 开放性。鸿蒙支持多种编程语言,提供丰富的开发工具和平台,有利于开发者进行各类应用的开发,形成应用生态。

§3.3 软件的安装与卸载

一台新购置的计算机,或者原有计算机发生了故障,都需要安装操作系统等系统软件和各种应用软件。安装软件,就是将一些存放在磁盘或光盘上的程序有规则地安装到计算机的硬盘上,以后计算机就可以通过读取硬盘上的程序来运行了。而当不再需要某一程序或者程序出了故障等时,又需要卸载软件。

软件通常存放于光盘、硬盘或U盘,也有些软件可以从网络下载。少数的软件(如一些小游戏,功能比较简单的小软件等)只进行文件复制即可运行。大多数软件不是通过简单的文件拷贝就能运行的,而必须要运用该软件的安装程序安装后才能使用。安装程序一般都是打包程序,在安装的时候需要选择安装的路径、安装方式等信息,并且还需要在操作系统中注册,以便操作系统能更好地管理它,能够更方便地和其他程序进行资源共享和互访,能够更好地卸载。

典型的软件安装通常执行以下操作。

① 将文件从安装源位置拷贝到目标位置。

② 往系统目录写入一些必要的动态连接库(DLL)。

③ 往系统注册表中写入相应的设置项。

④ 建立开始菜单里的程序组和桌面快捷方式。

⑤ 其他操作(如删除临时文件等)。

后四步操作都是可选的,只有第①步操作是必须的。

3.3.1　系统软件的安装

系统软件的安装分为两种情况:一是新机的系统安装;二是重新安装系统,通常情况下是系统崩溃、病毒侵扰等造成计算机不能使用时需要重新安装。

随着Windows版本的不断升级,其安装智能化程度越来越高,安装过程也越来越简便,本小节以Windows 10系统的安装过程为例给读者介绍操作系统的安装方法。可以通过光盘、U盘等多种方式安装 Windows 10,本节以从U盘安装为例进行介绍。

① 设置计算机从U盘启动,重启电脑后进入系统安装界面,如图3.12所示。按提示进行要安装的语言、时间和货币格式、键盘和输入方法的选择,点击“下一步”。

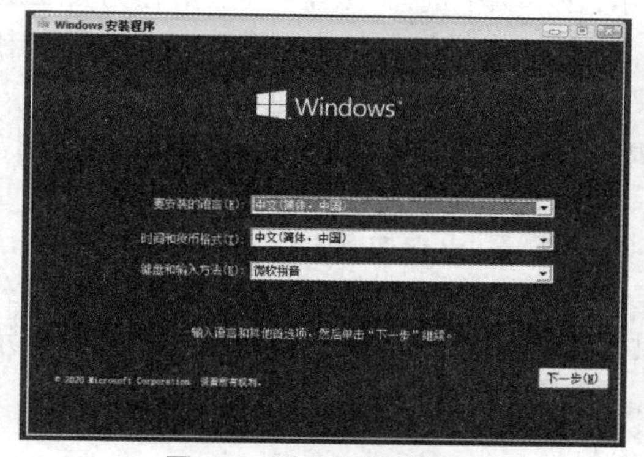

图3.12　选择语言等选项

3.13　“现在安装”提示画面

② 屏幕出现“现在安装”提示,如图3.13所示。

③ 点击“现在安装”按钮,进入系统安装,如图3.14所示。

④ 点击“我接受许可条款”后进入选择安装类型界面,如图3.15所示。

图3.14　“安装程序正在启动”提示

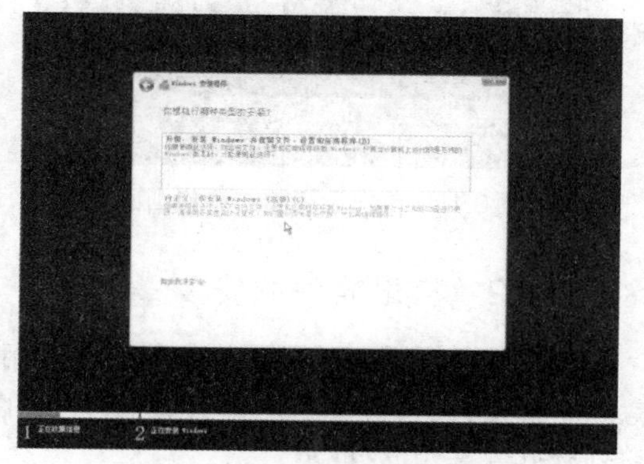

图3.15　选择安装类型并进入安装程序

⑤ 选择安装类型,可以选择“升级”或“自定义(高级)”。升级安装是指在不删除原有系统的基础上,以新系统的安装文件替换原有的系统文件。

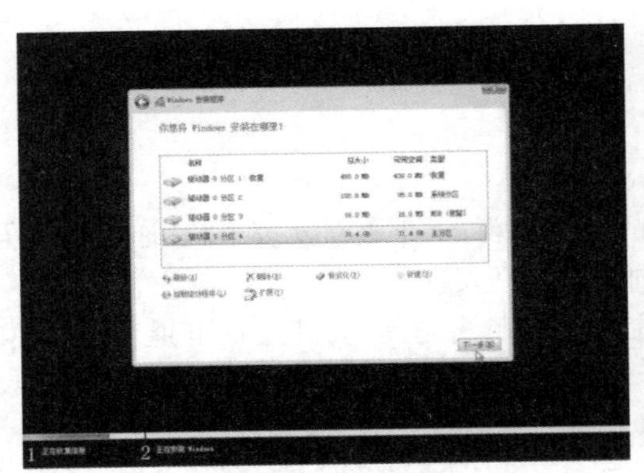

图3.16 选择分区

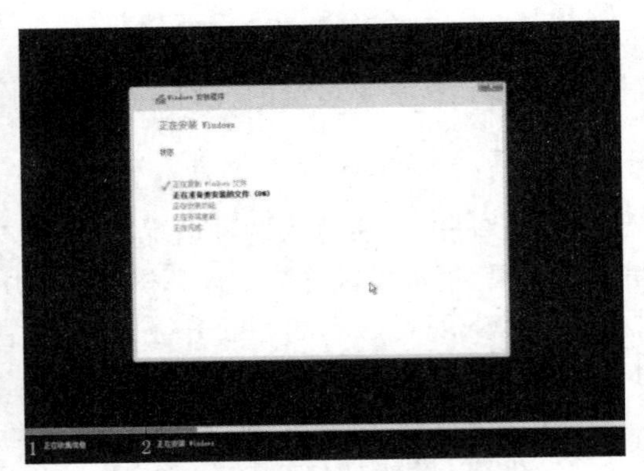

图3.17 安装Windows 10系统

⑥ 选择系统需要安装的分区，如图3.16所示，在本例中选择“磁盘0分区4”作为安装系统的磁盘分区。之后格式化硬盘，点击“格式化”。注意格式化硬盘将所选分区上的所有内容全部消除，在格式化之前要确保所格式化的磁盘上的文件都是可以删除的。

⑦ 完成格式化后，进入安装阶段，将进入复制安装所需的文件、展开Windows文件等操作，如图3.17所示。这一步骤需要一定的时间，与机器处理配置有关。之后系统将自动重启，依次提示“正在准备设备”、“启动服务”、“准备就绪”等，出现如图3.18所示的诗句画面。

⑧ 然后进入系统首次运行时的相关设置，包括区域、键盘布局、用户信息等，只需依实际情况进行设置即可。设置完成后重启计算机，将出现如图3.19所示的Windows 10系统界面。至此，Windows 10便安装完成了。

图3.18 首次运行前的诗句画面

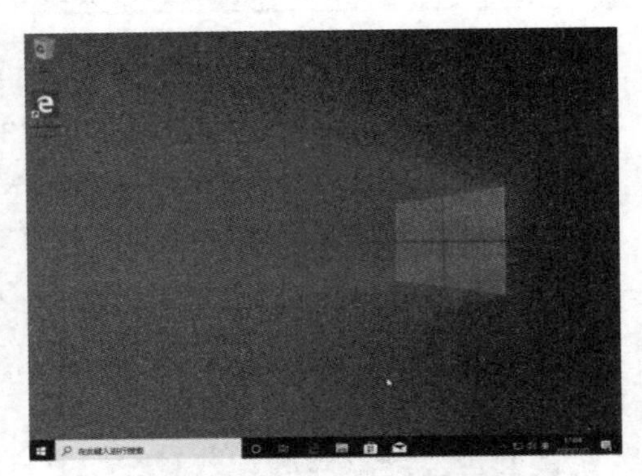

图3.19 Windows 10系统界面

3.3.2 应用软件的安装

应用软件种类繁多，但安装方法大致相同。通常，如果应用软件附有说明文件或者是readme等文件，最好先行阅读，以对该软件的特性等做个了解。在安装之前，先按以下要点找到软件安装主文件。

① 如果只有一个文件，扩展名为EXE，那么安装程序就是该文件。

② 如果是RAR、ZIP等压缩文件扩展名，则需要先解压。

③ 如果安装程序目录中有很多文件，就需要找到安装的主文件。一般来说，安装主文件名为setup.exe或者是install.exe。

④ 如果没有上面两个文件，则需要找其他的EXE文件（例如：auto.exe等），或者根据软件的名称找EXE文件（例如：FlashSaverV2.exe）。

找到安装主文件后，只要双击运行该程序即可进行软件的安装。大多数软件的安装过程都是向导式的，只要根据提示执行相应的操作就可以完成。安装程序一般会要求用户接受协议、输入软件安装的序列号（或密码），也可能还要输入用户名等信息、选择安装路径以及有关的设置等。

本小节以Office 2016的安装为例说明应用软件的安装方法。

① 将Microsoft Office 2016安装文件拷贝到硬盘上，鼠标双击其中的安装文件setup.exe，安装程序开始执行，出现如图3.20所示的安装画面。

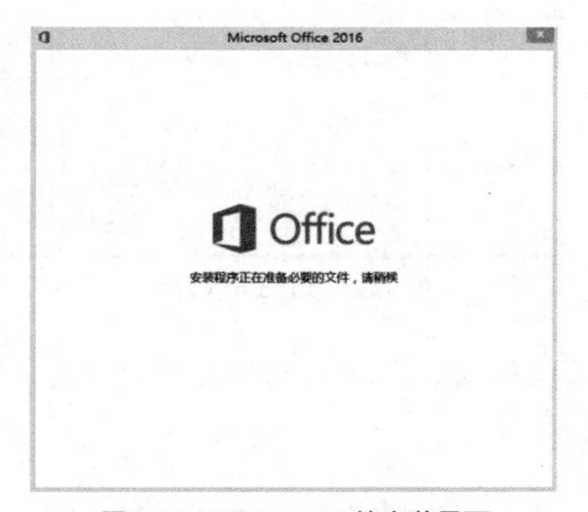

图3.20　Office 2016的安装界面

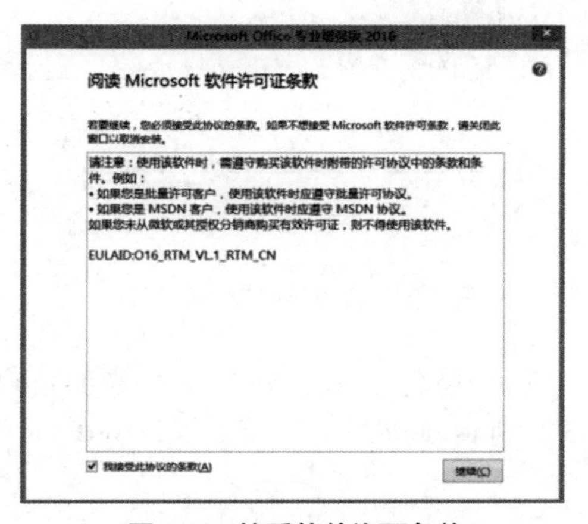

图3.21　接受软件许可条款

② 安装程序初始化完成，要求用户接受软件许可条款，如图3.21所示。勾选相应的选项后，单击“继续”。

③ 选择安装类型，如图3.22所示。若选择“立即安装”，安装程序将自动安装Office 2016全部组件。若选择“自定义”，用户可对所要安装的组件进行详细设置。这里以详细设置为例，说明自选安装组件方法，单击“自定义”。

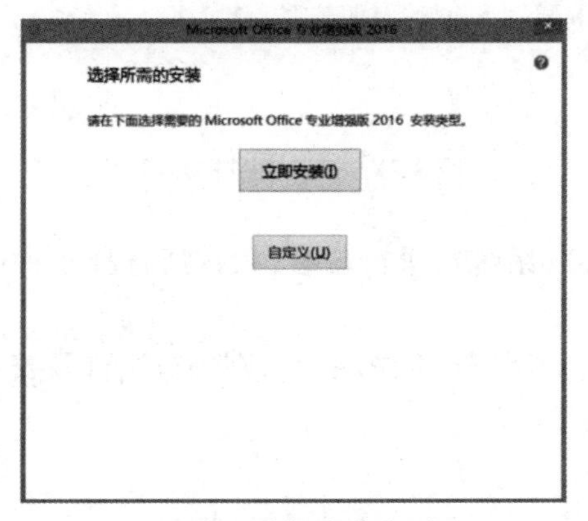

图3.22　选择安装类型

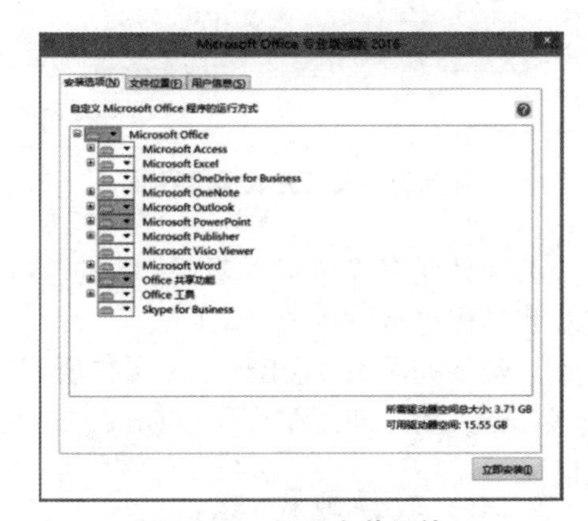

图3.23　显示安装组件

④ 如图3.23所示,列出了Office全部的12个组件。可选择安装所需的组件:Word、Excel、PowerPoint、Access等,Office 2016通过去除不安装组件的方式保留安装组件,如图3.24所示。这里我们只保留Word、Excel、PowerPoint、Access和Office共享功能、Office工具这几个组件,如图3.25所示。

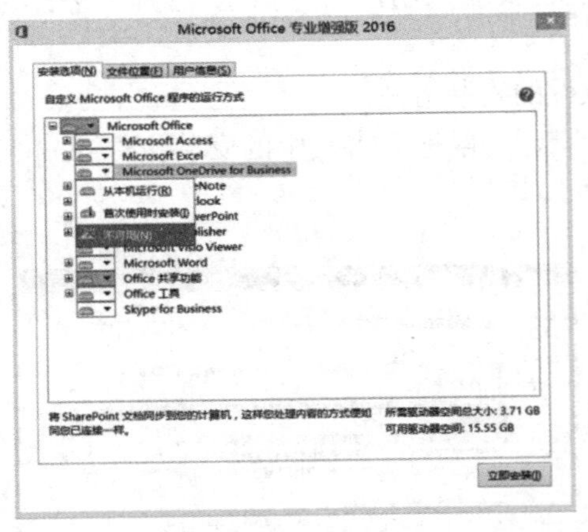

图3.24 去除不需安装的组件

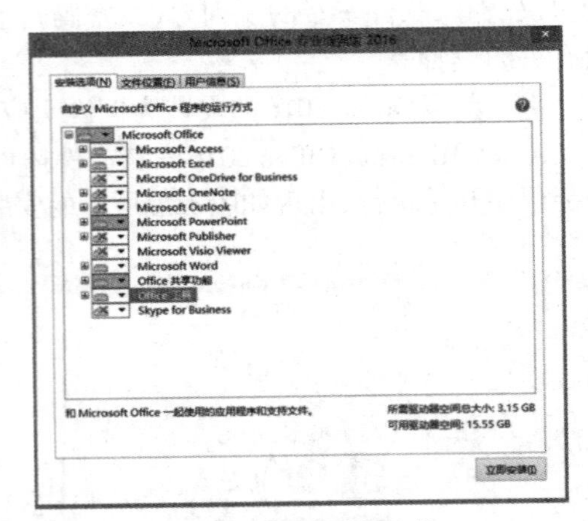

图3.25 需安装的组件

⑤ 若组件名称前有"+"项,表明可对需安装的Office组件进行更详细的设置。如图3.26所示,此处为进一步设置PowerPoint的安装组件。

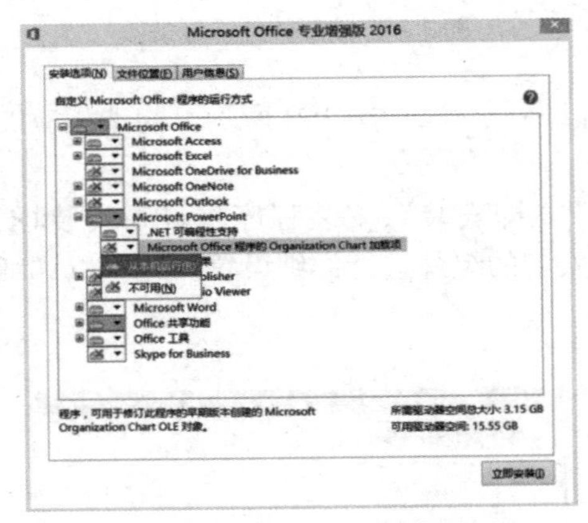

图3.26 安装完成提示界面

图3.27 安装完成提示界面

⑥ 确认了各个安装选项后,单击"立即安装",系统将进行安装,根据所选择组件的多少,安装过程将持续数分钟时间。

⑦ 安装完成后,将出现如图3.27所示的界面,若点击"继续联机",则进行组件及安全更新。单击"关闭",即可结束整个Office 2016的安装过程。

3.3.3 软件卸载

在不需要某个应用软件,或该软件运行不正常,或升级到新版本需要重新安装时,就需要执行"卸载"操作。

在Windows环境下，一般的拷贝就能直接使用的程序通常不需要注册，这类软件的卸载只要直接删除文件即可。但需要安装的程序大部分都需要在Windows中的注册表中注册。此外，软件安装中，安装程序在释放压缩包时，除了会解压文件到指定的位置外，还会在Windows的系统目录下释放很多文件（主要是管理文件、DLL和其他系统文件等）。所以在将这个软件卸载时不能直接删除这些文件，卸载这类软件主要有两条途径。

1. 通过该软件提供商的卸载程序进行操作

通常情况下，大多数应用程序都附带有“卸载”组件，直接使用其卸载程序进行卸载即可。操作方法：从“开始”→“所有程序”菜单中选择到需要删除的应用程序项，点击其中的“卸载×××”（英文是Uninstall　×××）后，将自动删除该软件的所属内容。

例如，要卸载“腾讯会议”软件，则可运行“卸载 腾讯会议”，如图3.28所示。

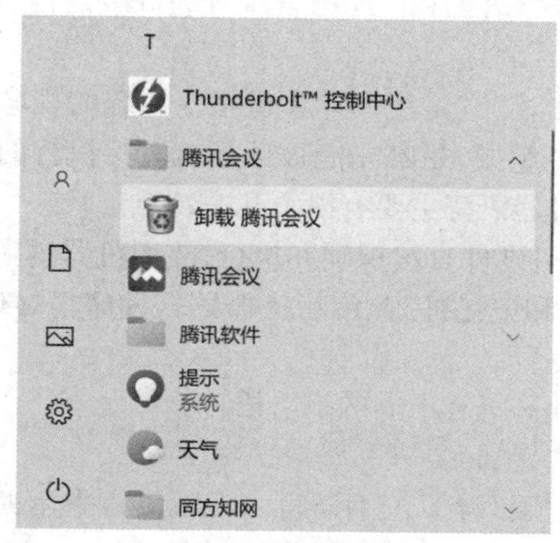

图3.28　卸载腾讯会议软件

2. 通过“设置”中的“卸载应用”进行卸载

有些程序未附带卸载组件，不能使用上述方法时，则通过操作系统中的卸载功能进行删除。操作方法：进入“设置”中的“应用”，点选“应用和功能”页面，选择所要删除的软件，点击菜单的“卸载”项，即可开始卸载工作。

例如，要卸载Office 2016软件，则可以在“应用和功能”中选择该软件，在弹出的菜单中选择“卸载”即可，如图3.29所示。

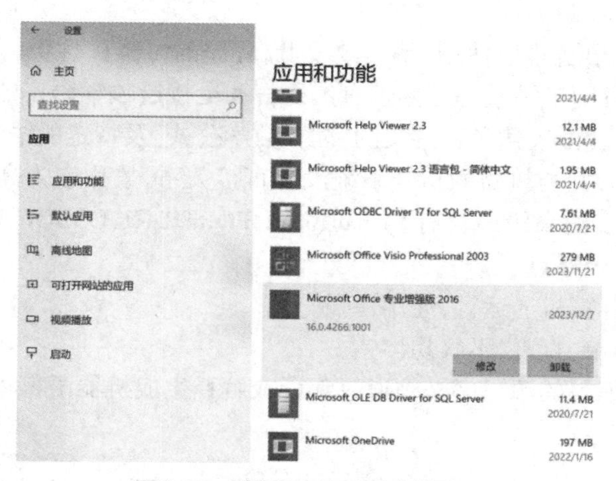

图3.29　“卸载或修改程序”界面

§3.4 程序设计语言

3.4.1 程序设计语言分类

要编写各类软件,或者进行硬件控制程序设计,都要使用计算机的语言,即程序设计语言。程序设计语言已经经历了50多年的发展,人们根据处理问题的需要而设计了数千种专用和通用的计算机语言,这些语言中只有少部分被广泛使用。本节介绍程序设计语言及语言处理程序的有关知识。

对程序设计语言的分类可从不同角度进行,如按与硬件的关系、按使用的技术等,其中最常用的分类方法是按语言与计算机硬件的联系程度,将程序设计语言分为三类,即机器语言、汇编语言和高级语言,机器语言和汇编语言统称为低级语言。

1. 机器语言

机器语言也称二进制语言,它是使用计算机指令系统的程序语言。以机器语言编写的程序全部由二进制机器指令组成,是唯一能被计算机直接执行的指令序列。机器指令通常由操作码和操作数组成。机器语言主要有以下几个特点。

① 机器语言可由计算机硬件直接识别和执行,故用机器语言编制的程序效率高。

② 机器语言不易理解和记忆,因此编写机器语言程序很烦琐、难度大、容易出错,程序也难以修改与维护。

③ 通用性差,不同的计算机有不同的机器语言。

2. 汇编语言

为了提高编程效率,人们设计了汇编语言。汇编语言中用助记符来代替机器指令的操作码和操作数,如用ADD表示加法,SUB表示减法等。因此,汇编语言的每条指令的含义都比较明显。汇编语言主要有以下几个特点。

① 与机器语言相比,汇编语言含义明确,可理解性好,记忆较容易。

② 汇编语言程序不能被硬件直接执行,需要通过“汇编程序”的汇编,将其“翻译”为机器代码才能被硬件执行。

③ 汇编语言仍是面向机器的编程语言,不同的计算机系统有不同的汇编语言。

④ 编程仍然很烦琐、难度大,程序仍难以修改与维护。

3. 高级语言

机器语言和汇编语言难以使用,编程效率低,程序的可维护性低,并且很难移植。为了克服这些缺点,人们发明了一系列更接近自然语言和更接近数学语言的程序设计语言,统称为高级语言。高级语言由表达各种意义的“词”“数学公式”及特定的语法规则等组成。由于它比较接近自然语言,并与机器的指令系统没有直接关系,故称它为高级程序设计语言(或算法语言)。使用较多的高级语言有Visual Basic、FORTRAN、COBOL、C、C++、JAVA等。高级语言主要有以下几个特点。

① 可在不同的计算机上运行,通用性强。

② 编程方便、简单、直观,不容易出错。

③ 用高级语言编写的源程序必须通过编译或解释生成机器语言程序(目标程序),才能在计算机上运行。

3.4.2　数据类型和程序基本结构

高级语言种类很多,但其基本成分大致相同,包括四种主要成分:一是数据成分,用于描述程序处理的数据对象,主要包括数据类型、常量、变量等;二是运算成分,用于描述程序中的运算,包括运算符、表达式等;三是控制成分,用于描述程序的流程控制结构,包括条件、循环语句等,高级语言的控制结构通常包括顺序、分支和循环三种;四是输入/输出成分,用于描述数据的输入/输出操作。本节将以Visual Basic(简称VB)为例,介绍数据类型和三种程序的基本结构。

VB是Microsoft公司推出的一种Windows应用程序开发工具,具有简单易学、操作方便、功能强大等特点。初学者只需要掌握少量的关键字,了解应用程序开发方法,就可以编写简单的VB程序。

1. 数据类型

数据是程序的操作对象,具有名称、类型等特征。名称是数据对象的标识,数据类型表明数据对象的取值形式和存储形式。

VB具有丰富的数据类型。VB中数据类型多达11种,包括Integer、String、Boolean、Date等。不同的数据类型具有不同的值集和存储形式。

数据对象在程序中有常量和变量两种形式。常量是在程序中值保持不变的数据对象。例如,123,“abc”等。变量是在程序中值可以改变的数据对象,一般用来临时存储数据。VB中定义变量最常用的语句是Dim,其语法格式为:

Dim 变量名 As 数据类型

Dim 变量名 [As 数据类型],变量名 [As 数据类型]……

例如:

```
Dim name As String              '定义名称为name的字符串型变量
```

VB的11种数据类型是:Integer(整型)、Long(长整型)、Single(单精度浮点型)、Double(双精度浮点型)、Currency(货币型)、Byte(字节型)、String(字符串型)、Boolean(布尔型)、Date(日期型)、Object(对象型)和Variant(变体型)。各种数据类型的数据对象占用的存储字节数和取值范围列于表3.4中。

(1) String数据类型

String用于存放字符串,有定长和变长两种。可变长度的字符串随着对字符串赋予新值,其长度可以增减。例如,变量名name是变长字符串:

```
Dim name As String
name ="ZhangMing"          '将名为name的变量的值置为"ZhangMing"
```

以下定义的变量名ID是定长字符串:

```
Dim ID As String * 18
```

上述定义表示,如果定长字符串变量ID的字符个数少于18,则用空格填充不足部分;如果字符个数超过18,那么超出部分的字符将被截去。

(2) Date数据类型

Date用于存储日期和时间,日期时间值必须用一对“#”括起来。例如,以下都表示2006年8月18日数据:

```
Dim birthday As Date         '定义名称为birthday的日期时间型变量
birthday = #8/18/2006#       '将名为birthday的变量的值置为#8/18/2006#
```

birthday = #2006,8,18#

birthday = #Aug 18,2006#

birthday = #18 Aug 2006#

（3）Variant数据类型

Variant是可变类型，可以存储所有类型的数据。在没有说明变量的数据类型时，其数据类型为Variant类型。例如：

```
Dim v1            'v1是Variant类型变量
v1 = 15           'v1的值为15
v1 = "abc"        'v1的值为"abc"
```

表3.4　VB各种类型数据对象占用的存储字节数和取值范围

数据类型	字节数	取值范围
Byte	1	0~255
Boolean	2	True，False
Integer	2	-32768 ~ 32767
Long	4	-2,147,483,648 ~ 2,147,483,647
Single	4	-3.402823E38 ~ -1.401298E-45；1.401298E-45 ~ 3.402823E38
Double	8	-1.79869313486232E308 ~ -4.94065645841247E-324 4.94065645841247E-324 ~ 1.79869313486232E308
Currency	8	-922,337,203,685,477.5808 ~ 922,337,203,685,477.5807
Date	8	100年1月1日 ~ 9999年12月31日
Object	4	任意对象
String（变长）	10+串长	0 ~ 大约20亿
String（定长）	串长	1 ~ 约65400
Variant（数字）	16	任何数字值，最大可达Double的范围
Variant（字符）	22+串长	与变长String有相同范围

2. 程序基本结构

结构化程序设计方法有三种基本控制结构：顺序、分支和循环结构，任何算法功能都可以通过三种基本结构的程序模块组合而成。图3.30给出了三种基本结构的控制流程。

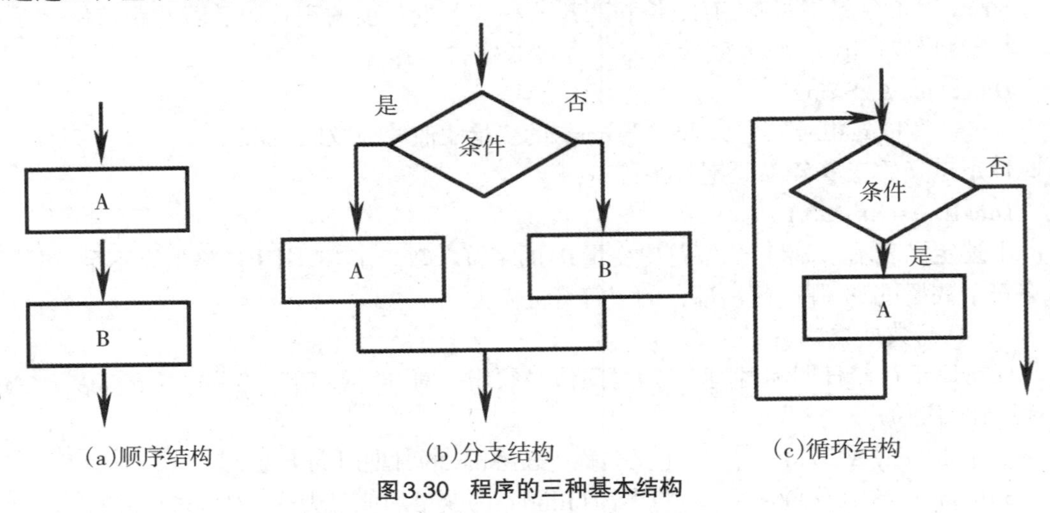

图3.30　程序的三种基本结构

顺序结构如图3.30(a)所示,从操作A顺序执行到操作B。分支结构如图3.30(b)所示,判定条件,若为真执行操作A,否则执行操作B。循环结构如图3.30(c)所示,判断条件,若满足条件继续执行循环操作A,若不满足则跳出循环。

在用VB说明上述三种基本程序控制结构之前,先简介VB应用程序开发步骤和VB语句。在VB中开发应用程序的一般步骤如下。

① 创建应用程序界面。VB是一种可视化程序设计语言,它采用可视化图形用户界面开发方法,只要将预先建立的各种对象拖放到窗口,并设置各个对象的属性,就可以快速建立应用程序的界面。

② 编写对象响应的程序代码。界面设计完后就要通过“代码编辑器”窗口来编辑程序代码,实现程序的功能。

③ 保存文件。通过“文件”菜单中的“保存工程”命令项将属于应用程序的各文件进行保存。

④ 运行和调试程序。通过“运行”菜单中的“运行”或“调试”完成程序的运行或调试。

高级语言程序由一系列的语句构成,语句是构成VB程序的最基本成分。VB的语句包括赋值语句、控制语句等。例如之前出现的:

```
v1 = 15                'v1的值为15
```

即为赋值语句,而“'v1的值为15” 为程序的注释。

控制语句的作用为进行程序流程的控制,实现上述的三种程序结构。

(1) 顺序结构

顺序结构就是各语句按出现的先后次序执行。顺序结构中可包含任意的语句和操作。

【例3.1】编写一个输入两个整数并显示它们的程序。

程序运行时界面如图3.31所示。在“输入两个整数”提示的右侧两个输入框中分别各输入一个整数,如10、20,单击“显示第一个数”按钮,则在该按钮右侧显示在第一个输入框中输入的整数;单击“显示第二个数”按钮,则在该按钮右侧显示在第二个输入框中输入的整数。

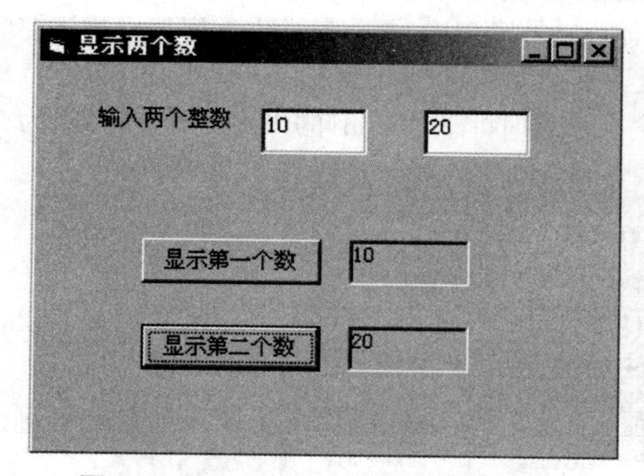

图3.31 显示两个输入整数程序运行界面

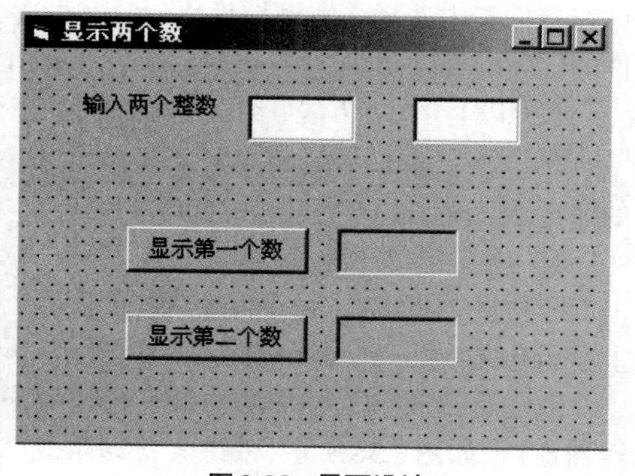

图3.32 界面设计

① 界面设计。按图3.32设计本程序的界面,界面中包括7个控件,分别是标签(label1,其Caption属性值为“输入两个整数”)、文本框(txtNum1,用于输入第一个整数)、文本框(txtNum2,用于输入第二个整数)、命令按钮(CmdNum1,其Caption属性值为“显示第一个数”)、命令按钮(CmdNum2,其Caption属性值为“显示第二个数”)、标签(lblNum1,用于显示第一个整数)、标签(lblNum2,用于显示第二个整数)。

该界面的制作过程如下。

第1步,创建窗体。启动VB,在“新建工程”窗口选择新建一个“标准EXE”,会自动出现一个新窗体Form1。

第2步,创建界面控件。图3.33是VB开发环境,由主菜单、工具栏、控件箱、窗体设计器窗口、代码编辑器窗口、属性设置窗口和工程资源管理器窗口等部分组成。

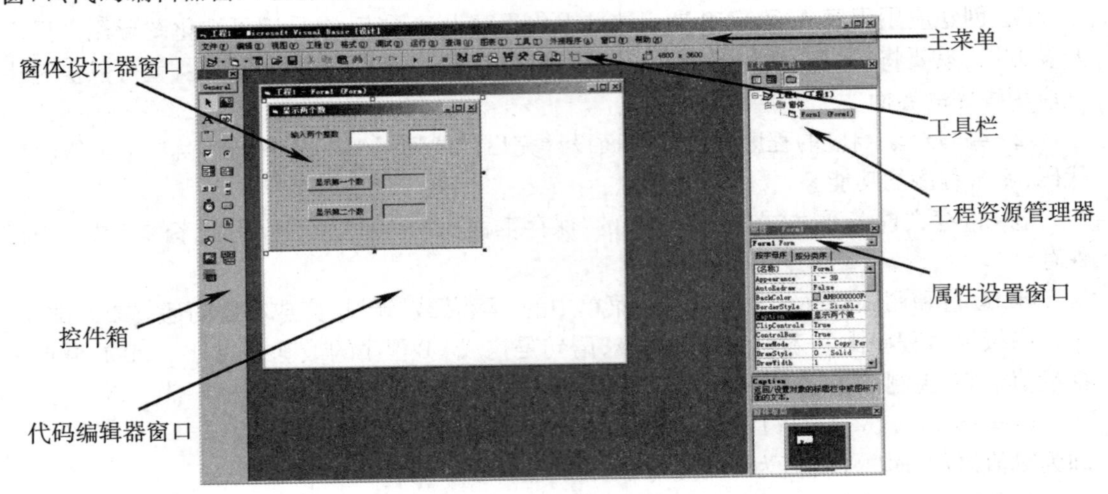

图3.33 VB开发环境

创建界面控件分两个步骤:先从控件箱中选择所需控件,将其拖放到窗体设计器窗口中;再在属性设置窗口设置该控件的属性。例如,要建立标签控件(名称为label1,其Caption属性值为“输入两个整数”),方法是:先用鼠标左键在控件箱中选择标签控件,将其拖放到窗体设计器窗口中;再在属性设置窗口设置该控件的Caption属性值为“输入两个整数”(该控件的名称由<名称>属性决定,由于它是第一个被创建的标签控件,系统默认它的名称为label1)。再如,要建立用于输入第一个整数的文本框(名称为txtNum1),方法是:先用鼠标左键在控件箱中选择文本框控件,将其拖放到窗体设计器窗口中;再在属性设置窗口设置该控件的(名称)属性值为“txtNum1”,其Text属性值为空字符串,如图3.34所示。

按照以上介绍的方法可创建界面上的其他5个控件,同时将窗体Form1的Caption属性值设置为“显示两个数”。图3.35给出了VB控件箱中常用的标签、文本框和命令按钮控件的位置说明。

② 编写代码。编写代码,当用鼠标单击命令按钮CmdNum1时,将在标签lblNum1上显示在文本框txtNum1中输入的整数。

双击命令按钮CmdNum1,打开代码编辑器窗口,如图3.36所示,系统会自动生成以下代码:

```
Private Sub CmdNum1_Click()


End Sub
```

其中Sub表示过程,CmdNum1_Click表示单击CmdNum1命令按钮时执行该事件过程。

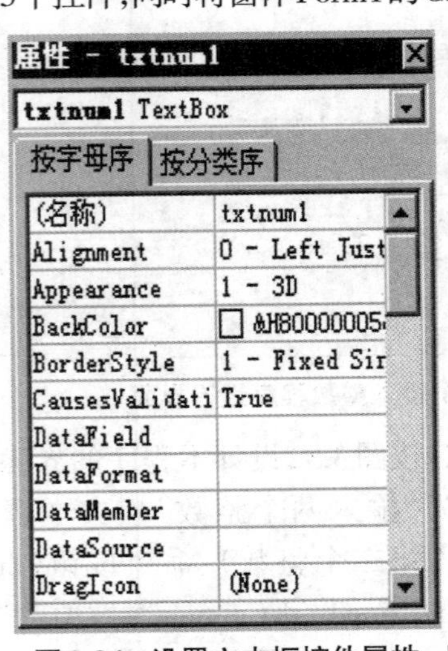

图3.34 设置文本框控件属性

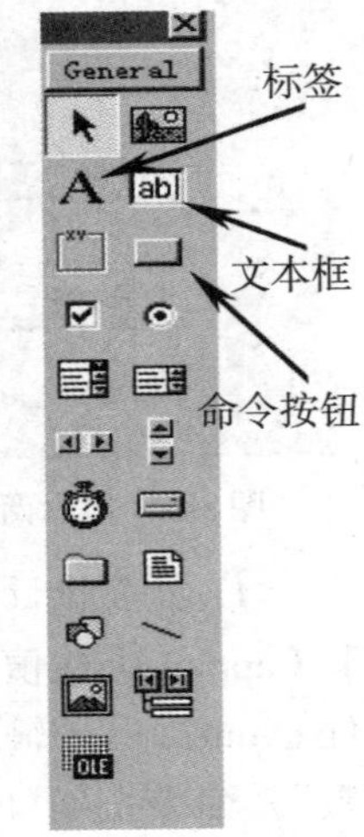

图3.35 VB控件箱

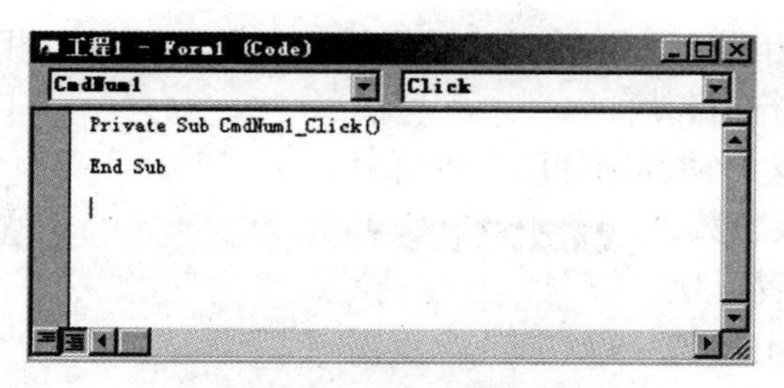

图3.36 代码编辑器窗口

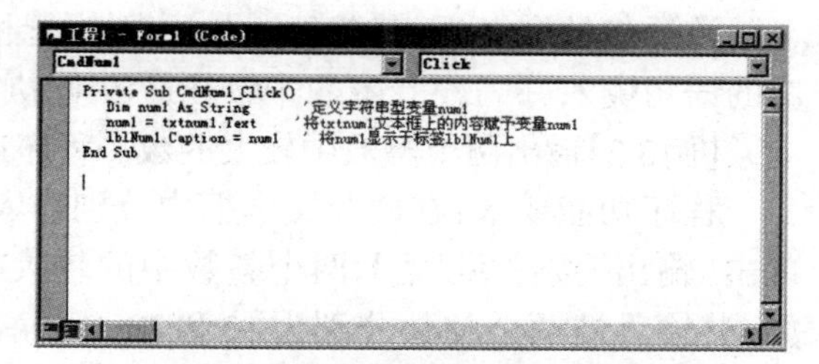

图3.37 在代码编辑器中输入程序代码

然后，在Private Sub CmdNum1_Click() 与End Sub之间输入下列代码(如图3.37所示)：

```
Dim num1 As String            '定义字符串型变量num1
num1 = txtnum1.Text           '将txtnum1文本框上的内容赋予变量num1
lblNum1.Caption = num1        '将num1显示于标签lblNum1上
```

用同样的方法编写CmdNum2的程序代码：

```
Private Sub CmdNum2_Click()
 Dim num2 As String           '定义字符串型变量num2
 num2 = txtNum2.Text          '将txtnum2文本框上的内容赋予变量num2
 lblNum2.Caption = num2       '将num2显示于标签lblNum2上
End Sub
```

③ 保存程序文件。使用主菜单中的“文件”下的“保存工程”命令项，在打开的“保存”窗体对话框中输入窗体文件名(如frmEx1)，单击“保存”按钮；然后在弹出的“工程另存为”对话框中输入工程文件名(如Ex1)，单击“保存”按钮，完成程序文件的保存。

本例说明了顺序结构的程序，CmdNum1_Click和CmdNum2_Click事件处理程序，都包括一条变量说明语句和两条赋值语句，它们被顺序执行。

本例还详细地给出了在VB中进行程序设计的过程，包括界面设计和代码编写的详细方法说明，在本节以后的示例中将不再详述设计过程，读者可参照本例的步骤进行详细设计。

(2) 分支结构

VB中实现分支结构的语句有2个：If语句和Select Case语句。If语句有以下几种形式：

If 条件 Then 语句

该语句的含义为：若条件成立，则执行相应的语句。

或者：

```
If 条件 Then
    语句块
End If
```

该语句的含义为：若条件成立，则执行相应的语句块。

或者：

```
If 条件1 Then
    语句块1
[ ElseIf 条件2 Then
    语句块2 ]
    ……
[ Else
    语句块n ]
End If
```

该语句的含义为：若条件1成立，则执行相应的语句块1；否则若条件2成立，则执行相应的语句块2；……若上述条件都不成立，则执行语句块n。

【例3.2】输出两个整数中较大的数。程序运行时界面如图3.38所示。

程序功能要求：在两个文本框中分别输入整数，单击“输出”按钮后，显示两个整数中的较大者。例如，若输入的两个整数分别为10和20，则输出的整数应为20。

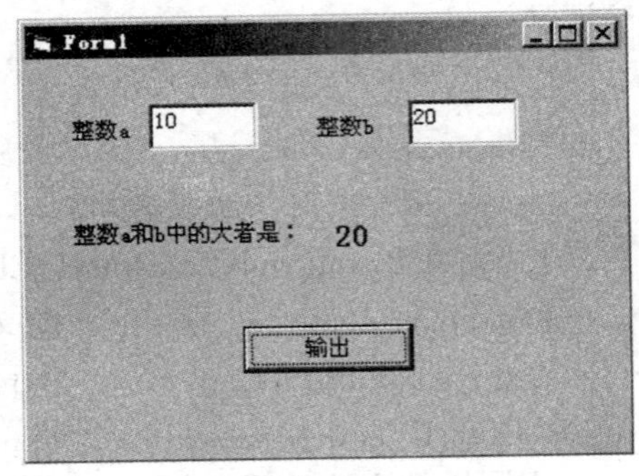

图3.38 输出较大数

程序界面由7个控件组成，分别是标签(label1，其Caption属性值为“整数a”)、标签(label2，其Caption属性值为“整数b”)、文本框(txta)、文本框(txtb)、标签(label3，其Caption属性值为“整数a和b中的较大者是：”)、标签(lblresult)和按钮(CmdFind)。

程序代码如下：

```
Private Sub CmdFind_Click()          '单击输出按钮执行操作
  Dim a As Integer                   '定义整型变量a
  Dim b As Integer                   '定义整型变量b
  a = CInt(txta.Text)                '将txta文本框上的输入转换为整数赋予变量a
  b = CInt(txtb.Text)
  If a > b Then              '若a大于b则在lblresult标签上显示a的值
     lblresult.Caption = CStr(a)
  Else                       '否则在lblresult标签上显示b的值
     lblresult.Caption = CStr(b)
  End If
End Sub
```

【例3.3】考试成绩分数到等级的对应变换程序：根据输入的成绩整数值(0~100)输出对应的等级，规定：90~100为优秀；80~89为良好；70~79为中等；60~69为及格；0~59为不及格。若输入的成绩数值不在0~100之间，则提示出错。程序的运行界面如图3.39所示。

程序功能要求：在文本框中输入分数，单击“转换”按钮后，显示该分数对应的等级。例如，输入分数为85，则输出对应的等级为“良好”。

程序界面由5个控件组成，分别是标签(label1，其Caption属性值为“请输入成绩：”)、标签(label2，其Caption属性值为“对应的成绩等级：”)、文本框(txtscore)、标签(lbllevel)和按钮(CmdTrans)。

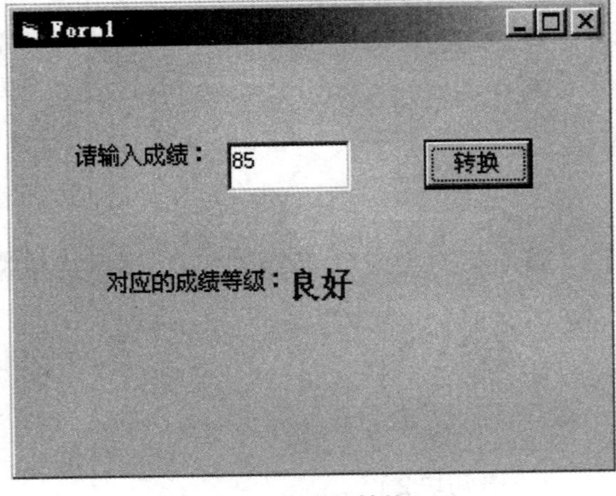

图3.39 分数转换

程序代码如下：

```
Private Sub CmdTrans_Click()                    '单击转换按钮执行操作
  Dim score As Integer                          '定义变量score,用于存储输入的分数
  score = CInt(txtscore.Text)                   '将txtscore文本框上的输入转换为整数赋予变
  If score < 0 Or score > 100 Then               量 score
   lbllevel.Caption = "输入的分数有错!"         '若输入的分数是负数或大于100则提示出错
  ElseIf score >= 90 Then
    lbllevel.Caption = "优秀"                   '若分数在90~100之间则显示"优秀"
    ElseIf score >= 80 Then
      lbllevel.Caption = "良好"                 '若分数在80~89之间则显示"良好"
      ElseIf score >= 70 Then
        lbllevel.Caption = "中等"               '若分数在70~79之间则显示"中等"
        ElseIf score >= 60 Then
          lbllevel.Caption = "及格"             '若分数在60~69之间则显示"及格"
          Else
            lbllevel.Caption = "不及格"         '否则显示"不及格"
  End If
End Sub
```

对于诸如例3.3中分支较多的情况,若使用If语句较为烦琐,而且容易出错,此时可使用VB的Select Case语句。Select Case语句多用于多重选择,其语法格式为:

```
Select Case 变量或表达式
Case 值1
        语句块1
[ Case 值2
        语句块2 ]
  ……
[ Case Else
        语句块n ]
End Select
```

该语句的含义为:若变量或表达式的值为值1,则执行语句块1;若变量或表达式的值为值2,则执行语句块2;……否则,执行语句块n。

【例3.4】采用Select Case语句来实现例3.3程序完成的功能。

程序的界面与例3.3完全相同,其CmdTrans_Click()事件的程序代码如下:

```
Private Sub CmdTrans_Click()
  Dim score As Integer
  score = CInt(txtscore.Text)
  Select Case score
  Case 90 To 100
    lbllevel.Caption = "优秀"                   '若分数在90~100之间则显示"优秀"
  Case 80 To 89
    lbllevel.Caption = "良好"                   '若分数在80~89之间则显示"良好"
```

```
  Case 70 To 79
    lbllevel.Caption = “中等”              '若分数在70~79之间则显示“中等”
  Case 60 To 69
    lbllevel.Caption = “及格”              '若分数在60~69之间则显示“及格”
  Case 0 To 59
    lbllevel.Caption = “不及格”            '若分数在0~59之间则显示“不及格”
  Case Else
    lbllevel.Caption = “输入的分数有错!”  '若输入的分数是负数或大于100则提示出错
  End Select
End Sub
```

(3) 循环结构

VB中实现循环结构的语句有两个:Do语句和For语句。

① Do语句有以下两种常用形式:

```
Do While 条件
  语句块
  [Exit Do]
  语句块
Loop
```

或者:

```
Do
  语句块
  [Exit Do]
  语句块
Loop While 条件
```

表示的操作是:当测试条件为真就执行语句块。两者的区别是:前一种形式首先测试条件,若条件为真才执行循环体;后一种形式则先执行一次循环体,再测试条件。

【例3.5】计算1~100之间所有自然数之和。程序的运行界面如图3.40所示。

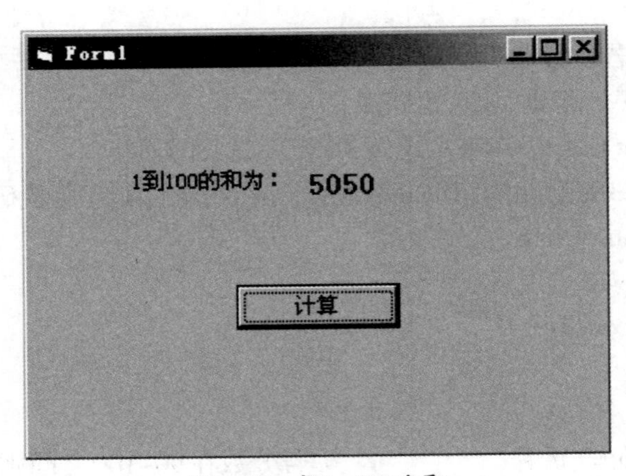

图3.40　求1~100之和

程序功能要求：单击“计算”按钮，显示1~100之和。

程序界面由3个控件组成，分别是标签（label1，其Caption属性值为“1到100的和为：”）、标签（lblresult）和按钮（CmdCmp）。

程序代码如下：

```
Private Sub CmdCmp_Click()              '单击计算按钮执行操作
  Dim i As Integer                      '定义整型变量i,作为循环变量
  Dim Sum As Integer                    '定义整型变量Sum,存储累加和
  Sum = 0: i = 1                        '将变量Sum和i的初值分别赋为0和1
  Do While i <= 100                     '当循环变量i小于等于100时反复执行
    Sum = Sum + i                       '累加
    i = i + 1                           '循环变量i增1
  Loop
  Lblresult.Caption = CStr(Sum)         '显示累加和
End Sub
```

② For语句的表达能力更为强大，使用也更为灵活。For语句的语法格式如下：

```
For 循环变量 = 初值 To 终值 [ Step 步长 ]
  语句块
  [ Exit For ]
Next 循环变量
```

For循环使用灵活，表达能力很强。它采用一个循环变量，实际上是一个计数器，每循环一次，计数器的值就会增加或减少一个步长。步长的默认值为1。

例如，若要用For语句实现求1~100之和，则只需将例3.5中的Do While语句换为如下的For语句即可：

```
For i = 1 to 100                ' 循环从i自1至100
    Sum = Sum + i               '累加
Next i                          ' 循环变量i自动增1
```

Do语句和For语句中都可以出现Exit语句，若遇到Exit语句，就不再执行循环中的任何语句而立即跳出循环。

循环可以嵌套，在一个循环体内有包含了另一个完整的循环结构称为循环嵌套。循环嵌套对Do...Loop语句和For语句均适用。

3.4.3　算法和数据结构

要使计算机解决某一问题，首先必须针对问题设计解题步骤，然后再根据步骤编写程序。这个“解题步骤”就是“算法”。程序设计就是根据算法用程序设计语言进行的描述。而程序中所处理的数据对象需要有一定的结构来表示。因此，算法和数据结构是编程时需要考虑的两个重要方面。

1. 算法

(1) 算法的概念

算法是程序的“灵魂”，它是为了解决某类问题而规定的一个有限长的操作序列。计算机对数据的操作可以分为数值性和非数值性两种类型。在数值性操作中主要进行的是算

术运算;而在非数值性操作中主要进行的是检索、排序、插入、删除等。

算法应具有下列五个特性。

① 有穷性:一个算法必须在执行有穷步之后结束。

② 确定性:算法中的每一步运算都必须有确切的含义,即每一步运算应执行何种操作,必须是清楚明确的,不会产生歧义。

③ 可行性:算法中描述的每一步操作都可以通过已有的基本操作执行有限次实现。

④ 输入:一个算法应该有零个或多个输入。

⑤ 输出:一个算法应该有一个或多个输出。这里所说的输出是指与输入有某种特定关系的量。

设计算法的基本过程如下:

① 通过对问题进行详细的分析,抽象出相应的数学模型。

② 确定使用的数据结构,并在此基础上设计对此数据结构实施各种操作的算法。

③ 选用某种语言将算法转换成程序。

④ 调试并运行这些程序。

【例3.6】问题:找出x、y、z三个数中的最大值并输出。

算法:

第1步:输入x、y、z三个数值;

第2步:找出x、y中较大者并换到x中;

第3步:从x、z中选出较大者并换到x中;

第4步:输出x的值。

(2) 算法的描述

选择算法描述语言的基本准则如下。

① 语言应具有描述数据结构和算法的基本功能。

② 语言应尽可能简洁,以便于掌握、理解。

③ 所描述的算法应能够较容易地转换成程序。

常用的算法描述方法包括自然语言、流程图、伪语言和高级语言4种,其中伪语言描述算法最为常用,如“类C”“类Pascal”等伪语言。

(3) 算法的分析

评价一个算法的优劣,主要从以下几个方面考虑。

① 正确性:要求算法能够正确地执行预先规定的功能,并达到所期望的性能要求。

② 可读性:为了便于理解、测试和修改算法,算法应该具有良好的可读性。

③ 健壮性:当输入的数据非法时,算法应恰当地做出反应或进行相应处理,而不是产生莫名其妙的输出结果。并且,处理出错的方法不应是中断程序的执行,而应是返回一个表示错误或错误性质的值,以便在更高的层次上进行处理。

④ 时间与空间效率:算法的时间与空间效率是指将算法变换为程序后,该程序在计算机上运行时所花费的时间及所占据空间的度量。

在设计算法时,时间和空间往往是一对矛盾,因此,应按照实际情况进行取舍。例如,若要求算法运行多次,则应尽可能选择快速的算法;而如果问题规模较大,且计算机的存储容量有限,则算法设计就应主要考虑节省存储空间。

2. 数据结构

数据是算法加工的对象和结果,数据可以是一些简单的量,但大多数的应用中数据是由较复杂的量构成,这些量之间存在着某些逻辑上的联系,这种联系就是“结构”。可以给“数据结构”下一个简单的定义:数据结构是研究程序设计中数据对象以及它们之间关系和运算的一个专门学科。具体地说,数据结构的研究内容包括三个方面,即数据的逻辑结构、数据的存储结构以及在数据之上定义的运算集合。

数据的逻辑结构是数据元素之间的逻辑关系,它抽象地反映数据元素间的逻辑关系。常用的数据逻辑结构有:集合、线性结构(包括线性表、栈、队列等)、树型结构、图结构。

数据的存储结构也称物理结构,是指数据结构在计算机存储器中的具体实现。数据存储结构不但要表示数据元素本身的内容,还要表示清楚数据元素之间的逻辑联系。常见的存储结构有:顺序存储结构、链式存储结构、索引存储结构和散列存储结构。

数据运算定义于数据的逻辑结构之上、实现于数据的存储结构,包括对数据的检索、插入、删除、更新、排序等操作。

在传统的程序设计语言中,其数据类型即反映了其数据结构。简单的数据结构可用基本数据类型(如整型、实数型、字符型等)来定义,复杂的数据结构(如数组、结构体等)需用简单的数据结构构造而成。

算法和数据结构是程序设计的重要内容,它们在程序设计中密不可分。在这部分的最后,介绍一个对n个数进行排序的VB程序,采用选择排序算法,被排序的数据对象为线性表逻辑结构,采用顺序表进行存储(在VB中表示为数组)。

【例3.7】对n个数进行排序。被排序的n个数据对象为线性表。

线性表是n个数据元素的有限序列,记作:(a_1, a_2, a_3,…, a_n)。线性表中的数据元素要求具有相同类型,它的数据类型可以根据具体情况而定,可以是一个数、一个字符或一个字符串,也可以由若干个数据项组成。线性表的存储结构主要有顺序结构和链接结构两种。线性表的顺序存储结构,就是用一组连续的内存单元依次存放线性表的数据元素。线性表的链式存储结构,也称为链表。其存储方式是:在内存中利用存储单元(可以不连续)来存放元素值及它在内存的地址,各个元素的存放顺序及位置都可以以任意顺序进行,原来相邻的元素存放到计算机内存后不一定相邻,从一个元素找下一个元素必须通过地址(指针)才能实现。因此不能像顺序表一样可随机访问,而只能按顺序访问。在本例中采用顺序表作为存储结构。

直接选择排序(简称选择排序)是一种简单的排序方法,它的基本步骤如下。

第1步:在一组对象 V[i] ~ V[n−1] 中选择具有最小排序码的对象。

第2步:若它不是这组对象中的第一个对象,则将它与这组对象中的第一个对象对调。

第3步:在这组对象中剔除这个具有最小排序码的对象。在剩下的对象 V[i+1] ~ V[n−1] 中重复执行第1、2步,直到剩余对象只有一个为止。

程序的运行界面如图3.41所示。

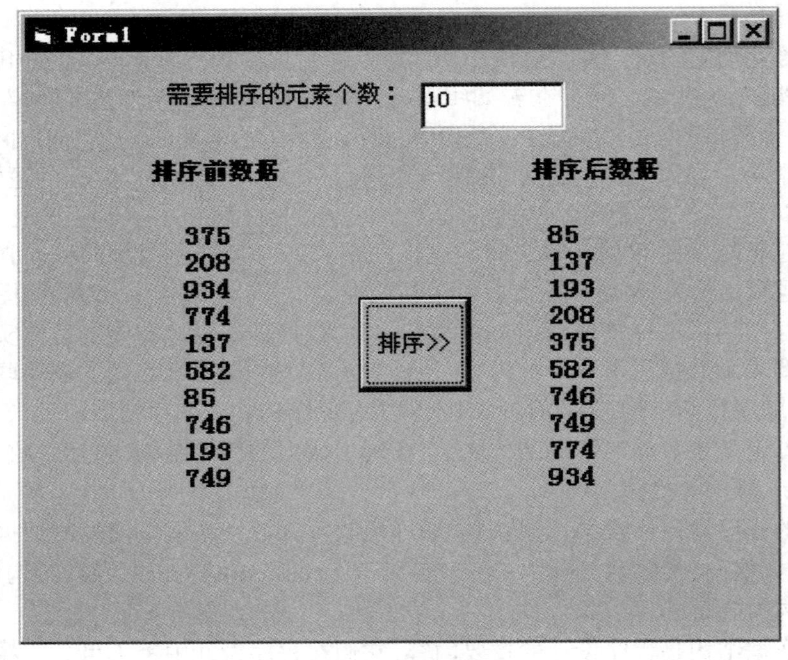

图3.41 选择排序

功能要求:在文本框中输入被排序元素个数,例如10,由系统产生相应个数的整数并显示,单击“排序>>”按钮,执行排序操作,显示排序后的数据。

程序界面由7个控件组成,分别是标签(label1,其Caption属性值为“需要排序的元素个数:”)、标签(label2,其Caption属性值为“排序前数据”)、标签(label3,其Caption属性值为“排序后数据”)、文本框(txtnum)、标签(lblelem1,用于显示排序前的数据)、标签(lblelem2,用于显示排序后的数据)和按钮(CmdSort)。

程序代码如下:

```
Dim n As Integer                    '定义全局变量n
Dim A() As Integer                  '定义全局数组A()
Private Sub SelectSort(arr() As Integer)        '选择排序过程定义
    Dim i As Integer               '定义外循环变量i
    Dim j As Integer               '定义内循环变量j
    Dim min As Integer             '定义整型变量min,用于存放当前选择的最小值元素下标
    Dim tmp As Integer             '定义整型变量tmp,用于交换两个变量时暂存其中的一个值
    For i = 0 To n - 2             '共进行n-1趟选择排序过程
      min = i                      '设当前序列首元素值最小,以min记其下标
      For j = i + 1 To n - 1       '将当前序列的其余所有元素与最小值比较
        If arr(j) < arr(min) Then min = j        '若j位置上元素值更小则修改min
      Next j
      If min <> i Then             '若当前序列首元素值非最小则交换arr(i)和arr(min)
        tmp = arr(i)               '用tmp暂存arr(i)
        arr(i) = arr(min)          '将arr(min)赋予arr(i)
```

```
            arr(min) = tmp          '将tmp暂存的原arr(i)值赋予arr(min)
        End If
    Next i
      End Sub

 Private Sub txtnum_Change()       '在文本框中输入排序元素个数后的处理程序
    Dim i As Integer
    Randomize                     '随机数初始化
    lblelem1.Caption = ""         '清空被排序元素值显示区
    If Val(txtnum.Text) > 0 And IsNumeric(Val(txtnum.Text)) Then
                                  '判断输入数据的有效性,输入正确
      n = Val(txtnum.Text)        '被排序元素的个数
      ReDim A(n)                  '重定义数组A
      For i = 0 To n - 1
        A(i) = Int(Rnd * 1000)    '产生n个随机整数,并存入数组A
        lblelem1.Caption = lblelem1.Caption & A(i) & Chr(13)  '显示排序前数据
      Next i
    Else
      MsgBox "数据元素数输入有错!","出错信息"  '输入的被排序元素个数有错,给出出错提示
    End If
 End Sub

 Private Sub CmdSort_Click()      '单击排序按钮执行操作
    Dim i As Integer
    Call SelectSort(A)            '调用SelectSort过程
    For i = 0 To n - 1            '显示排序后数据
      Lblelem2.Caption = Lblelem2.Caption & A(i) & Chr(13)
      Next i
      End Sub
```

3.4.4 语言处理系统

除了机器语言程序外,其他程序设计语言编写的程序都不能直接在计算机上执行,需要使用语言处理系统对它们进行变换后才能执行。语言处理系统的作用是把用软件语言(包括汇编语言和高级语言)编写的各种程序变换成可在计算机上执行的程序,或最终的计算结果,或其他中间形式。

语言处理系统通常包括以下组成部分。

① 正文编辑程序:用于建立和修改源程序文件。

② 翻译程序:将源程序翻译成目标程序。

③ 链接编辑程序:将多个分别编译或汇编过的目标程序和库文件进行组合,从而形成可执行程序。

④ 装入程序:将目标程序装入内存并启动执行。

程序编辑、编译、链接、装入和执行过程如图3.42所示。

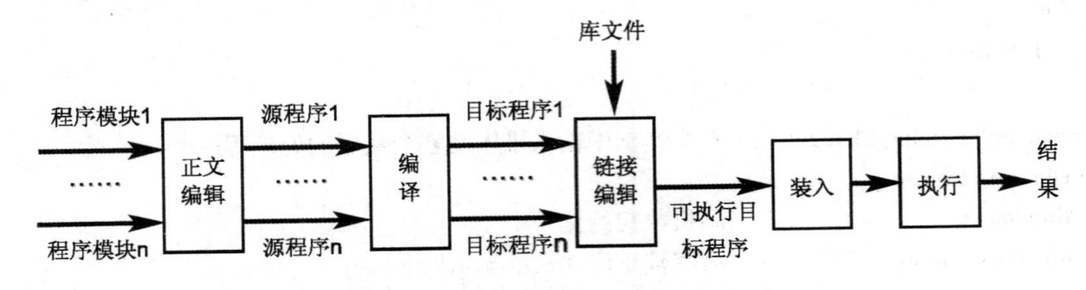

图3.42 编辑、编译、链接、装入和执行过程

语言处理系统随被处理的语言及其处理方法和处理过程的不同而异。但任何一个语言处理系统通常都包含一个翻译程序,它的作用是把一种语言的程序翻译成等价的另一种语言的程序。

按照不同的翻译处理方法,可把翻译程序分为三类,即汇编程序、解释程序和编译程序。

1. 汇编程序(Assembler)

汇编语言指令与机器语言指令大体上是一致的,因此汇编程序的翻译工作基本上是一一对应的翻译,较为简单,其基本工作过程如图3.43所示。

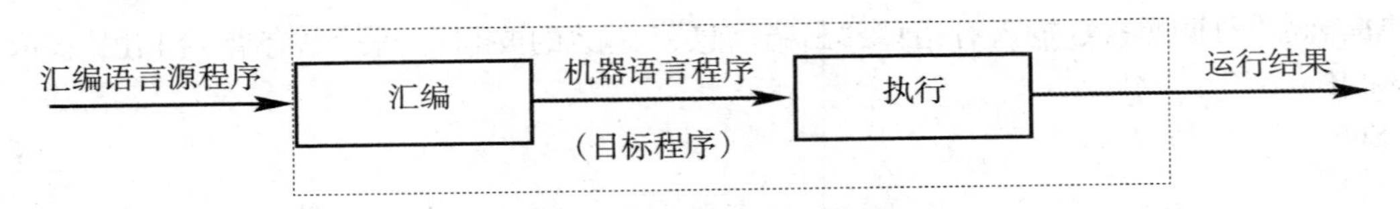

图3.43 汇编语言源程序的汇编与执行过程

2. 解释程序 (Interpreter)

解释程序按源程序中指令(或语句)的执行顺序,逐条翻译并立即执行相应功能的处理程序(相当于口译)。解释程序的工作过程如图3.44所示。

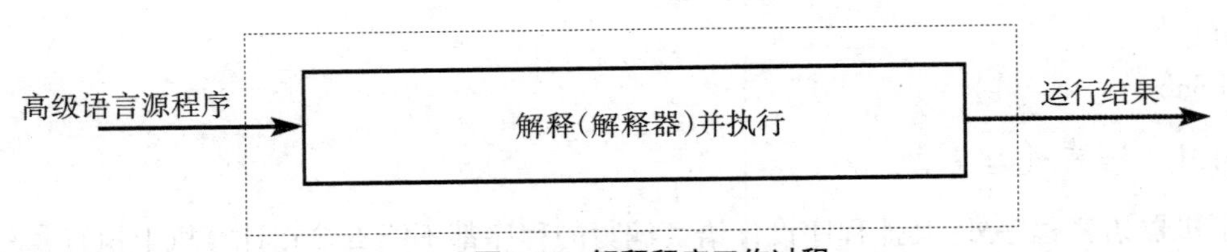

图3.44 解释程序工作过程

解释程序的优点是算法简单,缺点是运行效率低。目前这种方式使用较少,主要用于一些脚本语言程序的翻译中。

3. 编译程序 (Compiler)

编译程序要对源程序进行一遍或多遍扫描,最终形成一个可以在计算机系统中执行的目标程序,其翻译过程相当于笔译。编译程序的工作过程如图3.45所示。

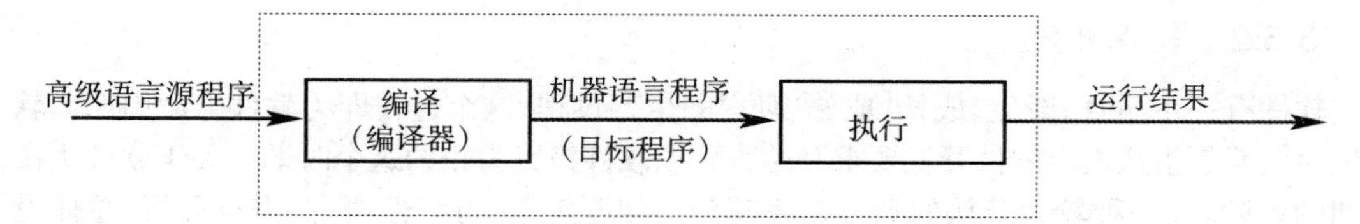

图3.45 编译程序工作过程

编译程序的实现算法比较复杂。编译程序的优点是可以一次性地产生高效运行的目标代码，这些目标代码可以多次运行。目前高级语言大多都采用编译程序进行翻译。

§3.5 软件工程与软件开发

3.5.1 软件工程概述

如前所述，计算机软件是典型的知识型、逻辑型产品，软件研制需要投入大量的、复杂的、高强度的脑力劳动。

计算机软件是随着计算机硬件的发展及计算机的广泛应用而不断发展的。早在计算机发展的初期，除了程序清单之外，没有其他任何文档资料。在这段时期内，只有程序的概念，而没有计算机软件的概念。

在20世纪60年代中期，形成了计算机软件的概念：软件不仅仅是可运行的程序系统，它必须有全套完整的文档，即“软件=程序+文档”。

20世纪70年代中期以后，软件的规模越来越大，开发周期越来越长，使原先的手工作坊方式开发软件的成本急剧上升。“软件作坊”开发的软件不仅效率低，而且质量差（不可靠、难以维护和修改、难以移植），无法适应硬件和需求的不断升级。有时旧的软件没有修改好，新技术又要求对软件做新的修改。开发的软件半途而废的例子屡见不鲜，由此出现了所谓的“软件危机”。为了解决“软件危机”，软件业界提出了软件工程（Software Engineering）的思想。

软件工程是以系统的、规范的、定量的方法应用于软件的开发、运营和维护，以及对这些方法的研究。

软件工程的主要内容包括：

（1）软件开发方法

研究软件开发方法（Software Development Methods）的目的是使开发过程规范化，使开发有计划、按步骤地进行。常用的软件开发方法有：面向数据流设计方法SD、面向数据结构设计方法JDM和面向对象设计方法OOD。

（2）软件工具

软件工具（Software Tools）是指帮助开发和维护软件的软件，也称软件自动工具（Software Automated Tools）。

（3）软件开发环境

软件开发环境是软件方法和工具的结合，其定义是：软件开发环境是相关的一组软件工具集合，它支持一定的软件开发方法或按照一定的软件开发模型组织而成。

（4）软件工程管理学

软件工程管理就是对软件工程生存期内的各阶段的活动进行管理，实现按预定的时间和费用成功地完成软件的开发和维护。

3.5.2 软件开发

软件有一个孕育、诞生、成长、成熟、衰亡的生存过程,这个过程即为软件生命周期。软件生命周期是指从提出软件开发要求开始直到该软件报废为止的这个时期。关于软件生命周期的各阶段,一种较为公认的划分是将其分为问题定义、可行性研究、需求分析、总体设计、详细设计、编码和单元测试、综合测试和维护等几个阶段,各阶段的主要任务如下。

① 问题定义主要给出需要解决问题的性质、目标和规模的说明。

② 可行性研究主要论证问题是否是可以解决的,若是可行的,才可以继续下去,否则就及时终止。

③ 需求分析主要是以精确的形式确定系统需要达到的目标。

④ 总体设计将设计出系统的总体结构,用系统流程图以及其他的有关描述工具进行精确的描述。

⑤ 详细设计给出具体实现系统的描述,通常用HIPO(层次图加输入/处理/输出图)或PDL(过程设计语言)描述详细设计的结果。

⑥ 编码和单元测试使用程序设计语言写出程序模块并进行测试。

⑦ 综合测试是将经过单元测试的模块装配起来,在装配过程中进行的必要测试。

⑧ 维护阶段的任务是通过各种必要的维护活动使系统持久地满足用户的需要,维护活动主要包括改正性维护、适应性维护、完善性维护和预防性维护。

20世纪80年代后期,随着软件规模的进一步增加和复杂性的进一步提高,为了提高系统的稳定性、可修改性和可重用性,人们又提出了面向对象的软件工程方法。面向对象方法学的出发点是尽可能地模拟人类习惯的思维方式,使开发软件的方法尽可能接近人类认识世界解决问题的方法与过程。将面向对象的方法和技术应用到软件开发的各阶段可以获得更好的效果。

软件工程领域在20世纪90年代中期取得了前所未有的进展,其成果超过了软件工程领域过去近二十年的成就。其中意义最重大的成果之一就是统一建模语言(Unified Modeling Language,简称UML)的出现。UML通过统一的语义和符号表示,使软件项目建立在一个成熟的标准建模语言之上,可由此拓宽所研制与开发的软件系统的适用范围,并显著提高其灵活程度。UML代表了面向对象软件开发技术的发展方向。

本章小结

本章主要介绍了计算机软件的概念、软件的分类、软件的作用、操作系统、程序设计语言、语言处理系统、软件工程和软件开发的基础知识。

计算机软件是指为运行、维护、管理及应用计算机所编制的所有程序及其文档资料的总和。软件分为系统软件和应用软件两大类。操作系统是最基本也是最重要的系统软件,是用来控制和管理计算机中所有硬件和软件资源的一组程序。操作系统的作用是组织和管理计算机的所有资源,控制程序的执行,并为用户提供各种服务功能和良好的使用界面。

程序设计语言是编写各类软件必不可少的,按与计算机硬件的联系程度,程序设计语言分为机器语言、汇编语言和高级语言。算法和数据结构是编程时需要考虑的两个重要方面。程序设计就是根据算法用程序设计语言进行的描述。

除了机器语言程序外，其他程序设计语言编写的程序都需要使用语言处理系统进行变换后才能执行。语言处理系统的作用是把用汇编语言或高级语言编写的各种程序变换成可在计算机上执行的程序。

对于较大或大规模软件的研制，需要投入大量的、复杂的、高强度的脑力劳动。其开发过程也不仅是一个技术问题，需要以软件工程方式进行组织和管理软件生产和运行。

习题三

一、问答题

1. 什么是软件？简述软件的分类。
2. 系统软件和应用软件各有什么特点？
3. 试说出至少三种应用软件的名称和它们的用途。
4. 什么是操作系统？它的主要作用是什么？
5. 简述操作系统的功能。
6. 举例简述操作系统的两类用户界面。
7. 总结Windows操作系统的发展阶段及特点。
8. Unix操作系统有哪些主要特色？
9. Linux操作系统与Unix操作系统有什么联系？它的主要特点是什么？
10. 在Windows操作系统中如何查看应用程序和进程信息？如何查看与修改虚拟内存设置？
11. 什么是树型文件目录结构？简述Windows操作系统的文件目录结构。什么是绝对路径？什么是相对路径？
12. 简述Windows操作系统使用FAT、FAT32、NTFS和exFAT文件系统的特点。
13. 典型的软件安装执行哪些操作？
14. 软件卸载常用的方法有哪些？
15. 按与硬件的联系程度，程序设计语言分为哪几类？各类语言的特点是什么？
16. 试列举出至少三种高级语言的名称并简要说明其特点。
17. 高级语言中引入“数据类型”概念的原因是什么？
18. 以VB语言为例，说明高级语言的三种基本控制结构。
19. 语言处理程序的作用是什么？高级语言的翻译程序有哪两类，它们各有什么特点？
20. 什么是软件工程？

二、名词解释

计算机软件　系统软件　应用软件　操作系统　进程　文件系统　虚拟内存
图形用户界面(GUI)　文件名　机器语言　汇编语言　高级语言　编译程序
数据类型　算法　数据结构　软件工程

三、填空题

1. 软件是______和______集合。
2. 计算机软件分为______软件和______软件两大类。
3. 程序是______________。

4. 进程管理又称__________管理。
5. Windows操作系统主要支持的文件系统是________、________、________和________。
6. 操作系统有五种基本功能,分别是__________、__________、__________、__________、__________。
7. Linux是一套源代码__________的免费操作系统。
8. __________是唯一能被计算机直接执行的程序。
9. 结构化程序设计方法有三种基本控制结构,即:________、________和________结构。
10. 评价算法的主要指标是时间和空间效率,分别以________和________来表示。
11. 数据结构研究的内容包括__________、__________和__________。
12. UML的含义是____________________。

实验3.1 Windows基本操作

一、实验目的

1. 掌握Windows 10的基本操作
2. 掌握文件夹和文件的组织管理
3. 掌握应用程序的管理和运行
4. 熟练使用帮助系统

二、实验内容

1. Windows 10的基本操作
2. 资源管理器的使用
3. 应用程序的管理和运行
4. 磁盘管理实用程序的使用
5. 帮助系统的使用

三、实验步骤

1. Windows 10的基本操作

(1) 任务栏和桌面对象的基本操作

- 显示或隐藏任务栏

在任务栏上单击鼠标右键,选择“任务栏设置”命令项,弹出如图3.46所示的对话框,在其中进行设置。例如,若将“在桌面模式下自动隐藏任务栏”项设置为“开”,则将隐藏任务栏。

- 设置桌面图标

说明:当Windows 10安装好后,在桌面上只有一个“回收站”图标。可以通过桌面快捷菜单中的“个性化”命令显示或隐藏这些常用项目。

在桌面上单击鼠标右键,选择“个性化”命令项,弹出如图3.47所示的设置页面,在其中点击“主题”选项,再在页面中选择“桌面图标设置”,将弹出如图3.48所示的对话框,在其中进行设置。例如,若勾选了“网络”项,将在桌面上显示网络图标。

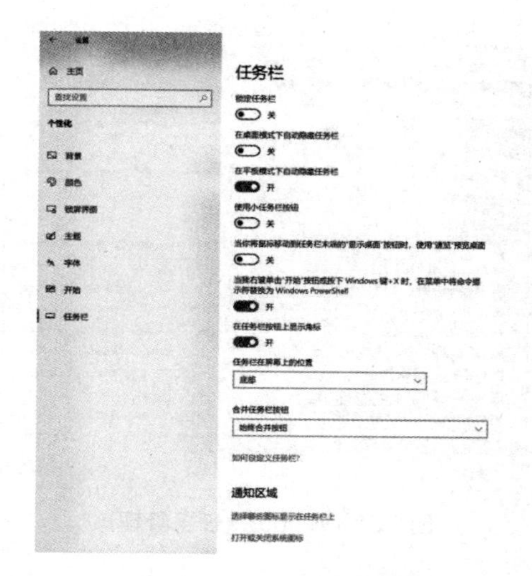

图3.46　“任务栏设置”页面

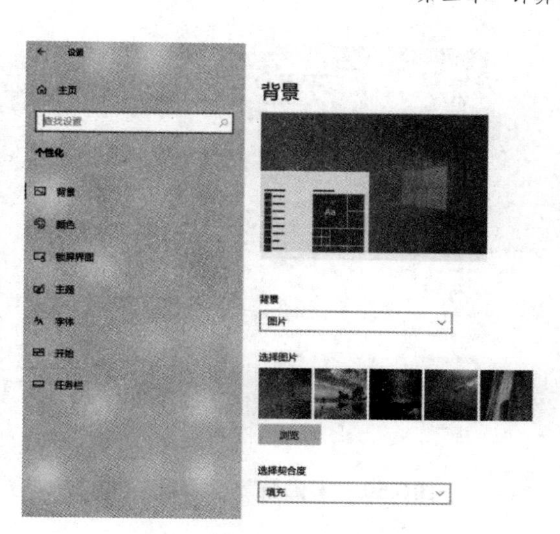

图3.47　“个性化”设置界面

图3.48　“桌面图标设置”对话框

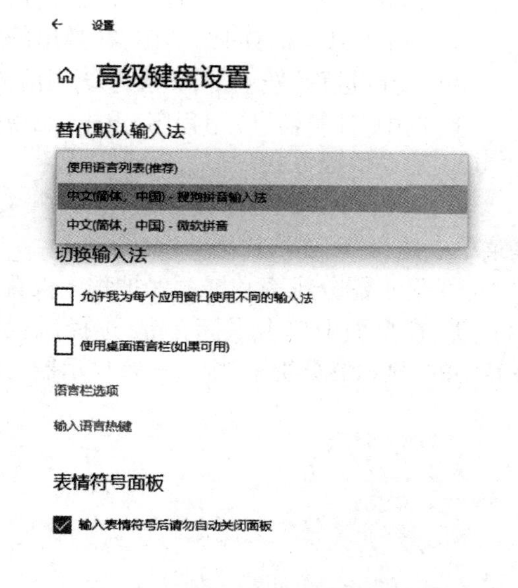

图3.49　“高级键盘设置”对话框

(2) 设置默认输入法

点击“开始”→“设置”，打开“设置”页面，点击“设备”功能项，选择“输入”功能项，选择“高级键盘设置”，打开如图3.49所示的“高级键盘设置”页面，在“替代默认输入法”下拉列表中选择默认的输入法[如“中文(简体，中国)–搜狗拼音输入法”]。

(3) 剪贴板设置

点击“开始”→“设置”，打开“设置”页面，点击“系统”功能项，选择“剪贴板”功能项，即可打开如图3.50所示的“剪贴板”设置页面，在其中可以设置与剪贴板相关的操作参数。

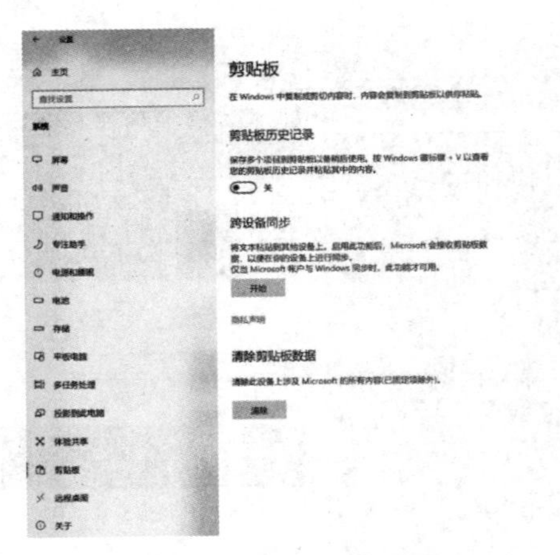

图3.50 “剪贴板”设置页面

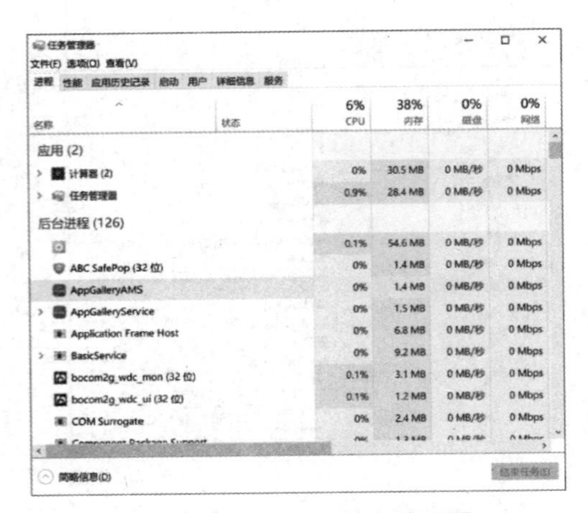

图3.51 Windows任务管理器

(4) 任务管理器的使用

① 点击“开始”→“所有程序”→“计算器”;

② 按下Ctrl+Alt+Del组合键,在弹出的页面中选择“任务管理器”,如图3.51所示;

③ 选择“进程”选项卡,查看系统当前的进程数;

④ 选中“计算器”应用程序,点击“结束任务”按钮,终止“计算器”程序。

(5) 建立快捷方式

建立快捷方式的方法是在应用程序、文件或文件夹图标上单击鼠标右键,在弹出的快捷菜单中选择“创建快捷方式”命令项。

(6) 显示器分辨率和屏幕保护程序设置

① 在桌面上单击鼠标右键,选择“显示设置”命令项,弹出如图3.52所示的设置页面,在其中的“显示器分辨率”中可设置显示器的分辨率,在“显示方向”下拉列表中可设置方向。

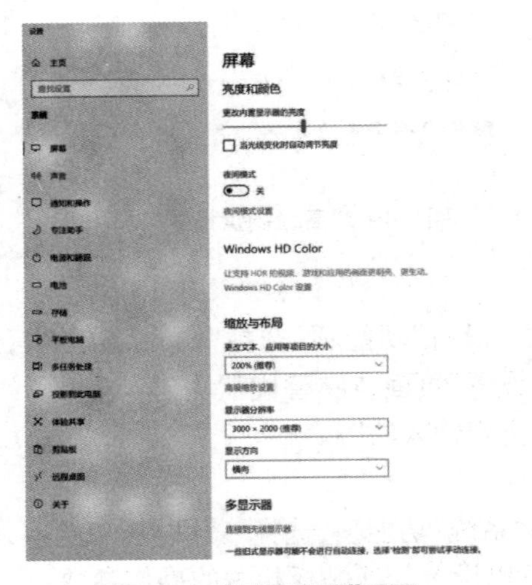

图3.52 “屏幕设置”页面

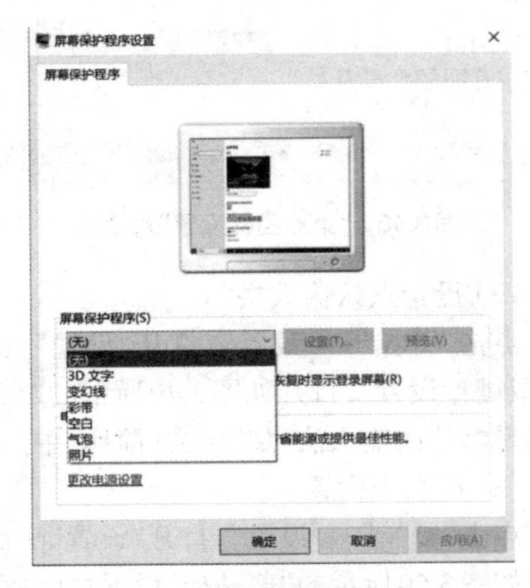

图3.53 “屏幕保护程序”对话框

② 在桌面上单击鼠标右键,选择“个性化”命令项,在弹出的设置页面上选择“锁屏界面”,再选择“屏幕保护程序设置”功能项,弹出如图3.53所示的对话框,在“屏幕保护程序”

下拉列表中可设置屏幕保护程序，在“等待”中可设置等待时间。

2. 文件资源管理器的使用

这部分主要是利用“文件资源管理器”进行文件或文件夹的查找、创建、复制、移动和删除等基本操作。

(1) 查找文件

- 查找文件notepad.exe

点击任务栏上的文件资源管理器图标，打开资源管理器，在搜索文本框中输入要查找的文件名：notepad.exe，按下回车键。搜索结果如图3.54所示。

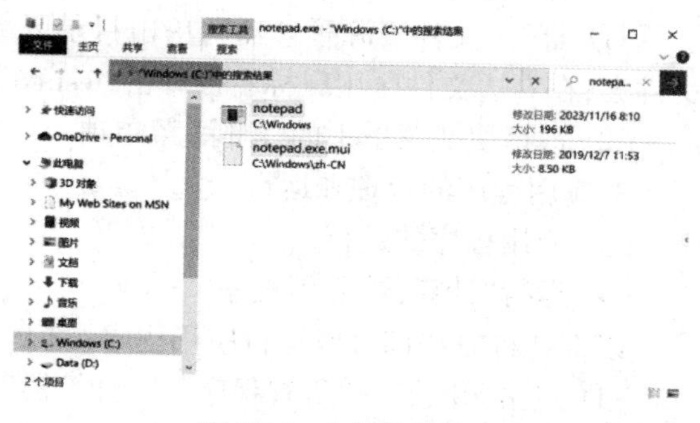

图3.54 文件搜索结果

(2) 创建新文件夹

- 在E盘上名为“实验一”建立一个新文件夹

① 双击桌面“此电脑”图标，打开文件资源管理器。

② 双击E盘的盘符。

③ 在窗口中的空白处单击鼠标右键，选择“新建”命令，再选择“文件夹”。

④ 在E盘将出现一个名为“新建文件夹”的新文件夹，在该文件夹的快捷菜单中选择“重命名”菜单项，输入“实验一”作为文件夹新的名字。

(3) 复制文件

- 将文件“notepad.exe”复制到“实验一”文件夹下

① 打开“文件资源管理器”，单击目录区(左边)部分的C图标，在展开的部分中单击“WINDOWS”文件夹，在文件区(右边)中“notepad.exe”文件上单击鼠标右键，选择快捷菜单中的“复制”命令；

② 单击目录区部分的E图标，在展开的部分中单击“实验一”文件夹，在右边文件区空白处单击鼠标右键，选择“粘贴”命令，即可将文件“notepad.exe”复制到指定的位置。

(4) 创建文件

- 在“E:\实验一”文件夹下创建新文件test.txt

① 打开“文件资源管理器”，单击目录区部分的E图标，在展开的部分中单击“实验一”文件夹；

② 在右边文件区空白处单击鼠标右键，选择“新建”命令，再选择“文本文档”选项；

③ 在“E:\实验一”文件夹下将出现一个名为“新建 文本文件”的新文件，在该文件夹的快捷菜单中选择“重命名”菜单项，输入“test”作为文件新的名字。

(5) 移动文件

- 将“E:\实验一”文件夹下的test.txt文件移动到E盘根目录下

① 打开“文件资源管理器”，单击目录区部分的E图标，在展开的部分中单击“实验一”文件夹；在右边文件区用鼠标右键单击“test.txt”文件；

② 选择快捷菜单中的“剪切”菜单项；

③ 单击目录区部分的E图标，在右边文件区空白处单击鼠标右键，选择“粘贴”命令，即可将文件“test.txt”移动到指定的位置。

(6) 删除文件

• 将E盘根目录下的test.txt文件删除

① 打开“文件资源管理器”,单击目录区部分的E图标,在展开的部分中单击“实验一”文件夹;在右边文件区用鼠标右键单击“test.txt”文件;

② 选择快捷菜单中的“删除”菜单项。

3. 应用程序的管理和运行

(1) 应用程序的运行

• 运行“计算器”应用程序

以下几种方法都可以运行应用程序:

① 点击“开始”→“所有程序”→“计算器”。

② 在“开始”图标上点击鼠标右键,在弹出的快捷菜单中选择“运行”,再在命令输入框中输入“calc”命令。

③ 双击桌面“此电脑”图标,双击C盘图标,打开C:\Windows\System32文件夹,找到calc.exe程序图标,双击该图标即可运行程序。

(2) 卸载程序

• 卸载“UltraEdit”应用程序

① 点击“开始”→“设置”;

② 点击“应用”功能项;

③ 选择“UltraEdit”应用程序,在弹出的菜单中选择“卸载”项。

4. 磁盘管理实用程序的使用

• 查看和管理磁盘

① 在桌面上“此电脑”图标上单击鼠标右键,在快捷菜单中选择“管理”选项;

② 单击“计算机管理”窗口中的“磁盘管理”选项,可以查看和管理磁盘,了解磁盘的使用情况、分区格式等有关信息,如图3.55所示;

③ 右击需查看的某个磁盘驱动器的图标,将弹出一个快捷菜单,单击“属性”命令项,可查看和设置磁盘属性,如图3.56所示。

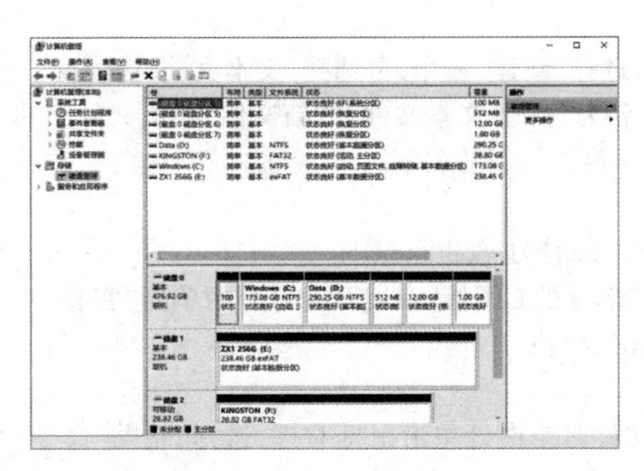

图3.55 “磁盘管理”窗口

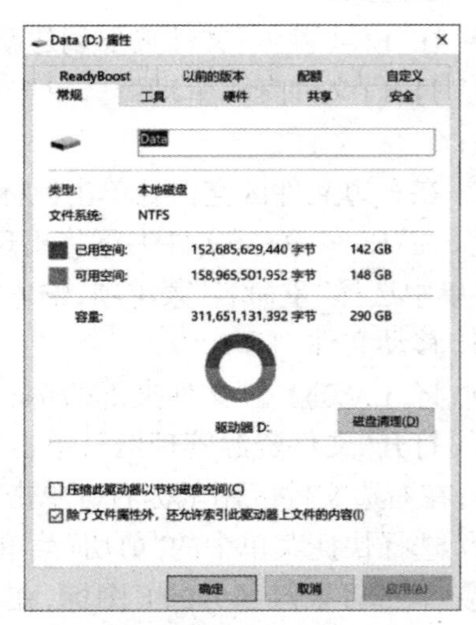

图3.56 查看和设置磁盘属性

- 磁盘扫描和磁盘碎片整理

① 右击需查看的某个磁盘驱动器的图标，将弹出一个快捷菜单，单击“属性”命令项，选择“工具”选项卡，如图3.57所示；

② 单击“查错”选项组中的“检查”按钮，打开“错误检查”对话框，若未发现错误，系统将提示不需要扫描驱动器，如图3.58所示，点击“取消”按钮即可；若仍要进行扫描，则点击“扫描驱动器”选项即可对磁盘进行扫描。

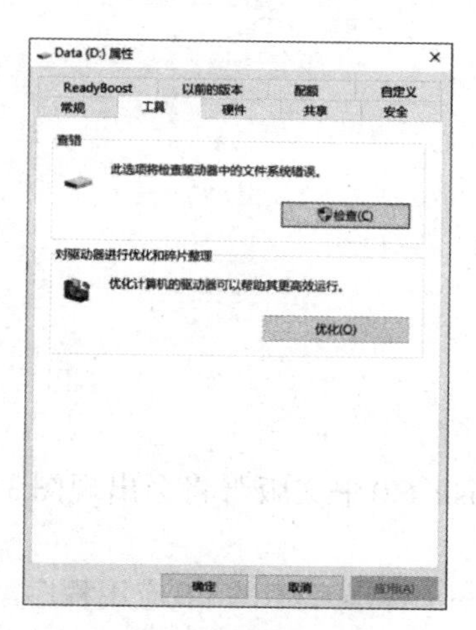

图3.57 磁盘管理工具

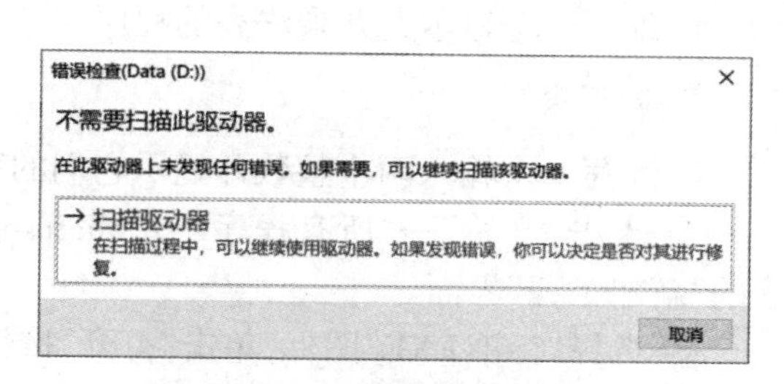

图3.58 “错误检查”对话框

单击“对驱动器进行优化和碎片整理”选项组中的“优化”按钮，打开“优化驱动器”窗口，如图3.59所示，选中待整理的磁盘分区（如D:），单击“优化”按钮，即可开始优化和碎片整理。

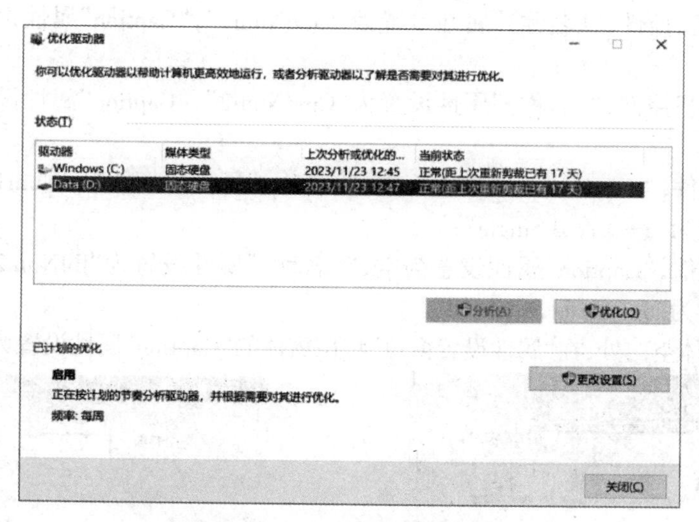

图3.59 “优化驱动器”窗口

实验3.2　VB基本程序

一、实验目的

1. 了解VB的启动方法和VB集成开发环境
2. 了解常用的控件
3. 了解建立基本VB程序的方法
4. 了解顺序、分支、循环程序的结构

二、实验内容

1. 编写一个输入两个整数并显示它们的程序
2. 编写一个输出两个整数中较大的数的程序
3. 编写一个计算1~100之间所有自然数之和的程序
4. 编写一个显示九九乘法表的程序

三、实验步骤

1. 编写一个输入两个整数并显示它们的程序

① 点击“开始”→“所有程序”→“Microsoft Visual Basic 6.0中文版”,将会出现图3.60所示的“新建工程”界面。

② 选择“标准EXE”图标,单击“打开”按钮,将新建一个标准EXE的VB应用程序。

③ 界面设计,程序界面如图3.61所示。从“控件箱”向窗体中依次拖放以下控件,并在“属性设置窗口”设置相应控件的属性值:

- “标签”控件,“Caption”属性设置为“输入两个整数”;
- “文本框”控件,“(名称)”属性设置为“txtNum1”,“text”属性设置为空;
- “文本框”控件,“(名称)”属性设置为“txtNum2”,“text”属性设置为空;
- “命令按钮”控件,“(名称)”属性设置为“CmdNum1”,“Caption”属性设置为“显示第一个数”;
- “命令按钮”控件,“(名称)”属性设置为“CmdNum2”,“Caption”属性设置为“显示第二个数”;
- “标签”控件,“Caption”属性设置为空,“(名称)”属性设置为“lblNum1”,“BorderStyle”属性设置为“1—Fixed Single”;
- “标签”控件,“Caption”属性设置为空,“(名称)”属性设置为“lblNum2”,“BorderStyle”属性设置为“1—Fixed Single”。

最后单击窗体空白处,在“属性设置窗口”将该窗体的“Caption”属性设置为“显示两个数”。

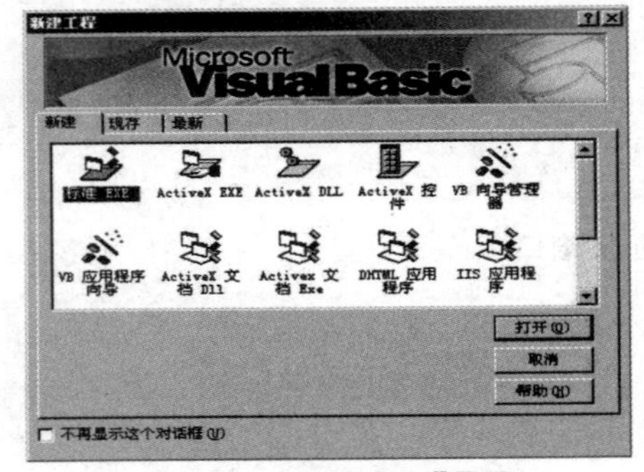

图3.60 “新建工程”界面

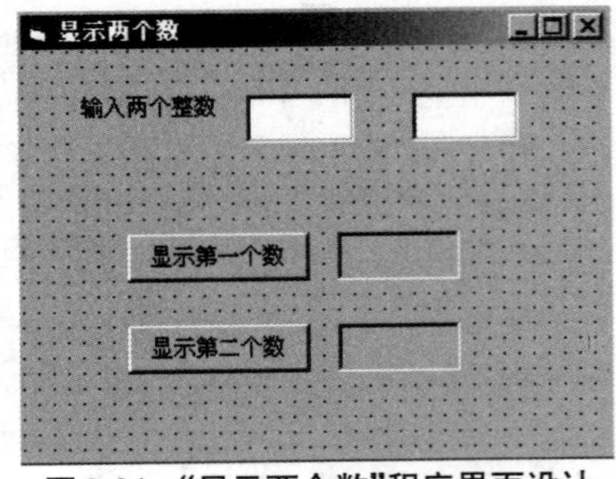

图3.61 “显示两个数”程序界面设计

④ 编写代码。双击命令按钮 CmdNum1，打开“代码编辑器”窗口，在 Private Sub CmdNum1_Click()与 End Sub之间输入以下程序：

```
Dim num1 As String
num1 = txtnum1.Text
lblNum1.Caption = num1
```

双击命令按钮 CmdNum2，打开“代码编辑器”窗口，在 Private Sub CmdNum2_Click()与 End Sub之间输入以下程序：

```
Dim num2 As String
num2 = txtnum2.Text
lblNum2.Caption = num2
```

⑤ 保存程序文件。点击主菜单中的“文件”下的“保存工程”命令项，在打开的“保存”窗体对话框中选择目标文件夹“E:\实验二\Ex1”（需事先建立），输入窗体文件名“frmEx1”，单击“保存”按钮；然后在弹出的“工程另存为”对话框中输入工程文件名“Ex1”，单击“保存”按钮，完成程序文件的保存。

⑥ 运行程序。点击主菜单中的“运行”下的“启动”命令项，即启动程序运行，在两个文本框中分别输入整数100和200，然后分别点击“显示第一个数”和“显示第二个数”命令按钮，查看运行结果。

2. 编写一个输出两个整数中较大的数的程序

① 启动VB，新建一个标准EXE的VB应用程序。

② 按图3.62设计程序界面。从“控件箱”向窗体中依次拖放以下控件，并在“属性设置窗口”设置相应控件的属性值：

- “标签”控件，“Caption”属性设置为“整数a”；
- “标签”控件，“Caption”属性设置为“整数b”；
- “标签”控件，“Caption”属性设置为“整数a和b中的较大者是：”；
- “文本框”控件，“(名称)”属性设置为“txta”，“text”属性设置为空；
- “文本框”控件，“(名称)”属性设置为“txtb”，“text”属性设置为空；
- “命令按钮”控件，“(名称)”属性设置为“CmdFind”，“Caption”属性设置为“输出”；
- “标签”控件，“Caption”属性设置为空，“(名称)”属性设置为“lblresult”。

③ 编写代码。双击命令按钮 CmdFind，打开“代码编辑器”窗口，在 Private Sub CmdFind_Click()与 End Sub之间输入以下程序：

```
Dim a As Integer
Dim b As Integer
a = CInt(txta.Text)
b = CInt(txtb.Text)
If a > b Then
   lblresult.Caption = CStr(a)
Else
   lblresult.Caption = CStr(b)
End If
```

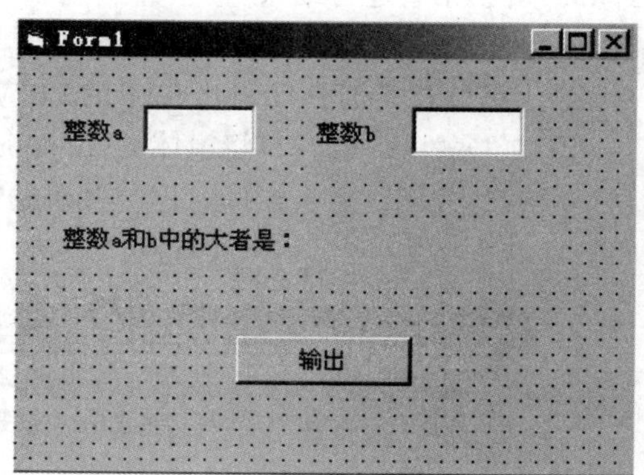

图3.62 “显示两个数中大者”程序界面设计

④ 保存程序文件。点击主菜单中的“文件”下的“保存工程”命令项,在打开的“保存”窗体对话框中选择目标文件夹“E:\实验二\Ex2”(需事先建立),输入窗体文件名“frmEx2”,单击“保存”按钮;然后在弹出的“工程另存为”对话框中输入工程文件名“Ex2”,单击“保存”按钮,完成程序文件的保存。

⑤ 运行程序。点击主菜单中的“运行”下的“启动”命令项,即启动程序运行,在两个文本框中分别输入整数100和200,然后点击“输出”按钮,查看运行结果。

3. 编写一个计算1~100之间所有自然数之和的程序

① 启动VB,新建一个标准EXE的VB应用程序。

② 按图3.63设计程序界面。从“控件箱”向窗体中依次拖放以下控件,并在“属性设置窗口”设置相应控件的属性值:

- “标签”控件,“Caption”属性设置为“1到100的和为:”;
- “标签”控件,“Caption”属性设置空,“(名称)”属性设置为“lblresult”;
- “命令按钮”控件,“(名称)”属性设置为“CmdCmp”,“Caption”属性设置为“计算”。

③ 编写代码。双击命令按钮CmdCmp,打开“代码编辑器”窗口,在Private Sub CmdCmp_Click()与End Sub之间输入以下程序:

```
Dim i As Integer
Dim Sum As Integer
Sum = 0
For i = 1 to 100
    Sum = Sum + i
Next i
Lblresult.Caption = CStr(Sum)
```

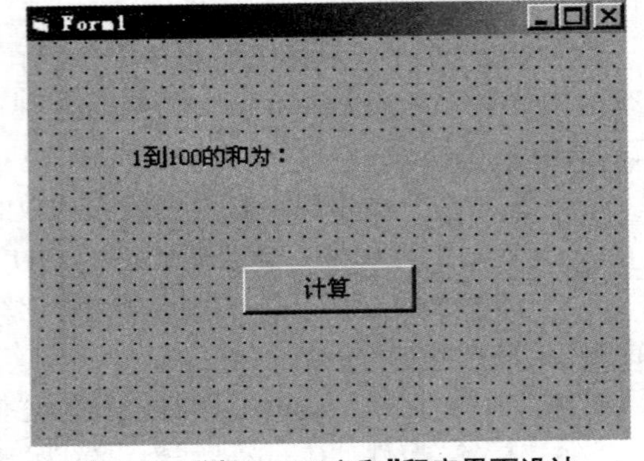

图3.63 “求1~100之和”程序界面设计

④ 保存程序文件。点击主菜单中的“文件”下的“保存工程”命令项,在打开的“保存”窗体对话框中选择目标文件夹“E:\实验二\Ex3”(需事先建立),输入窗体文件名“frmEx3”,单击“保存”按钮;然后在弹出的“工程另存为”对话框中输入工程文件名“Ex3”,单击“保存”按钮,完成程序文件的保存。

⑤ 运行程序。点击主菜单中的“运行”下的“启动”命令项,即启动程序运行,然后点击“计算”按钮,察看运行结果。

4. 编写一个显示九九乘法表的程序

① 启动VB,新建一个标准EXE的VB应用程序。

② 在“属性设置窗口”将窗体的“Caption”属性设置为“九九乘法表”。

③ 编写代码。双击窗体,打开“代码编辑器”窗口,选择“Form”的“Click”事件,如图3.64所示。

图3.64 选择Form的Click事件

在Private Sub Form_Click()与End Sub之间输入以下程序:

```
Dim tm As String
Dim i As Integer
Dim j As Integer
Print Tab(35); "九九乘法表"
Print Tab(33); "----------------"
For i = 1 To 9
  For j = 1 To i
    tm = CStr(i) &"*" & CStr(j) & "=" & CStr(i * j)
    Print Tab (j - 1) * 9 + 2); tm;
  Next j
Next i
```

④ 保存程序文件。点击主菜单中的“文件”下的“保存工程”命令项，在打开的“保存”窗体对话框中选择目标文件夹“E:\实验二\Ex4”(需事先建立)，输入窗体文件名“frmEx4”，单击“保存”按钮；然后在弹出的“工程另存为”对话框中输入工程文件名“Ex4”，单击“保存”按钮，完成程序文件的保存。

⑤ 运行程序。点击主菜单中的“运行”下的“启动”命令项，即启动程序运行，然后点击程序窗口内空白处，查看运行结果，将显示“九九乘法表”，如图3.65所示。

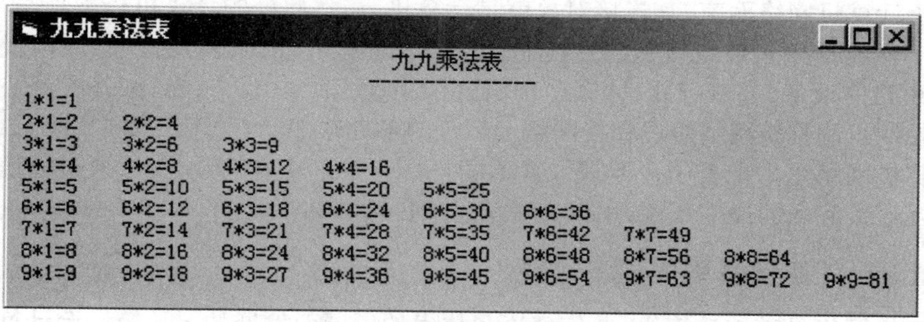

```
九九乘法表
                                  九九乘法表
                                ----------------
1*1=1
2*1=2    2*2=4
3*1=3    3*2=6    3*3=9
4*1=4    4*2=8    4*3=12   4*4=16
5*1=5    5*2=10   5*3=15   5*4=20   5*5=25
6*1=6    6*2=12   6*3=18   6*4=24   6*5=30   6*6=36
7*1=7    7*2=14   7*3=21   7*4=28   7*5=35   7*6=42   7*7=49
8*1=8    8*2=16   8*3=24   8*4=32   8*5=40   8*6=48   8*7=56   8*8=64
9*1=9    9*2=18   9*3=27   9*4=36   9*5=45   9*6=54   9*7=63   9*8=72   9*9=81
```

图3.65 “九九乘法表”程序运行界面

第四章 计算机网络

计算机网络技术是信息业中发展最快,对人们的生活影响最大的技术之一。如今人们通过计算机网络可以和远在大洋彼岸的亲友通信、聊天,也可以在线学习、举行视频会议、进行网上购物和查找资料。网络正在以前所未有的方式影响着人类社会活动和生产活动的各个方面。

本章主要介绍基本的网络知识和网络应用。通过本章的学习,要求学生熟悉网络的基本概念;理解网络的基本要素、基本结构和基本运行原理;掌握有关网络应用和网络安全的知识。

§4.1 计算机网络概述

4.1.1 计算机网络的定义

从广义上讲,网络就是以某种方式将若干元件连在一起的系统。主要包含连接对象、连接介质和连接控制机制(如协议、策略等)。

对于计算机网络而言,其连接对象就是计算机,当然此处的计算机概念是广义的,它还包括了所有使用集成或智能芯片控制的设备。连接介质就是各种网络通信线路和连接通信线路的设备,如双绞线、同轴电缆、光纤、射频无线电波、激光、红外线等。计算机网络的控制机制是指网络协议和在网络上运行的各种软件。

计算机网络是指把若干台地理位置不同且具有独立功能的计算机,通过通信设备和线路相互连接起来的通信系统,用以实现信息的传输和共享。

4.1.2 计算机网络的发展过程

计算机网络是随着计算机、通信理论和技术的发展而发展的。从第一台计算机的发明到电话终端用户的出现,从10Mbps的局域网到万兆以太网标准的推出,从电话线到光纤,计算机理论、技术与通信理论、技术的发展始终在相互渗透,相互影响。通信技术一直在为计算机网络的建立、扩展提供坚实的技术基础和物质手段,而计算机技术反过来又应用于通信的各个领域,协助人们提高设计效率、测试设计质量、模拟通信环境、保证通信畅通,是通信领域不可缺少的工具。

计算机网络的发展过程通常可以归纳为下列四个阶段。

1. 面向终端的计算机通信网络

20世纪60年代,由于当时计算机价格十分昂贵,为了充分利用资源,一般采用联机终端的形式,即用户在远程终端上通过通信设备(通常是电话线+调制解调器)连接登录主机,主机性能较高,可以同时处理多个远程用户的访问。面向终端的计算机通信网络有如下特点。

① 终端并不是一台完整的计算机,其功能只是将键盘输入送到主机而将主机输出送到屏幕上。所以此种网络严格地讲并不是计算机网络。

② 主机负担较重,所有终端提交的任务,包括通信任务,均由主机处理。

③ 系统稳定性差,主机或通信控制器一旦失效,将导致全部网络瘫痪。

2. 以共享资源为目标的计算机网络

计算机网络发展的第二阶段是以共享资源为目标的计算机网络。随着计算机的逐渐普及,大量的数据信息需要交流,这种需求导致了人们将分散在不同地域的计算机系统通过通信线路连接起来。此时网络通信线路的质量有了较大的改善,网络中的计算机之间地位平等,但网络与网络之间基本没有连通。这个时代的典型代表是美国国防部先进研究计划局的DARPANET、IBM公司的SNA、DEC公司的DNA等。

3. 以网络的标准化和开放为目标的网络

计算机网络发展的第三阶段是以网络的标准化和开放为目标的网络。由于以共享资源为目标的计算机网络的封闭性,不同厂家生产的计算机及网络产品不可能或很难实现信息交流,各厂家开始意识到建立开放的标准化网络的重要性,于是着手进行沟通和联合,并将网络产品的技术规范提交给标准化组织进行标准的制定。如上世纪70年代末到80年代初出台的以太网协议和国际标准化组织(ISO)专门委员会研究开发的一种开放式系统互连的网络结构标准——"开放系统互连参考模型"等都是典型代表。

4. 以TCP/IP协议为核心的国际互联网络

计算机网络发展的第四阶段是以TCP/IP协议为核心的国际互联网络。20世纪70年代末到80年代初,计算机网络蓬勃发展,各种各样的计算机网络应运而生,网络的规模和数量都得到了很大的发展。一系列网络的建设,产生了不同网络之间互联的需求,并最终导致了TCP/IP协议的诞生。1980年,TCP/IP协议研制成功,10Mbps以太网诞生。1982年,ARPANET开始采用IP协议。1986年,美国国家科学基金会NSF资助建成了基于TCP/IP技术的主干网NSFNET,连接美国的若干超级计算中心、主要大学和研究机构,世界上第一个互联网产生并迅速连接到世界各地。同年,CISCO公司的Internet路由器诞生,为各种不同结构的网络互联提供了基础。90年代,由于Web技术和相应的浏览器的出现,互联网的发展和应用出现了新的飞跃。从上个世纪末至今,全球互联网用户数量已经呈指数增长趋势。

4.1.3 计算机网络的功能

计算机网络具有丰富的资源和多种功能,其主要的功能是资源共享和远程通信。

1. 共享软、硬件资源

联网计算机共享网络中的诸如硬盘、内存、打印机、绘图仪、传真机等硬件设备,同时也可以共享数据库、应用软件、操作系统等软件。

2. 共享信息资源

接入网络,特别是国际互联网络的计算机可以在任何时间,以任何形式去搜索Internet这个信息宝库。凡是网络中的信息均可以为人们所获取。

3. 通信功能

为网络用户提供强有力的通信手段。无论是类似电子邮件的延迟型通信,还是类似QQ、微信形式的即时型通信,都可以帮助人们利用文字、图像、声音和视频进行交流,大大扩展了人类交流的范围、速度和深度。

4. 提高系统可靠性

计算机群通过网络连接可以提高整个网络的可靠性。在许多数据中心和信息中心,两台或多台计算机(或路由器)以网络为基础互为备份,极大地提高了系统的可靠性。

5. 均衡负载、分布式处理

当我们要处理的任务(如科学计算、超大数据库访问等)相当巨大,计算机单机工作无法胜任或需要的时间太长时,由几十台或几百台计算机组成的计算机集群将承担这种大型的工作,它们统一在网络集群操作系统和各种高速网络设备的指挥下协调工作,共同完成任务。

6. 云计算

以高速计算机网络为基础,综合以上所有功能并提供强大数据处理、分布式计算等功能的服务就是云计算。

4.1.4 计算机网络的基本组成与逻辑结构

1. 计算机网络的基本组成

计算机网络主要由计算机系统、通信线路和通信设备、网络协议及网络软件这四大部分组成,也常称为计算机网络的四大要素。

① 计算机系统是计算机网络的连接对象,一个计算机网络至少要由两台计算机组成。网络中的每一台计算机都是信息的始发地和终止地。计算机系统负责数据的收集、处理、存储、发送,提供共享信息和信息服务是计算机网络系统的重要组成部分。计算机系统包括各种微型计算机、大型计算机、工作站、嵌入式系统和智能设备(如手机等)。

② 通信线路和通信设备是计算机网络的基础设施,包括各种传输介质和通信互连设备(如光缆、双绞线、同轴电缆、红外线等)。网络互连设备包括网络界面卡(俗称网卡),交换机、路由器、中继器、网桥、调制解调器等。

③ 网络协议是指通信双方必须共同遵守的约定和通信规则。就像人类用语言交流必须遵守发/收音器官一致、语言一致、语速一致、距离适当的规则一样,计算机与计算机之间的通信也必须有一个极其详细的规定,具体规定数据表达、组织和传输的格式,检验与纠正错误的方法,传输的快慢同步等一系列规则,否则计算机之间根本无法交流。

网络协议在计算机网络中的地位极其重要。要建设一个计算机网络第一个要考虑的就是该网络的协议问题。协议的实现由软件和硬件共同完成。

④ 网络软件是在同一种网络环境下使用、运行、控制和管理网络的计算机软件,是网络协议的实现者。

2. 计算机网络的逻辑结构

由于计算机网络理论研究的需要,可以将计算机网络各组成部分的功能从逻辑上分成资源子网和通信子网。资源子网是网络中实现资源共享功能的设备及其软件的集合;而通信子网就是计算机网络中负责数据通信的部分。

3. 计算机网络协议

在计算机网络发展的过程中,不同的厂家都提出过不同的网络协议。为了将网络协议的制定纳入规范化的轨道,国际标准化组织(ISO)于1984年提出了一个国际标准,即“开放系统互连参考模型”(Open System Interconnection/Reference Model,简称OSI/RM),作为各种网络设备所应遵守的基本模型。

OSI模型把计算机网络通信的组织与实现按功能分为七个层次,即从一台计算机发出通信请求起,到信息经过实际物理线路传送到另一个目标计算机为止,通信功能从高到低分为:应用层、表示层、会话层、传输层、网络层、数据链路层和物理层。

网络通信协议按层组织降低了协议的复杂性。每一层协议建立在它的下一层协议基础上，每一层又为上一层提供服务，完成上一层提交的任务。而本层内运作的具体细节是别的层看不见的。

以最经常使用的基于以太网络的Internet发送数据为例，其网络层负责将要发送出去的数据"打包"，并加上目的计算机的IP地址和本机的源地址及其他一些网络传输参数后，传输到下一层 —— 数据链路层，这时网络层的工作就结束了。下面由数据链路层接收网络层传输过来的"包"，将整个包作为本层要运输的数据封装成以太网的帧，并在帧头填入接受网卡的实际地址（MAC地址）和发送网卡的实际地址（MAC地址），在网络空闲的时候通过物理层发送出去。

国际标准化组织的OSI七层协议实际上可以看成是网络协议的标准，它规定了人们在编制计算机网络协议时应遵守的规范。其基本内容如下。

（1）第一层：物理层

物理层规定了网络互连设备之间的物理连接以及各物理设备的电器特性，实际上是计算机、终端与数据通信设备之间的连接接口的标准。

（2）第二层：数据链路层

数据链路层规定数据的正确传输问题。发送方把要送出的数据分割、组装成数据帧后，将帧按顺序传输，并提供错误检测手段、接收和处理应答帧、重发、传输同步等一系列手段来实现可靠传输。

（3）第三层：网络层

网络层是控制以"信息包"为单位向链路层传送信息的有关规定。

网络层应包含对数据的分组、从源端机到目的机的路径选择、拥塞控制和记账处理，以及对跨网络传送信息时对网络中可能出现的不同的寻址方式、不同的分组长度和不同协议的处理，实现数据交换、路由选择、流量控制、计费等网络管理功能。网络层管理报文分组交换，在计算机之间建立通信虚电路。

（4）第四层：传输层

传输层实现对用户终端或进程间的信息控制和信息交换，它主要的任务是提供可靠的计算机到计算机之间的通信，以及差错控制和流量控制。传输层屏蔽了所有的硬件细节，也就是说，它上面的会话层、表示层和应用层的设计不必考虑底层硬件细节，因此，传输层的作用十分重要。

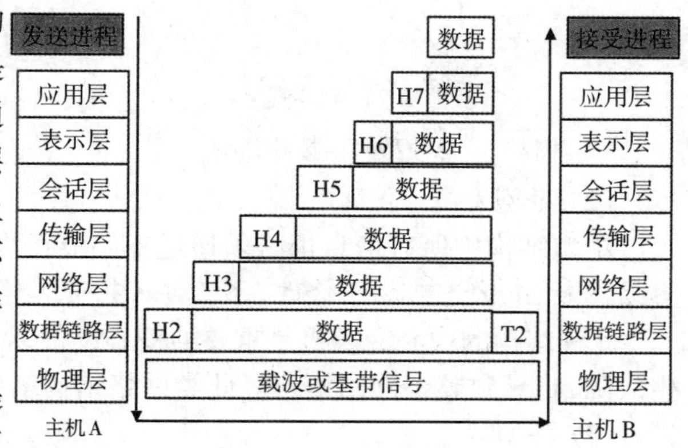

图 4.1　OSI七层协议及主机A到主机B数据传输方式

传输层重要的服务之一就是向上层提供端到端的、可靠的、面向连接的字节流服务。具体包括握手式连接的建立、维护连接、释放连接、按发送顺序发送信息等。

传输层的另一个重要服务就是端到端的流量控制。

（5）第五层：会话层

会话层允许在不同计算机上的两个程序建立、使用和结束会话。它负责向相互合作的进程之间提供一套会话设施，组织、管理它们的数据交换。

(6) 第六层:表示层

表示层包含处理网络应用程序数据格式的协议,以消除应用程序之间对信息表示在结构上的区别。

(7) 第七层:应用层

应用层是面向用户的协议,为用户的程序访问OSI环境提供服务。OSI规定了应用程序与应用程序之间相互交互的部分。

各层之间的数据传输方式如图4.1所示。图中部方框表示各层的数据单元,即各层传输数据的最小单位,H2~H7表示各层封装上层数据时加上自己的层的头部信息。

4.1.5 计算机网络的分类

1. 按拓扑结构分

网络拓扑结构指的是网络节点之间的层次关系和对介质的访问方式。不同的拓扑结构对网络的影响非常大。一般网络拓扑结构分为总线型、星型、环型、树型和网状五种。

(1) 总线型

总线型结构中所有的节点都连在一条电缆通道上,并共享其电缆,如图4.2所示,电缆两端应有终结器来防止信号回波。

这种网络上的工作站在发送信息前要监听总线上有无信息传输,如果空闲就可以发送。所有信息都经过通道上的其他工作站而送往目的地。每个工作站对经过的信息进行检测,以确认本工作站是否就是目的地。

总线型网络结构没有关键性节点,单一工作站故障对网络影响小。但网络结构变动时比较麻烦,增、删节点时一般要临时断开整个网络。

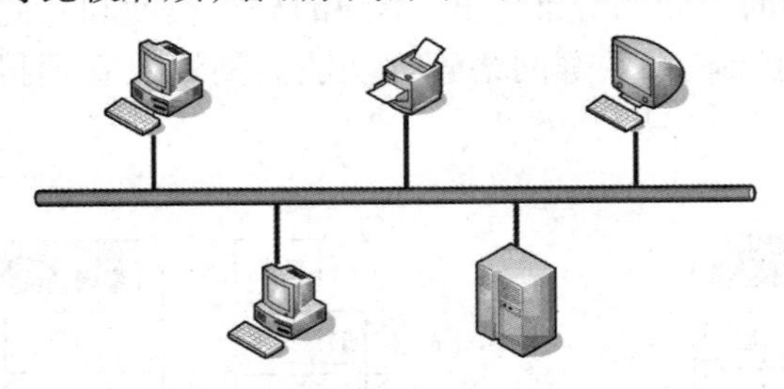

图4.2 总线型网络拓扑结构

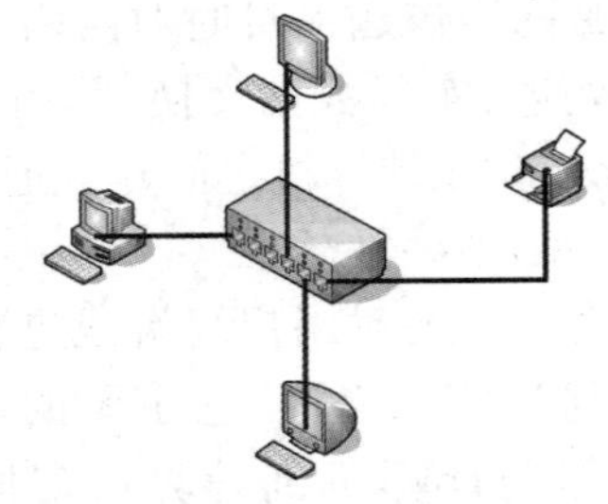

图4.3 星型网络拓扑结构

(2) 星型

星型结构中所有信息都必须通过中心节点再向目的地传输,如图4.3所示。网络故障容易诊断,电缆连接易于修改,系统易于扩充。增、删节点时一般不需要断开整个网络。

此种结构的中心交换机是重要的核心设备,对于其可靠性要求极高。一旦中心设备发生故障,将导致整个网络瘫痪。此类网络结构多应用于小型局域网场合。

(3) 环型

环型拓扑结构中信息沿一个方向在闭合的媒体内流动。节点之间每次将信息接力传递到另一个节点,直到目的地节点接收此信息帧,如图4.4所示。

环型结构中信息的发送由"令牌"帧来控制,各站之间没有主从关系,结构简单。信息流单向传递,延时固定,实时性好。节点之间没有路由选择问题。但整个网络可靠性差,任何网络节点的故障都可能引起全网瘫痪,而且网络扩充、故障检查困难。

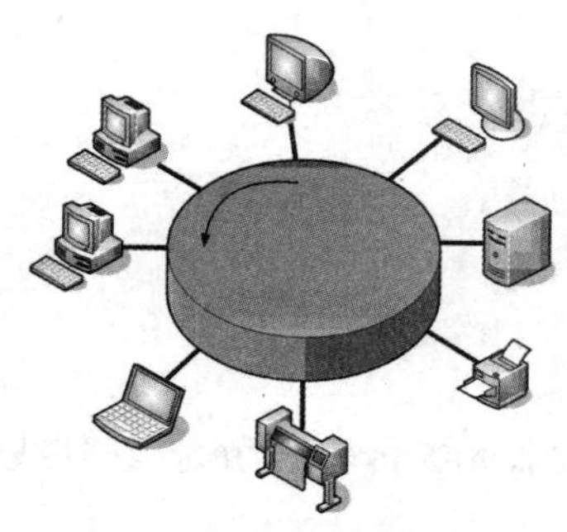

图4.4　环型网络拓扑结构

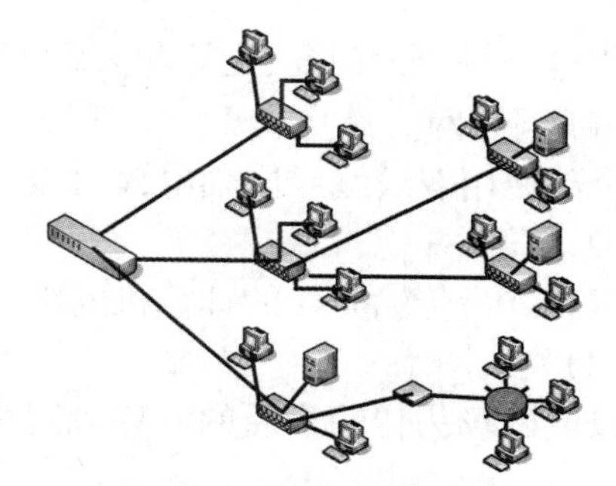

图4.5　树型网络拓扑结构

（4）树型

树型拓扑结构是从星型和总线型拓扑结构演变来的。将总线型的某个节点拓展成另一个总线型的网络；或将星型结构的一个节点也拓展成星型网络就成为树型结构，如图4.5所示。其特点是：有层次的结构，易于管理，故障排除简便，对根节点依赖大。此类网络主要用于城域网、校园网等规模中等的网络。

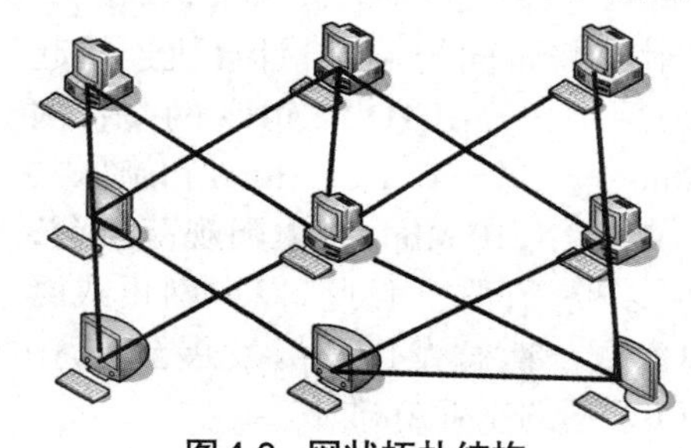

图4.6　网状拓扑结构

（5）网状

网状结构又称为完整型结构，网络节点和通信线路互联呈不规则的形状，节点之间没有固定的连接形式，如图4.6所示。每个节点至少有两条链路连接到其他节点。此种网络可靠性高、通信效率高，但管理复杂，需要路由机制来选择最佳路径。主要用于大型的广域网络，如中国教育科研网、中国网通骨干网、中国电信骨干网等。

2. 按地理范围分

计算机网络的一个重要功能就是让不同地域的人们进行通信，共享资源，不同地理范围内的计算机网络结构会有较大差异。一般按地域大小可分为局域网、企业网（校园网或城域网）、广域网。

（1）局域网（Local Area Network，简称LAN）

局域网是小范围的地理区域内的各种网络通信设备互联在一起的计算机网络。覆盖范围一般在几十米到几十千米，具有传输速率高（目前已经达到10Gbps的传输速率）、误码率低、拓扑结构简单、用户较少的特点，大多采用铜缆加光纤的传输介质，有机构进行专门管理等特点。

（2）企业网（校园网或城域网）（Enterprise Area Network, Campus Area Network, Metropolis Area Network）

企业网属于中、大型的局域网，其覆盖范围一般处于局域网和广域网之间，覆盖面积一般在几平方千米到上千平方千米。数据传输率高，误码率较低，用户较多，大多使用光纤加铜缆的传输介质，有专门机构对其进行管理。

（3）广域网（Wide Area Network）

广域网的覆盖范围一般在几十千米到几万千米，跨国、跨洲十分常见。传输带宽一般在几个Gbps，网状拓扑结构，全部使用光缆和微波通信，硬件有专门机构管理，而其上的数据没有专门的机构管理。

3. 按传输介质分

传输介质是网络的重要物质基础，不同的介质对网络的性能影响很大。现代计算机网络传输介质分为铜缆、光纤和无线三种类型。

(1) 铜缆网

全部使用双绞线或同轴电缆为传输介质的计算机网络。

(2) 光纤网

以光纤为传输介质的计算机网络。

(3)无线网络

以电磁场为传输介质的计算机网络,如无线电波、非光缆传输的激光、红外线等。

§4.2 计算机局域网络

4.2.1 局域网的产生和发展

20世纪70年代是计算机技术飞速发展的时代。大量的计算机被广泛地用于单位、部门,甚至家庭。这样就迫切需要信息的交换和沟通,人们期望建造一种高速的、基于数据包交换的局域网,用来连接计算机和终端。

1972年底,Bob Metcalfe和David Boggs设计了一套网络,将不同的ALTO计算机连接起来。1973年5月22日,世界上第一个实用的计算机局域网络——ALTO ALOHA网络首次开始运转。后来,Metcalfe将该网络改名为以太网(Ethernet)。1979年,DEC、Intel和施乐共同将此网络标准化时,正式以"以太网"这个名字命名。1980年,10 Mbps以太网规范出台,多点传输系统被称为CSMA/CD(带冲突检测的载波侦听多路访问)。自此,以太网正式诞生了。整个70年代,局域网从无到有并有了很大的发展,带宽从1 Mbps发展到了10 Mbps,传输介质从同轴电缆升级到了双绞线,并制定了以太网的工业标准。

以太网协议后来被提交到世界标准化组织国际电气和电子工程师协会(Institute of Electrical and Electronics Engineers,简称IEEE),IEEE为此专门成立了一个委员会IEEE802负责制定局域网的标准。而该委员会又于1981年成立了IEEE802.3分委员会,专门负责以太网标准的制定。1983年以Ethernet 2.0版为基础的IEEE802.3以太网标准发布,该标准被称为标准以太网,代号10Base-5(其他还有10Base-2细同轴电缆标准以太网,10Base-F光纤标准以太网,10Base-T双绞线标准以太网等)。其中的核心内容就是带冲突检测的载波侦听多路访问(CSMA/CD)介质访问控制方法和物理层规范。

随着计算机技术的发展和网络通信技术的不断提高,高性能有线和无线局域网标准不断推出。目前,以太网络已经深入几乎所有的公司、机关和家庭,成为统一的局域网标准。以下是一些重要局域网络标准代号及其简单说明。

- IEEE802.3u:100Mbps快速以太网,已经合并到IEEE802.3。
- IEEE802.3z:光纤介质千兆以太网。
- IEEE802.3ab:5类无屏蔽双绞线千兆以太网。
- IEEE802.3ae:光纤万兆以太网。
- IEEE802.4和IEEE802.5分别为令牌总线和令牌环网标准。
- IEEE802.11:无线局域网标准。
- IEEE802.11a:54Mbps无线局域网标准(5GHz频段)。
- IEEE802.11b:11Mbps无线局域网标准。
- IEEE802.11g:54Mbps无线局域网标准(2.4GHz频段)。
- IEEE802.11n:540Mbps无线局域网标准(2.4GHz+5GHz频段)。
- IEEE802.11ac:1Gbps无线局域网标准(5GHz频段)。

- IEEE802.11ax：11Gbps 新一代无线局域网标准（2.4GHz+5GHz 频段），俗称 Wi-Fi6。
- IEEE802.3bz：2.5Gbps/5Gbps 有线局域网标准。
- IEEE 802.11be：30Gbps 无线以太网标准，俗称 Wi-Fi7。

4.2.2　局域网的特点

从局域网应用角度看，局域网主要的技术特点有以下几点：

① 局域网覆盖有限的地理范围。

② 局域网具有高数据传输速率（10Mbps ~ 10000Mbps）、低误码率、高质量的数据传输环境。

③ 局域网一般属于一个单位所有，易于建立、维护和扩展。

4.2.3　介质访问控制方法

介质访问控制方法指的是网络协议控制多个节点，利用公共传输介质发送和接收数据的方法。一般以太网均使用CSMA/CD方法。CSMA/CD的全称是带冲突检测的载波侦听多路访问技术。它是基于以太网络局域网的核心技术。CSMA/CD的特点是不存在预知的或调度的安排，每个站的发送都是随机的，各个站在时间上对媒体进行征用。

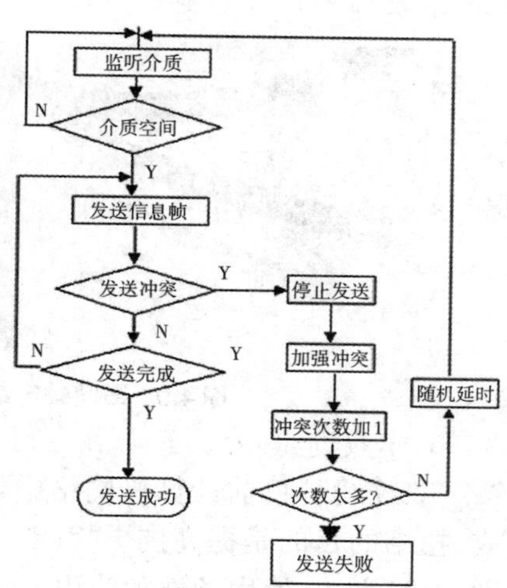

图4.7　CSMA/CD 控制规则示意图

CSMA/CD的控制规则可以归纳如下。

① 发前先听：各站在发帧前先侦听信道，如果信道空闲就可以发送帧；如果信道忙则继续侦听。

② 边发边听：发帧期间，发送站保持检测信道的碰撞情况。如果有碰撞，不管有无发完，立即停止发送，并进行加强冲突和退避重试过程；如果无碰撞，则直至发送完成，停顿一个基本等待时间（BWT），继续侦听，仍无碰撞表示此帧发送成功。这里BWT等于信号在传输介质两个端点之间一个来回的传播时间。

③ 加强冲突：发送站在检测到碰撞并停止发送后，立即发送一个JAM信号，通知所有站点发生了碰撞。

④ 退避重试：发送完JAM信号后等待一段时间（一般使用二进制指数退避算法来计算延时时间），重新再试。

带冲突检测的载波侦听多路访问控制技术的流程图如图4.7所示。

4.2.4　局域网络的拓扑结构

目前局域网一般为以太网。局域网络的拓扑结构一般为星型或总线型。一个规模较大的局域网可以呈树型结构，这样既便于管理又可以取得较好的通信效率。如图4.8所示。

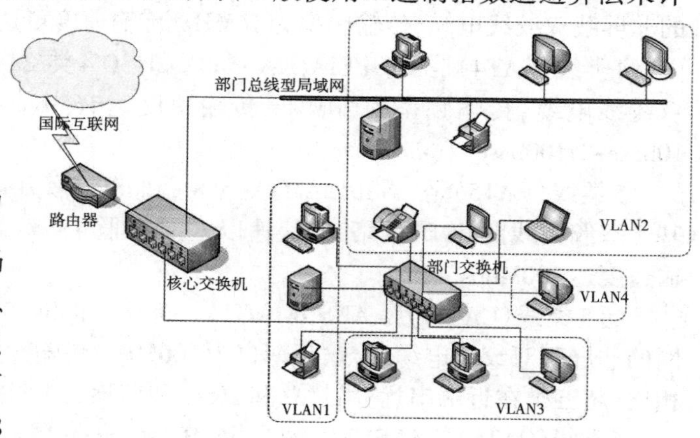

图4.8　典型树型结构的局域网示意图

4.2.5 局域网网络设备

1. 传输介质

(1) 同轴电缆

同轴电缆曾经是局域网络重要的连接设备,但是随着双绞线的出现,同轴电缆连接的总线型的局域网结构已经处于淘汰的地位,目前粗缆同轴电缆已经淘汰,细缆同轴电缆及连接设备还在极个别的10Base-2网络中使用。图4.9所示为10Base-2所使用的细缆、插头和T形连接器。

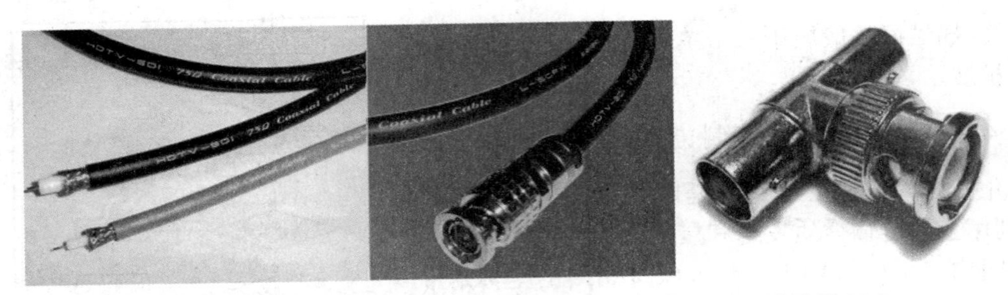

图4.9 细同轴电缆(左)、BNC连接器(中)与BNC T形连接器(右)

(2) 双绞线

双绞线是目前计算机网络中最常用的传输介质,由八根单芯电缆两两扭结在一起组成,扭结的目的是提高抗干扰能力。ANSI/EIA/TIA-568A/B两个标准中规定了双绞线的类别、连接方式、使用条件和使用方法。

双绞线的类别对应了其适用网络的带宽,在实际应用中应根据网络的带宽(即速度)确定对应双绞线的类别。

比如,100Mbps(bps是网络速度的单位,表示每秒传输的比特数,即bit/s)的网络对应使用的双绞线应为5类或超5类双绞线。而1000Mbps的网络应使用6类或超6类双绞线。

1类线(CAT1)是ANSI/EIA/TIA-568A标准中最原始的非屏蔽双绞铜线电缆,但它开发之初的目的不是用于计算机网络数据通信,而是用于电话语音通信。

2类线(CAT2)是ANSI/EIA/TIA-568A和ISO 2类/A级标准中第一个可用于计算机网络数据传输的非屏蔽双绞线电缆,传输频率为1MHz,传输速率达4Mbps。主要用于旧的令牌网。

3类线(CAT3)是ANSI/EIA/TIA-568A和ISO 3类/B级标准中专用于l0Base-T以太网络的非屏蔽双绞线电缆,传输频率为16MHz,传输速度可达10Mbps。

4类线(CAT4)是ANSI/EIA/TIA-568A和ISO 4类/C级标准中用于令牌环网络的非屏蔽双绞线电缆,传输频率为20MHz,传输速度达16Mbps。主要用于基于令牌的局域网和10base-T/100base-T。

5类线(CAT5)是ANSI/EIA/TIA-568A和ISO 5类/D级标准中用于运行CDDI(CDDI是基于双绞铜线的FDDI网络)和快速以太网的非屏蔽双绞线电缆,传输频率为100 MHz,传输速度达100Mbps。

超5类线(CAT5e)是ANSI/EIA/TIA-568B.1和ISO 5类/D级标准中用于运行快速以太网的非屏蔽双绞线电缆,传输频率也为100MHz,传输速度也可达到100Mbps。与五类线缆相比,超五类在近端串扰、串扰总和、衰减和信噪比4个主要指标上都有较大的改进。

6类线(CAT6)是ANSI/EIA/TIA-568B.2和ISO 6类/E级标准中规定的一种非屏蔽双绞线

电缆，它也主要应用于百兆位快速以太网和千兆位以太网中。因为它的传输频率可达200～250MHz，是超五类线带宽的2倍，最大速度可达到1000Mbps，能满足千兆位以太网需求。

超6类线（CAT6a）是六类线的改进版，同样是ANSI/EIA/TIA-568B.2和ISO 6类/E级标准中规定的一种非屏蔽双绞线电缆，主要应用于千兆位网络中。在传输频率方面与六类线一样，也是200～250MHz，最大传输速度也可达到1000Mbps，只是在串扰、衰减和信噪比等方面有较大改善。

7类线（CAT7）是ISO 7类/F级标准中最新的一种双绞线，它主要为了适应万兆位以太网技术的应用和发展。但它不再是一种非屏蔽双绞线了，而是一种屏蔽双绞线，所以它的传输频率至少可达500MHz，是六类线和超六类线的2倍以上，传输速率可达10Gbps。

双绞线分为屏蔽双绞线（Shield Twisted Pair，简称STP）和无屏蔽双绞线（Unshielded Twisted Pair，简称UTP）。屏蔽双绞线抗干扰能力强，一般用于1000Mbps以上高速传输或电磁干扰十分严重的场合，如工业生产的现场，屏蔽成本较高，安装复杂，使用时应保持屏蔽层良好接地。无屏蔽双绞线为现在局域网中最常用的传输介质。它由4对共8根两两绞在一起的铜线组成，如图4.10所示（见封二）。

双绞线一般与RJ45型插头联合使用，使用前先将UTP外皮剥开，线序从左向右按橙白、橙、绿白、蓝、蓝白、绿、棕白、棕的顺序插入RJ45插头的插槽，然后用专用的压线工具将线压入RJ45插头，如图4.11所示（见封二）。注意RJ45插头的放置方向，RJ45的插线槽开口对着操作者，8支压线铜片露出部分向上。

此种接线方法（EIA/TIA-568-B）属于美国国家标准，编号为ANSI/ EIA /TIA-568，出自《商业建筑电信布线标准》。还有一种接线标准属于EIA/TIA-568-A，如图4.12（左）（见封三）所示，当交换机与计算机相连时，一般均使用相同接线标准的插头；当交换机与交换机（或计算机与计算机直接相连）相连时，一根双绞线的两端一般应采用不同标准的插头，即所谓的交叉线。如图4.12、4.13所示（见封三）。

目前市场上新出品的交换机一般都具有自动翻转功能（Auto MDI/ MDIX），此种交换机可以自动判断双绞线两端RJ45插头的接线类型并作相应的调整。这样，布线施工时只需将线的两端均压成EIA /TIA -568-B的形式即可。

无论是568B还是568A的布线标准，RJ45插头中部的第4号蓝线和第5号蓝白线是保留的，一般在综合布线中作为电话线使用，也可以与另外一对未使用的线对（7号棕白、8号棕）一起作为以太网供电系统（POE，IEEE 802.3af）的电源线。

（3）光纤

光纤是从高纯度二氧化硅中提取的纤维。使用光纤进行数据传输是利用了光纤高带宽、低衰减的特性。如今光纤传输技术已经大规模地应用在各种数字通信领域。

今天，光纤通信由原有的45Mbit/s提升至目前的6Tbit/s，传输距离由几千米提高到10 000千米左右。

室外光纤的基本结构如图4. 14所示（见封三）。

光纤具有许多的优点。

① 带宽宽，通信容量大。

② 衰减小，传输距离远。

③ 信号串音小，传输质量高。

④ 抗电磁干扰，保密性高。

⑤ 光纤尺寸小,重量轻,便于铺设及搬运。

同时,光纤也有一些无法克服的缺点。

① 光纤材质比较脆,弯曲半径不宜过小。

② 单根光纤分支或连接操作烦琐,需要专门的光纤终端盒和光纤熔接机。

光纤传输的是固定波长的激光或波长在一定范围内的普通多光谱合成光,利用介质界面的反射率不同而达到全反射传输的光纤传输原理。如图4.15所示。

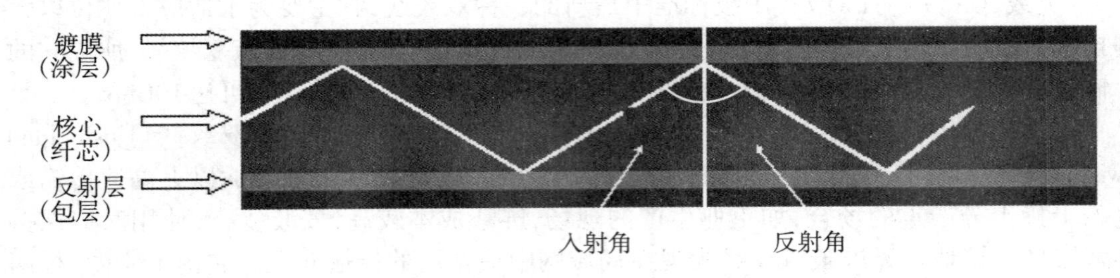

图4.15 光纤传输原理

光纤根据传输光的性质不同,分成单模光纤和多模光纤两种。

单模光纤利用激光器发出的激光工作,只有单一的传播途径,所需能量较高,光的波长一般在1 310nm和1 550nm,传输距离较远,一般在几千米到几十千米。

多模光纤传输发光二极管发出的光波,利用全反射传输光波,所需能量较低,光的波长一般在850nm和1 310nm左右,传输距离较近,一般在千米左右。

目前,随着单模光纤价格的下降,大多已使用单模光纤。

2. 网络设备

(1) 网卡

网卡的全称是网络界面卡,是网络信号与计算机数据之间的收发,转换设备,如图4.16所示,主要是实现物理层和数据链路层的功能,如连接线缆,发送、接收基带信号,数据打包,控制媒体访问方式等。

作为通信节点的识别标志,每块网卡都有一个全球唯一的网络节点地址,由网卡生产厂家在生产时烧入ROM(只读存储芯片)中,我们把它叫作MAC地址(物理地址),由48位二进制组成,且保证绝对不会重复。

我们日常使用的网卡大都是以太网网卡。目前网卡按其传输速度来分可分为10 Mbps网卡、10/100 Mbps自适应网卡、千兆(1 000 Mbps)自适应网卡及万兆(10G bps)自适应网卡。每块网卡都有自己的配置参数,包括中断号(IRQ)、I/O基地址、存储器基地址等,目前电脑的主板基本都集成了一块或两块千兆网卡,电脑的BIOS和操作系统都支持自动配置这些参数(PNP)。如果只是作为一般用途,如日常办公等,可直接使用这种千兆自适应网卡,这种网卡属于比较成熟的产品,质量有保证,而且价格低廉。如果应用于服务器等产品领域,应选择数块千兆级的服务器网卡合并使用或万兆级网卡。

图4.16　以太网网卡（左：PC总线，右：PCMCIA总线）

（2）集线器、交换机

以太网络的基本原理就是以太网的帧以广播的形式传播，这样就需要有一个公共介质来承载基带信号，以太网的早期是以同轴电缆为代表的介质，目前代替同轴电缆的公共介质就是集线器和交换机，如图4.17所示。

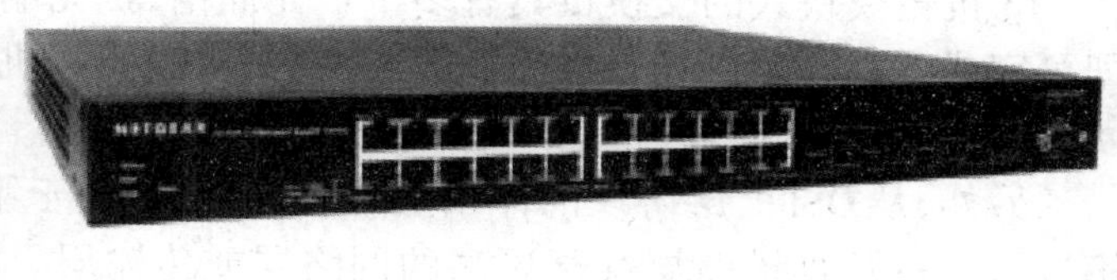

图4.17　10Mbps集线器（左），24口10/100/1000Mbps交换机（右）

集线器（Hub）的工作机理也是广播（broadcast），集线器从任何一个端口接收到的帧，都以广播的形式将该帧发送给其余的所有端口，由连接在这些端口上的网卡来判断处理这些信息，是发给自己的留下处理，否则丢弃掉。

这种配置属于物理层的连接，简单可靠，但执行效率比较低，一次只能处理一个帧，在多个端口同时发送时就出现碰撞，安全性差（所有的网卡都能接收到，只是非目的地网卡丢弃了该帧）。

交换机（Switch）的出现彻底改变了这种情况。交换机是一种网络数据帧的存储转发设备。交换机按速度分为100兆（bps通常省略）交换机、千兆交换机和万兆交换机。一般普通交换机的工作都是基于MAC地址进行传输。当网卡通过网络介质与交换机端口相连后，交换机即可以记住该网卡的MAC地址，工作时，交换机通过分析数据帧的帧头信息（其中包含了原MAC地址、目标MAC地址、信息长度等），取得目标MAC地址后，查找交换机中存储的地址对照表（MAC地址对应的端口），确认具有此MAC地址的网卡连接在哪个端口上，然后仅将信包送到对应端口，而且，通过生成树算法还可以有效地抑制广播风暴的产生（广播风暴是由于某些特别的原因引起广播帧在网段内大量复制、传播，导致交换机无法及时地转发和处理正常的数据帧，网络性能急剧下降，甚至瘫痪的现象）。

各端口独享带宽，这就是交换机与集线器相比最大的区别。这样，帧的传输处于并行状态，效率较高，可以满足大量数据并行处理的要求。

交换机对数据帧的转发方式有三种。

① 存储转发方式：先将帧完整地接收下来并存入高速缓存，然后根据以前学习的各

个端口与MAC地址对照表,把帧转发到相应的端口上。优点是传输可靠,但可能会有延时。

② 直通方式:只要接收到帧的目的地址,交换机就通过查找端口—地址对照表,将帧发送到目的MAC地址对应的端口。优点是速度快,但可靠性较差,不正常的帧都会被发送。

③ 碎片丢弃直通方式:先检查进入以太网的帧的格式,如果小于合法帧的最小长度(512比特),则认为该帧是碎片并丢弃该帧。优点是可靠性好,坏帧会被过滤掉,但交换机负担重。

交换机的架构一般可分为堆叠式、独立式和机箱模块式三种。

① 堆叠式交换机应用广泛,单台堆叠式交换机端口固定,但交换机单体之间可以通过专用高速电缆连接。这种交换机在19寸标准机柜中可以在垂直方向上罗列放置,方便扩充端口并统一管理,适合中、大型高负载网络。

② 独立式交换机端口数目固定,但没有堆叠式交换机的专用接口,要连接多台交换机只能 通过双绞线级联的方式来实现,适合中小型网络。

③机箱模块式的交换机具有多个扩充插槽,扩充端口时只需将扩充板插入扩充插槽即可完成。高端产品还具有热插拔的功能,可以不停机操作,特别适用于大型、电信级的网络中。

另外,从OSI七层协议的体系上来看,集线器属于第一层——物理层,而交换机属于第二层——数据链路层甚至更高的网络层或传输层。集线器只是对数据的传输起到同步、放大和整形的作用,对数据传输中的不完整帧、碎片等无法进行有效的处理,不能保证数据传输的完整性和正确性;而交换机不但可以对数据的传输做到同步、放大和整形,而且可以过滤不完整短帧、碎片等非标准数据传输单元。

传统的局域网模式是所有计算机连接在一个或几个交换机上,当局域网内计算机数量较大的时候,集线器或交换机负担相当重,尤其是在要处理广播风暴的情况时,用户也需要从功能上将计算机分成不同的集合。如一个大公司的办公室、财务部、公关部等不同部门虽然连在同一个局域网上,但仍要求各部门功能上独立,这样虚拟局域网络的概念就被提出了。

VLAN(Virtual Local Area Network,IEEE 802.1Q)又称虚拟局域网,是指在交换局域网的基础上,采用网络管理软件构建的可跨越不同网段、不同网络的端到端的逻辑网络。简单地说,就是大局域网中的小局域网,这种小局域网是虚拟的,不存在实际的硬件设备,一般是通过交换机内置的软件管理。从一个VLAN内用户角度来说,他会觉得自己就是在使用一个局域网,而不会与本VLAN外的用户发生关系。

VLAN是建立在物理网络基础上的一种逻辑子网,因此建立VLAN需要相应的支持VLAN技术的网络设备。当网络中的不同VLAN间进行相互通信时,需要路由的支持,这时就需要增加路由设备——要实现路由功能,既可采用路由器,也可采用三层交换机来完成。

VLAN的划分可依据不同原则,一般有以下三种划分方法。

① 基于端口的VLAN划分。这种划分是把一个或多个交换机上的几个端口划分一个逻辑组,该方法只需网络管理员对网络设备的交换端口进行重新分配即可,不用考虑该端口所连接的设备。图4.18 是一个公司中典型的基于端口的VLAN划分。

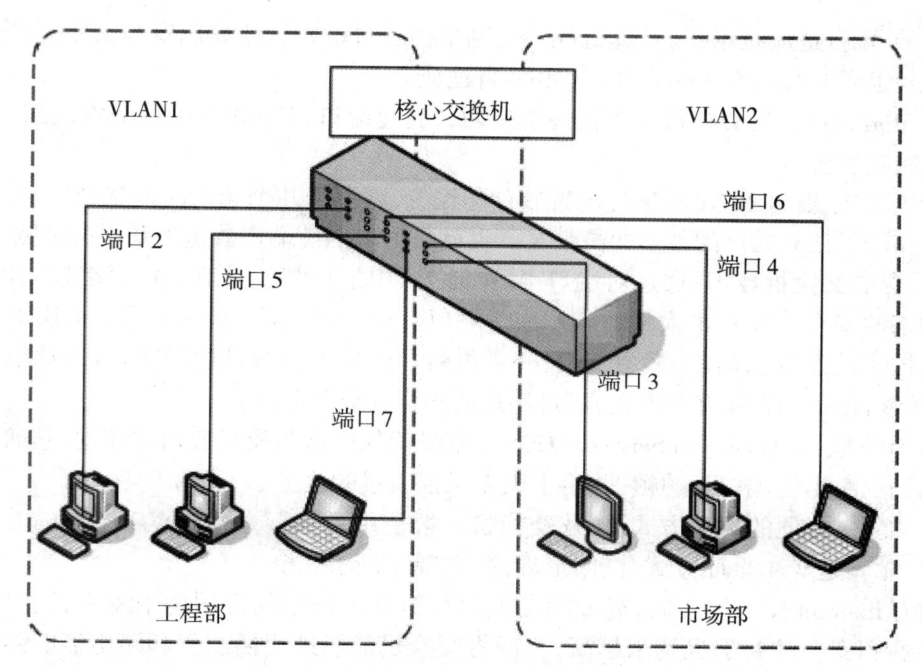

图 4.18 典型的 VLAN——端口 2, 5, 7 划分给工程部，端口 3, 4, 6 划分给市场部

② 基于MAC地址的VLAN划分。MAC地址其实就是网卡的标识符，每一块网卡的MAC地址都是唯一的，并固化在网卡上。MAC地址由12个16进制数表示，每两位由"-"或":"分开，如00-0D-60-FE-EF-67，前6位为厂商标识，由IEEE分配给全球网卡生产商，后6位为网卡标识，是由网卡的生产厂家确定的系列号。网络管理员可按MAC地址把一些站点划分为一个逻辑子网。

③ 基于路由的VLAN划分。路由协议工作在网络层，相应的工作设备有路由器和路由交换机（即三层交换机）。该方式允许一个VLAN跨越多个交换机，或一个端口位于多个VLAN中。

目前对于VLAN的划分主要采取上述第1、3种方式，第2种方式为辅助性的方案。

使用VLAN具有以下优点。

① 控制广播风暴。一个VLAN就是一个逻辑广播域，通过对VLAN的创建，隔离了广播，缩小了广播范围，可以控制广播风暴的产生。

② 提高网络整体安全性。通过路由访问列表和MAC地址分配等VLAN划分原则，可以控制用户访问权限和逻辑网段大小，将不同用户群划分在不同VLAN，从而提高交换式网络的整体性能和安全性。

③ 网络管理简单、直观。对于交换式以太网，如果对某些用户重新进行网段分配，需要网络管理员对网络系统的物理结构重新进行调整，甚至需要追加网络设备，增大网络管理的工作量。而对于采用VLAN技术的网络来说，一个VLAN可以根据部门职能、对象组或者应用将不同地理位置的网络用户划分为一个逻辑网段。在不改动网络物理连接的情况下可以任意地将工作站在工作组或子网之间移动。利用虚拟网络技术，大大减轻了网络管理和维护工作的负担，降低了网络维护费用。在一个交换网络中，VLAN提供了网段和机构的弹性组合机制。

除了VLAN以外，现代交换机还采用了多项技术来提高性能与使用方便性。

① 带宽自适应技术:与计算机或其他网络设备自动协调匹配速度和工作模(全双工、半双工),也叫10Mbps/100Mbps/1 000Mbps自适应。

② BigPipe技术:交换机上提供一个或两个高速端口,如1 000 Mbps光纤端口,用于上连到高速交换机。

③ 端口汇聚(TRUNK):通过配置软件的设置,将属于几个端口的带宽合并,给端口提供一个几倍于独立端口的独享的高带宽。也就是通过牺牲端口数量来获得高带宽。

④ 智能交换机技术:通过对端口、MAC地址、IP地址甚至是TCP/UDP端口的控制,来确保网络的安全。此技术大量地应用在千兆以太网交换机上,新的二层到七层的智能交换技术提供动态资源预留、多层交换、基于策略和应用等高级管理功能,可以从根本上解决目前网络设备的智能交换问题,满足用户的多样性业务需求。

⑤ QOS技术(Quality of Service):QOS技术是确保网络高质量通信的技术,它通过识别帧的标记判断出优先权高的帧,并给予优先保证通过的服务。

⑥ 集中、方便的管理方式:现代交换机一般使用命令行方式或Web页面的方式来进行管理,尤其是Web页面方式,全图形界面,直观、方便、安全。

随着Internet技术的发展,局域网络上运行TCP/IP协议的应用越来越多,同时对于网络可靠性和安全的要求也越来越高,人们将交换机的快速交换能力和路由器的路由寻址能力结合起来,就出现了三层交换机的概念。

三层交换机在以TCP/IP协议为基础,传输Internet网络数据时,可以根据第三层包中目的IP和源IP信息,构造一个基于本局域网的不经过路由器的二层快速通道,大大加快大型局域网络内部数据的快速转发。同时还可以对端口、IP地址和MAC地址加以绑定,以杜绝一些局域网安全漏洞。

(3) 网桥

网桥工作在物理层和数据链路层,将两个(或多个)局域网(LAN)连起来,如图4.19所示,根据MAC地址(物理地址)来转发帧。网桥通常用于连接数量不多的、同一类型的网段。

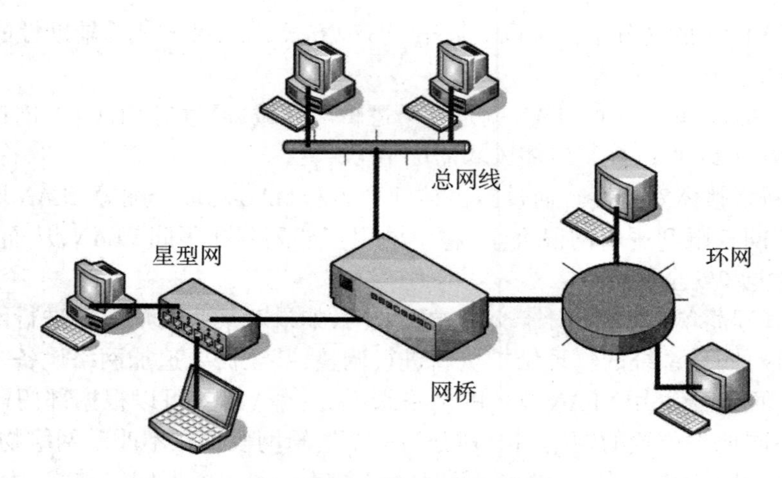

图4.19 多协议网桥示意图

4.2.6　综合布线

1. 综合布线的必要性

综合布线系统是一个用于语音、数据、影像和其他信息技术的标准结构化布线系统。它是建筑物或建筑群内的传输网络，能使语音和数据通信设备、交换设备和其他信息管理系统彼此相连接，包括建筑物到外部网络或电话局线路上的连接点与工作区的语音或数据终端之间的所有电缆及相关联的布线部件。

过去的布线方法是将各种各样的设施的布线分别进行设计和施工，如电话系统、消防、安全报警系统、能源管理系统等都是独立进行的。一座自动化程度较高的大楼内，各种线路密如蛛网，不但难以管理，布线成本高，而且功能不足，维护困难，不适应形势发展的需要。综合布线采取的标准化措施，实现了统一材料、统一设计、统一布线、统一安装施工，使布局合理，结构清晰，设计、施工、验收规范，便于集中管理和维护。

与传统布线相比，综合布线具有以下优点。

① 由于综合布线系统的标准化程度很高，一般来说它是一套完整的系统，包括传输媒体（双绞线及光纤），连接硬件（包括跳线架、模块化插座、适配器、工具等）以及安装、维护管理及工程服务等，可以很容易地扩充、拆卸和重组，再加上目前有许多国际标准和国家标准的规范，使得设计、施工、验收和维护都有保障。

② 综合布线系统一般均采用先进的材料，如6类双绞线、7类双绞线和光纤等，其传输带宽在100Mbps~1000Mbps，完全能够满足未来的发展需要。

③ 综合布线系统使用起来非常灵活，一个标准的插座既可以接入电话，又可以连接计算机终端，也适应各种不同拓扑结构的局域网。

④ 综合布线采取的冗余布线和星型结构布线方式，既提高了设备的工作能力又便于用户扩充。尽管传统布线使用的线材比综合布线的线材便宜，但统一安排线路走向和统一施工可减少用料和施工费用，也可减少使用建筑的空间，美观大方。

2. 综合布线的子系统

现代综合布线系统均采用标准化、模块化设计和分层星型拓扑结构。

应用广泛的建筑与建筑群综合布线系统（PDS）结构可分为6个独立的系统（模块），如图4.20所示。

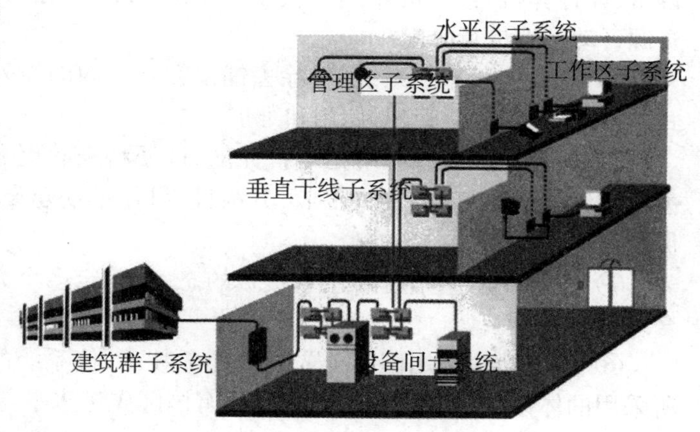

图4.20　综合布线系统示意图

① 工作区子系统：由终端设备到信息插座的连接组成，是与用户上网计算机直接相连的部分，一般为网络跳线、插头等。

② 水平区子系统：实现信息插座和管理间子系统间的连接的线缆及附属设备，包括信息插座、水平传输介质和端接水平线的配线架。常用信息插座为RJ45，传

输介质为屏蔽、非屏蔽8芯双绞线或光纤。

③ 垂直干线子系统:将设备间子系统与各楼层管理间子系统连接起来的线缆及附属设备。

④ 管理区子系统:一般设置在楼层设备间,将垂直干线与本楼层水平区布线子系统连接起来的设备。典型的管理区子系统是楼层交换机、标准机架、标准配线架和其他一些辅助设备。

⑤ 设备间子系统:将本建筑各种公共设备(如计算机主机、数字程控交换机,各种控制系统,网络互连设备等)与主配线架连接起来,负责管理整个建筑的网络信息设备。

⑥ 建筑群子系统:将各个建筑物的网络连接起来并统一管理的布线系统及辅助设备,一般包括核心交换机、光纤、光纤配线架、光电转换设备、无线网络设备等。

3. 结构化布线应遵循的标准

目前,已出台的综合布线系统及其产品、线缆、测试标准主要有以下几种。

- 国际标准ISO/IEC 11801 International Standard。
- 美国国家标准EIA/TIA 568商用建筑物电信布线标准。
- 美国国家标准EIA/TIA TSB 67非屏蔽双绞线系统传输性能验收规范。
- 欧洲标准:EN5016、50168、50169分别为水平配线电缆、跳线和终端连接电缆以及垂直配线电缆。

我国已于1995年3月由中国工程建设标准化协会批准了《建筑与建筑群综合布线系统设计规范》,标志着综合布线系统的设计工作在我国也开始走向正规化、标准化。

2016年,国家颁布了GB50311-2016《综合布线系统工程设计规范》和GB/T 50312-2016《综合布线系统工程验收规范》,再加上GB50314-2015《智能建筑设计标准》和GB 50339-2013《智能建筑工程质量验收规范》,形成了我国较为完善的综合布线建设标准。

综合布线系统设计应遵循的原则有以下几个方面。

① 实用性。布线系统要能适应技术的不断发展,并且实现数据通信、语音通信、图像通信的同时传输。

② 灵活性。布线系统能够满足灵活应用的要求,即任一信息点能够连接不同类型的设备,如计算机、打印机、终端或电话、传真机;计算机网络应可随意划分网段,对网络内部资源可动态地进行分配。

③ 模块化。布线系统中,除去铺设在建筑内的线外,其余所有的接插件都应是积木式的标准件,以方便管理、使用和维护。

④ 扩充性。布线系统是可扩充的,以便将来有更大的发展时,很容易将设备扩充进去。系统具有良好的可扩充和可升级性,可使本期建设的投资在未来升级与扩充后得到保护。

⑤ 经济性。应本着对业主负责的态度,制定多个方案进行对比,采用性价比最好的合理方案。

⑥ 先进性。采用国际上先进成熟的技术,使系统的设计建立在一个高起点上,系统所采用的体系结构和选用的设备应具有国际先进水平,具有发展潜力,处于上升趋势。系统的设计有一定的超前性,技术起点要高,生命周期要长,其采用的技术和基本设施在21世纪时处于领先地位。

⑦ 开放性。为了使中心机房能通过网络获得更多的信息,必须使本系统能畅通地与

国内外网络互连。同时,所选用的软、硬件平台应具有开放性和通用性,能够与当今的大多数主流软、硬件系统相兼容,实现跨平台操作。

⑧ 高速性。系统能处理和传输多媒体信息,采取六类双绞线或光缆组成网络,尽力提高网络的吞吐量。同时,应采用Client/Server结构模式,减轻网络通信资源的开销。

⑨ 可靠性。具有足够的可靠性冗余、后援存储能力和容错能力。必须保证系统能长期稳定地运行,使故障的影响局部化。网络设计应利于故障的分析与排除。

⑩ 安全性。有牢靠的安全防范措施,计算机网络应能通过网络防火墙有效地阻止非授权的访问,能抵抗病毒的攻击。

⑪ 管理性。系统中心应采用功能强大、界面友好、管理方便的中心管理系统,进行方便灵活的全网管理。

§4.3 网络互联技术与Internet

4.3.1 网络互联的基本概念

网络互联是指利用网络的软、硬件使两个或两个以上相同或不同的计算机网络相互通信,进而实现大范围地理覆盖、大规模资源共享的网络。

计算机网络互联是要解决不同地域、不同网络之间的互连问题,其关键问题是协议统一和寻址问题。

Internet是目前世界上最大的也是唯一一个实现完全互连的计算机网络,它通过统一的TCP/IP协议族进行通信。

TCP/IP协议实际上是由一系列协议族组成的,并且有一些列的被编号了的文件来描述这些协议(如现在使用最流行的网页浏览所使用的http协议其编号就是RFC 1945),这些文件的集合统称为RFC(Request For Comments)。RFC由专门的RFC编辑(RFC editor)来负责管理,其官方网站地址为:http//www.rfc-editor.org,几乎全部的Internet的标准都可以在其中检索到。全世界无论个人或组织开发出或构思了一个新的Internet标准都可以作为Internet标准草案,按规定的格式发给RFC编辑,由Internet工程任务组(IETF)组织全世界的IETF成员进行测试、评审和修改后就可以成为Internet的正式标准了。

4.3.2 因特网概述

Internet正在以其巨大的影响力改变着我们的生活方式。其正式名称为国际互联网。它是由成千上万台不同种类、不同大小的计算机和网络组成的,在全世界范围内工作的巨大的计算机网络。

必须指出,Internet不仅仅是由网络软、硬件构成的巨大的计算机网络,更重要的是其上运行的信息资源。Internet是一个信息的宝库,世界各地的人可以用Internet通信,搜索、共享信息资源;可以发送或接收电子邮件;可以与万里之外的人建立通信联系并互相索取信息;可以在网上发布公告;可以参加各种专题小组讨论;可以免费享用大量的信息资源和软件资源。

4.3.3 TCP/IP协议

Internet使用TCP/IP协议。与OSI七层模型相比,TCP/IP遵守一个四层的模型:应用层、传输层、互联层和网络接口层。

1. 网络接口层

模型的基层是网络接口层,它负责各种网络(如以太网、ATM等)数据帧的发送和接收,帧是独立的网络信息传输单元。网络接口层将帧发送到网络介质上,或从网络介质上把帧取下来。

2. 互联层

互联协议将数据包封装成Internet数据报包,并运行必要的路由算法。互联层中有四个主要的互联协议。

① 网际协议(IP):用于数据包的封装、主机网络之间的寻址。

② 地址解析协议(ARP):用于将IP与同一物理网络中的网卡的MAC地址形成对应关系。

③ 网际控制消息协议(ICMP):发送消息,并报告有关数据包的传送错误。

④ 互联组管理协议(IGMP):用于IP主机向本地多路广播路由器报告主机组成员。

IP协议负责在主机和网络之间寻址和路由数据包。由IP地址来表示一个数据包的起始地址和目的地址。

IP地址标识着网络中一个系统的位置。每个IP地址都是由两部分组成:网络号和主机号。其中网络号标识一个物理的网络,同一个网络上所有主机需要同一个网络号,该号在互联网中是唯一的;而主机号确定网络中的一个工作站、服务器、路由器或其他TCP/IP主机。对于同一个网络号来说,主机号是唯一的。每个TCP/IP主机由一个逻辑IP地址确定。

IP(IPv4)地址有两种表示形式:二进制表示和用点分隔的十进制表示。每个IP地址的长度为4字节,共32位,8位一组,用句点分开,每一个分隔中的数字表示为一个0~255之间的十进制数。

为适应不同大小的网络,Internet定义了5种IP地址类型。可以通过IP地址的前5位来确定地址的类型,如图4.21所示。

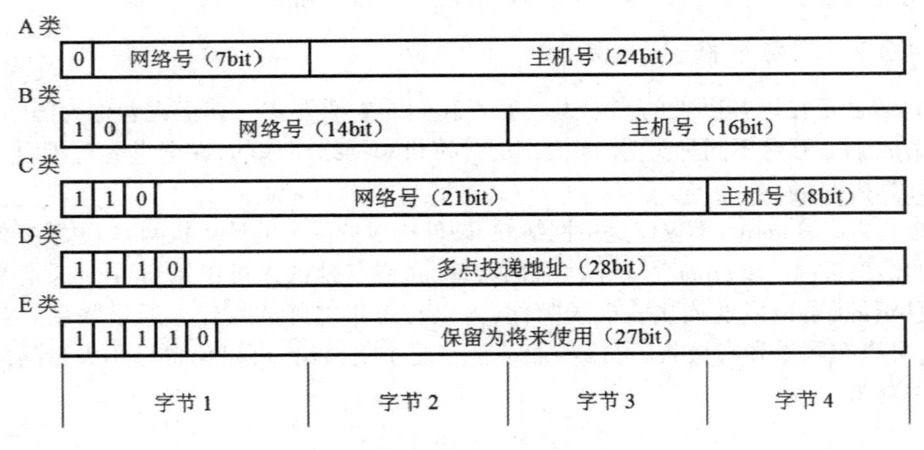

图4.21 IP地址的类型

A类地址：最高位为0，紧跟的7位表示网络号，余24位表示主机号，总共允许有126个网络，可以拥有很大数量的主机。十进制格式是从0.0.0.0到127.255.255.255。

B类地址：最高两位总被置于二进制的10，允许有16 384个网络。通常被分配到中等规模和大规模的网络中。十进制格式是从128.0.0.0到191.255.255.255。

C类地址：最高三位被置为二进制的110，允许有大约200万个网络。通常被用于局域网。十进制格式是从192.0.0.0到223.255.255.255。

D类地址：最高四位被置为二进制的1110，被用于多路广播组用户（即一个数据包的多个拷贝被送到一组选定的主机上），余下的位用于标明客户机所属的组。十进制格式是从224.0.0.0到239.255.255.255。

E类地址：最高四位被置为二进制的1110，保留做将来使用，目前暂未使用。十进制格式是从240.0.0.0到247.255.255.255。

在分配和使用网络号和主机号时，还有以下几条特别规则：

① 网络号为127时，表示该网络作回路及诊断功能。

② 将网络号和主机号的二进制位每位均置1（即十进制网络号或主机号出现255），表示该地址会被解释为网内广播地址。

③ 如果网络号和主机号为0，则分别表示该地址是“本网络”和“本机”。

④ 对于本网络来说，主机号必须唯一（否则会出现IP地址已分配或有冲突之类的错误）。

⑤ 在IP地址A、B、C这三种主要类型中，各保留了3个区域作为私有地址（也称为内网地址），其地址范围如下。

A类地址：10.0.0.0 ~ 10.255.255.255；

B类地址：172.16.0.0 ~ 172.31.255.255；

C类地址：192.168.0.0 ~ 192.168.255.255。

内网地址一般用来给内部网络内的计算机使用。

TCP/IP上的每台主机都需要用一个子网屏蔽号（也称为掩码），用来确定一个数据包是传给本地还是远程网络上的主机。它是一个4字节的地址，用来封装或“屏蔽”IP地址的一部分，以区分网络号和主机号。当网络还没有划分为子网时，可以使用缺省的子网屏蔽；当网络被划分为若干个子网时，就要使用自定义的子网屏蔽了。

一个网络实际上可能会有多个物理网段，我们把这些网段称为子网，其使用的IP地址是由某个网络号派生而得到的。

目前的这种IP地址的定义方式的版本号为IPv4，按这种格式生成的地址理论上可以供43亿台电脑使用，但是区分A、B、C、D四类网络后可用的网络地址和主机地址的数量大大减少，IPv4地址美国占有约30亿，而中国大陆仅有2.3亿个左右。Internet的飞速发展带来了IP地址危机。为解决这个问题，IPv6协议应运而生，IPv6具有异常巨大的地址空间，Internet专家定义的IPv6版本的IP地址空间是IPv4长度的4倍。IPv4中规定IP地址长度为32比特位，即理论上有$2^{32}-1$个地址；而IPv6中一个IP地址的长度为128比特位，即理论上可以形成$2^{128}-1$个地址，即3.4×10^{38}个地址，以世界人口70亿计算，平均每人可以分配到4.9×10^{28}个地址。这样不仅是计算机，全球每个人家里所有的电器，如电冰箱、微波炉、mp3、电视机等，乃至全球所有的电子设备，都可以得到一个IPv6版本的IP地

址。以下为两个典型的以16进制表示的IPv6版IP地址:

FEDC:BA98:7654:3210:FEDC:BA98:7654:3210

1080:0:0:0:8:800:200C:417A

路由就是选择一条数据包传输路径的过程。最佳路由选择和数据包接力转发由专用网络设备路由器承担,路由器通常又被称为网关。

路由选择功能要通过路由选择算法及其协议来实现。路由器工作时根据路由选择协议自动建立并维护一个路由表,路由表中包含目的地址和下一跳路由器地址,路由器根据路由表将数据包转发给下一台路由器,以这样的接力形式,最终把数据包传送到目的地。

路由表是保存在路由器中的网络地址的列表,分为静态路由表和动态路由表两种。静态(static)路由表是由网络系统管理员事先设置好固定的路径表,一般是在系统安装时就根据本网络和相邻网络的配置情况预先设定的,它不会随未来网络结构的改变而改变。动态(Dynamic)路由表是路由器根据网络系统,尤其是其周边相邻路由器的运行情况而自动调整的路径表。路由器根据路由选择协议(Routing Protocol)提供的功能,自动学习和记忆网络运行情况,在需要时自动计算数据传输的最佳路径。

现代路由器的路由算法一般有距离矢量法(RIP、IGRP等)和链路状态法(OSPE)。使用距离矢量法的路由器维护的路由表中存放着到达每个目的站点的已知的最短距离和路径,并定时与相邻路由器交换信息更新路由表。链路状态法(OSPF)是根据网络拓扑数据库,使用最短路径算法,每个路由器自己构造一个以自己为根,通向其他各个网络的最短路径树,再根据网络的实际情况,如网络带宽、延迟时间、吞吐量和可靠性等,综合比较传输成本,最后生成综合传输成本之和最低的路径。

路由器的优点在于接口类型丰富,路由能力强大,适合用于大型的网络间的路由,它的优势在于选择最佳路由,负荷分担,链路备份及和其他网络进行路由信息的交换等。

对于发送的主机和路由器而言,必须决定向哪里转发数据包。在决定路由时,IP协议查询位于内存中的路由表。

① 当一个主机试图与另一个主机通信时,IP协议首先决定目的主机是一个本地网还是远程网。

② 如果目的主机是远程网,IP协议将查询路由表来为远程主机或远程网选择一个路由。

③ 若未找到明确的路由,IP协议用缺省的网关地址将数据传送给另一个路由器。

④ 在该路由器中,路由表再次为远程主机或网络查询路由,若还未找到路由,该数据包将发送到该路由器的缺省网关地址。

每发现一条路由,数据包被转送下一级路由器,称为一次“跳步”,并最终发送至目的主机。

3. *传输层*

传输协议在计算机之间提供通信会话。传输协议的选择根据数据传输方式而定。

传输层有两个重要的传输协议:传输控制协议TCP和用户数据报协议UDP。

传输控制协议TCP为应用程序提供可靠的通信连接,适合于一次传输大批数据的情况,并适用于要求得到响应的应用程序。

TCP是一种可靠的面向连接的传送服务。它在传送数据时是分段进行的,并对每个分段指定顺序号。主机交换数据时必须通过一系列约定来建立一个会话。每一个分段被对方正确接收后都会有一个确认性的应答。

TCP应用程序使用一个协议端口号来表示自己的唯一性。即端口号可以看成是运行着的应用程序的代表。端口可以使用0到65 535之间的数字。对于请求服务的应用程序,操作系统动态地为客户端的应用程序分配端口号。

用户数据报协议UDP提供了无连接通信,它总是尽量地传送UDP包(称为用户数据报)且不保证传送包的可靠性,适合于一次传输少量数据,可靠性则由应用层来负责。许多视频、音频软件使用此协议。

4. 应用层

应用程序通过这一层访问网络。这一层中存在着大量的、使用不同协议的应用程序。如网络浏览器、电子邮件、QQ等。

4.3.4　网络接入技术

网络接入技术指的是将计算机与Internet网络进行互联所采用的技术。网络接入服务的提供者一般称为ISP(Internet Service Provider)。目前我国的ISP主要有中国电信、中国联通、中国移动、中国教育科研网、中国科技网和各城市的有线电视公司等。

1. 局域网络接入

目前局域网络接入方式是最快的接入方式(最快可达1 000Mbps)。由于从ISP到用户的距离一般较远,所以一般的做法是铺设光纤(缺点是成本较高),统称为FTTX。这里的X可以指一个家庭(FTTH)、一栋建筑(FTTB)等。FTTX一般使用以太网协议,也有使用FDDI协议的。

光纤分布数据接口(FDDI)的基本结构为逆向双环分布式光纤,如图4. 22所示,传输速度达100Mbps。该网络具有定时令牌协议的特性,支持多种拓扑结构。

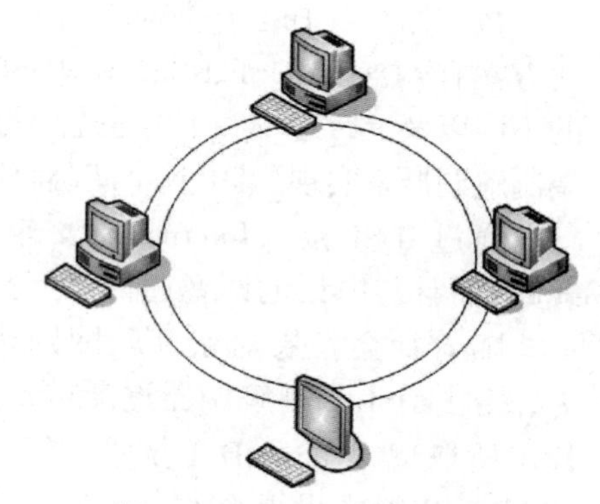
图4.22　FDDI的基本结构

FTTH(Fiber To The Home),是光纤直接到家庭的缩写。具体来说,FTTH是指将光网络单元(ONU)安装在住家用户家庭入口或企业用户公司入口处,家庭或公司用户再通过自己的路由器与ISP的光纤连接,完成家庭或公司用户内部局域网接入互联网。FTTH的显著技术特点是不但提供更大的带宽,而且增强了网络对多种协议的支持,放宽了对环境条件和供电等辅助技术条件的要求,简化了维护和安装。

FTTH的优势主要有以下几个方面。

① 它是无源网络,这种接入技术使得接入网的局端(OLT)与用户光网络单元(ONU)之间只需光纤、光分路器等光无源器件,不需租用机房和配备电源。

② 带宽很宽,距离长正好符合运营商的大规模运用方式。

③ 光纤直接从局端到用户家中,减少了中间节点,增大带宽的同时,也减小了故障率。

④ 带宽比较宽,支持的协议比较多,能够满足家庭交互式宽带视频服务(iTV)、视频监控、通话、安防等多方面需求。

FTTB(Fiber To The Building),意即光纤到楼,是一种基于优化高速光纤局域网技术的宽带接入方式，采用光纤到楼、网线到户的方式实现用户的宽带接入，我们称为FTTB+LAN的宽带接入网（简称FTTB），这是一种最合理、最实用、最经济有效的宽带接入方法。FTTB宽带接入是采用单模光纤高速网络实现高速网络到社区、楼宇和用户。由于FTTB完全是互联网里面的一个局域网，所以使用FTTB不需要拨号，并且FTTB专线接入互联网，用户只要开机即可接入Internet。

FTTB对硬件要求和普通局域网的要求一样：计算机和以太网卡，所以对用户来说硬件投资非常少。FTTB高速专线上网用户不但可享用Internet所有业务，如通过互联网查询信息、邮件通信、电子商务、股票/证券操作，而且还可享用ISP另外提供的诸多宽带增值业务，如远程教育、远程医疗、交互视频（VOD、NVOD）、交互游戏、广播电视等，并且FTTB可以充分保证每个用户的带宽，因为每个用户最终的带宽是独享的。

2. xDSL接入

DSL（Digital Subscriber Line）是数字用户线技术的简称，它是一种利用数字技术来扩大现有电话线（双绞铜线）传输频带宽度的技术。

目前常见的DSL技术都是在电话线的两端装设DSL调制解调器，传统的固定电话的模拟话音信号传输与原来一样，而非话音的网络数字信号则经过调制变成高频载波信号进行传送，到达目的DSL调制解调器后再解调，还原出原来的数字信号。

数字用户线DSL有多种不同分支，其常被统称为xDSL，目前比较成熟的xDSL数字用户线方案有ADSL、HDSL、SDSL和VDSL等。它们主要的区别就是体现在信号传输速度和距离的不同以及上行速率和下行速率对称性的不同这两个方面，但无论哪种xDSL，都是通过一对调制解调器来实现，其中一个调制解调器放置在ISP端，另一个调制解调器放置在用户一端。

通过xDSL接入Internet并没有动用电话交换网的全部资源，只使用了普通电话线的线路，而且与电话的语音通话互不影响。

随着社会发展对于互联网网速要求的不断提高，以及各大运营商“光进铜退”的努力，家用xDSL调制解调器逐渐被换成了光纤网络调制解调器，xDSL技术逐渐被光纤网络技术所取代。由于xDSL技术已经相当成熟，成本相对更为低廉，在我国一些欠发达地区和城市，以及在世界上的一些欠发达国家或地区，xDSL接入技术仍有其广阔的市场。

ADSL的全称是Asymmetric Digital Subscriber Line，即非对称数字用户线路。

传统的电话系统使用的是铜线的低频部分（4kHz以下频段）。而ADSL采用DMT（离散多音频）技术，将原先电话线路0Hz到1.1MHz频段划分成256个频宽为4.3kHz的子频带。其中，4kHz以下频段仍用于传送POTS（传统语音电话），20kHz到138kHz的频段用来传送上行信号，138kHz到1.1MHz的频段用来传送下行信号。

从以上的表述可以看出，ADSL被设计成下行（即从局端设备到用户主机）带宽比上行（即从用户主机到局端设备）带宽宽，其下行带宽最高可到8Mbps，而上行带宽可到640kbps。这就是ADSL被称为“非对称”的原因。

ADSL标准的确认工作早在1999年6月就已经完成，此后，国际标准组织一直致力于ADSL技术的升级。ADSL2+标准于2003年推出，是ADSL的主要升级版本，它将频谱范围从1.1MHz扩展至2.2MHz，相应地，最大子频带数目也由256增加至512。它支持的下行最大传输速率可达24—25Mbps。ADSL2+解决方案传输距离可达6千米，完全能满足宽带智能化小区的需要，突破了以前ADSL技术接入距离只有3千米的缺陷，可覆盖更多的用户实现更高的接入速度。ADSL2+打破了原ADSL接入方式带宽限制的瓶颈，使其应用范围更加广阔。

3. 有线电视网接入

利用有线电视电缆传输(双向)宽带网络信号是一个非常高效的接入技术。这个技术利用有线电视已有的同轴电缆系统再加上一个调制解调器(专用名称为电缆调制解调器,英文为Cable Modem)即可,无须重复布线(但较老的有线电视系统需要进行包括更换同轴电缆在内的双向化改造)。

传统的同轴电缆电视网络工作频率为330MHz或450MHz。新的混合型光纤同轴系统工作频率为750MHz,每个信道占用6MHz的频带。因此,400MHz的电缆系统能提供约60个信道,700MHz的系统能提供多达110个信道。每个6MHz的信道在下行频率上能够提供40Mbps的传输速率,上行传输速率为500kbps ~ 10Mbps。有线电视电缆宽带接入是通过分离的信道对下行和上行通信提供网络接入,这些信道是非对称的。下行信道的容量和数据率比上行信道的高。

4. 电力线网络接入

电力线接入(Power Line Communication,简称PLC)指的是通过利用传输高电压的电力线作为通信载体,房间任何有电源插座的地方使用该技术后即可互连成网,不用布线就可和以太网互连并接入Internet。PLC作为一种较新的网络接入技术,具有较好的性能价格比,普遍适用于大面积房屋、居民小区、学校、酒店、写字楼的组网和上网。

电力线接入需要使用的核心设备称为电力调制解调器,俗称"电力猫"。电力调制解调器负责将电力线路上的载波信号进行调制和解调并将传输数据转换为局域网的数据格式进行通信。目前理论通信速率已经可以达到500Mbps到1Gbps。由于电力线中存在各种大功率用电设备的干扰,这些干扰信号可能导致电力线传输网络信号不畅,通信速率大幅下降的情况发生。

5. 无线网络接入

我们通常所谓的无线网络的概念实际上分为两种情况:一种是无线局域网络(目前使用Wi-Fi技术),一种是通过移动通信运营商经营的手机网络。

通过手机网络上网有两种方式:主要的一种是通过3G、4G或5G方式上网;另一种是通过GPRS、CDMA方式上网,目前处于淘汰地位。这两种方式都是目前真正意义上的无线网络,是一种借助移动电话网络接入Internet的无线上网方式,因此只要在开通了上述业务的城市,用户在任何一个信号好的地方都可以通过手机和安装了上网卡的笔记本电脑来上网。GPRS上网速率在60kbps~80kbps,而CDMA1X网络最高可达230kbps。

3G(3rd-generation)是相对第一代模拟制式手机(1G)和第二代GSM、CDMA等数字手机(2G)而言的第三代移动数据通信技术的简称。3G与2G的主要区别是在先进的无线数据传输协议的不同。2G手机使用的是GSM和CDMA通信协议,而目前国内3G移动数字网络使用的是CDMA2000(美国标准),WCDMA(欧洲标准),TD-SCDMA(中国标准),目前国内3G网络所能提供的带宽一般为下行3Mbps左右,上行300kbps左右。通过3G接入互联网的形式也有两种,一种是用自己的电脑通过支持3G的手机,在软件的支持下接入Internet,另一种就是直接通过安装插在笔记本电脑上的支持3G的上网卡来接入Internet。

4G是相对于3G(第三代移动数据通信技术)的第四代移动数据通信技术的简称,4G与3G最主要的区别是使用了改进版的无线移动数据传输协议(FDD-LTE或TDD-LTE,正交频分复用技术、多入多出技术、智能天线技术和软件无线电技术等)。4G数据通信系统能够以100Mbps的速度下载,上传的速度也能达到50Mbps,并能够满足几乎所有用户对于无线数据通信的要求。

5G是第五代移动数字通信技术的简称,也是一系列高速、低时延、大容量通信技术协议的统称。

由于5G技术的高性能和巨大的市场,世界各国都积极开展5G技术的研发、推广和商业化,并将其作为战略技术进行规划。

中国积极进行5G技术的研发,参与5G标准的制定,组织5G产品的生产,并积极扩大5G网络的用户。

5G的主要性能指标有以下几个方面。

① 峰值速率需要达到10-20Gbit/s,以满足高清视频、虚拟现实等大数据量传输。

② 空中接口时延低至1ms,满足自动驾驶、远程医疗等实时应用。

③ 具备百万连接/平方千米的设备连接能力,满足物联网通信。

④ 频谱效率要比LTE提升3倍以上。

⑤ 连续广域覆盖和高移动性下,用户体验速率达到100Mbps。

⑥ 流量密度达到10Mbps/m^2以上。

⑦ 移动性支持500km/h的高速移动。

表4.1 移动数据通信制式与通信速率比较表

类 型	制 式	理论下行速率	理论上行速率
2G	GSM	236kbps	118kbps
	CDMA	153kbps	153kbps
3G	CDMA2000	3.1Mbps	1.8Mbps
	TD-SCDMA	2.8Mbps	2.2Mbps
	WCDMA	42Mbps	23Mbps
4G	FDD-LTE	150Mbps	50Mbps
	TDD-LTE	100Mbps	50Mbps
5G	NG-RAN	1000Mbps	100Mbps

6. 移动数据网络6G的发展

6G是第六代移动数字通信技术的简称,它是5G的继承者和超越者,目标是实现更高的速度、更低的延迟和更大的容量。

6G标准会克服5G的不足,在以下几个方面进行改进。

① 频段:6G标准可能将使用比5G标准更高的频段,即Sub-THz(100~300 GHz)和THz频段(300 GHz ~ 3 THz),以使得6G通信获得更高的带宽和更低的时延。这些频段可以提供更多的不重叠信道,支持更高的数据传输率和更密集的网络部署。

② 技术:6G标准可能将采用一些新的技术,如可重构智能表面技术(Reconfigurable Intelligent Surfaces),也叫智能超表面技术,它是一种利用人工合成的超级材料来调控电磁波的变革型新兴技术。它可以通过一块具有可控特性的特殊介质的表面,来收集发射机发出的信号,再把这些信号"转给"接收机,从而改善通信的效果。这种技术可以提高信号的覆盖范围和质量,降低功耗和成本,增强网络的安全性和灵活性。

③ 应用:6G标准可能将支持更多的创新应用,如空中、海洋和太空通信,人工智能,全息投影,虚拟现实和增强现实等。这些应用将需要更高的速度、更低的延迟和更大的

容量，以实现更好的用户体验和服务质量。6G标准还将实现从万物互联到万物智联的跃迁，支撑智能体的高效互联。

6G的发展面临着一些挑战和机遇，如频谱资源的分配和利用、新型天线和芯片的设计与制造、网络架构和协议的优化与创新、安全和隐私的保护与管理等。6G的发展也需要与社会、经济、环境和伦理等因素相协调，以实现可持续和更高质量的通信服务。

总之，6G的标准还在制定的过程中，需要全球各方的共同努力和协作，以实现6G的愿景和目标。预计到2028年左右会有部分国家和地区开始部署6G网络。目前，已经有一些国家和公司表现出了对6G的兴趣和投入。

无线局域网是一种高速的无线网络。利用无线电波作为信息传输的媒介构成的无线局域网（WLAN），与有线网络的用途十分类似。但也有传输媒介的不同和媒体控制方式的不同，利用无线电技术取代网线，可以和有线网络互为备份。

无线局域网的技术标准见4.2.1节。

要使用无线局域网必须购买无线局域网设备，如无线网卡、无线接入点（AP），无线信号放大器、无线路由器、无线终端（手机）、无线基站等。

Wi-Fi是目前我们对无线局域网接入的通称，标准读音为【wai, fai】。Wi-Fi即是基于802.11无线局域网接入技术的通称，也是这种无线接入相容性认证的名称，经过Wi-Fi认证的产品上有Wi-Fi认证标志，看到带两个有此标志的设备就可以认为这两个设备连接没有技术障碍。

图4.23　官方Wi-Fi标志

Wi-Fi接入技术是由Wi-Fi联盟开发并持有，目的是改善基于IEEE 802.11标准的无线网路产品之间的互通性。Wi-Fi技术补充和完善了IEEE 802.11标准所不具备的无线接入技术，使得我们的生活更加方便、舒适。

7. 适合于中小公司（SOHO）和家庭的NAT技术

NAT（Network Address Translation）技术即网络地址转换技术，在ISP提供上述接入服务的基础上，它允许一个整体机构（如一个公司或家庭）只要拥有一个公网IP（即ISP授权给其客户直接使用的合法IP地址），就可以实现多个内网IP地址通过一个公网IP地址进行网络通信。它是一种把内部私有IP地址翻译成公网IP地址的技术。使用NAT技术既解决了公网IP地址缺乏的问题，又能使得内、外网络隔离，提供一定的网络安全保障。

NAT技术的实现过程如下。

通常一个NAT路由器上有两个网卡接口：一个接Internet，电信运营商提供的合法公网IP地址；一个接内部局域网，使用内部网络IP地址，如图4. 24所示。

局域网的用户计算机设置的默认网关（default gateway）指向NAT路由器的内网接口，这样所有从内网发送到网关的包在NAT路由器处会进行一个转换。

在内部主机连接到外部网络时，当第一个数据包到达NAT路由器时，NAT路由器检查它内部存储的NAT表,查询出来MAC地址与IP地址的对应关系,然后NAT路由器将数据包的内部源IP地址更换成连接公网的IP地址,再转发出去。NAT路由器接收外部主机发来的数据包时用公网IP来响应,接收到外来的数据包,再根据NAT表把外来数据包的目的地址部分由公网IP替换成内部局部IP,再根据MAC地址与IP地址对应关系,转发到内网主机上。

NAT路由器是一种专门用来处理NAT路由信息的计算机。目前这种路由器十分流行,产品成熟,价格便宜,是中、小公司和家庭共享IP地址上网的首选产品。

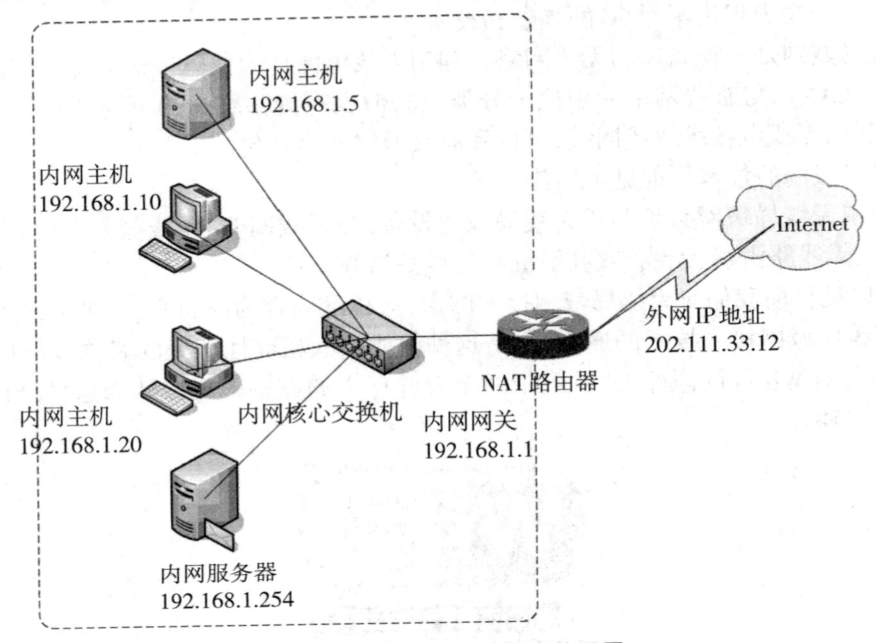

图4.24 一种典型的NAT路由网络配置

使用NAT路由器上网的方法很简单,只要将ISP提供的,进入公司或家庭的网络接口与NAT路由器的WAN端口相连,将内网电脑与NAT路由器的LAN端口相连即可完成硬件配置。再设置内网主机的IP地址为NAT路由器规定的内网地址中的一个,然后通过浏览器(在浏览器中输入网关地址)即可进入NAT路由器的管理主页,对NAT路由器进行配置,如NAT路由器外网IP地址,拨号的用户名和密码等。

一般NAT路由器都带有DHCP服务器,并使用DHCP服务器自动为内网计算机分配IP地址,该IP地址由内网计算机在网络初始化的过程中自动从DHCP服务器中获取。由于内网计算机数量较多,所以在NAT路由器上要设置DHCP服务器自动分配给内网计算机的IP地址的范围。另外,DHCP服务器为内网计算机设定的网关的IP地址应为路由器内网接口的IP地址。再重启路由器即可连接Internet。

§4.4 Internet应用

4.4.1 域名系统(DNS)

由于数字式的IP地址在人们使用时并不方便,为了便于记忆和及时、自动地更新IP

与主机名的对应关系,1985年Internet协议中出现了域名系统。域名系统将文字性的直观的标识与IP地址对应,方便用户随时查询。

域名的结构如下：

计算机名.组织机构名.网络名.顶级域名

下面是几个常见的顶级域名及其用法。

- COM——用于商业机构。它是最常见的顶级域名。
- NET——一般用于网络组织,例如因特网服务商和维修商。
- ORG——一般用于各种非盈利组织。

顶级域名也可以由两个字母组成的国家代码表示,如.cn,.uk, .de和.kr等,称为国家代码顶级域名(ccTLDs),其中.cn是中国专用的顶级域名,其内部二级域名的注册归中国国家网络中心(CNNIC)管理。例如,abc.njust.edu.cn表示中国"cn"域名下的,"中国教育与科研网络:edu","南京理工大学:njust"中的一台名为"abc"的计算机。

Internet的域名命名由各个层次的相应网络管理机构管理。各个层次的网络管理机构中运行着"域名根服务器",这种服务器上存储着本域名下各个子域名的域名服务器IP地址和本域下主机(如果有主机的话)的IP地址。所以增加主机、改变主机名称、重新设置IP地址以及数据库的维护、更新等工作都是本地网络系统管理部门的事情。

域名服务器(Domain Name System, DNS)是专门用来把域名翻译成主机能识别的IP地址的计算机。域名服务器实施域名翻译成IP地址的过程称为解析。一个完全域名解析过程的例子如下。

① 如果有人要访问abc.njust.edu.cn的网站,他的计算机中应该事先就输入了距离它最近的本地DNS服务器的IP地址,其计算机就会向本地DNA服务器发出查询指令。

② 本地DNS接到查询指令后先查询自己的数据库缓存,如果有此域名的IP地址就立即返回给主机,如果没有记录,本地DNS就发查询指令到Internet最高级根域名服务器上查询.cn域的域名服务器,根域名服务器会返回.cn域的域名服务器的IP地址。

③ 本地DNS进而按此IP地址查询.cn域的域名服务器中"edu(中国教育与科研网络)"域的域名服务器的IP地址,因为"中国教育与科研网络"是.cn下的一个二级域名,.cn的域名服务器会返回"中国教育与科研网络"域名根服务器的IP地址。

④ 本地DNS进而按此IP地址发查询指令到"中国教育与科研网络"的域名根服务器要求查询"njust(南京理工大学)"的根域名服务器IP地址,"中国教育与科研网络"的域名服务器返回"njust"的域名服务器IP。

⑤ 本地DNS按此IP请求"njust"的域名服务器请求查询名字"abc"的主机的IP地址,"njust"的域名服务器接收请求后返回"abc"主机的IP地址,本地DNS再将此地址返回给查询主机完成查询。

4.4.2 网页浏览(WWW)

World Wide Web(简称WWW)是目前使用最多的Internet浏览工具,它主要是建立在HTTP——超文本传输协议的基础上。目前使用最多的浏览器软件包括：Chrome、Microsoft Edge、FireFox(如图4.25所示),Opera等。

图 4.25　网络浏览器 Firefox 正在浏览网页

浏览器除了使用HTTP以外,还通过URL——统一资源定位器和HTML——超文本标记语言两个协议定位、传输和解释网页信息。URL的全称是统一资源定位器,是WWW客户端程序上信息位置的表示方法。

URL的典型格式是:

协议://主机名[:端口号][/目录/文件名]

例如,一个典型的访问网站的URL

http://wlkc.njust.edu.cn/eol/homepage/inex.html

这时浏览器会查询DNS名为"wlkc.njust.edu.cn"主机的IP地址,http是超文本传输协议,指明在浏览器和相应的服务器之间使用的是http协议。主机名后应该为":端口号",在Internet网络协议族中WWW服务默认的端口号是80,但因为非常常用所以通常就省略端口号不写了。Internet协议族默认规定都是这样,如果使用协议默认的端口号,则端口号可以省略。主机名/后的部分为目录名,最后为文件名。该文件的扩展名为"html",表示文件index.html是以HTML——超文本编辑语言的格式保存的。

随着WWW的发展,WWW上的内容服务已经成为整个互联网产业的一个重要的利润来源,越来越多的公司开展了网页制作和数据库系统集成的业务。

4.4.3　电子邮件(E-mail)

电子邮件是指利用计算机网络交换的电子媒体信件。使用电子邮件必须有至少一个发送方电子邮件地址和至少一个接收方电子邮件地址。Internet作为全球范围内的计算机网络,其电子邮件的协议已经成为电子邮件的标准。

电子邮件的应用非常广泛,其最大的优势在于速度快、成本低,除了作为信息的交换工具外,还可以发送一切电子形式的文件。

1. 电子邮件软件

电子邮件的使用有两种方式。一种需要专门的电子邮件软件,这些软件分为电子邮件服务器和电子邮件客户端两大类,另一种通过浏览器(http+html)使用电子邮件系统来代替电子邮件客户端软件的情况，使用时只需在浏览器上访问邮件系统的主页，输入用户名和密码即可进入。

电子邮件客户端的软件一般使用Internet Explorer套件中的Outlook Express或一些专门的电子邮件软件，如Eudora、Foxmail等，图4.26所示即为电子邮件客户端的配置页面。其中POP3服务器地址栏中应输入电子邮件所在的服务器域名（或IP地址）、账户名和密码为信箱名，SMTP服务器为发信服务器，由分配电子邮件地址的机构提供，同时需要设置"发信需要身份验证"项。

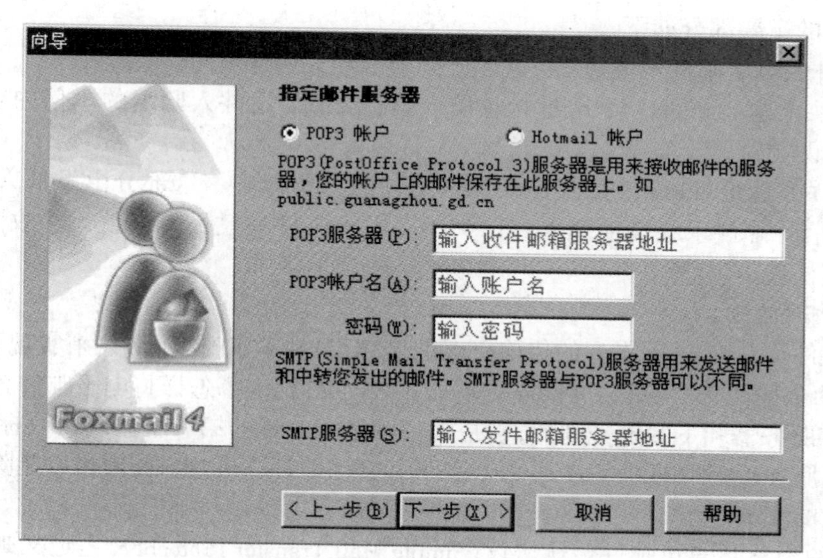

图4.26　电子邮件客户端软件中POP3与SMTP服务器的配置

2. 电子邮件的基本功能

电子邮件系统的基本功能一般包括以下几个方面。

① 信件的编辑：提供用户直接编辑邮件的界面，可以是纯文本方式的（这种格式版面单调，但适应性最强），也可以是网页格式的，这样格式丰富多彩，但要求对方的电子邮件软件也有解释html的功能。

② 信件的发送：将用户的电子邮件发送到电子邮件服务器或直接发送到对方服务器。

③ 信件的收取：将本地电子邮件服务器中本用户的邮件取出来，存入本地计算机。可以设置信件在服务器中的保存时间（若立即取出，则同时删除，否则要等待指定的天数后再删除）；应注意的是信件在服务器内的保存时间不应太长，以免占用大量服务器空间。

④ 信件的阅读：将收到的邮件解释后展示给用户，是用户接收信息的主要来源。

⑤ 信件的回复与转发：用户看过信后再回信给原邮件作者（回复）或转给其他的人。处理这些情况时，软件会自动对原信内容进行必要的标识。

⑥ 退信处理：由于收件人地址错误或其他原因而导致信件无法发送时，邮件服务器会给发件人发一封通知信，告之发送失败的原因。

⑦ 信件的管理（分类、备份、删除等）和地址簿的管理：信件和收、发信人的地址积累很多后应及时分类、整理。一般来说，好的电子邮件客户端软件在这个方面功能都很齐全。

3. 电子邮件的书写格式

电子邮件从结构上分为邮件头和邮件体两部分。邮件头包含发信人和接收者的有关信息,以及发出的时间、经过的路径、使用的发送软件等信息。

电子邮件的发送都是使用电子邮件地址来标识的,电子邮件地址的基本组成内容如下。

用户名+“@”+邮件服务器主机名+“.”+邮件服务器所在域的域名

例如,laicy@mail.njust.edu.cn表示一个在邮件服务器mail上的用户laicy,这个邮件服务器属于njust.edu.cn域。

邮件头的主要部分如下。

① 收件人电子邮件地址(To:),这部分必须准确无误地填写。

② 信件主题(Subject:),这是为收信人整理方便,发件人归纳的本信内容的概括,可有可无。

③ 发件人地址(From:)是收件人识别信件的重要标志。这部分由发信人事先输入系统,在发信时邮件系统自动加入到信头中。电子邮件一旦被提交就无法收回,因此发出前应仔细检查。

4. 电子邮件的传输模式

电子邮件在Internet网络上的传输一般通过POP3和SMTP两个协议来实现。

POP3的全称为Post Office Protocol version 3,POP3规定了怎样将电子邮件客户端连接到电子邮件服务器和下载电子邮件,它是因特网电子邮件的第一个离线协议标准。POP3允许用户从服务器上把邮件存储到本地主机(即自己的计算机)上,同时可以删除保存在邮件服务器上的 邮件。

SMTP的全称是简单邮件传输协议(Simple Mail Transfer Protocol),是定义邮件发送的协议。电子邮件客户端程序发送信件到服务器和服务器与服务器之间信件的收发都是遵循这个协议。图4.27是一种典型公司网络的电子邮件传输模式。

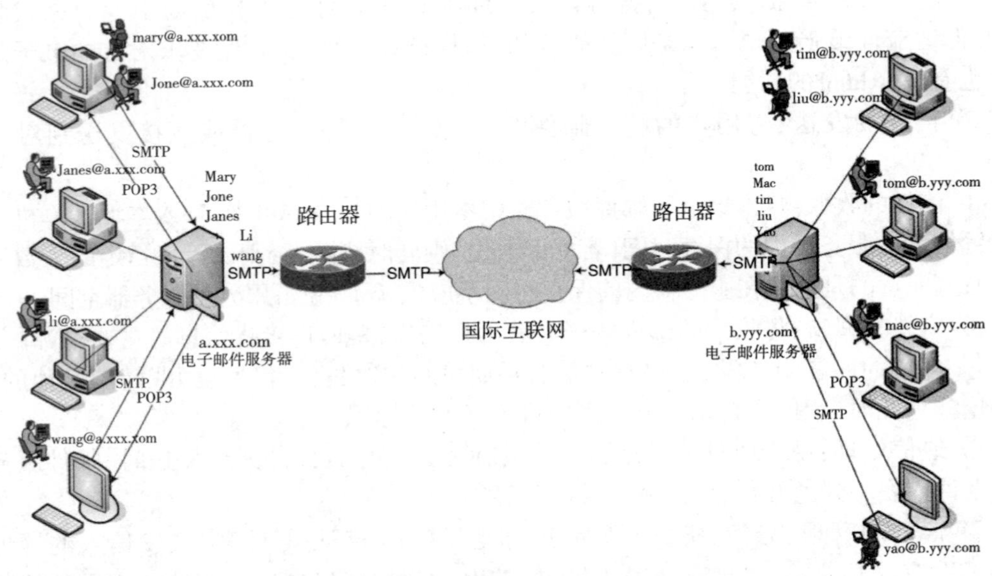

图4.27 典型公司网络的电子邮件传输模式

SMTP是基于TCP服务的应用层协议，由RFC0821所定义。SMTP协议规定的命令是以明文方式进行的。为了说明SMTP的工作原理，下面以从laicy@icmem.org（我方）向marry@pmail.ntu.edu.sg（对方）发送邮件为实例进行说明。

我方电子邮件服务器收到客户机发来的邮件后提取收件人电子邮件地址，联系对方电子邮件服务器pmail.ntu.edu.sg：

Connect pmail.ntu.edu.sg [155.69.5.227:25]（1）

我方服务器问候对方服务器：

>HELO pmail.ntu.edu.sg

对方回应：

250 Requested mail action okay, completed.

我方报出自己的电子邮件地址：

>MAIL FROM:laicy@icmem.org

对方回应地址正确：

250 Requested mail action okay, completed.

我方报出收件人地址：

>RCPT To:<marry@pmail.ntu.edu.sg>

对方经检查后回应地址正确（注意：此处收件人名如果不正确则传输出错，连接会终止，收件人会收到本地邮件服务器的退信，说明发送失败原因）。

250 Requested mail action okay, completed.

我方请求开始发送信体：

>DATA

对方回应可以请开始，在单独行上输入"."表示结束。

354 Enter mail, end with "." on a line by itself.

我方发送信体，信体发送完毕后，以"."结束。

>.

对方回应任务完成：

250 Requested mail action okay, completed.

我方退出：

>QUIT

对方回应连接关闭，信件发送成功。

221 Closing connection.

4.4.4 文件传输(FTP)

FTP（File Transfer Protocol）是Internet上用来传送文件的协议（文件传输协议）。通过FTP协议，客户机就可以和FTP服务器进行文件的交换。

FTP的客户机和FTP服务器也是依赖于客户程序/服务器关系的概念。在Internet上遵照FTP协议提供服务的计算机就叫FTP服务器，网上的用户连上FTP服务器，享受FTP服务的软件就叫FTP客户端软件，Windows中的"ftp"命令，就是一个使用命令行的FTP客户端软件，另外常用的图形界面的FTP客户程序还有CuteFTP、WsFTP等。

要登录FTP服务器,必须要有该FTP服务器的帐号,即FTP用户名和密码。Internet还有很大一部分FTP服务器是不需要特殊的用户名和密码就可以登录的,这类服务器被称为“匿名”(Anonymous)FTP服务器。其用户名一般为“anonymous”,密码一般为电子邮件地址。这类服务器无偿向公众提供文件下载、上传服务。在Internet上有成千上万的匿名FTP服务器,这些服务器中存储着无数的文件,虽然WWW浏览器已取代匿名FTP成为最主要的信息查询方式,但是匿名FTP仍是Internet上传输、分发软件的一种基本方法。

4.4.5 即时通信(Instant Messaging)

即时通信是一种多终端连接即时通信服务器的网络通信服务,允许两人或多人使用网络即时地传递文字、图像、文件并可即时进行语音、视频交流甚至可以召开视频会议。目前流行的即时通信软件有QQ、微信、Skype等。

即时通信应用从用户规模角度可以分为个人用户即时通信和企业用户即时通信两类。

个人用户即时通信软件一般安装在个人的手机或个人的台式电脑和笔记本电脑上,个人通过即时通信软件搜寻、添加自己的亲朋好友,形成一个以自己为中心的小规模个人社交娱乐网络,可以随时随地发表自己的经历、感想和意见,并与亲朋好友交流。

个人即时通信软件基本功能包括:个人通讯录、个人群组、个人/群语音、个人/群视频、群发、发朋友圈、表情动画等。

企业即时通讯软件是专门为各类企业内部办公量身定制的沟通协同集成的系统平台,具有很强的企业内部属性。这种软件能够根据企业的实际组织架构进行部署,采用实名制的员工分成部门在此平台上交流、传递信息,剔除了娱乐等因素,便于统一管理,对保密性较高的企业也提供了可靠保障。

企业即时通信软件基本功能包括:企业通讯录、企业组织结构、即时会话、文件传输、文件审核、文件签收、语音视频、视频会议、网络电话、电子传真、短信收发、邮件系统、远程协助、企业云盘、消息广播、讨论组、日程日历、收藏夹等。

§4.5 网络安全

4.5.1 计算机病毒

传统的病毒可能以磁盘或其他存储媒体的方式散布,而目前计算机病毒大都经过网络传播,并通过网络来起到破坏作用。用户只要在电子邮件或QQ中,夹带一个染毒文件寄给朋友,就可能把病毒传染给他;甚至从网络上下载文件,都可能收到一个含有病毒的文件。

计算机病毒,特别是网络病毒的防治应该从根本上入手,做到防、杀结合。具体有以下几种措施。

① 安装防病毒软件,并经常更新病毒库。

② 随时下载系统补丁,更新系统,弥补系统漏洞。

③ 下载的不明来源的软件一定要经过查、杀毒处理才能安装、使用。

④ 安装网络防火墙,尽量切断一切不明程序与外界的联系。

4.5.2 木马及恶意软件

恶意软件并没有计算机病毒的一些特征，如破坏性、传染性等，但是它会在用户浏览网页时，或是在安装一个软件时，在没有经过计算机的使用者同意的情况下将自己安装到系统中，占用大量系统资源，不时弹出商业广告，并且极难卸载。甚至有的软件会盗取用户上网习惯、隐私以及其他信息，比如银行卡账号密码、QQ和游戏账号密码、电子邮箱密码。一般来讲，我们将这种软件叫作恶意软件（也称为流氓软件，英文名称为malware），兼有窃取个人信息的软件叫木马（来自特洛伊木马的故事）。

恶意软件包括恶意广告软件（adware）、间谍软件（spyware）、恶意共享软件（malicious shareware）等，它们都处在合法商业软件和电脑病毒之间的灰色地带。它们既不属于正规商业软件，也不属于真正的病毒（普通杀毒软件对这种流氓软件无效）。这些恶意软件给用户带来各种干扰，已经成为不折不扣的社会公害。

恶意软件一般具备以下几个特征。

① 强制安装：在未经过机主同意的情况下，以各种手段（主要是通过网页和捆绑在普通软件上的手段）将程序安装到计算机中。

② 极难卸载：一旦安装完成，恶意软件会在系统的各个部位（有时甚至多达十几个部位）均设置恢复点，即使删除了软件本体和绝大部分软件恢复点，只要还有一个恢复点存在，软件就可以在系统重新启动或用户上网时自动全部恢复。

③ 商业行为：各种恶意软件都不是为社会公益而开发，恶意软件一般都以在用户计算机中不定时地弹出广告的形式来做宣传。广告客户、网络广告公司、恶意软件制造者、网站和共享软件作者已经形成了一条灰色产业链。

④ 违法违规收集个人隐私信息：目前有大量手机应用软件（App）和电脑应用软件以各种方法，违法违规收集用户的个人信息，造成大量公民的私人信息外泄并形成了个人信息买卖的违法交易。

恶意软件的传染途径是基于Internet Explorer浏览器或和普通软件捆绑在一起，在用户浏览网页或安装软件时隐蔽地感染用户计算机，所以，无论是在手机上还是在电脑上，都应安装手机或电脑中系统自带的“应用商店”中的应用软件或来源可靠的应用软件，应基本杜绝安装互联网上下载的来历不明的软件。

目前国家对此类软件非常重视，并已经建立对各种恶意软件的监控和举报机制，中央网信办违法和不良信息举报中心（https://www.12377.cn/）与工业和信息化部委托中国互联网协会设立的公众投诉受理机构、12321网络不良与垃圾信息举报受理中心等机构都可以受理举报，查处此类软件（含PC机软件和手机App等各类不良软件）。另外，大家可以购买或下载经过国家有关机构（如中国网络安全审查认证和市场监管大数据中心https://www.isccc.gov.cn/index.shtml，国家计算机病毒应急处理中心http://www.cverc.org.cn/）认证的查毒、杀毒软件并及时更新软件病毒库，及时检查和清除计算机病毒及各种恶意软件。

4.5.3 黑客入侵

“黑客”一词，源于英文Hacker，原指热心于计算机技术、水平高超的电脑专家，尤其是程序设计人员。现在黑客的概念已被用于泛指那些专门利用电脑搞破坏或恶作剧的人。他们利用手中的技术和国家法律的漏洞，针对计算机信息系统，特别是针对计算机网络系统实施系统入侵、系统破坏等危害信息网络安全和网络秩序的活动。严重的甚至会在此基础上进行网络侵财型犯罪,包括网络盗窃、诈骗和盗用网络资源、网络服务等。

在互联网上的计算机经常会遭遇这样或那样的安全事件,如系统扫描、黑客入侵等。我们一般要注意从以下几个方面来保证上网计算机的安全。

① 不用的服务尽量关闭,多余的服务会大大增加网络漏洞出现的概率。

② 及时给系统打补丁,系统漏洞是黑客入侵首选。

③ 安装反病毒软件并及时更新。

④ 安装网络防火墙,严密封锁所有不用的端口。

⑤ 及时做好数据备份。

4.5.4 局域网安全

有关局域网安全,我们讨论以下几个问题。

1. 用户擅自修改IP、MAC

由于用户对于自己的计算机有操纵权,所以本机的IP地址和MAC地址都是可以修改的。而这种修改如果不可控,那么就会对内部网络产生副作用。比如IP地址冲突和MAC地址冲突、ARP欺骗等。

对于IP地址修改问题可以通过第三层交换机绑定(指用软件的方法约束若干网络要素,如交换机端口、MAC地址、IP地址等,使它们之间形成一一对应的关系)交换机端口、IP和MAC地址解决,也可以通过PPPOE协议解决。对于MAC地址冲突问题可以通过二层或三层交换机绑定端口和MAC地址解决,即交换机的每一个端口只允许一台主机通过访问网络,任何其他地址的主机的访问会被拒绝。

2. ARP欺骗

(1) 什么是ARP

在Internet网络环境下,一个IP包传送到哪里、要怎么传送是靠路由表定义的。但是,当IP包到达该网络后,哪台机器响应这个IP包则是靠封装IP包的以太网帧中所包含的MAC地址来识别。也就是说,只有机器的MAC地址和该携带IP包的帧中的MAC地址相同的计算机才会应答这个IP包。

ARP协议是在以太网络中将IP转化成该IP对应的网卡的MAC地址(物理地址)的一种协议。它在内存中保存的一张IP与MAC地址对应表并定时更新,主机发送一个IP包之前,要到该转换表中寻找和IP包对应的MAC地址。如果没有找到,该主机就向整个局域网发送一个ARP广播包,来请求所要求的那个IP地址对应的MAC地址。在命令行窗口输入“arp -a”可以查看本机保存的ARP表。以下为举例说明:

请求过程:

若IP地址为192.168.1.103的主机要与192.168.1.1的主机联系,但本机的ARP对照表中没有找到192.168.1.1的MAC地址。于是192.168.1.103在局域网中发送ARP广播包:“我是主机192.168.1.103,我的MAC地址是00-0E-35-64-D4-27,请IP地址为192.168.1.1的主机告知你的MAC地址。”

应答过程:

IP地址为192.168.1.1的主机收到这个广播包后响应这个广播,发送ARP应答包:“我是192.168.1.1，我的MAC地址为00-0A-EB-E3-37-BC。”

于是，主机192.168.1.103刷新自己的ARP缓存，然后向192.168.1.1发出IP包。这个IP包在数据链路层被装配成以太网络的帧，此帧的原地址为00-0E-35-64-D4-27，目的地址为00-0A-EB-E3-37-BC。

（2）ARP欺骗的原理

ARP欺骗是局域网中较严重的破坏活动，可能是有人故意破坏也可能是某些专门的ARP欺骗病毒。轻者导致网络时通时断，重者引起网络全部瘫痪，而且攻击隐蔽，较难发现，应引起充分注意。

从影响网络连接通畅的方式来看，ARP欺骗分为两种：一种是对路由器ARP表的欺骗；另一种是对内网PC的网关欺骗。

第一种ARP欺骗的原理是截获网关数据。它发送一系列伪造的应答包，通知路由器一系列错误的内网MAC地址，并按照一定的频率不断进行，使真实的地址信息无法通过更新保存在路由器中，结果路由器的所有数据只能发送给错误的MAC地址，造成正常PC无法收到信息。

第二种ARP欺骗的原理是伪造网关。它的原理是建立假网关，让被它欺骗的PC向假网关发数据，而不是通过正常的路由器途径上网。在内网计算机看来，就是上不了网了。

（3）ARP欺骗的防范

防范ARP欺骗有一些方法，比如使用三层交换机对客户机进行端—IP—MAC的绑定，使用PPPOE协议可以较彻底地杜绝ARP欺骗，也可以使用ARP保护软件。

3. 局域网内嗅探

局域网内嗅探(sniff)指的是利用以太网载波侦听的原理，对所有局域网上通信进行侦听，并从中获取有用信息的过程。

通过以太网通信机理我们知道，以太网的数据链路层是通过载波侦听的方式控制通信的媒体访问方式的。通常情况下，网络中一个节点发送给另一个节点的信息是在全网中传播的，本局域网中所有节点都可以“听到”，网络中的节点在接收到不是发送给自己的帧的情况下都会将该帧抛弃。但是，在某种特殊情况下，可以将某块网卡的工作状态改成对网上所有帧全部接收模式，即混杂模式(Promiscuous)，在这种模式下工作的网卡能够接收到一切通过它的数据，而不管数据的实际目的地址，这样一来，本局域网络上所有的通信都可以被截获。这就是局域网嗅探的机理。

局域网嗅探既是网络管理人员分析、排除网络故障的好帮手，也是对局域信息安全的重大威胁，因为任何在此局域网上传输的明文数据均可被其隐蔽地截获。

防止嗅探最有效的手段就是进行合理的网络分段，并在网络中尽量使用交换机而不是使用集线器。因为交换机可以专门将帧直接送往指定MAC地址的端口，而不是在网络中广播，所以交换中是无法嗅探的。如果有安全的需要必须进行网络嗅探，则可以使用带有监控端口的交换机，这种交换机专门将发送到各个端口上的数据复制一份，同时发送到监控端口。通过它可以进行局域网信息监控。

另外，还有专门编制的用于检查和反嗅探的软件，其原理是控测本局域网中是否有网卡处于混杂模式。

4. 与操作系统相关的安全问题

由于编程人员在编写程序时的疏忽,任何操作系统都会出现安全保护上的弱点,这种弱点一旦被发现就称为漏洞。网络方面的安全问题称为网络漏洞。例如,Windows系统最著名的冲击波漏洞,以及文件和打印机共享漏洞等。这些漏洞如果不及时修补就会引起大面积的网络安全事件,造成巨大的经济损失。而积极修补的方法就是及时通过互联网下载补丁,更新系统。

目前各个操作系统均有网络更新机制,只要连上Internet就可以方便、及时地处理系统漏洞。

Windows系统可以自动更新,其方法是右击"我的电脑",单击"属性",打开"系统属性"对话框,单击"自动更新"标签,选择"下载更新,但是由我来决定什么时候安装(D)。",如图4.28所示,即可打开自动更新,并在更新下载完成后选择安装。对于Red Hat(Fedora) Linux系统,只在安装yum软件后,在命令行键入:yum -y upate,即可完成系统更新。对于Debian Linux系统,键入:apt -get upgrade/apt -get update,即可完成更新。

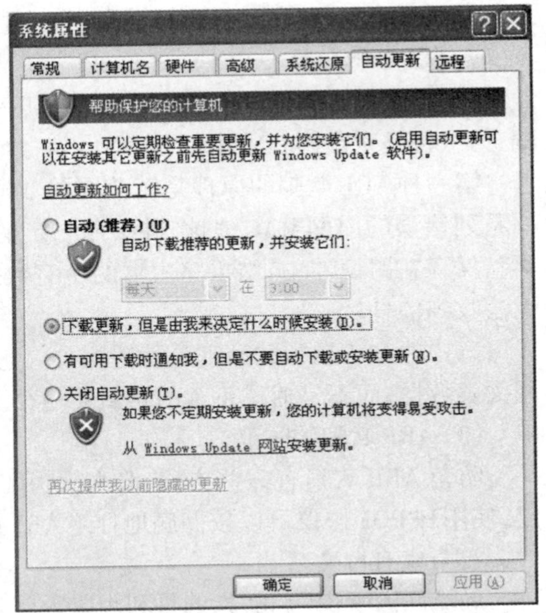

图4.28 Windows XP系统中设置自动更新

本章小结

本章主要介绍了计算机网络的概念、历史发展、功能、基本组成和分类。对于现在最常使用的局域网描述了它的基本特点,介绍了常用的介质访问控制方法、网络拓扑结构和常用的网络设备,并较详细地阐述了综合布线系统的概念、必要性、规范和设计要点。在基于TCP/IP协议的Internet网络中着重介绍了网络互联的基本要求、Internet网络的两个基本框架:互联网络层和传输层。介绍了IP协议和TCP/UDP的基本知识及各种先进的网络接入技术。在应用层描述了域名系统、网页浏览、电子邮件、文件传输和即时通信等常用的网络应用,并对当今网络安全问题特别是网络病毒和流氓软件进行了较详细的阐述。

计算机网络的发展经历了面向终端的计算机通信网络、以共享资源为目标的计算机网络、以网络的标准化和开放为目标的网络和以TCP/IP协议为核心的Internet网络这四个阶段。计算机网络的基本功能就是通信和信息共享。计算机网络由计算机系统、通信线路和通信设备、网络协议及网络软件这四大要素组成。计算机网络的分类方法很多,按拓扑结构一般可分为总线型、星型、环型、树型和网状结构;按地理范围可分为局域网、城域网和广域网;按工作介质可分为铜缆网、光纤网和各种无线网络;按传输方式可分为点对点传输和共享介质型传输。

计算机局域网是目前使用最多的计算机网络,也是标准化最多、最细的网络。尤其以

IEEE802系列最为著名。局域网具有传输速率高、误码率低、有专门部门管理等特点，但局域网的覆盖范围较小。

介质访问和控制方式是一个网络的根本特征。以太网的介质访问控制方式是带碰撞检测的载波侦听多路访问技术(CSMA/CD)。其工作原理可以简单地归纳为：发前先听，边发边听，加强冲突，退避重试。

以太网络的设备一般有双绞线、光纤、同轴电缆(已淘汰)、集线器、交换机、RJ45插头、网卡、路由器等。一般机构中在网络上划分功能组的方式是使用VLAN。而与远程网络通信的基本支柱就是默默工作的各种路由器，数据包可以沿着路由器找到的最佳路径，以接力的方式到达终点。

从一个家庭到一栋大厦，数据的传输均需要布线系统的支持。而综合布线系统就是使用标准化、模块化的设备和线缆使得网络的可靠性和可维护性大大提高。综合布线系统的发展比较成熟，出现了各种设计、施工和验收标准。

由于Internet网络的出现，目前发展最活跃的领域就是Internet领域。互联网是由多种协议组合的一个TCP/IP协议。TCP/IP协议中的IP协议是整个协议的基础，Internet网络上的每台设备均使用IP地址作为自己在Internet上的唯一标记。IP地址分为A、B、C、D、E五类，分别由其头部不同的数字表示来区分。

目前最常用的宽带网络接入技术有FTTH、ADSL、有线电视上网、电力线上网和分布式数据光纤等。中小公司和家庭最常用的接入方式是共享一个IP地址的NAT方式。

为了便于记忆而诞生的域名系统使用分布式的，将IP地址与域名对应的数据库。客户机查找域名对应的IP地址的工作就称为解析。

Internet网络上的应用十分丰富，通过Internet网络可以进新网页浏览、电子邮件的收发、文件的传输和面对面的即时聊天，等等。

随着信息流通速度的增加，计算机网络很容易遭到网络病毒、恶意软件和黑客的攻击，同时内部局域网络上也有不安全因素，应及时使用有关软件和补丁来加强防范并修复漏洞。

习 题 四

1. 什么是计算机网络？计算机网络发展经历了哪几个阶段？
2. 计算机网络的基本功能是什么？
3. 简述计算机网络的四大组成部分。
4. 国际标准化组织的七层协议的全称是什么？简述第一层到第七层的功能。
5. 简述计算机网络的分类。
6. 请列出目前无线局域网络所使用的标准和它们支持的速率。
7. 局域网的特点是什么？列举出在家庭搭建一个局域网所需要的最少材料清单(不要数量，只列出名称即可)。
8. 以太网的介质访问控制方式是什么？试简要回答其工作流程。
9. 什么是MAC地址？MAC地址的编码方式是什么？
10. 综合布线系统的优势在什么地方？设计时应考虑什么问题？
11. 什么是FTTH？FTTH与其他接入方式相比有什么优势？

12. 什么是NAT？简要画出一个典型的NAT配置图。
13. 什么是DNS？举出DNS解析的一个实例。
14. IP地址分成几类？分别是如何编码的？除普通IP地址外还有哪些特殊的IP？
15. TCP与UDP有哪些不同？
16. 什么是URL？浏览器中如何表示？
17. 上网查找目前最新的我国网民的总数量和地区分布,年龄分布情况,写一篇小报告(要注明所有资料的出处)。
18. 收发电子邮件常用的两个协议是什么？网页形式收发邮件和使用电子邮件客户程序收发邮件有什么相同点和不同点？你觉得哪种更适合你？请写出理由。
19. 电子邮件和QQ的通信方式相同吗？为什么？
20. 如何防范网络病毒？
21. 什么是恶意软件？恶意软件的特点是什么？恶意软件是病毒吗？为什么？如何防范恶意软件？
22. 什么是ARP？简述ARP欺骗的原理及防治措施。
23. 局域网内的不安全因素有哪些？如何处理？
24. 目前全部使用交换机的以太网可以进行嗅探的条件是什么？

实验4.1　了解局域网

一、实验目的

1. 了解局域网络的拓扑结构和实际配置情况
2. 掌握局域网络所使用的设备
3. 掌握本机网络的设置

二、实验内容

1. 完成学校机房网络的拓扑结构图,掌握交换机(或集线器)的连接与使用方法
2. 列举本局域网所使用的网络设备的品名、规格、型号、厂家等详细内容
3. 能独立完成本机网络参数的配置
4. 实验器材与系统配置:

本校机房、联网计算机并安装Windows 7、Windows 8或Windows 10系统,网卡应处于良好工作状态,工作站配置:MSHOME工作组(工作站名称可自定义,且保证上机实验的学生机全在一组)、Microsoft网络客户端、Microsoft网络的文件和打印机共享、Internet网络协议版本4(TCP/IPv4)。

三、实验步骤

1. 参观学校机房网络

由教师带领参观学校网络机房和联网计算机教室。由教师介绍网络机房的计算机联网拓扑形式。由学生绘制详细的机房网络拓扑图。

熟悉计算机网络硬件:路由器、交换机(注意交换机的数量、带宽、端口数等重要参

数)、RJ45接头、双绞线(注意线的接法和线的品质,5类、5e类、6类还是7类)、室内、外光纤、光电转换器、网卡、机柜、配线架、布线槽(盒)、墙上模块、计算机台数等,分别详细记录后列出清单。

2. 熟悉本机网络应用

(1) 本机IP地址配置

① 计算机开机正常启动,登录后单击“开始”按钮,单击“控制面板”,单击“网络和共享中心”,单击本地连接。得到类似图4.29的本地连接状态对话框。

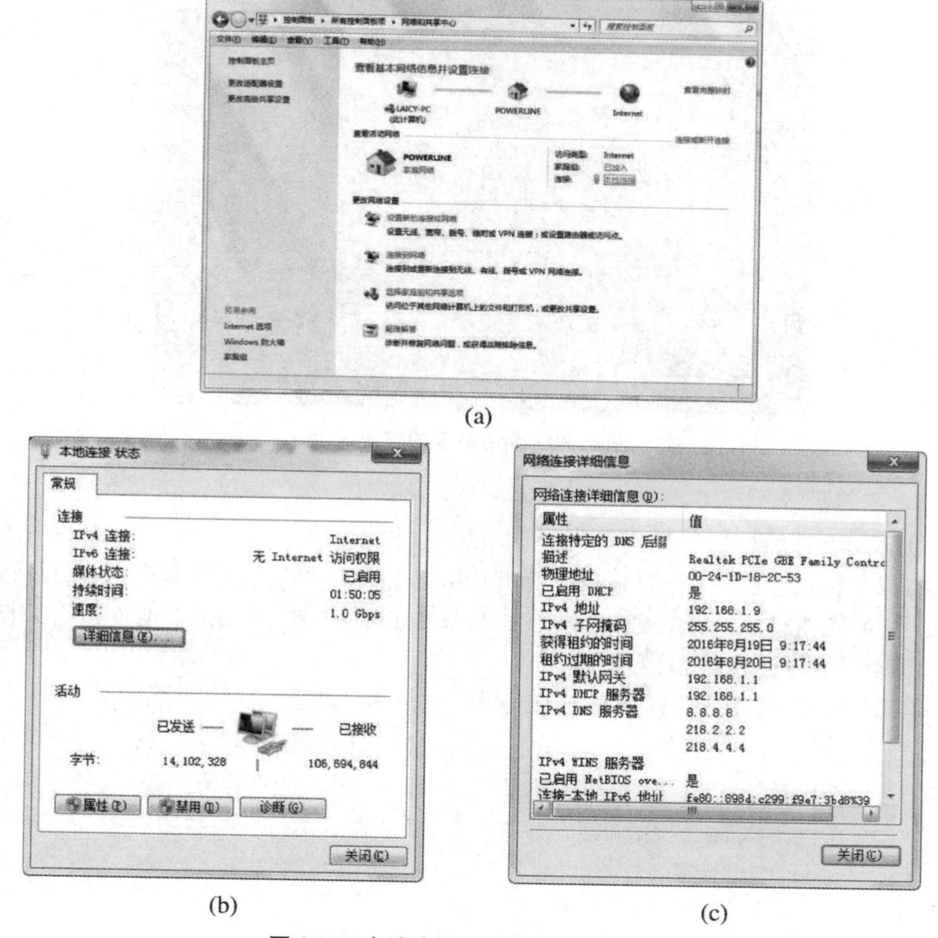

图4.29　本地连接的状态显示对话框

② 查看“常规”标签中的“IPv4连接、IPv6连接、媒体状态”“持续时间”和“速度”指标并做记录。

③ 单击“详细信息(E)…”按钮,查看“IPv4地址”“IPv4子网掩码”“IPv4默认网关”“IPv4 DHCP服务器”“IPv4 DNS服务器”等各项,并做记录。

④ 单击“详细信息”按钮,记录显示内容,与上条重复的项可以不记录。

(2) 使用ping检查网络是否通畅

① 打开命令行窗口,“Windows”键+“R”弹出“运行”窗口,输入“cmd”,按回车键。

② 按记录的IP地址在命令行方式下键入:ping 自己的IP 。应得到类似图4.30所示的结果。记录所显示的结果。

③ 询问周围同学(或教师)的计算机的IP地址并记录,如192.168.0.30。

④ 在命令行方式下键入:ping同学的IP地址。记录命令运行结果。

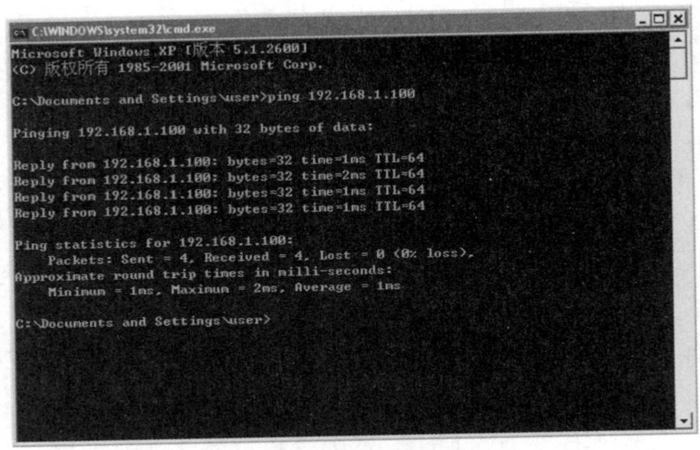

图4. 30 ping命令的结果显示

(3) 更改IP和掩码

① 打开“本地连接”状态对话框。单击“开始”菜单,单击“控制面板”,单击“网络和共享中心”,如图4.31(a)所示,弹出“网络和共享中心对话”框,单击“本地连接”,如图4.31(b)所示,弹出“本地连接状态”对话框。

② 单击“属性”按钮,打开“本地连接 属性”对话框,如图4.31(d)所示。

图4.31 (a)

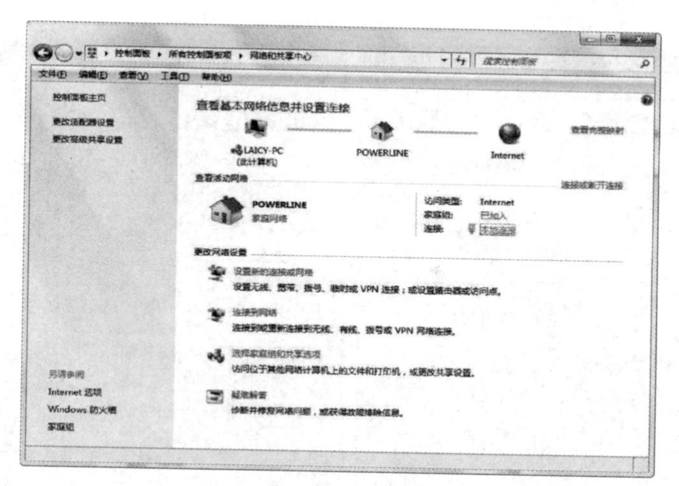

图 4.31　(b)

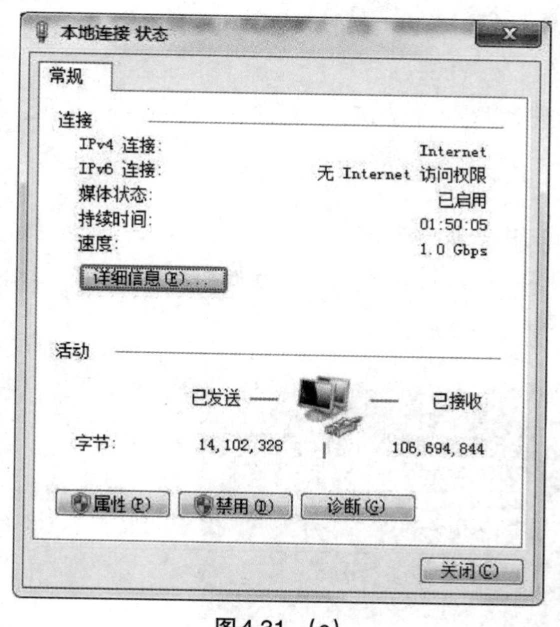

图 4.31　(c)

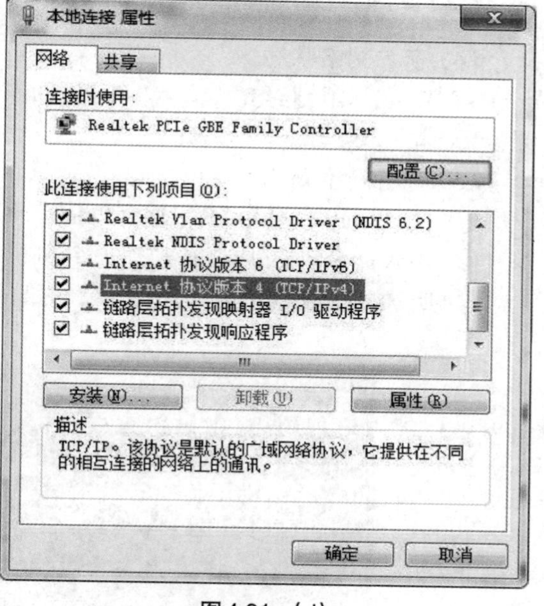

图 4.31　(d)

③ 选择"Internet 协议版本 4(TCP/IPv4)"对话框，单击"属性"，如图 4.32 左所示，记录未更改 IP 时的原始配置。

④ 在此基础上更改 IP 地址配置，如图 4.32 右所示。IP 地址选取 192.168.5.x，其中 x 范围从 2~254，也可按教师指令更改。子网掩码 255.255.255.0，网关、DNS 服务器地址可以不设，也可按教师指令设置。

⑤ 了解你周围同学计算机的更改好的 IP 地址，使用"ping 同学的 IP 地址"命令检查是否设置正确。记录命令运行结果。

⑥ 按记录将 IP 地址修改回原来的配置，必要时重启计算机。

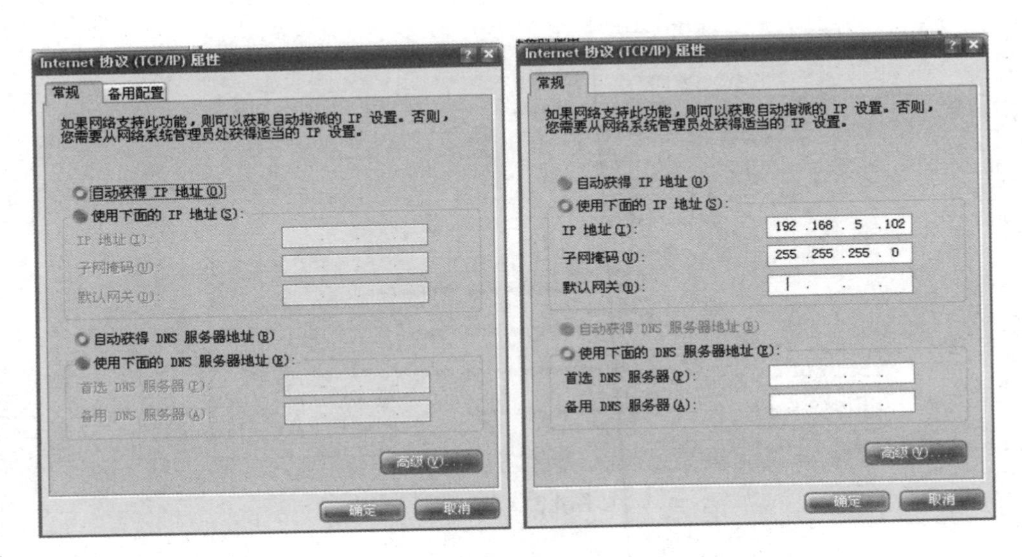

图4.32　IP地址配置

(4) 查看网络状态

按“Windows”键+“R”，输入“cmd”，回车，进入命令行模式；输入命令 netstat -a -n，记录所看到的结果。

(5) 查看网络路由

① 按“Windows”键+“R”，输入“cmd”，回车，进入命令行模式。

② 输入命令：route print，观察命令执行结果(类似图4.33所示)，并做记录。

③ 听教师讲解，初步了解所记录的路由表。

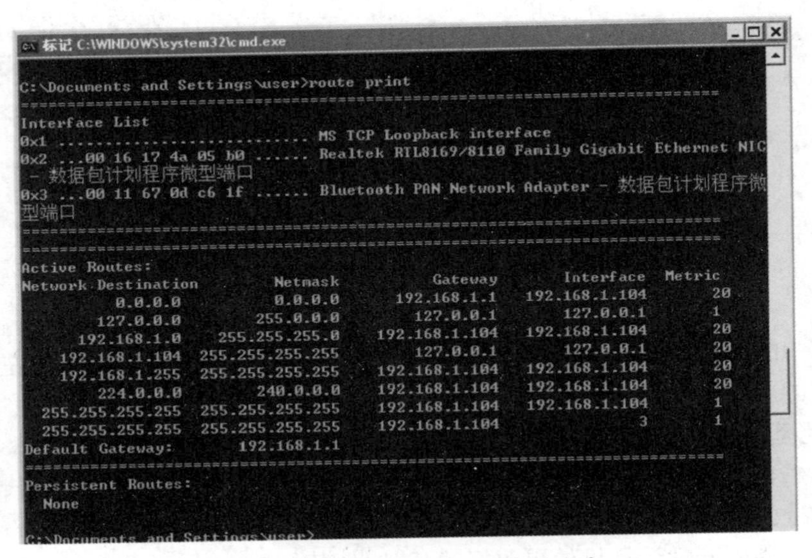

图4.33　用路由命令显示本机路由表

实验4.2　计算机网络应用

一、实验目的

1. 掌握使用浏览器操作界面、基本使用方法和浏览网页的方法
2. 掌握两种电子邮件的使用方式
3. 掌握局域网共享文件、设备的方法

二、实验内容

1. 完成用浏览器上网搜索较复杂的信息的任务
2. 完成使用电子邮件软件和通过网页收发电子邮件的方法
3. 能独立完成局域网内共享文件、设备的设置
4. 实验器材与系统配置：

本校机房、联网计算机并安装Windows 7系统，网卡应处于良好工作状态，工作站配置：MSHOME工作组（工作站名称可自定义，且保证上机实验的学生机全在一组）、安装Microsoft网络客户端、开启Microsoft网络的文件和打印机共享、安装Internet网络协议（TCP/IP）。提供Internet接入条件。

三、实验步骤

1. Internet网络浏览与搜索

（1）打开浏览器

Internet浏览器有很多，其中著名的有Firefox、Opera、Internet Explorer、chrome、Edge等，进入浏览器起始页。

① 单击“开始”菜单，单击“Internet Explorer”，打开Internet Explorer浏览器。

② 在地址栏输入http://www.edu.cn，并按回车键，如图4.34所示。

③ 单击网页右上角第二行最后一个链接“更多地方站”，在弹出框中单击“江苏”，可以看到进入“江苏教育在线”。

图4.34　使用浏览器访问教育网

④ 单击“收藏”菜单,选择“添加到收藏夹”,弹出“添加到收藏夹”对话框,如图4.35所示,单击“新建文件夹”按钮;填写新文件夹名“江苏教育”,单击“创建”按钮。

⑤ 自己选择感兴趣的栏目点击浏览。

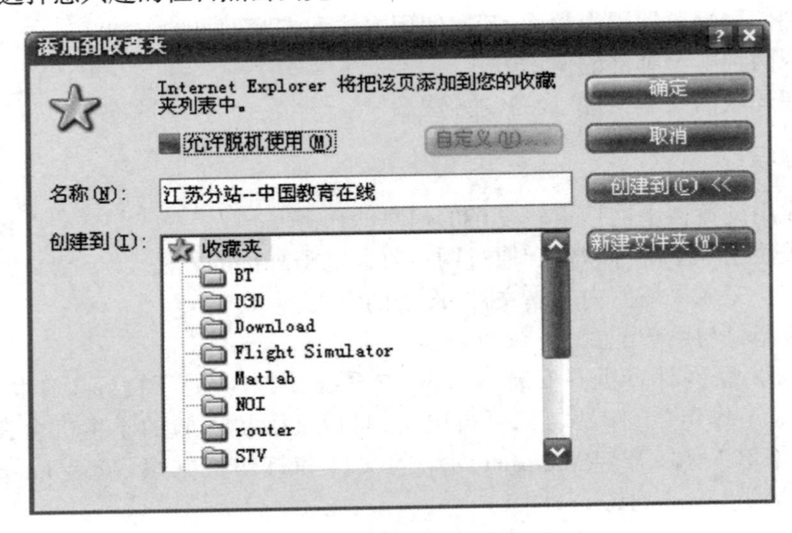

图4.35 “添加到收藏夹”对话框

(2) 查找信息

Internet网络是一个巨大的信息宝库,只要使用方法得当,我们都可以查询到需要的信息资源。

① 打开浏览器。

② 在地址栏输入“http://www.baidu.com”,或“http://search.yahoo.com”,或直接输入“www.baidu.com”或“search.yahoo.com”。

③ 在搜索引擎的主界面上输入要查询的关键词,如“著名大学”,如图4.36所示,回车后开始搜索,结果如图4.37所示。

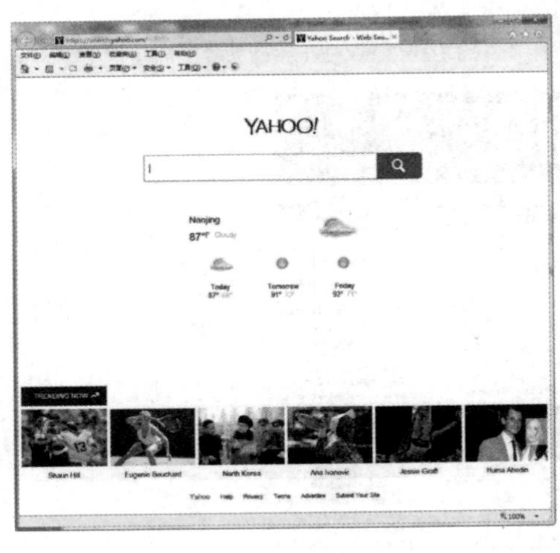

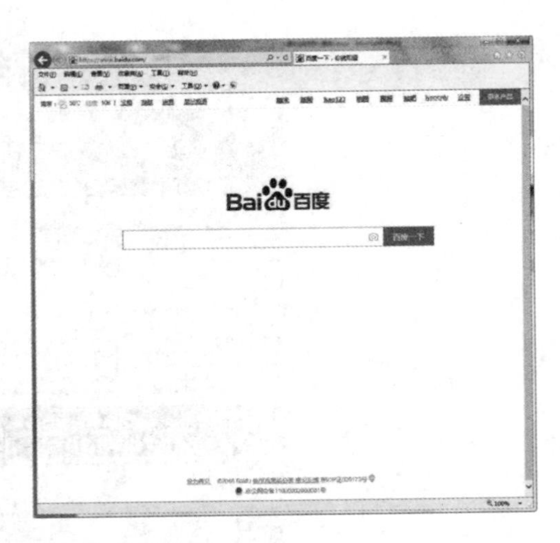

图4.36 在雅虎(左)和百度(右)查询

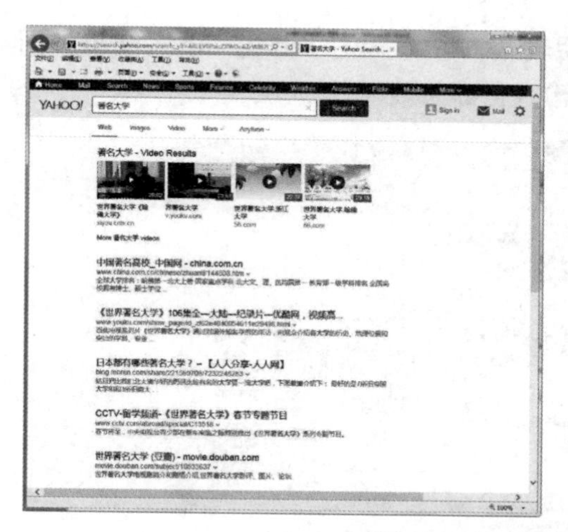

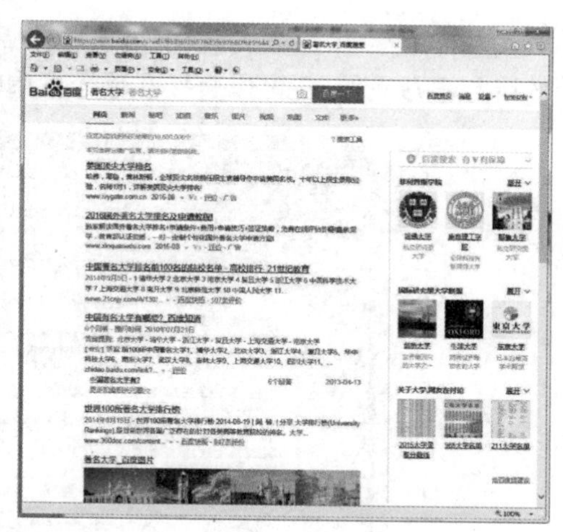

图4.37　查询结果雅虎(左)、百度(右)

④ 细化查询结果。保持查询页面，在输入栏“著名大学”后输入空格和“美国”，单击“百度一下”(百度网页有预测功能，即在输入查询关键词的同时显示查询结果，这个功能默认是打开的，可以在网页右上角的“设置”选项中关闭)，如图4.38所示。搜索结果如图4.39所示。

图4.38　搜索含“著名大学”与“美国”关键词的网页

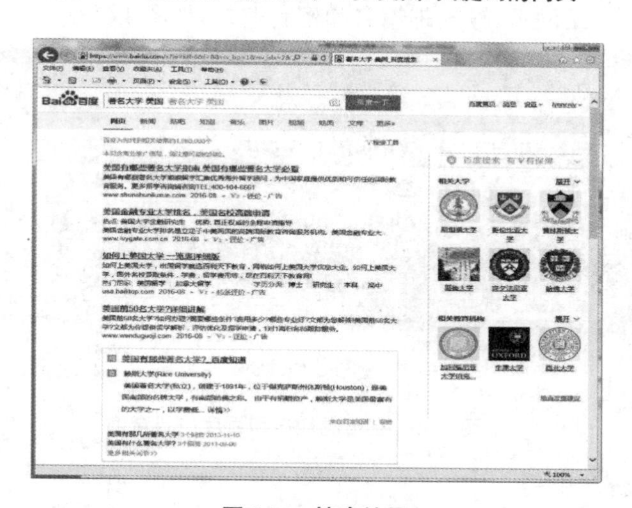

图4.39　搜索结果

⑤ 再细化。保持查询页面,在“美国”后输入“DVD”,单击“百度一下”,结果如图4.40所示(除上述方法外,还可以直接在输入框中输入全部关键词)。

图4.40 最终查找结果

2. 电子邮件

(1) 利用网页收发电子邮件

① 打开网页,输入一个提供免费电子邮件服务的网站,如:mail.sina.com.cn,mail.sohu.com,mail.163.com,等等。

② 按网站的要求申请电子邮件信箱。一般情况下,信箱名和进入密码均由自己确定,由于申请人数较多,很有可能你要申请的名字已经被人占用,这时应及时更改一个合适的邮箱名。

③ 申请经网站审查通过后,你就拥有了一个自己的个人电子邮箱,一般为终生免费使用。

④ 重新打开该网站网页,输入邮箱名和密码登录,如图4.41所示。

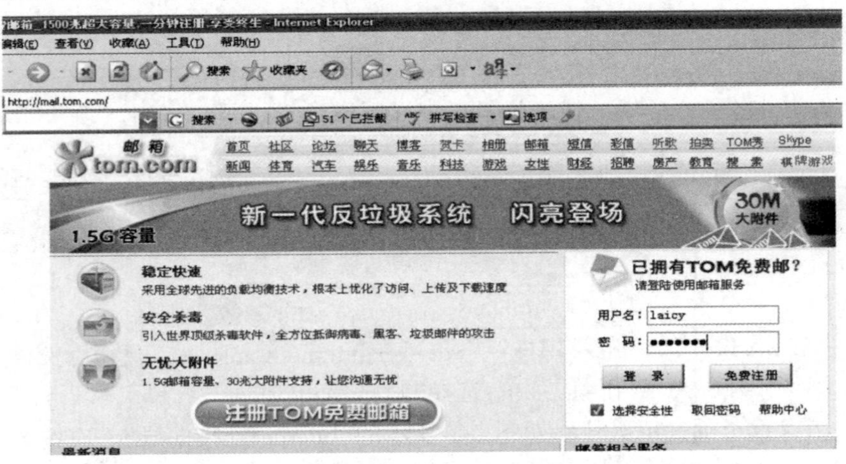

图4.41 一个免费电子邮件服务网站的注册与登录页面

⑤ 登录后显示如图4.42所示的工作环境:在这个环境中我们可以收、发邮件,查看邮件,写、回邮件,创建自己的地址簿,等等。

⑥ 利用新申请的邮箱,向你的朋友发一封简单的问候信,如图4.43所示,告诉他(她)你已有电子邮件信箱了。

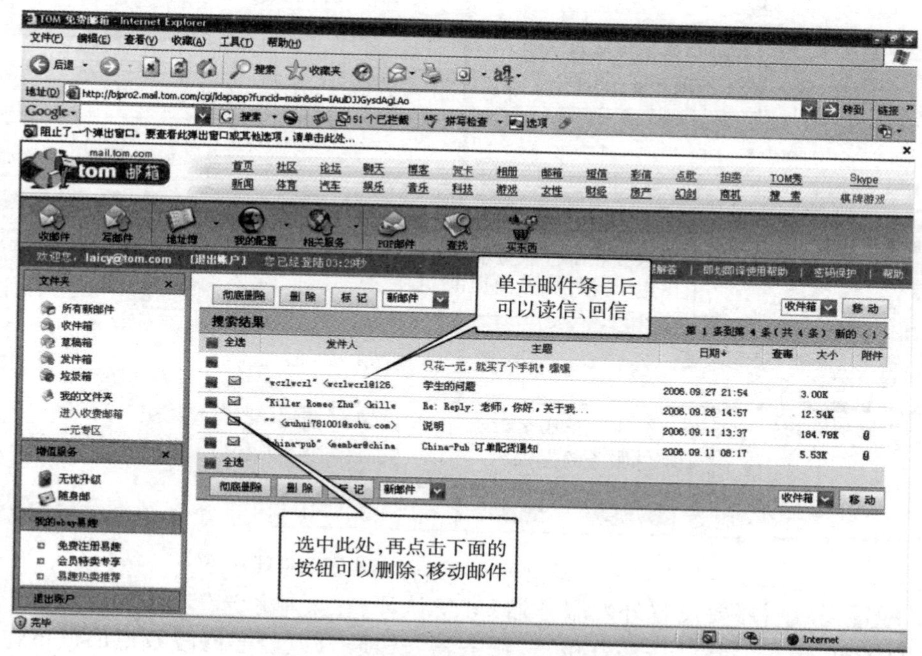

图4.42　登录后的电子邮件工作环境

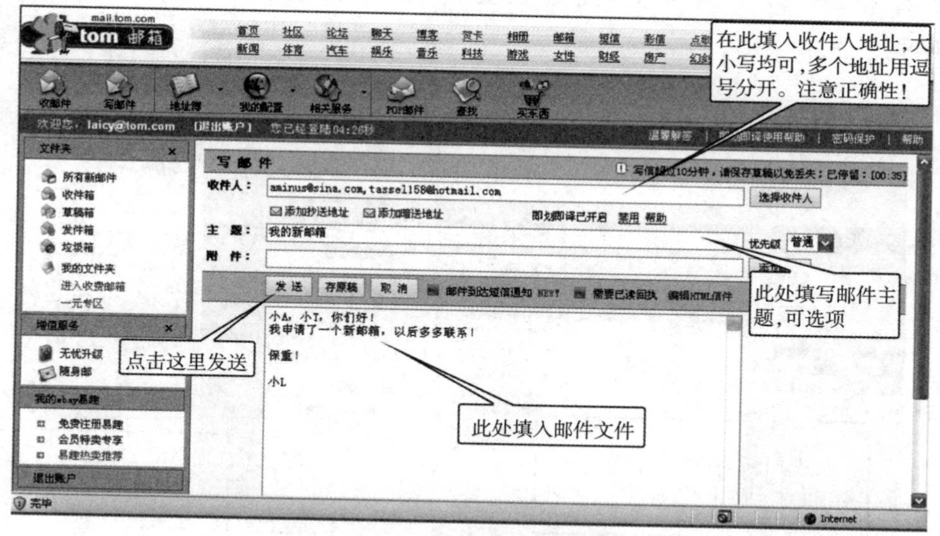

图4.43　撰写一封新电子邮件

(2) 利用电子邮件客户端软件(Outlook Express或Foxmail)收发邮件

① 在"开始"菜单中单击"电子邮件"项,也可在Internet Explorer工具栏中选择。

② 设置邮件帐户。点击"工具"菜单,选择"帐户"菜单项。

③ 第一次设置系统会依次弹出如图4.44所示的"Internet连接向导"。应按图分别填入相应的项目。

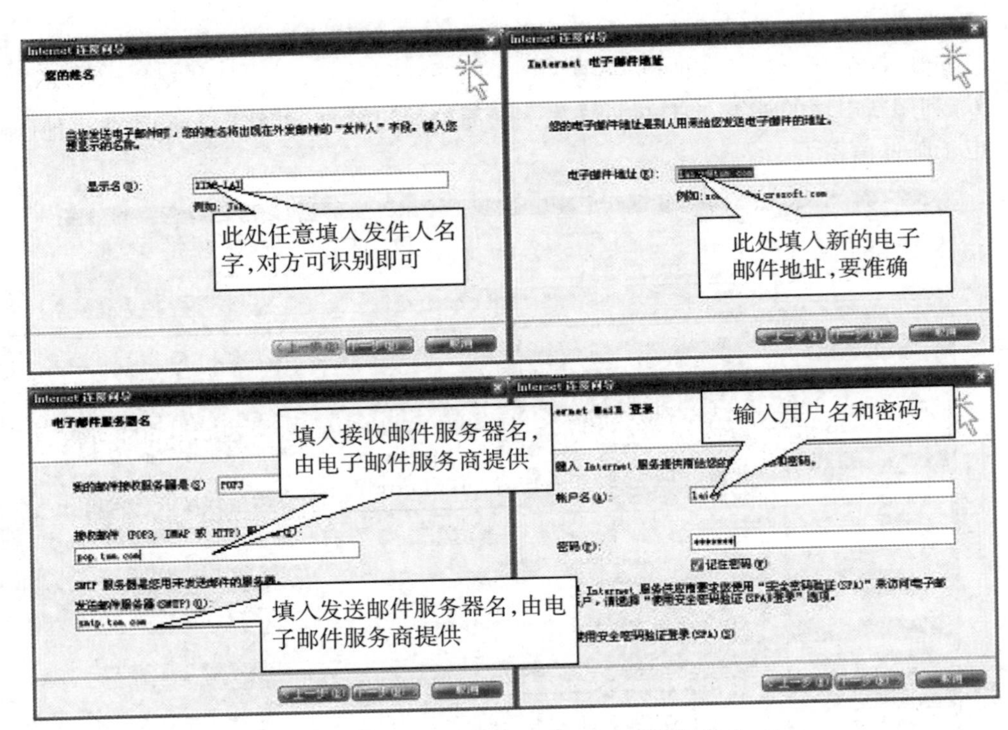

图4.44 设置Outlook Express电子邮件帐户

④ 配置完成后还要设置外发服务器SMTP认证,在菜单栏选"工具"中的"帐户",选择要设置的帐户,单击"属性"按钮。单击"服务器"选项卡(以后要修改帐户信息也在这里),在"发送邮件服务器"下方的"我的服务器要求身份验证"复选框中打钩,确定即可,如图4.45所示。

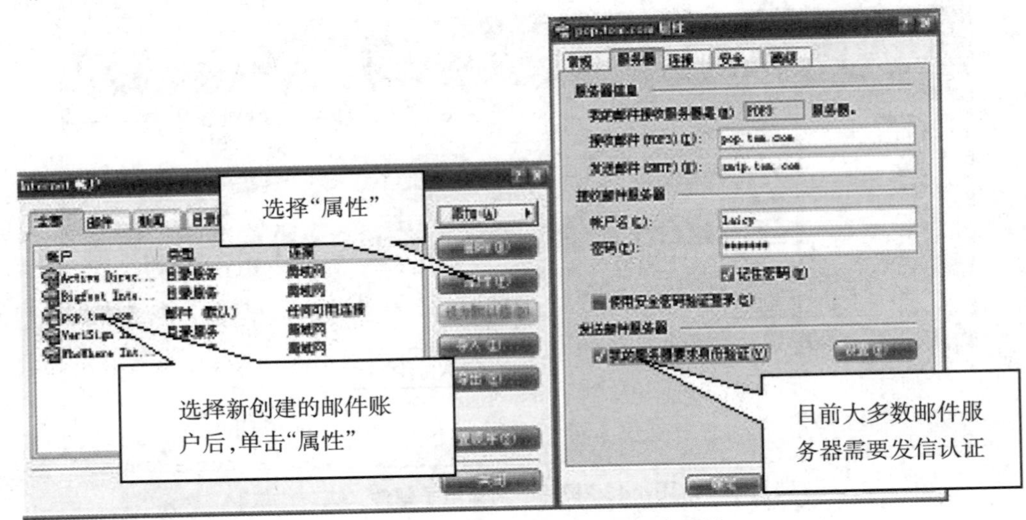

图4.45 修改Outlook Express邮件帐户属性

⑤ 单击工具栏中的"创建邮件"按钮,系统弹出撰写新邮件的对话框,分别填入收件人地址、抄送地址、主题和信体,单击工具栏中的"发送"按钮,如图4.46所示。

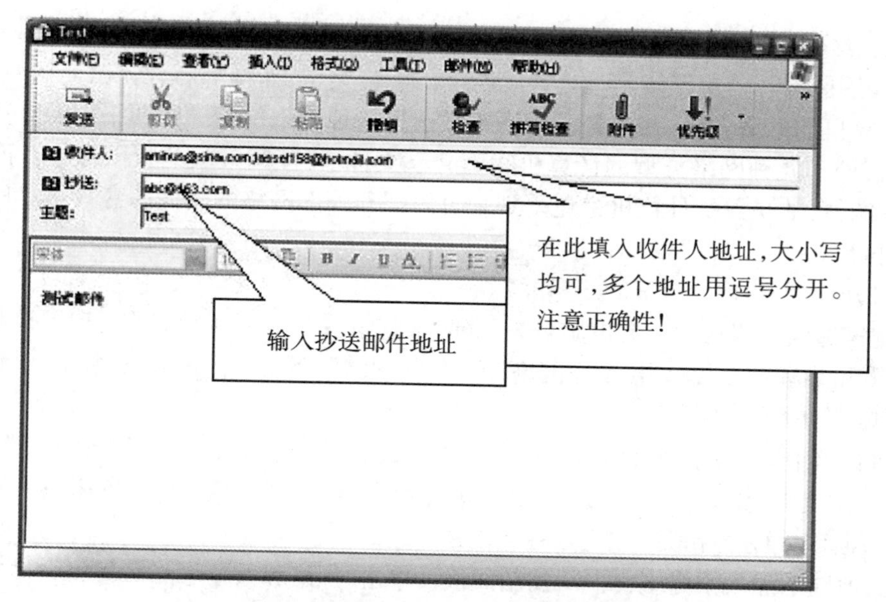

图4.46　Outlook Express中发送新邮件

⑥ 查看邮件时只需双击要查看的邮件条目即可。回复邮件单击"答复"按钮，直接输入电子邮件信体，如图4.47所示。

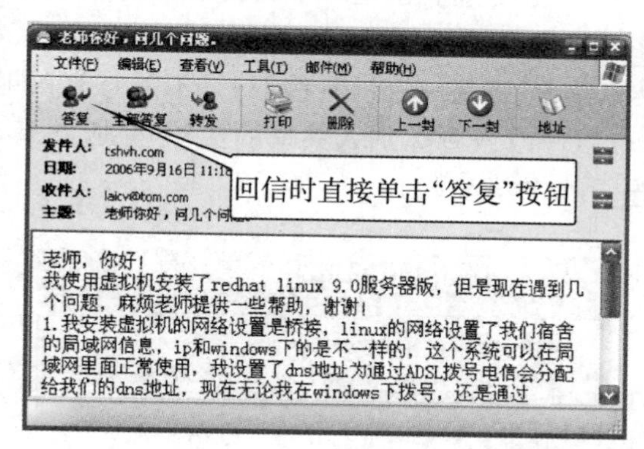

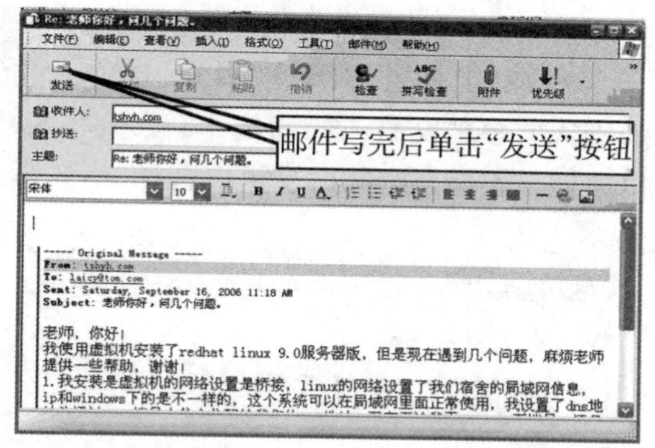

图4.47　回复电子邮件

3. 局域网文件共享与传输

(1) 查找所在局域网内的其他计算机

Windows 7中的网络类型分为三种。这三种网络可以分为两类：可信任网络和不可信任网络。其差异在于防火墙的策略和文件共享等功能的配置。

① 家庭网络。家庭网络指网络中的计算机是可以充分信任的。"网络发现"处于启用状态，它允许不同计算机用户查看网络上的其他计算机和设备。家庭网络内部可以共享照片、视频、文件、打印机等。家庭网络中的计算机，相互之间给予的权限最高，使得网络的安全性最低。

② 工作网络。工作网络一般针对单位或者公司的计算机网络而言。默认情况下，"网络发现"处于启用状态，它允许你查看网络上的其他计算机和设备，并允许其他网络用户查看你的计算机，但是无法创建或加入家庭组。处于工作网络中的计算机间可以设置共享文件和打印机等，但一般公司或者单位计算机网络会设置域，来实现文件和设备共享。网络安

全性较高。

③ 公用网络。公用网络是指公共场所下的网络类型,如咖啡店、医院、商场或机场,为了个人计算机的网络安全,在公共场所请务必选择这种网络位置。此网络中的计算机相互间不可见,处于此种网络类型的计算机间不共享文件,相互间开放的权限最小。网络安全性是最高的,目的是保护计算机避免受到来自内部和外部网络的任何恶意攻击。网络发现也是禁用的。

• 打开计算机,启动Windows 7系统。

• 建家庭组。机房中一台电脑首先创建“家庭组”:单击“开始”菜单,打开“控制面板”,单击“网络和共享中心”,单击“工作网络”或“公共网络”,弹出如图4.48(a)所示“设置网络位置”对话框,单击“家庭网络”。

• 弹出“创建家庭组”对话框,勾选所有共享选项,如图4.48(b),单击“下一步”。

• 弹出“创建家庭组”对话框,并显示家庭组密码,如图4.48(c),记下密码并写在黑板上,供全班使用,单击“完成”,完成家庭组创建。

• 其他同学加入家庭组:打开“控制面板”,单击“网络和共享中心”,先将自己电脑的网络类型改为“家庭网络”,选择要共享的内容,全部勾选,单击“下一步”,在“加入家庭组”对话框中,输入公布的密码,单击“下一步”,等到“您已加入该家庭组”出现,单击“完成”。

• 共享文件夹:所有同学可以在自己的电脑任意硬盘上建立一个新目录,选择一些文件(如word、excel、mp3等)拷入此目录。

• 在“工具栏”中单击“共享”选项,下拉共享菜单,选择“家庭组(读取)”(不能修改和删除别人共享的文件)或“家庭组(读取/写入)”(可以修改或删除别人共享的文件)完成共享。以后如果不愿意继续共享可以选择“不共享”选项,如图4.48(d)。

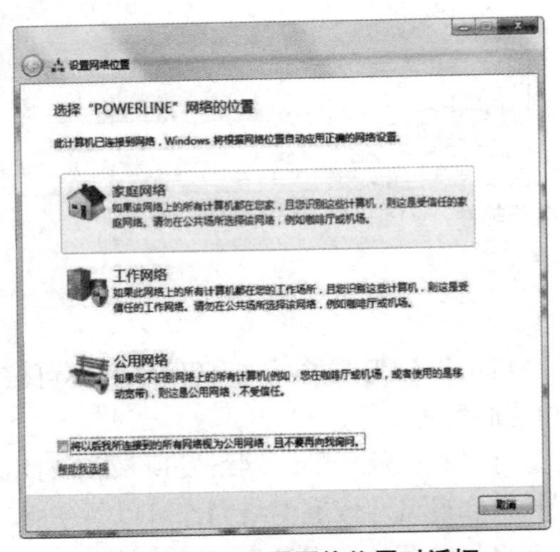

图4.48(a) 设置网络位置对话框

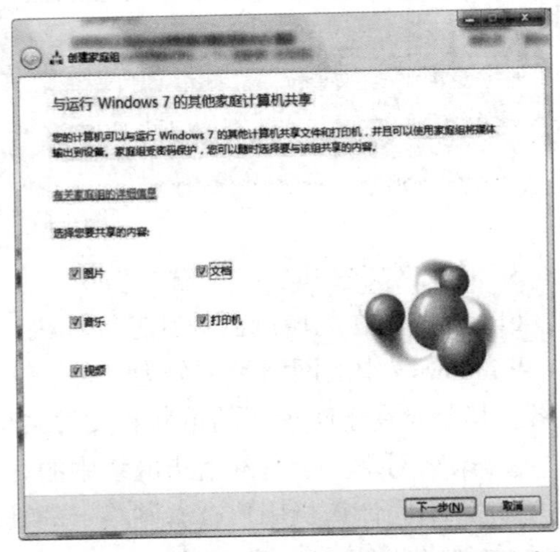

图4.48(b) 选择家庭组中能够共享给别人的资源

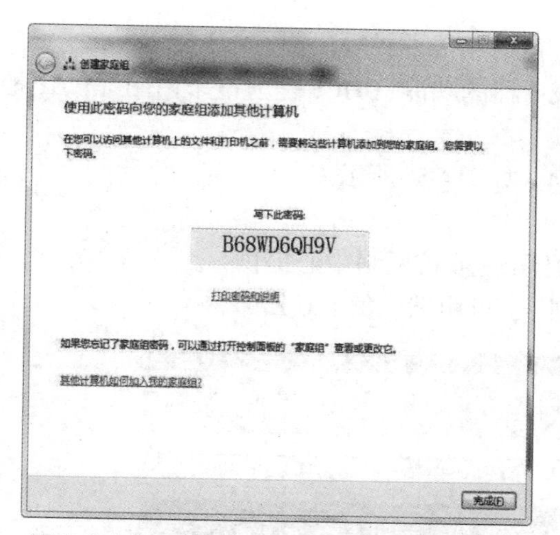

图4.48(c)　系统自动生成的家庭组共享密码

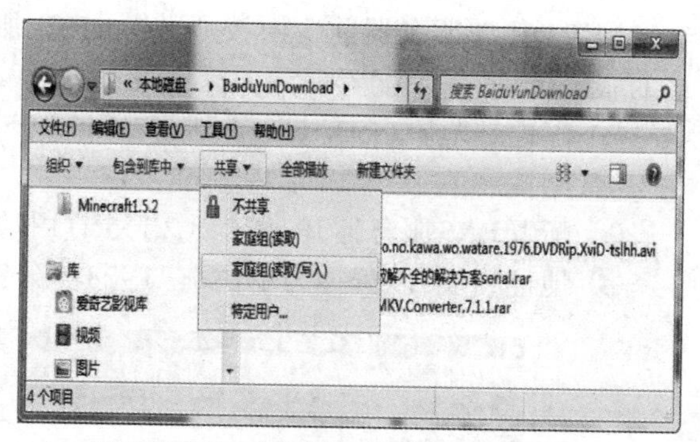

图4.48(d)　在局域网上共享一个文件夹

实验4.3　配置NAT网络

一、实验目的

1. 了解NAT网络的结构和实际配置情况
2. 了解DHCP服务器的作用和配置方法
3. 掌握NAT路由器的基本使用方法

二、实验内容

1. 完成NAT路由器的配置拓扑结构图
2. 了解NAT路由器的性能参数和配置方法
3. 能独立完成NAT路由器的配置
4. 实验器材与系统配置

本校机房，联网计算机并安装Windows 7系统，NAT路由器若干台。网卡应处于良好工作状态，Internet网络协议(TCP/IP)配置成自动获取IP地址。

三、实验步骤

1. 用NAT路由器配置

将购买的NAT路由器连入网络，WAN端口接外网络，LAN端口接入内网交换机。接通电源。

配置内网的一台计算机IP地址为路由器规定的内网络IP，如TP-Link为192.168.1，则计算机配置为192.168.1.105。

开启IE浏览器，输入NAT路由器内网IP，即http://192.168.1.1，打开登录页面，输入用户名和密码。

配置WAN端口：一般由ISP或学校网络中心提供配置参数。对于固定的IP地址需填入IP地址、子网掩码、网关、DNS服务器IP地址等，如图4.49所示。

对于ADSL或其他拨号接入需填入帐户名、口令、连接方式等。

配置DHCP服务器前应由教师讲解DHCP服务器的功能,DHCP是为整个内网提供IP地址的服务器,应仔细配置:

① IP地址范围:192.168.1.2到192.168.1.254。如图4.50所示。

② 配置网关:一律指向192.168.1.1。

③ 配置DNS服务器IP,如218.2.135.1(由地区ISP或校网络中心提供)。

④ 地址租期:以分钟为单位,有1~2880分钟,也可用默认值120分钟。

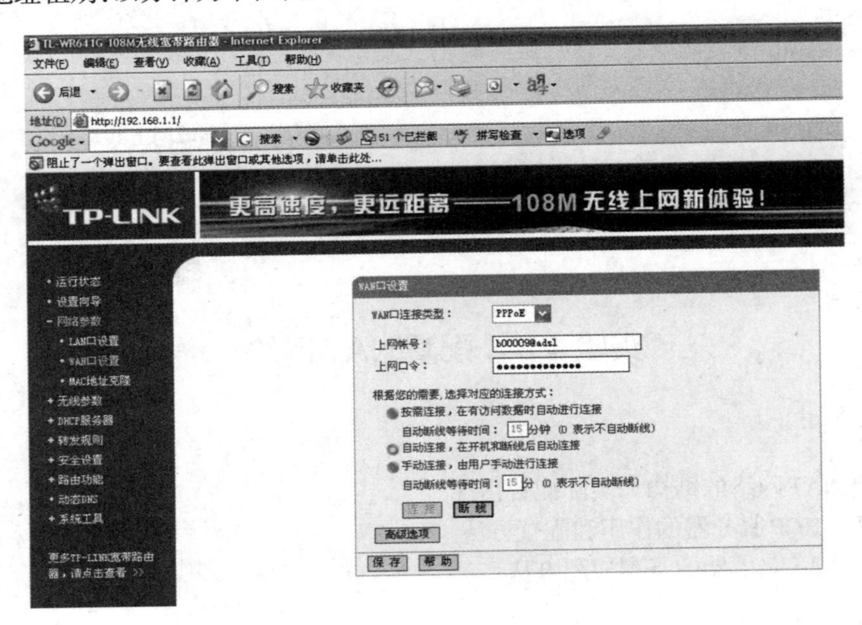

图4.49 输入用户名和密码

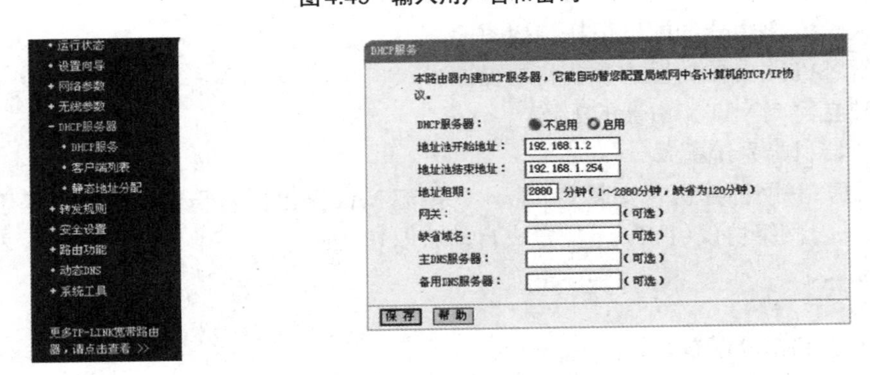

图4.50 配置DHCP服务器

内网络所有计算机配置成"自动获得IP地址""自动获取DNS服务器地址"。

配置完成后路由器先重启,重启完成后,客户机重启,即可上网。如果无法上网,应仔细检查,确认外网能够上Internet,且内网电脑能够得到自动分配的IP地址。

第五章 多媒体技术基础

自20世纪80年代起，随着计算机科学技术的迅速发展，出现了一门新的技术——多媒体技术。多媒体的开发与应用，使人与计算机之间的信息交流变得生动活泼、丰富多彩。多媒体(Multimedia)技术是信息技术发展的必然产物。它是一门用计算机处理与集成文字、图形、图像、音频、视频等多种媒体的综合技术。许多传统的媒体传播领域由于多媒体技术的融入，已经发生了巨大的变化，出现了电子图书、数字广播、网络电视、VCD/DVD家庭影院、多媒体实况转播、视频点播、流媒体技术和多媒体视频会议等。可以毫不夸张地说，多媒体技术正迅速地渗透到人类社会的各个领域，已为我们的信息时代带来了前所未有的巨大变化。当前，多媒体技术已经成为计算机科学的一个重要研究方向。

本章主要介绍多媒体的基本概念、数字音频、数字图像、数字视频、计算机动画和常用的多媒体应用软件及其基本操作方法。通过本章的学习，学生要能掌握多媒体技术的基本概念，了解数字音频、数字图像、数字视频和计算机动画的基本原理，初步掌握常用软件的使用方法，为进一步学习有关内容，进行多媒体应用软件的开发奠定基础。

§5.1 多媒体技术概述

21世纪的今天，有关“多媒体”与“多媒体技术”已不再是一个深奥的专业术语，人们通过报刊、书籍、广播、电视等传媒不断加深了对“多媒体”的理解，使得“多媒体”与“多媒体技术”变成了人们耳熟能详的常用名词。

5.1.1 多媒体与多媒体技术

多媒体的英文是“Multimedia”。目前国内对“Multimedia”一词的译法不一，译为“多媒体”“多媒质”或“多媒介”的均有之，这是中文的多义性的缘故，它们没有什么区别。

近年来，由于人们对声音、图像、视频等多种媒体信息处理的需求日益增长，特别是随着技术的发展，普通计算机和智能手机都已拥有对多媒体信息的处理能力，使多媒体信息处理变为现实。我们所说的“多媒体”，常常不只是说多媒体信息本身，有时主要是指处理和应用它的一套技术。因此，“多媒体”就常常被当作“多媒体技术”的同义语。

关于多媒体的定义或说法，目前仍没有统一的标准，人们从不同的角度出发对多媒体有不同的描述。目前较为确切的定义是Lippincott和Robinson 1990年在*Byte*杂志上发表的两篇文章的定义，概括起来主要就是：计算机交互式综合处理多种媒体信息——文本、图形、图像和声音，使多种信息建立逻辑连接，集成为一个系统并且具有交互性。

综上所述，我们认为：多媒体是融合两种以上媒体的人机交互式信息交流和传播媒体。在这个定义中需要明确几点。

① 多媒体是信息交流和传播媒体，从这个意义上说，多媒体和电视、报纸、杂志等媒体的功能是一样的。

② 多媒体是人机交互式媒体，这里所指的“机”，目前主要是指计算机，或其他具有信息处理能力的终端设备。因为计算机的一个重要特性是“交互性”，使用它就比较容易实现人机交互功能。从这个意义上说，多媒体和目前大家所熟悉的电视、报纸、杂志等媒体是大不相同的。

③ 多媒体信息都是以数字的形式而不是以模拟信号的形式存储和传输的。

④ 传播信息的媒体种类很多,如文字、声音、图形、图像、动画等。虽然融合任何两种以上的媒体就可以称为多媒体,但通常认为多媒体中的连续媒体(声音和图像)是人与机器交互的最自然的媒体。

所谓多媒体技术,就是采用计算机技术把文字、声音、图形、图像和动画等多媒体综合一体化,使之建立起逻辑连接,并能对它们进行获取、压缩编码、编辑、处理、存储和展示。简单地说,多媒体技术就是把声、文、图、像和计算机集成在一起的技术。

多媒体技术强调的是交互式综合处理多种信息媒体的技术。从本质上看,它具有信息载体的多样性、集成性和交互性这三个主要特征。

① 多样性。多样性是相对于计算机而言的,是指信息媒体的多样性,又称为多维化。即把计算机所能处理的信息空间范围扩展和放大,而不再局限于数值、文本或是被特别对待的图形与图像。信息媒体多样性使计算机所能处理的信息范围从传统的数值、文字、静止图像扩展到声音和视频信息。

② 集成性。又称综合性。多媒体的集成性主要表现在两个方面:第一,多媒体信息的集成;第二,处理这些媒体的设备的集成。多媒体信息的集成是指媒体的表达可同时使用图、文、声、像等多种形式。多媒体设备的集成是指显示和表现媒体的设备的集成,计算机能和各种外设如打印机、扫描仪、显示器、投影仪、音响等设备联合工作。总之,集成性能使多种不同形式的信息综合地表现某个内容,从而取得更好的效果。

③ 交互性。它是多媒体技术的关键特性。交互性是指能为用户参与提供有效的控制和使用信息的方式。比如计算机多媒体系统可提供人机交互用的图形界面,使用户通过键盘、鼠标、触摸屏等交互方式参与信息的选择、控制和使用,提高信息的适用性和针对性。

5.1.2 多媒体系统的构成

多媒体系统一般指利用计算机技术和数字通信网技术来处理和控制多媒体信息的系统。多媒体系统可以从狭义和广义上进行分类。从狭义上分,多媒体系统就是拥有多媒体功能的计算机系统;从广义上分,多媒体系统就是集电话、电视、媒体、计算机网络等于一体的信息综合化系统。

随着手机及各类平板计算机的大量使用及对多媒体全方位的支持,基于移动计算平台的多媒体系统也发挥了越来越大的作用,因此,多媒体系统不同于其他系统,它包含了多种多样的技术并集成了实时交互的多个体系结构。

1. 基本组成

多媒体系统所处理的对象主要是声音和图像信号。声音和图像信号的特点是速率高、数据量大、实时性强。因此,多媒体系统的基本组成一般应包括以下几个方面。

① 计算机,可以是个人计算机、平板电脑、智能手机、工作站等;

② 音频、视频、图像处理单元等。该处理单元可以是集成在主板上的专用芯片或专门的接口卡,包括音频卡、视频卡、图像处理卡等;

③ 声像输入设备,如话筒、录音机(笔)、手机、摄像机、光盘等。

④ 声像输出设备,如电视机、显示器、合成器、可读写光盘、耳机等。

⑤ 软件,实时多任务支持软件、应用软件等。

⑥ 控制部件,如鼠标、键盘、光笔、触摸式屏幕、监视器等。

下面以具有编辑和播放功能的多媒体开发系统为例,介绍多媒体系统的硬件结构、软件结构。简化的多媒体系统如图5.1所示。

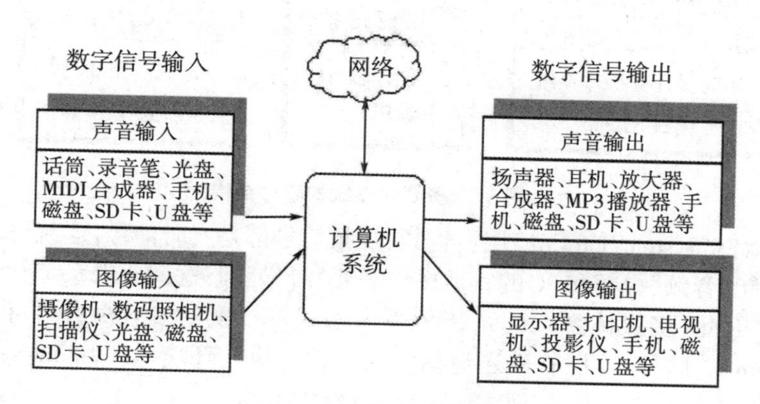

图5.1 简化的多媒体系统

2. 多媒体系统的硬件结构

我们现在所购买的计算机都具有最基本的多媒体功能。在原有计算机基本结构的基础上增加相应的音视频输入、输出设备，就可以构成基本的多媒体系统的硬件结构。其结构如图5.2所示。

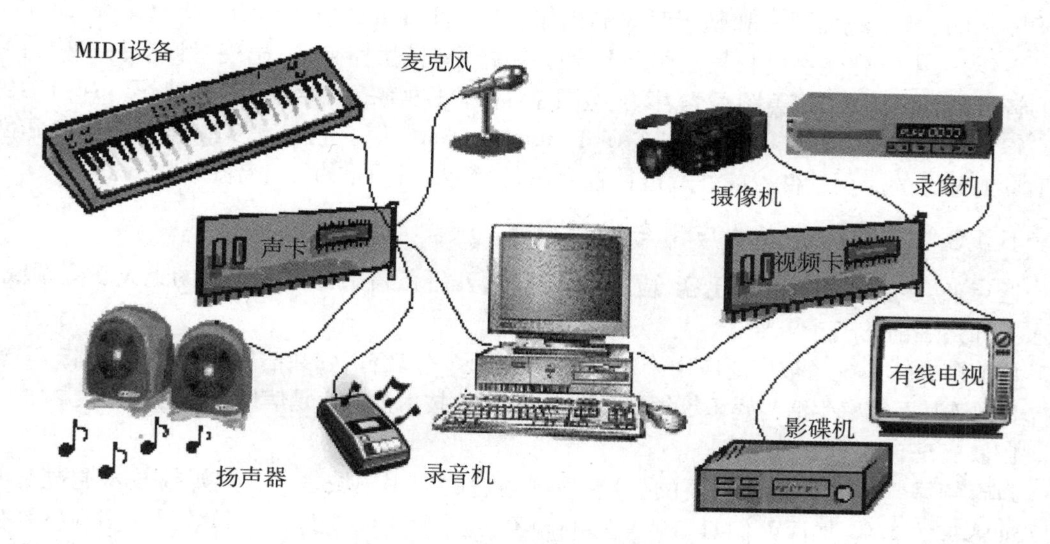

图5.2 多媒体系统硬件结构示意图

图中声卡目前是一般计算机的标准配置，有独立声卡和集成在系统主板上的两种方式。它包含模数A/D、数模D/A转换器，压缩编码，合成等功能。视频卡也叫视频采集卡(Video Capture Card)，用以将模拟摄像机、录像机、LD视盘机、电视机等输出的视频数据或者视频和音频的混合数据输入电脑，并转换成电脑可辨别的数字数据，存储在电脑中，成为可编辑处理的视频数据文件。按照其用途可以分为广播级视频采集卡、专业级视频采集卡、民用级视频采集卡。它是我们进行视频处理必不可少的硬件设备。

3. 多媒体系统的软件结构

多媒体系统与现有的计算机系统相比，在软件的结构上有如下的变化。软件的结构大致可分为3个层次。如图5.3所示。

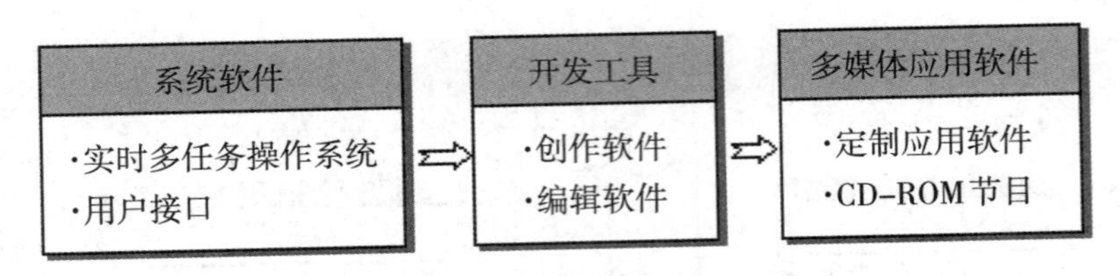

图5.3 多媒体系统的软件结构

(1) 系统软件(System Software)层。音频、视频信号都是实时信号,这就要求系统软件具有实时处理功能;音频、视频和PC的其他操作需要并行处理,这就要求系统软件具有多任务处理的功能。因此,多媒体系统的系统软件应该是一个实时多任务操作系统(Real Time Operating System)。此外,这层软件还包括多媒体软件执行环境,如Windows中的媒体控制接口MCI(Media Control Interface)等。

(2) 开发工具(Development Tools)层。它包括创作软件工具(Creative Software Tools)和编辑软件工具(Authoring Software Tools)两部分。创作软件是针对各种媒体开发的工具,如视频图像的获取、编辑和制作,声音的采集、获取、编辑,二维、三维的动画创作等工具。编辑软件是将文、声、图、像等媒体进行综合、协调以及赋予交互功能的软件。目前,这种软件有基于脚本的、基于流程图的和基于时序的创作工具,如Authorware、ToolBook、Director、Action等。近年来,由于智能手机及其他移动多媒体终端设备的大量使用,出现了许多基于移动平台的音视频开发工具,如美图秀秀、百度魔图、Snapseed、剪映、快影、爱剪辑、小影、Inshot等。

(3) 多媒体应用软件(Multimedia Application Software)层。它是在多媒体硬件平台和创作工具上开发的应用软件,如教学软件、演示软件、游戏、电子图书、抖音短视频等。

5.1.3 多媒体技术的应用与发展趋势

近年来,多媒体技术发展迅猛,应用日新月异,几乎覆盖了计算机应用的绝大多数领域,进入了社会生活的各个方面。

目前多媒体系统已被广泛应用于工业生产管理、学校教育、公共信息咨询、商业广告、军事指挥与训练甚至家庭生活与娱乐等领域。因此,多媒体技术被认为是信息领域的又一次革命。

1. 教育培训

教育领域是多媒体技术重要的、具有发展前途的应用领域之一。多媒体技术通过对人体多种感官的刺激,加深人们对新鲜事物的印象,让人们取得更好的学习效果。多媒体系统的形象化和交互性可为学习者提供全新的学习方式,使接受教育和培训的人能够主动地、创造性地学习,具有更高的效率。传统的教育和培训模式通常是听教师讲课或者自学,两者都有其自身的不足之处。多媒体的交互教学改变了传统的教学模式,不仅教材丰富生动、教育形式灵活,而且有真实感,更能激发人们学习的积极性。

随着网络与多媒体技术的快速发展,网络课程与远程教育系统在各类学校广为使用,通过该系统,不同地区或国家的学生可以实时地聆听教师的讲课,并可随时提问,教师也可以实时地了解远在千里之外的学生的反应,由于出现了诸如慕课、翻转课堂等新的教学模式和教学方法,教育工作者长期追求的"寓教于乐"的理想正在逐步变为现实。

2. 信息服务

在旅游、邮电、医院、交通、商业、博物馆和宾馆等公共活动和场所中,通过多媒体技术可以提供高效的咨询、展示服务。在销售、宣传等活动中,使用多媒体技术能够图文并茂地展示产品，使客户对商品能够有感性、直观的了解，尤其是近年来兴起的商品网络直播销售正成为一种广受欢迎的新的商品销售模式与业态。

3. 电子出版物

电子出版物是以数字方式将图、文、声、像等信息存储在磁、光、电介质上，可通过计算机、智能手机或类似的设备阅读使用，并可复制发行的大众传播媒体，其内容可分为电子图书、文档资料、报刊、娱乐游戏、宣传广告和简报等。多媒体电子出版物是计算机多媒体技术与文化、艺术、教育等多种学科完美结合的产物。多媒体电子出版物与传统出版物相比，除阅读方式不同外，更重要的是它具有集成性、交互性等特点，可以配有声音解说、音乐、三维动画和彩色图像，再加上超文本技术的应用，使它表现力强，信息检索灵活方便，能为读者提供更有效的获取知识、接受训练的方法和途径。

4. 艺术创作、广告设计

多媒体技术为从事音乐、美术创作的人提供了强有力的工具。居室装修设计人员通过多媒体计算机和设计软件可制作出各种立体、逼真的装修效果。光盘出版物中收集了大量的音乐片段、艺术剪贴画、图形和商标等，为不懂艺术的人准备了创作素材。MIDI接口和音乐合成功能使音乐创作更加方便快捷。影视节目的后期制作也是多媒体技术的重要应用，在电影、电视的创作中已经成为必不可少的一步。应用多媒体技术，可以制作影视特技画面，如中国首部武侠动漫系列剧《秦时明月》中诸子百家、墨家机关城等许多精彩镜头都是计算机制作的。

5. 娱乐

计算机刚出现时，人们对它的要求是数学运算和逻辑判断，后来发现还能利用计算机玩游戏。为了让计算机上的游戏更加形象，能发出各种声音，发明了音频卡。随着多媒体技术的不断发展，伴随着娱乐的要求，多媒体信息家电是多媒体应用中的一个很大的领域。多媒体计算机使电视机、激光唱机、影碟机和游戏机合为一体，逐渐成为一个现代的高档家用电器。旅游、娱乐界正希望利用虚拟现实技术使观众有亲临现场之感。利用多媒体交互性的特点，也可以制作交互电视，让观众进入角色，控制故事的不同结局，增加悬念和好奇感。体感游戏、网络游戏也将成为游戏的主流。

6. 多媒体通信和协同工作

随着多媒体技术的发展、5G与智能手机的大量使用，包括声、文、图在内的多媒体通信更受用户欢迎。微信、抖音、QQ等新的通信方式拉近了人与人之间的距离，在此基础上发展起来的视频会议系统为人们提供了更全面的信息服务，身处异地的人们可以通过视频会议系统实现面对面的交流；出差在不同城市的同事，可以通过计算机支持的协同工作(Computer Supported Collaborative Work，CSCW)系统讨论、修改一个大楼的设计方案，可以就同一份图纸进行讨论、发表意见，可以看到对方的表情、手势，听到对方的声音，就像面对面地交流一样；偏远乡村的人可以通过远程医疗系统，享受到城市知名医生的诊治，医生可以通过多媒体系统与病人面对面地交谈，观看病人的CT、心电图、B超等检查结果，进行远程咨询和检查，从而进行远程会诊，甚至指导进行复杂的手术，另外将医院与医院之间、国与国之间的医疗系统建立信息通道，可实现医疗信息共享。

7. 模拟训练

利用多媒体技术丰富的表现形式和虚拟现实技术，研究人员能够设计出逼真的仿真训练系统，如飞行模拟训练、航海模拟训练等。训练者只需要坐在计算机前操作模拟设备，就可得到如同操作实际设备一般的效果。这不仅能够有效地节省训练经费，缩短训练时间，也能够避免一些不必要的损失。许多军用和民用飞机的飞行员及我国载人航天器的航天员在起飞之前都做过许多模拟飞行试验与训练。

随着信息技术的迅速发展，多媒体技术正进一步把电视的真实性、通信的分布性和计算机的交互性相结合，使计算机、通信、新闻和娱乐等行业之间的差别正在缩小或消失，使信息的存储、管理和传输的方式产生根本性的变化。综合起来，多媒体技术的发展可带来以下四个方面的变化。

（1）多媒体技术的网络化

随着高速宽带网络和5G的普及，网络带宽增加，时延和费用下降，基于网络的多媒体应用如互动直播、在线教育、视频会议、网络游戏、远程医疗、远程办公、计算机支持的协同工作等将会更为广泛、深入。

（2）多媒体终端的智能化

多媒体技术与人工智能技术结合并相互渗透是多媒体技术发展的一个重要方面。未来将会有越来越多的多媒体终端设备集成人工智能算法或芯片，使其具有对声音、文字、图像等多媒体信息自动识别和理解的功能，如目前已经面市的多语言自动翻译机，具有人脸识别和车牌识别功能的摄像头，具有行人体态、表情、场景识别功能的多媒体终端设备等。随着多媒体终端的智能化进程的加快，自动翻译、人脸识别、指纹识别、智能监控、智能安防、无人驾驶等多媒体应用将会快速发展并实用化。

（3）移动多媒体应用的大众化

随着5G技术的应用和6G技术的发展，基于智能手机平台的多媒体应用将会有快速的发展并日趋大众化。目前人脸识别、指纹识别功能已是智能手机的标配，微信、QQ强大的音视频及时通信功能早已老少皆知，成为人们相互联系的常用工具；抖音中便利的短视频制作与发布功能，早已赢得了国内外众多用户的青睐并广为使用；随着电商的兴起，直播带货作为一种新兴的商品销售模式正被越来越多的人所接受；基于手机平台的网络游戏将会快速发展并拥有庞大的用户群与市场。可以预见，随着移动多媒体技术的快速发展，必将会有越来越多新的移动多媒体应用服务于普通百姓，造福人类社会。

（4）虚拟现实与增强现实技术的实用化

虚拟现实（Virtual Reality，简称VR），是指利用计算机生成的一种可对参与者直接施加视觉、听觉和触觉感受，并允许其交互地观察和操作的虚拟世界的技术。它利用三维图形生成技术、多传感交互技术以及高分辨率显示技术，生成三维逼真的虚拟环境，用户需要通过特殊的交互设备如数字头盔、数字手套等才能进入虚拟环境中，有一种身临其境的感觉。虚拟现实技术的应用前景十分广阔。它始于军事和航空航天领域的需求，但近年来，虚拟现实技术已应用于工业、建筑设计、教育培训、文化娱乐等方面，它正在改变着我们的生活。

增强现实（Augmented Reality，简称AR），是一种实时地计算摄影机影像的位置及角度并加上相应图像的技术，是一种将真实世界信息和虚拟世界信息“无缝”集成的新技术，这种技术的目标是在屏幕上把虚拟世界套在现实世界中并进行互动，该技术在近年春晚舞台设计中有不俗的表现。AR系统具有三个突出的特点：一是真实世界和虚拟世界的信息集成；二是具有实时交互性；三是在三维尺度空间中增添定位虚拟物体。AR技术对交互式设备依赖性较小，可广泛应用到军事、医疗、建筑、教育、工程、影视、娱乐等领域。

随着技术的进步，虚拟现实与增强现实技术将会相互渗透，用于更多的场合并越来越实用化。

§5.2 数字声音

声音是携带信息的极其重要的媒体，音频信号处理技术是多媒体技术和多媒体产品开发中的重要内容。声音的种类繁多，如人的语音、乐器声、动物发出的声音、机器产生的声音以及自然界的雷声、风声、雨声、闪电声等。本节将介绍多媒体计算机中音频信号处理技术的基本原理、常用软件以及应用前景。

5.2.1　模拟音频与数字音频

自然界中的声音由振动产生，通过空气进行传播。声音具有正弦波特性，它由许多不同频率的谐波组成。谐波的频率范围称为带宽(Bandwidth)，单位是赫兹(Hz)，可分为四种类型：次声、可听声、超声与特超声(1~10 GHz)。人类的听觉范围是20 Hz ~ 20 kHz，次声、超声与特超声均非可听声。因此，多媒体计算机主要处理的是人类听觉范围内的可听声。计算机是怎样录制、播放声音的呢？这涉及声音的两种最基本表示形式：模拟音频和数字音频。

1. 模拟音频(Analog Audio)

自然的声音是连续变化的，它是一种模拟量，人类最早记录声音的技术是利用一些机械的、电的或磁的参数随着声波引起的空气压力的连续变化而变化来模拟和记录自然的声音，并研制了各种各样的设备，其中最普遍、我们最熟悉的要数麦克风(即话筒)了。当我们对着麦克风讲话时，麦克风能根据它周围空气压力的不同变化而输出相应连续变化的电压值，这种变化的电压值便是一种对人们讲话声音的模拟，是一种模拟量，称为模拟音频。它把声音的压力变化转化成电压信号，电压信号的大小正比于声音的压力。当麦克风输出的连续变化的电压值输入到录音机里时，相应的设备可将它转换成对应的电磁信号记录在录音磁带上，以此便记录了声音。

但计算机不能存储和处理以这种方式记录的声音，因为计算机存储的是一个个离散的数字。要使得计算机能存储和处理声音，就必须将模拟音频数字化。

2. 数字化音频(Digital Audio)

数字化音频的获得是通过每隔一定的时间间隔测一次模拟音频的值(如电压)并将其数字化。一般地，时间间隔越短，记录的声音就越自然；反之，可能造成声音的失真。由模拟量变为数字量的过程称为模—数转换(A/D)。

计算机可以存储、处理和播放数字音频信息。但计算机要利用数字音频信息驱动喇叭发声，还必须通过一个设备将离散的数字量再变为连续的模拟量(如电压等)，这一过程称为数—模转换(D/A)。因此，在多媒体计算机环境中，要使计算机能记录和发出较为自然的声音，就必须具备这样的设备。声卡便是一种常用的声音处理部件。声卡录音、播放的处理过程如图5.4所示。

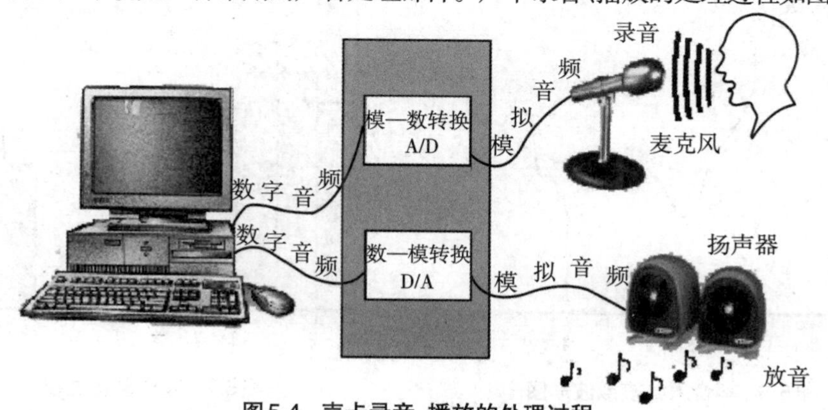

图5.4　声卡录音、播放的处理过程

5.2.2 声音的数字化

自然界的声音是一种模拟的音频信息,是连续量。为了能使用计算机进行处理,必须将它转换成数字编码的形式,这个过程称为声音信号的数字化。声音信号数字化的过程可分为采样、量化和编码三步,如图5.5所示。

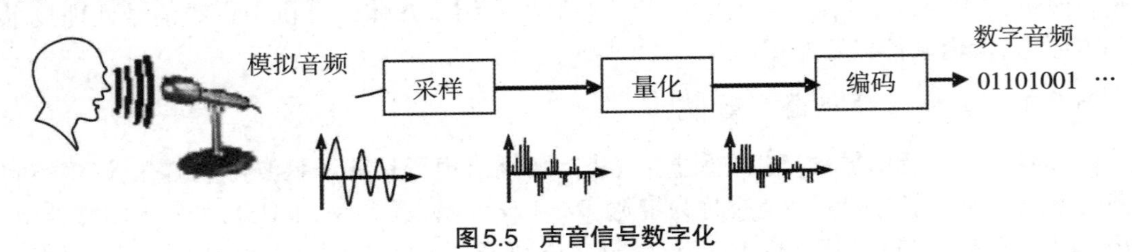

图5.5 声音信号数字化

1. 采样

为了实现A/D转换,需每隔一个时间间隔就在模拟声音的波形上取得一个幅度值,从而把时间上的连续信号变成时间上的离散信号,这一过程称为采样。该时间间隔称为采样周期,其倒数为采样频率。采样频率是指计算机每秒钟采集的声音样本数,以赫兹为单位。如12 Hz表示每秒钟采集12次,每隔1/12秒采集一次,12 kHz表示每秒钟采集12 000次,每隔1/12 000秒采集一次。一般来说,采样率越高,对声音波形的表示越精确,单位时间内计算机得到的数据就越多。

采样频率与声音频率之间有一定的关系,根据奈奎斯特(Nyquist)理论,只有采样频率高于声音频率两倍时,才能不失真。例如,人的说话声音的频率范围是300~3 400 Hz,要使采样不失真,其采样频率应高于6 800 Hz,一般语音信号的采样频率取8 kHz。

2. 量化

将采样后得到的音频信息数字化的过程称为量化。量化也可以看作是在采样时间内测量模拟信息值的过程。声音的量化精度一般为8位、12位或16位,量化精度越高,声音的保真度越好,反之,则越差。

【例5.1】采样与量化过程示例。

声音的采样与量化过程是通过声音处理部件(声卡)进行的。设原始模拟波形如图5.6所示。为了将其数字化,假设采样频率选用1 kHz(1 000次/秒),即每1/1 000秒A/D转换器采样一次,将幅度划分成0~9共10个量化等级,并将其采样的幅度值取0~9之间的一个数。采样量化过程如图5.7所示,图中每个矩形表示一次采样。

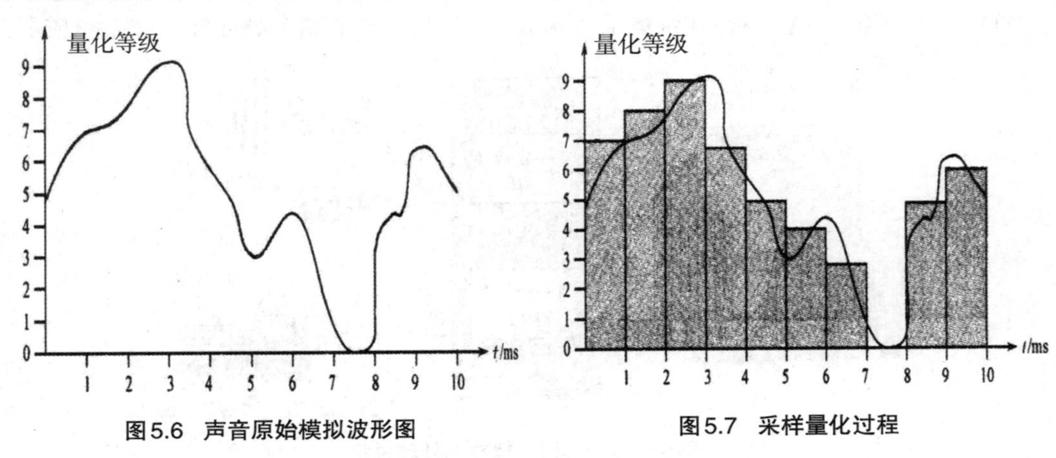

图5.6 声音原始模拟波形图

图5.7 采样量化过程

当D/A转换器从图5.7得到的数值中重构原来的信号时，可得到图5.8中直线段所示的波形。从图中可以看出，直线段与原波形相比，其波形的细节部分丢失了很多。这意味着重构后的信号波形有较大的失真。

为了减少失真，可将图5.7所示波形划分成更为细小的区间，即采用更高的采样频率，同时，增加量化精度，得到更高的量化等级，即可减小失真的程度。在图5.9中，采样频率和量化等级均提高了一倍，分别为2 000次/秒和20个量化等级。从图中可以看出，当用D/A转换器重构原信号时（图中的轮廓线），信号的失真明显减小，信号质量得到了提高。

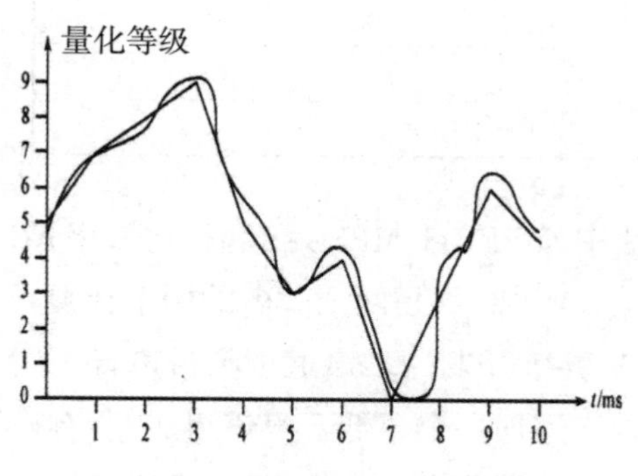

图5.8　D/A转换的失真声音模拟波形

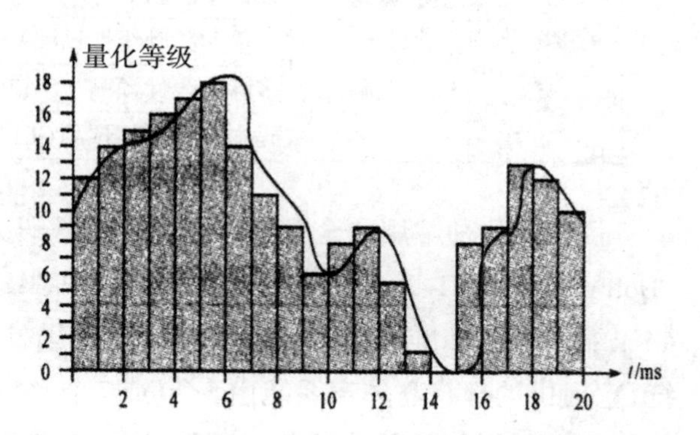

图5.9　采样频率、量化等级加倍后的采样量化过程

3. 编码

经过采样和量化后的声音，还必须按一定的要求进行编码，即对它进行数据压缩，以减少数据量，并按某种格式进行组织，以便计算机存储和处理。

经上述过程所获得的数字声音又称为波形声音，影响波形声音质量的主要参数包括：采样率、量化精度、声道数和使用的压缩方法。这些参数也决定了波形声音的数码率（每秒钟的数据量），数字声音未压缩前，其计算公式为：

波形声音的数码率 = 采样率 × 量化精度 × 声道数

例如，以采样率44.1 kHz、量化精度16位、双声道录制数字声音，没有压缩时的数码率为：

$$44100 \times 16 \times 2(\text{b/s}) = 1411200(\text{b/s})$$

声音经数字化后，连续的模拟音频便变成离散的数字音频。数字音频信息的优点是：传输时抗干扰能力强，存储时重放性能好，易处理，能进行数据压缩，可纠错，容易混合。

音频信息的压缩方法可分为无损压缩与有损压缩两大类（见表5.1）。无损压缩包括不导致任何数据失真的Huffman编码、行程编码，有损压缩又可分为波形编码、参数编码和同时利用这两种技术的混合编码方法。波形编码利用采样和量化过程来表示音频信号的波形，使编码后的波形与原始波形尽可能匹配。它主要根据人耳的听觉特性进行量化，以达到压缩数据的目的。波形编码的特点是可以获得高质量的音频信号，适合对音频信号质量要求较高和高保真语音与音乐信号的处理。参数编码把音频信号表示成某种模型的输出，利用特征提取的方法抽取必要的模型参数和激励信号的信息，并对这些信息编码，最后在输出端合成原始信号。参数编码的压缩率很大，但计算量大，保真度不高，适合于语音信号的编码。混合编码介于波形编码和参数编码之间，集中了这两种方法的优点。

表5.1 音频信息常用的压缩方法

<table>
<tr><td rowspan="2">无损压缩</td><td colspan="2">Huffman 编码</td></tr>
<tr><td colspan="2">行程编码</td></tr>
<tr><td rowspan="7">有损压缩</td><td rowspan="3">波形编码</td><td>全频带编码、PCM、ADPCM、MPEG-1、MPEG-2及杜比数字AC-3</td></tr>
<tr><td>子带编码：自适应变换（ATC），心理学模型</td></tr>
<tr><td>矢量量化编码</td></tr>
<tr><td>参数编码</td><td>线性预测LPC</td></tr>
<tr><td rowspan="3">混合编码</td><td>矢量和激励线性预测VSELP</td></tr>
<tr><td>多脉冲线性预测MP-LPC</td></tr>
<tr><td>码本激励线性预测CELP</td></tr>
</table>

目前在几种常用的全频带声音的压缩编码方法中，MPEG-1、MPEG-2和杜比数字AC-3(Dolby Digital AC-3)应用得更为普遍。其中，MPEG-1、MPEG-2是两个著名的用于音视频编码压缩的国际标准，杜比数字AC-3则是美国杜比实验室开发的多声道全频带声音编码系统，它提供的环绕立体声系统由5个(或7个)全频带声道加一个超低音声道组成，所有声道的信息在制作和还原过程中全部数字化，信息损失很少，细节十分丰富，具有真正的立体声效果，在数字电视、DVD和家庭影院中被广泛使用。

在有线电话通信系统中，数字语音在中继线上传输时采用的压缩编码方法是国际电信联盟ITU提出的G.711和G.721标准，前者是PCM(脉冲编码调制)编码，后者是ADPCM(自适应差分脉冲编码调制)编码。它们的数码率比较高(分别为64 kb/s和32 kb/s)，能保证语音的高质量，且算法简单、易实现，多年来在固定电话通信系统中得到了广泛应用。由于它们采用波形编码，便于计算机编辑处理，所以在计算机中也被广泛使用，例如多媒体课件中教员的讲解、动画演示中的配音、游戏中角色之间的对白等都采用ADPCM编码。

5.2.3 声音的播放

通过采样、量化和编码，我们可以得到便于计算机处理的数字语音信息，若要重新播放数字化声音，还必须要经过解码、D/A转换和插值。解码是编码的逆过程，又称解压缩；D/A转换是将数字量再转化为模拟量，便于驱动扬声器发音；插值是为了弥补在采样过程中引起的语音信号失真而采取的一种补救措施，使得声音更加自然。图5.10给出了声音重构的一般过程。

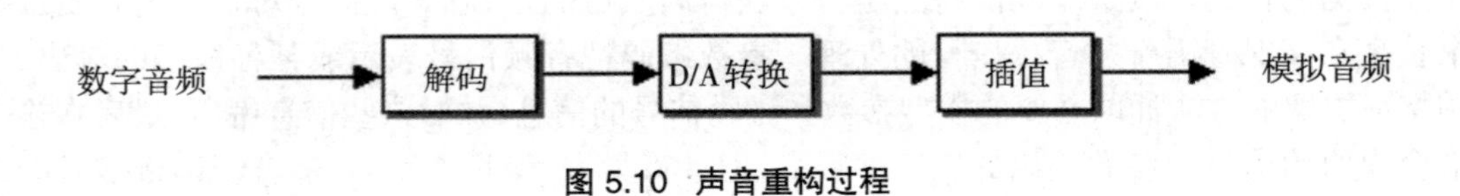

图5.10 声音重构过程

5.2.4　MIDI音乐

MIDI是Musical Instrument Digital Interface的简称，可译成“电子乐器数字接口”，是用于音乐合成器（music synthesizers）、乐器（musical instruments）和计算机之间交换音乐信息的一种标准协议。从20世纪80年代初期开始，MIDI已经逐步被音乐家和作曲家广泛接受和使用。MIDI是乐器和计算机使用的标准语言，是一套指令（即命令的约定），它指示乐器即MIDI设备要做什么、怎么做，如演奏音符、加大音量、生成音响效果等。MIDI不是声音信号，在MIDI电缆上传送的不是声音，而是发给MIDI设备或其他装置让它产生声音或执行某个动作的 指令。

MIDI标准之所以受到欢迎，主要是有下列几个优点：生成的文件比较小，因为MIDI文件存储的是命令，而不是声音波形；容易编辑，因为编辑命令比编辑声音波形要容易得多；可以作背景音乐，因为MIDI音乐可以和其他的媒体，如数字电视、图形、动画、语音等一起播放，这样可以加强演示效果。

产生MIDI乐音的方法很多，现在用得较多的方法有两种：一种是频率调制（Frequency Modulation，简称FM）合成法；另一种是乐音样本合成法，也称为波形表（Wavetable）合成法。就合成乐曲的质量而言，后者优于前者。产生MIDI乐曲的功能由声卡上的乐曲合成器芯片实现，早期的声卡使用的是FM合成法，现在的声卡大都使用波形表合成法。

计算机怎样制作MIDI音乐呢？这需要使用一种称为音序器（sequencer）的软件。实际操作时，音序器将MIDI演奏器（如MIDI键盘）演奏的音符、节奏以及各种表情信息（如速度、触键力度和音色变化等）以MIDI消息的形式记录下来，最终形成一个MIDI文件，保存在磁盘等存储介质上，文件的扩展名为.mid。MIDI演奏器供演奏者进行实时演奏，它是一种专用的输入设备，其类型有键式演奏器、弦乐演奏器、气息（呼吸）控制器等。普通ASCII键盘可以用来输入和修改乐谱，但无法实时演奏。

MIDI文件的产生也可由计算机直接利用软件输入乐谱，再由软件转化成MIDI消息并保存到MIDI文件中。MIDI文件在Windows系统中可以使用媒体播放器进行播放。播放MIDI音乐的过程大体如下：媒体播放器软件首先从磁盘上读入.mid文件，把其中的一个个MIDI消息发送给声卡上的音乐合成器，由音乐合成器解释并执行MIDI消息所规定的操作，合成出各种音色的音符，通过扬声器播放出乐曲来。MIDI音乐的制作与播放过程如图5.11所示。

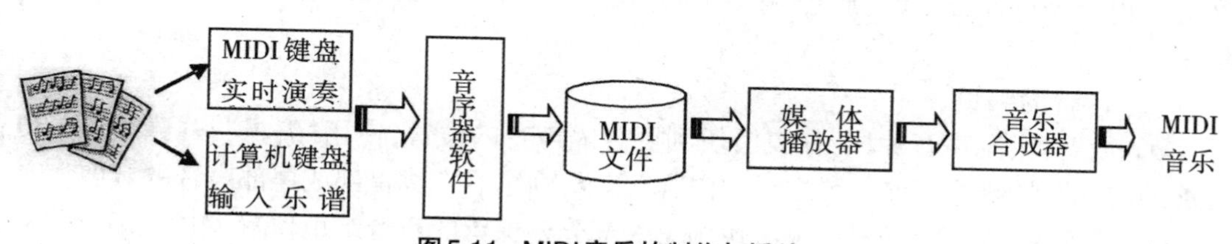

图5.11　MIDI音乐的制作与播放

由计算机、声卡、MIDI演奏器和音序器软件等构成的个人电脑音乐系统，彻底改变了传统的音乐制作方式和概念。MIDI音乐与高保真的波形声音相比，虽然在音质方面还有一些差距，目前尚无法合成出所有不同的声音（例如语音），但它的数据量很少（比CD-DA少3个数量级，比MP3少2个数量级），又易于编辑修改，还可以与波形声音同时播放，因此，在多媒体文档中得到了广泛的使用。

5.2.5 声音的获取与编辑软件

声音编辑软件能对数字声音进行录制与编辑。本节介绍两种常用的声音编辑软件。

1. Windows 的录音机软件

如果在计算机上安装了声卡和录音话筒(麦克风),打开便捷的Windows录音机软件便可直接进行声音的录制、编辑或播放。

Windows录音机的主要功能涉及声音的录制、播放、编辑、效果处理和文件的管理。在Windows中点击"开始"→"所有程序"→"附件"→"娱乐"→"录音机",如图5.12所示。在Windows录音机的界面上,除了菜单和常规录音机的录放控制按钮外,还提供了录音或播放过程中的有关信息。当前声音所处的位置和总长度是以时间为参照单位显示的,可移动的滑块位置与播放声音所处的位置相对应。同时还可用动态方式来显示即时声波的波形。

"录音机"中编辑的声音文件必须是未压缩的。录下的声音被保存为波形 .wav 文件。

图5.12 录音机程序界面

(1) 声音的录制和播放

① 录制声音:按下程序界面上的红色"录音"按钮,程序开始接收传入的声音。默认录音"长度"值为60秒,当录音进行到60秒时将自动停止。如果再次按下"录音"按钮,"长度"值将会增加60秒。录音之后,选择"文件"→"保存"命令,输入文件名,便可将刚录入的数字声音存盘。

② 播放声音:可针对刚录制的声音,或者选择"文件"→"打开"命令打开已存在的声音文件。单击软件面板上的"放音"按钮可使声音文件从头播放,而移动滑块可随意改变播放位置。

(2) 声音的编辑

① 裁剪首、尾声音片段:拖曳滑块到要分隔声音的位置,使用"编辑"→"删除当前位置之前的内容"或"删除当前位置之后的内容"命令,确定后完成首部或尾部声音的裁剪。

② 裁剪中间声音片段:拖曳滑块到第一部分要保留的声音结束位置,单击"编辑"→"复制"命令。拖曳滑块到要删除部分的结束位置,单击"编辑"→"粘贴插入"命令。然后选择"编辑"→"删除当前位置之前的内容",确定后可完成中间片段的裁剪。

③ 插入声音片段:先打开声音文件如"w1.wav",将滑块移动到需要插入其他声音文件的位置。选择"编辑"→"插入文件",可将其他声音文件如"w2.wav"插入到"w1.wav"滑块位置。

④ 合并声音片段:先打开声音文件如"w1.wav",将滑块移动到需要与其他声音文件合并的位置。选择"编辑"→"与文件混音",可将其他声音文件与当前文件声音效果相混合。

（3）编辑声音形成特殊效果

单击“效果”菜单，选择相应的命令可以使录制的声音变调而产生特殊的效果，如图5.13所示。

对声音每使用一次“加大音量”命令，将提高原来音量的25%，声音将变得高而润；每使用一次“减速”命令，声音的时间将比原来延长一倍，原来的声音将变慢；使用“添加回音”命令，便可产生回音效果；选择“反转”命令，可反向播放声音文件。

图5.13　录音机效果菜单

事实上，Windows录音机编辑波形文件的功能较弱，而有些软件如Cool Edit提供了很强的编辑功能。

2. *声音编辑软件* Cool Edit

Cool Edit是一个功能较强的多音轨音频混合编辑软件，集录音、混音、编辑于一体，使用简捷、方便，很受用户的欢迎。它包含高品质的数字效果组件，可在任何声卡上进行64轨混音，也可以任意时间长度地录音，在互联网上，可以下载到它的免费试用版。

（1）启动运行Cool Edit

首先安装Cool Edit，然后启动它，运行后的界面如图5.14所示。打开一个声音文件，可以看到图中显示了该声音的左右声道的波形（上为L，下为R），默认情况下，可以对两个声道同时操作，也可以单独对其中的一个声道操作。

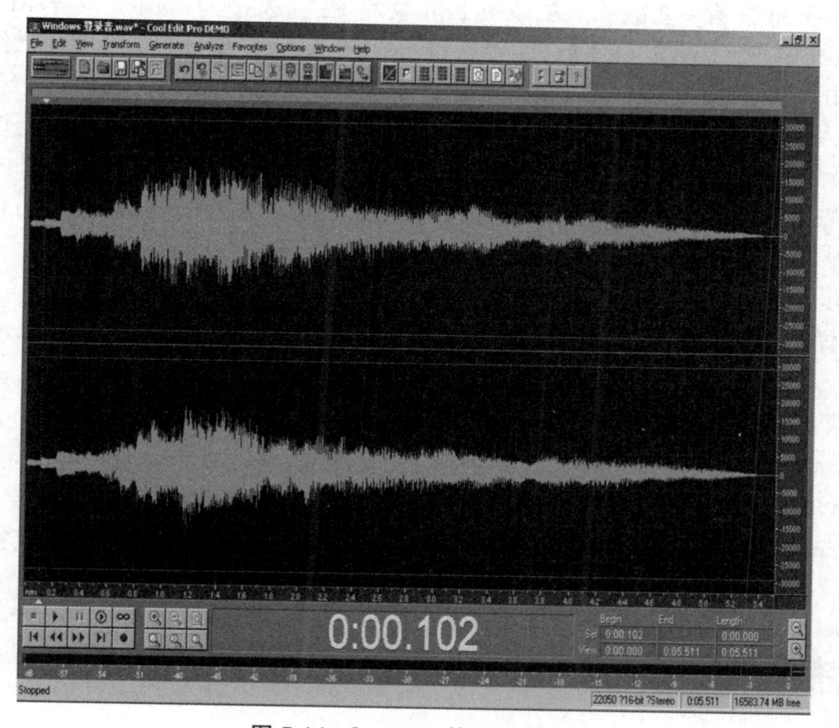

图 5.14　Cool Edit的运行界面

(2) 数字音频的简单编辑

Cool Edit对声音的编辑非常简单,如同Word对文字的编辑一样:首先选中要编辑的部分,然后进行编辑操作(如复制、插入、删除等),操作后在Cool Edit的运行界面区便可看到编辑效果。

例如,将声音文件的某一段移动到另外一个位置,操作步骤如下。

① 用鼠标选择要移动波形的部分,被选中的部分将会反色显示(如图5.15左)。

② 单击"Edit"菜单,选择"Cut"命令(或键入Ctrl+X)。

③ 将光标移到另外一个所要的位置,单击"Edit"菜单,选择"Past"命令(或键入Ctrl+V)。操作过程如图5.15所示。

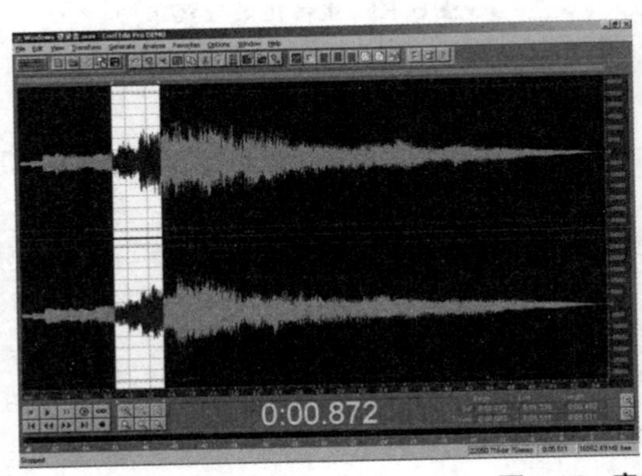

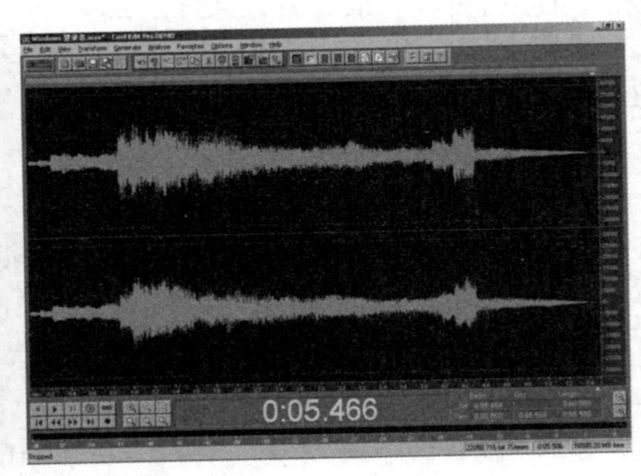

图5.15 音频的简单编辑

(3) 放大、衰减、去噪

① 声音的放大(衰减)。在Cool Edit菜单栏中选择"Transform"→"Amplitude"→"Amplify",选择放大(衰减)的系数,或者从右上角的"Presets"预设中选取原来已经设置好的参数。单击"OK"开始渲染。可以看到波形已经发生了变化。

② 去噪。从旧磁带中翻录或者从现场采集声音,难免会有些杂音,即使是崭新的录音带,在转录的过程中也会混入一些系统噪声和环境噪声。Cool Edit提供了强大的去噪功能。它对降低噪声的基本思路是:先设法分析出噪声源的频谱特性,然后削弱整个声音文件中符合该特征的成分。

操作步骤是:在菜单栏中选择"Transform"→"Noise Reduce"→"Noise Reduce",接着弹出去噪的详细参数调整窗口,调整相应的参数设置,就可以对原始声音素材进行降噪处理了。

(4) 淡入淡出处理

在声音处理中,经常用到的一个效果是淡入淡出。如一个声音开始的时候,音量从小到大渐变,或者一首歌到了末尾结束的时候声音渐渐变小,给人以远去的感觉。淡入淡出是影视作品中很常用的一种处理手段,它能使不同场景之间的音乐或背景音效过渡更为自然。

在Cool Edit中实现这些效果非常容易,选择"Transform"→"Amplitude"→"Amplify"命令,在预设栏中,选择"Fade"项,如图5.16所示,就可以对声音进行淡入淡出的处理了。

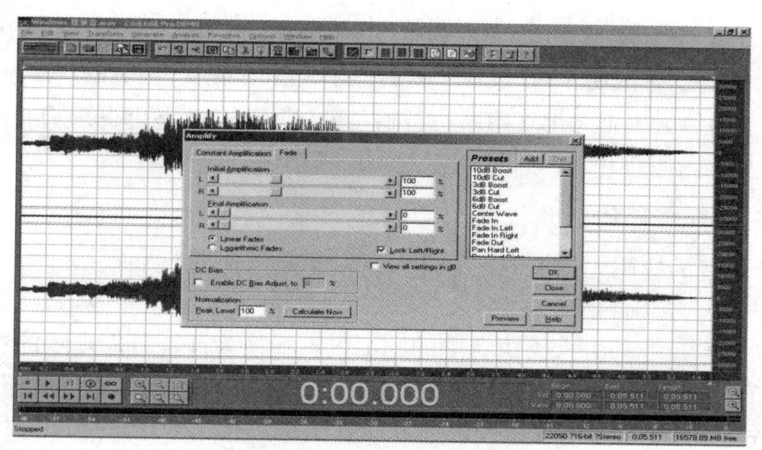

图5.16　声音的淡入淡出处理

(5) 增加特殊效果

Cool Edit可为编辑的声音加上如变调、回音等特殊效果。

① 声音的变调处理。启动Cool Edit,载入需要处理的声音文件。在菜单栏上单击"Transform",选择"Time/Pitch"中的"Stretch"命令,在"Stretch"对话框中,选择"Pitch Shift",这是固定音频时间长度的要点。然后,通过"Transpose"下拉列表框进行调整,软件已经按音乐调子设好变调幅度,可以半度半度地升调或降调,如图5.17所示。

按下"OK"确认,开始渲染。完成后,即可按播放键试听变调后的效果。

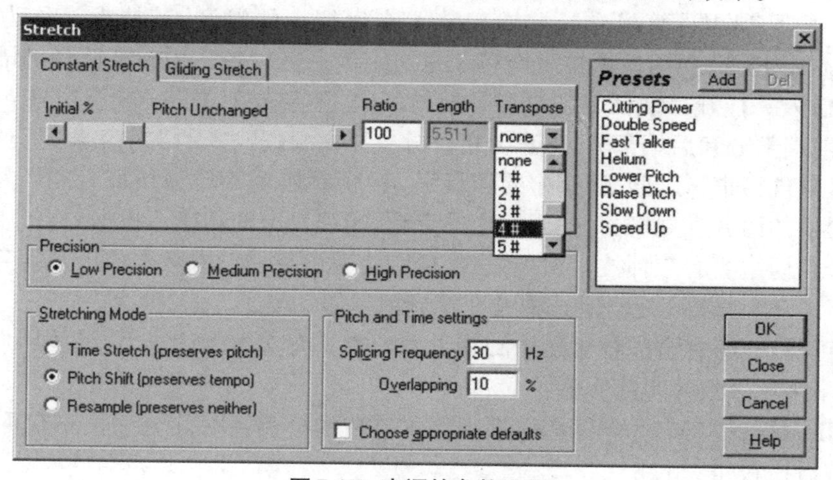

图5.17　变调的参数设置

② 加入回音效果。选择菜单栏中的"Transform"→"Delay"→"Effects"→"Echo"命令,打开"Echo"对话框,即可对声音进行回音处理。回音的选项很多,一般可以使用已经存在的预设值。通过改变这些值,可以得到不同的回音效果。

(6) 混音

若要将两个声音文件叠加在一起,如为一段语音解说配上背景音乐,则可进行混音处理。假设有两个波形声音文件A.wav和B.wav,要将其混合成一个同时输出的wav文件,就打开两个声音文件,在第一音轨上(TRACK1)单击鼠标右键,在弹出的菜单上选择"Insert Wave Form File"插入B.wav文件,然后在第二音轨上同样单击鼠标右键插入A.wav文件到Cool Edit

中,通过剪切、删除、复制等操作,将两部分声音文件的长度修改为一致,使两个声音的波形基本上对应,按“Play”键试听一下效果,然后选择“Edit”编辑栏中的“MixDown”混合“All Waves”,如非菜单项请用中文把这两路声音信号混合成一个正常的双声道wav文件。

Cool Edit还支持多种声音文件格式以及它们之间的转换。

5.2.6 数字声音的应用

目前数字语音的应用大都集中在语音识别和语音合成两个方面。

1. 语音识别

语音识别技术是一种将人类语音中的词汇内容转换为计算机能理解的数字输入(如二进制编码、字符序列等)技术。语音识别系统可分为特定人语音识别系统和非特定人语音识别系统,特定人语音识别系统需要讲话者先说出规定词汇表中的单词,以便在计算机中生成单词(或音素)的参考模板,然后才能正确识别。如果按识别词的性质来分,语音识别系统又可分为孤立词语音识别、连接词语音识别和连续语音识别系统。

语音识别技术目前常用的方法有基于语言学和声学的方法、随机模型法、人工神经网络、概率语法分析。其中最主流的方法是随机模型法。

语音识别技术涉及心理学、生理学、声学、语言学、信息理论、信号处理、计算机科学、模式识别等多个学科,在语音检索、命令控制、自动客户服务、机器自动翻译等领域有着广阔的应用前景。

2. 语音合成

语音合成是利用计算机和一些专门装置来模拟人的发音,其技术又称为文语转换(Text to Speech)技术,利用该项技术能将任意文字信息实时转化为标准流畅的语音朗读出来,让机器像人一样开口说话。在语音合成技术中,主要分为语言分析部分和声学系统部分,也称为前端部分和后端部分,语言分析部分主要是根据输入的文字信息进行分析,生成对应的语言学规格书,处理好汉字中的多音字、声调降调等;声学系统部分主要是根据语音分析部分提供的语音学规格书,生成对应的音频,实现发声的功能。根据语音生成原理,声学系统部分目前主要有三种技术实现方式,分别为:波形拼接,参数合成以及端到端的语音合成技术。语音合成技术已日趋成熟并广泛应用于如下场景。

① 阅读听书:语音合成技术赋予阅读听书APP具有文本朗读能力,解放用户双手和双眼,为用户带来更极致的阅读体验。

② 资讯播报:提供专为新闻资讯播报场景打造的特色音库,让手机、音箱、网站等随时随地为用户播报新闻资讯。

③ 订单播报:应用于打车软件,餐饮叫号,排队软件,火车、地铁等公共交通工具自动报站等场景,通过语音合成进行订单、站名播报,帮助用户第一时间便捷地获得通知信息。

④ 智能硬件:应用于儿童故事机、智能机器人、平板设备等智能硬件中,为智能硬件打造更自然、更亲切的人机交互体验。

§ 5.3 数字图像

计算机中的数字图像按其生成方法可以分为两大类:一类是从现实世界中通过数字化设备获取的图像,分别称为取样图像(sampled image)、点阵图像(dot matrix image)、位图图像

(bit map image),以下简称为图像(image);另一类是计算机合成的图像,它们称为矢量图形(vector graphics),或简称为图形(graphics)。本节主要介绍第一类图像。

5.3.1 数字图像数据的获取

从现实世界中获得数字图像的过程称为图像的获取(capturing),所使用的设备通称为图像获取设备。例如对印刷品、照片等进行扫描输入,用数字相机或数字摄像机对选定的景物进行拍摄。图像获取的过程实质上是模拟信号的数字化过程,它的处理过程大体分为三步。

1. 采样

将画面划分为M(行)×N(列)个网格,每个网格称为一个取样点,用其亮度值来表示。这样,一幅模拟图像就转换为M×N个取样点组成的一个阵列,如图5.18所示。

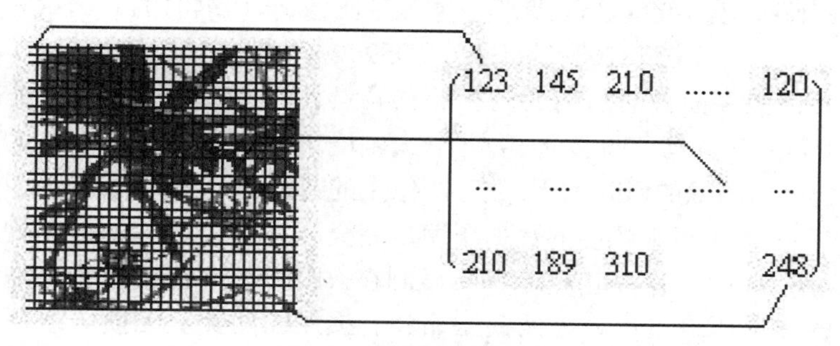

图5.18 图像采样示意图

2. 分色

将彩色图像取样点的颜色分解成3个基色(例如R、G、B,即红、绿、蓝三基色),如果不是彩色图像(即灰度图像或黑白图像),则每一个取样点只有一个亮度值。

3. 量化

对采样点的每个分量进行A / D转换,把模拟量的亮度值用数字量表示(一般是8位至12位的正整数)。

扫描仪是最常见的图像输入设备,此外数码相机也是常用的图像输入设备。

5.3.2 数字图像的表示

从数字图像的获取过程可知,一幅取样图像由M × N个取样点组成,每个取样点是组成取样图像的基本单位,称为像素。黑白图像的像素只有1个亮度值;彩色图像的像素是矢量,它由多个彩色分量组成,一般有3个分量(R、G、B)。因此,取样图像在计算机中的表示方法是:单色图像用一个矩阵来表示;彩色图像用一组(一般是3个)矩阵来表示,矩阵的行数称为图像的垂直分辨率,列数称为图像的水平分辨率,矩阵中的元素是像素颜色分量的亮度值,用整数表示,一般是8位至12位。

在计算机中存储的每一幅数字图像,除了所有的像素数据之外,至少还必须给出如下一些关于该图像的描述信息(属性)。

① 图像大小,也称为图像分辨率(包括垂直分辨率和水平分辨率)。如800×600 dpi、1 024×768 dpi等。若图像超过了屏幕(或窗口)大小,则屏幕(或窗口)只能显示图像的一部分,用户需操纵滚动条才能看到全部图像。

② 位平面的数目,即矩阵的数目,也就是彩色分量的数目。黑白图像或灰度图像只有1个位平面,彩色图像有3个或更多的位平面。

③ 颜色空间的类型,指彩色图像所使用的颜色描述方法,也叫颜色模型。常用的颜色模型有RGB(红、绿、蓝)模型、HSV(色彩、饱和度、亮度)模型、YUV(亮度、色度)模型等。

④ 像素深度,即像素的所有颜色分量的位数之和,它决定了不同颜色(亮度)的最大数目。例如只有1个位平面的单色图像,若像素深度是8位,则不同亮度的数目为2^8=256;又如,由R、G、B三个位平面组成的彩色图像,若三个位平面中的像素位数分别为8、8、8,则该图像的像素深度为24,最大颜色数目为2^{8+8+8}=16 777 216,称为真彩色。

5.3.3 数字图像的压缩

数字图像存储所需的数据量较大,其数据量的计算公式如下:

图像数据量 =图像水平分辨率×图像垂直分辨率×像素深度 / 8

例如,一幅分辨率为1 024×768、真彩色的数字图像,未压缩时的数据量为:

1 024×768×24/8(B)=2 359 296 (B)=2.25 (MB)

为了节省存储数字图像时所需要的存储器容量,降低存储成本,特别是在因特网应用中,为了提高图像的传输速度,减少通信费用,大幅度压缩图像的数据量是非常重要的。

人们通过长期对图像的研究发现,数字图像中的数据相关性很强,或者说数据的冗余度很大,因此对数字图像进行大幅度的数据压缩是完全可能的。而且,人眼的视觉有一定的局限性,即使压缩前后的图像有一定失真,只要限制在人眼的误差范围之内,也是允许的。

数字图像的数据压缩也可分为无损压缩和有损压缩两类。无损压缩是指压缩以后的数据进行图像还原(也称为解压缩)时,重建的图像与原始图像完全相同,例如行程长度编码(RLC)、哈夫曼(Huffman)编码等。有损压缩是指使用压缩后的数据进行图像重建时,重建后的图像与原始图像虽有一定的误差,但不影响人们对图像含义的正确理解。为了得到较高的数据压缩比,数字图像的压缩一般都采用有损压缩,如变换编码、矢量编码等。评价一种压缩编码方法的优劣主要看三个方面:压缩倍数的大小、重建图像的质量(有损压缩时)以及压缩算法的复杂程度。

为了便于在不同的系统中交换图像数据,必须对计算机中使用的图像压缩编码方法制定相应的国际标准和工业标准。ISO和IEC两个国际机构联合组成了一个JPEG(Joint Photographic Experts Group)专家组,负责制定了一个静止图像数据压缩编码的国际标准,称为JPEG标准。JPEG的适用范围比较广,它能处理各种连续色调或灰度的图像,算法复杂度适中,既可用硬件实现,也可用软件实现。目前,数码相机中普遍采用了这种格式。

另一个静止图像压缩编码的国际标准是JPEG 2000,它适用于各种不同类型(黑白、灰度、彩色等)和不同特性(自然图像、医学图像、遥感图像、合成图像等)的图像,可应用于各种不同的应用模式(实时传输、检索、存档等)。它由于采用了小波分析等先进算法,因而提供了许多JPEG所不具备的功能,如更好的图像质量、更低的码率、更适合在因特网上传输等,它与JPEG保持向下兼容。

5.3.4 常用图像文件的格式

图像是一种普遍使用的数字媒体,有着广泛的应用。在图像应用软件中,针对应用本身的多样性,出现了许多不同的图像文件格式。

1. BMP格式

BMP(BitMap-File)图像是微软公司在Windows操作系统下使用的一种标准图像文件格式,一个文件存放一幅图像,可以使用行程长度编码进行无损压缩,也可不压缩。BMP格式是一种通用的图像文件格式,几乎所有Windows应用软件都能支持。

2. TIFF 格式

TIFF(Tagged Image File Format)图像文件格式被大量使用于扫描仪和桌面出版系统，能支持多种压缩方法和多种不同类型的图像。

3. GIF格式

GIF(Graphics Interchange Format)是目前因特网上广泛使用的一种图像文件格式，它的颜色数目较少(不超过256色)，文件特别小，适合网络传输。由于颜色数目有限，GIF适用于插图、剪贴画等色彩数目不多的应用场合。GIF格式能够支持透明背景，具有在屏幕上渐进显示的功能。尤为突出的是，它可以将许多张图像保存在同一个文件中，按预先规定的时间间隔逐一进行显示，从而形成动画的效果，因而在网页制作中大量使用。

4. JPEG格式

JPEG是最流行的压缩图像文件格式，采用静止图像数据压缩编码的国际标准进行压缩，大量用于因特网和数码相机等。

5. PNG格式

PNG是一种采用无损压缩算法的位图格式，其设计目的是试图替代GIF和TIFF文件格式，同时增加一些GIF文件格式所不具备的特性。PNG格式具有体积小、色彩丰富、更优的网络传输特性和支持透明效果等优点，但较早的浏览器和程序可能对PNG格式不完全支持。

5.3.5 图像处理软件Photoshop简介

Photoshop是美国Adobe公司开发的真彩色和灰度图像编辑处理软件，它提供了多种图像涂抹、修饰、编辑、创建、合成、分色与打印的方法，并给出了许多增强图像的特殊手段，可广泛地应用于美工设计、广告及桌面印刷、计算机图像处理、旅游风光展示、动画设计、影视特技等领域，是计算机数字图像处理的有力工具。其因在图像编辑、制作和处理方面的强大功能和易用性、实用性而备受广大计算机用户的青睐。

Photoshop在图像处理方面，被认为是目前世界上最优秀的图像编辑软件。运行在Windows图形操作环境中，Photoshop可和其他标准的Windows应用程序之间交换图像数据。Photoshop支持TIF、TGA、PCX、GIF、BMP、PSD、JPEG等各种流行的图像文件格式，能方便地与文字处理、图形应用、桌面印刷等软件或程序交换图像数据。Photoshop支持的图像类型除常见的黑白、灰度、索引16色、索引256色和RGB真彩色图像外，还包括CMYK、HSB以及HSV模式的彩色图像。

作为图像处理工具，Photoshop着重应用在效果处理上，即对原始图像进行艺术加工，并有一定的绘图功能。Photoshop能完成色彩修正、修饰缺陷、合成数字图像，以及利用自带的过滤器来创造各种特殊的效果等。Photoshop擅长于利用基本的图像素材(如通过扫描、照相或摄像等手段获得的图像)进行再创作，得到精美的设计作品。

Adobe又专门为中国用户对其最新的Photoshop版本进行了全面汉化，使得这一图像处理的利器更容易被人们所掌握和使用。

1. Photoshop的运行界面

Photoshop的界面和大多数Windows应用程序一样，有菜单栏和状态栏，也有它独特的组成部分，如工具箱、属性栏和浮动面板等，如图5.19所示。

① 菜单栏。Photoshop的菜单栏中包括了9个主菜单项，Photoshop的绝大多数功能都可以通过调用菜单来实现。

② 工具箱。Photoshop的工具箱中提供了20多组工具，用户可以利用这些工具方便地

绘制和编辑图像。Photoshop把功能基本相同的工具归为一组,工具箱中凡是带下三角符的工具都是复合工具,表示在该工具的下面还有同类型的其他工具存在。如果要使用这组中其他的按钮,用鼠标按下按钮不松,将会弹出整个按钮组。

③ 属性栏。属性栏的内容是与当前使用的工具相关的一些选项内容。在工具箱中选不同的工具,属性栏就会显示不同的选项供用户设置。

④ 状态栏。状态栏提供目前工作使用的文件的大多数信息,如文件大小、图像的缩放比例以及当前工具的简要用法等。

⑤ 图像窗口。图像窗口是为编辑图像而创建的窗口。每一个打开的图像文件都有自己的编辑窗口,所有编辑操作都要在编辑窗口中进行。

⑥ 工作区。这是图像处理的场所。Photoshop可以同时处理多个图像,就是说,在工作区中可以同时有多个图像窗口存在。

⑦ 浮动面板。Photoshop提供了十几种面板,其中包括图层面板、颜色面板、风格面板、历史记录面板、动作面板、通道面板等。通过这些面板用户可以快速便捷地对图层、颜色、动作、通道等进行操作和管理。

图 5.19　Photoshop 运行界面

2. Photoshop 的图层与滤镜

图层和滤镜是Photoshop中的两个极富创意的功能,作为Photoshop进行图像处理的高级技术可以给图像的编辑处理带来很大的便利。

(1) 图层

图层是一组可以用于绘制图像和存放图像的透明层。可以将图层想象为一组透明的胶片,在每一层上都可以绘图,它们叠加到一起后,从上看下去,看到的就是合成的图像效果。在Photoshop中,一幅图像可以由很多个图层构成,每一个图层都有自己的图像信息。若干图层重叠在一起,就构成了一幅效果全新的图像,图层中没有图像的部分是透明的,也就是说透过这些透明的部分，可以看到下面图层上的图像；图层上有图像信息的部分将遮挡位于其底下的图层的图像；图层之间是有顺序的，修改图层之间的顺序，图像就可能随之发生变化；Photoshop 总有一个活动的图层，称为“当前图层”，以蓝色表示，修改时只会影响当前图层，而不影响其他图层的图像信息，如果当前图层有选区的话，作用范围进一步缩小为“当前图层的当前选区”。

（2）滤镜

Photoshop 中的滤镜可以分为两种：一是 Photoshop 自己内部带的滤镜，这些滤镜在安装了 Photoshop 之后，可以在滤镜菜单下看到。Photoshop 提供了近百种内置的滤镜，每一种都可以产生神奇的效果。另一种是由第三方开发的外挂滤镜，这种滤镜在安装了 Photoshop 后，还需要另外安装后才可以使用。

根据滤镜的效果不同可把 Photoshop 中的滤镜分为两种：一种是破坏性滤镜，一种是校正性滤镜。

3. Photoshop 的编辑效果示例

利用 Photoshop 对图像素材进行各种编辑，可产生让人赏心悦目的视觉效果。下面略举几例加以说明。

【例 5.2】制作晕映效果。

晕映（Vignettss）效果是指图像具有柔软渐变的边缘效果，如图 5.20 所示。使用 Photoshop 制作晕映效果主要是通过使用选区的羽化（Feather）特性。Feather 值越大，晕映效果越明显。想制作任意形状的晕映效果，要先利用快速遮罩建立一个形状不规则的选区，然后进行反选、羽化、填充即可。

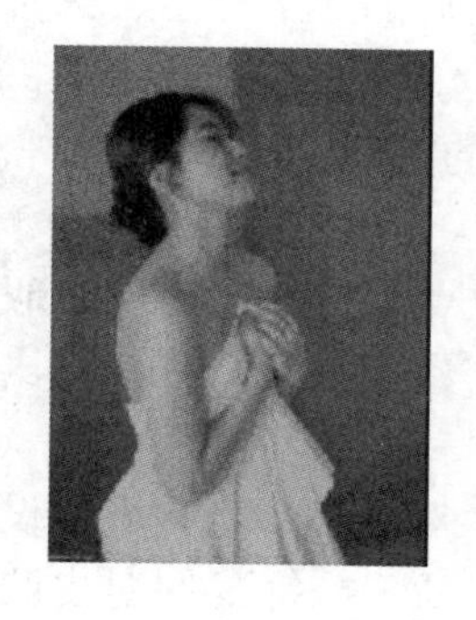

图 5.20　椭圆晕映效果示例

（a）

（b）

图 5.21　选取图像

操作步骤如下。

① 使用 Photoshop 打开一幅图像。

② 在工具栏中右击“矩形”选择工具，单击“椭圆”选择工具。

③ 在图像中选取所需的部分，如图 5.21（a）所示。

④ 执行“选择”菜单下的“羽化”命令，设置羽化值为 40 像素。

⑤ 执行“选择”菜单下的“反选”命令或按 Ctrl+Shift+I 组合键来反转选择的区域，如图 5.21（b）所示。

⑥ 设置背景色，如白色。

⑦ 按 Del 键用背景色填充选择的区域，晕映效果即形成。

【例5.3】制作倒影效果。

在Photoshop图像制作过程中,特别是进行图像合成时,有时需要制作图像的倒影。使用Photoshop制作倒影很简单,例如,在图5.22中,利用Photoshop可在第一幅图(a)中添加第二幅图(b)中的小狗,由于是在水边,所以在制作时要考虑给第二只小狗制作水中倒影。图像合成并制作倒影效果后的图像如图5.22中的第三幅图(c)所示。

倒影的制作主要用到了图层的功能。倒影其实是原图像的一个拷贝,只是考虑到它们之间的映像关系,所以对它进行了垂直翻转。另外,通常倒影要比原图像模糊些,故使用模糊滤镜对它进行了模糊处理。

(a) (b) (c)

图5.22 制作倒影效果示例

【例5.4】数码照片的修饰——消除脸部斑点。

利用Photoshop导入一幅人物数码相片,对人脸进行修饰。要求:在尽可能多地保持皮肤原来的肤色和光泽的同时,消除皮肤上的疤痕或黑痣等瑕疵,修饰前后的效果如图5.23所示。操作步骤如下。

① 运行Photoshop软件。单击"开始"菜单,选择"程序"子菜单中的"Photoshop7.0"。

② 单击"文件"菜单,选择"打开",选择需要处理的数码相片。

③ 选择Photoshop7.0左边工具箱中的"套索"工具,在要删除的斑点附近找一个没有瑕疵的皮肤区域。在附近选取区域是为了使修复后的肤色看起来均匀一致。注意选区应该比痣稍大一些,以遮挡整个黑痣。如图5.24所示。

④ 标出选区后,单击"选择"菜单下的"羽化",打开"羽化"对话框,羽化半径设置为1像素,然后点击"好"。羽化的作用是模糊选区的边缘,这有助于掩饰我们对皮肤修饰的痕迹。

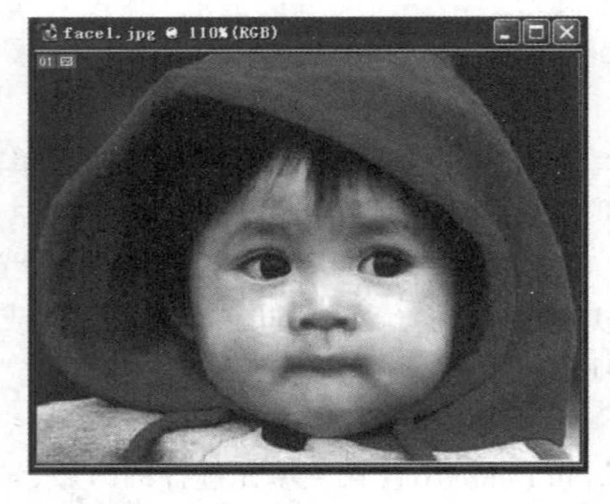

图5.23 照片修饰前后的效果

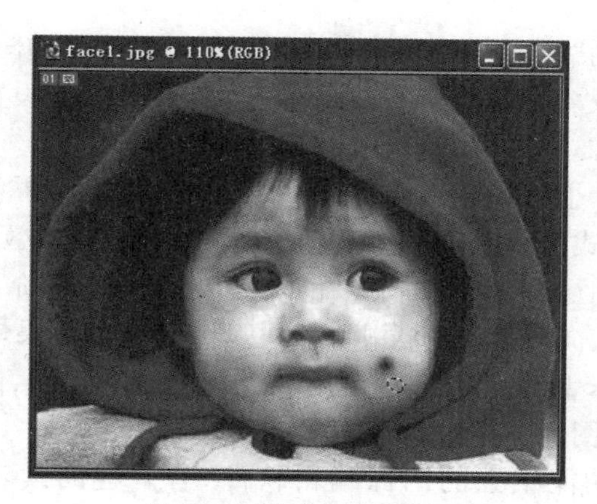

图5.24　“套索”选取区域

⑤ 按住Alt+Ctrl键，鼠标变成双箭头，按键的同时，在选区内点击鼠标，并把整个选区拖放到痣上以完全覆盖它。

⑥ 释放按键和鼠标，单击“选择”菜单下的“取消选择”，或者直接按Alt+D快捷键，取消选区。至此，消除黑痣已经完成，同样的方法可消除面部其他斑点。

⑦ 单击“文件”菜单下的“另存为”，为文件取名，并点击“确定”。

【例5.5】制作雨中摄影效果。

在Photoshop图像制作过程中，可对一幅已有的图像加上下雨的特效，给人一种雨中摄影的效果（如图5.25所示）。

图5.25　制作雨中摄影效果

操作步骤如下。

① 运行Photoshop软件。

② 单击“文件”菜单，选择“打开”，选择需要处理的数码相片。

③ 单击图层选项卡下部的“创建新的图层”按钮，创建“图层1”图层。

④ 单击工具箱中的“默认前景色和背景色”按钮，然后按Alt+Delete键，填充前景色至“图层1”图层中的图像里。

⑤ 选择菜单中的“滤镜”→“杂色”→“添加杂色”命令，打开“添加杂色”对话框。在该对话框中，选中“单色”复选框，设置“数量”文本框数值为66%，单击“好”按钮确定设置效果，即可对“图层1”图层中的图像添加杂色。

⑥ 选择菜单栏中的“滤镜”→“模糊”→“动感模糊”命令，打开“动感模糊”对话框，在该对话框中，设置“角度”文本框数值为135度，单击“好”按钮确定设置效果，即可动感模糊处理“图层1”图层中的图像。

⑦ 在“图层”选项卡上选择“图层混合模式”下拉列表框中的“滤色”选项，即可对“图层1”图层应用滤色混合模式，此时图像文件窗口中便会显示出雨丝效果。

⑧ 选择菜单中的“图像”→“调整”→“色阶”命令，打开“色阶”对话框。在该对话框的“输入色阶”选项区域里，向左移动白场滑块，即可调整雨丝的效果。

⑨ 在“图层”选项卡上部设置“不透明度”文本框数值为23%，即可将“图层1”图层中的图像与“背景”图层中的图像更好地融合。

Photoshop是一个功能很强的图像编辑软件，有兴趣的读者不妨看一看专门介绍Photoshop的书籍，上机自己动手做一做。因篇幅所限，此处不再详述。

5.3.6 数字图像的应用

图像是人类获取和交换信息的主要来源，数字图像及其处理技术已涉及人类生活的方方面面。

1. 人脸识别

人脸识别技术是指基于人的脸部特征，对输入的人脸图像或者视频流进行身份认证的一种技术。人脸识别系统包括人脸图像采集、人脸定位、人脸识别预处理、身份确认以及身份查找等。目前，人脸识别技术基本实现了快速而高精度的身份认证，因而已被广泛应用于智能手机的身份识别、小区和楼宇门禁系统中的身份认证、重要场所中的安全检测和监控等方面。

2. 指纹识别

指纹识别是一种根据获取的指纹特征，把一个人同他的指纹对应起来，通过比较他的指纹和预先保存的指纹进行身份验证的技术。因为每个人指纹的纹路图案、断点和交叉点上各不相同，所以指纹识别技术被广泛应用在智能手机、考勤、指纹锁、电子商务、小区门禁、驾驶证、准考证、护照防伪等方面。

3. 光学字符识别

光学字符识别(Optical Character Recognition)是通过扫描等光学输入方式将各种票据、报刊、书籍、文稿及其他印刷品的文字转化为图像信息，再利用文字识别技术将图像信息转化为可以使用的文本的计算机输入技术。该技术已被广泛应用于银行票据、文字资料、档案卷宗、文案的录入和处理领域。

4. 图像分类与检索

图像分类主要内容包括：图像预处理(增强、复原、压缩)，图像分割和特征提取，图像分类三个方面。图像分类常用的有统计模式分类和句法(结构)模式分类、模糊模式分类和人工神经网络模式分类等方法。图像检索方法主要有基于文本的图像检索和基于内容的图像检索两大类，实现途径主要包括三方面：一是对用户的图像检索需求进行分析和转化，形成计算机可接受的表达方式；二是对输入计算机中的图像资源，提取特征(颜色、纹理、形状、语义等)并进行标引，建立图像索引数据库；三是根据相似度算法，计算用户检索需求与索引数据库中记录的相似度大小，提取出满足阈值的记录作为查询结果，按照相似度降序的方式输出。随着图像分类与检索技术的不断成熟，其应用领域不断扩大，如今在我们智能手机的照片管理中就能感受到该功能所带来的便利。

此外，数字图像及其处理技术在航天航空、生物医学工程、通信工程、智能制造、军事、公安等领域都有越来越多的应用。

§5.4 数字视频

视频信息是人们喜闻乐见的一种信息表示形式，将这些信息的表现形式引入计算机便给传统的计算机赋予了新的含义，也对计算机的体系结构和相关的处理技术提出了新的要求。现有的技术已使PC机足以具备视频信息的处理功能。

5.4.1 视频信息的获取

视频信息的获取主要分为两种方式：其一，通过数字化设备如数码摄像机、数码照相机、数字光盘等获得；其二，将模拟视频设备如摄像机、录像机（VCR）等输出的模拟信号由视频采集卡转换成数字视频存入计算机，以便计算机进行编辑、播放等各种操作。

在第二种方法中，要使一台PC机具有视频信息的处理功能，对硬件和软件的需求如图5.26所示。

这些设备是：

① 视频（捕获）卡，将模拟视频信号转换为数字化视频信号。

② 至少有30 MB的自由硬盘空间或更多。

③ 一个视频输入源，如视频摄像机、录像机或光盘驱动器（播放器），将这些设备连到视频捕获板上。

④ 视频软件（如Video for Windows），它包括视频捕获、压缩、播放和基本的视频编辑功能。

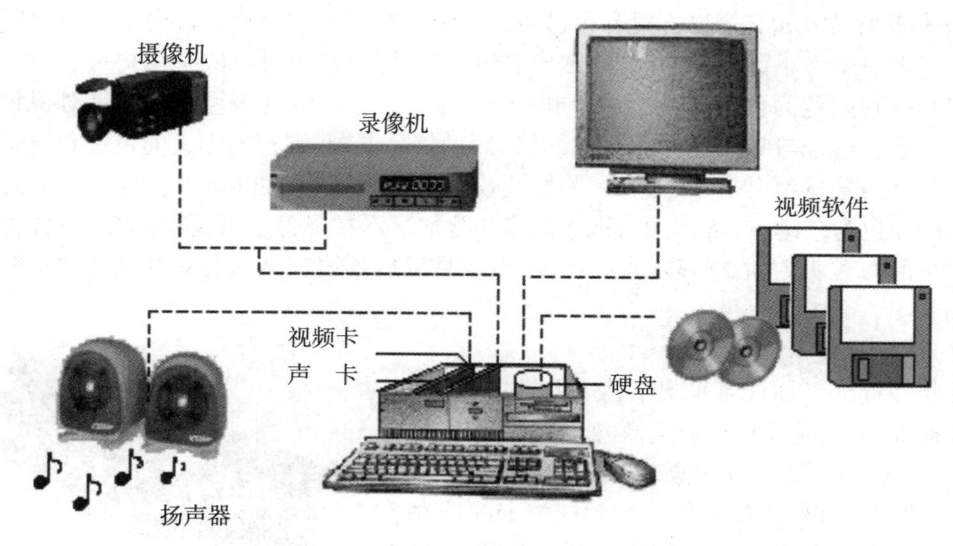

图5.26　PC机上录制视频的系统配置

PC中的视频卡将模拟视频信号转换为数字信号，并记录在一个硬盘文件中。文件格式依赖于录制视频的硬件和软件。一般说来，录制后的视频质量不会比原先的图像质量更高。在多媒体个人计算机（MPC）环境中，捕获的视频质量的好坏是衡量其性能的一个重要指标。在MPC中视频质量主要依赖于三个因素:视频窗口大小、视频帧率以及色彩表示能力。

视频窗口的大小是以像素来表示的(组成图像的一个点称为一个像素),例如320×240或180×120像素。VGA标准屏幕是640×480像素,这意味着一个320×240的视频播放窗占据了VGA屏幕的1/4。目前,个人计算机显示器的常用分辨率还有800×600、1024×768等。系统能够提供的视频播放窗口越大,对软、硬件的要求就越高。

视频帧率(Video frame rate)表示视频图像在屏幕上每秒钟显示帧的数量(fps:frame per second)。一般把屏幕上一幅图像称为一帧。视频帧率的范围可从0(静止图像)到30帧/秒,帧率越高,图像的运动就越流畅,最高的帧率为每秒30帧。

色彩表示能力依赖于色彩深度和色彩空间分辨率。色彩深度(color depth)指允许不同色彩的数量。色彩越多,图像的质量越高,表示的真实感就越强。PC上的色彩深度范围从VGA调色板的4位、16色到24位真彩色1 670万种色彩,要用于视频需要一个256色或更高的VGA卡。色彩空间分辨率指色彩的空间"粒度"或"块状",即每个像素是否都能赋予它自身颜色。当每个像素都能赋予它自身颜色时,质量最高。

5.4.2 常用的视频数字化设备

随着技术的进步和数字视频应用的增多,视频数字化设备层出不穷。下面介绍几种常用的视频数字化设备的用途与基本功能。

1. 视频卡

视频卡的种类大体可分为视频叠加卡、视频捕捉卡、电视编码卡、MPEG卡和TV卡。

(1) 视频叠加卡

视频叠加卡的功能是通过视频输入口输入标准的视频信号,经A/D转换后形成混合信号,再与计算机显示卡中的VGA信号相叠加,叠加后的信号显示在显示屏上。视频信号与VGA信号叠加的方式有窗口方式和色键方式两种。窗口方式是用软件命令在显示屏幕的任置上开设一个大小可指定的窗口,图像在该窗口内播放;色键方式是用户可利用软件命令自定义一种颜色为色键(透明色),同时定义该颜色是对VGA信号透明还是对视频信号透明。当混合信号与VGA信号叠加时,若这两种信号不同,则根据定义的色键和透明对象而将某一路信号显示出来,并加入一些特技效果,将信号显示在屏幕上,例如,当定义VGA图像上的白色为色键,VGA图像与视频图像相叠加显示在屏幕上时,所有VGA图像为白色的地方全部为透明色,原样显示视频图像,也就是说白色的VGA部分对视频图像来说是透明的。

(2) 视频捕捉卡

视频捕捉卡又称视频采集卡(如图5.27所示),用于图像捕捉,尤其是捕捉视频图像(如来自录像机的视频图像),经数字化后,将图像以AVI格式文件保存在磁盘上,供以后编辑图像使用。视频捕捉卡的档次差别很大,较贵的视频捕捉卡往往带有视频压缩功能。这类卡主要供专业编辑人员使用,用量较少。其主要功能如下。

图5.27 视频捕捉卡

① 从多种视频源中选择一种输入。

② 支持不同的电视制式(如NTSC、PAL等)。

③ 可同时处理电视画面的伴音。

④ 可在显示器上监看输入的视频信号,位置及大小可调。

⑤ 可将VGA画面内容(graphics、text、image)与视频叠加处理。

⑥ 可随时冻结(定格)一幅画面,并按指定格式保存。

⑦ 可连续地(实时地)压缩与存储视频及其伴音信息,编码格式可选。

⑧ 可连续地(实时地)解压缩并播放视频及其伴音信息,输出设备可选(VGA监视器、电视机、录像机等)。

(3) 电视编码卡

其功能是将计算机送往VGA显示器的VGA显示信号转换成标准的NTSC、PAL或SECAM电视信号,以此将计算机上的影像转到电视机上供观看。如果将转换后的标准电视信号加到录像机上,则可以记录计算机的显示画面,用于广告电视片的后期处理。电视编码卡转换的效果与其所支持的分辨率有关,分辨率越高,转换效果越好。

(4) MPEG卡

又称视频播放卡或电影卡,是多媒体视频卡中应用最多的一种。MPEG卡的作用是将压缩存储在VCD影碟中的电影解压缩后回放,使用户可利用CD-ROM及显示器观看电影。MPEG卡的功能包括MPEG音频解压、MPEG视频解压、音频和视频同步解压。MPEG卡使用方便,用户界面良好,若与CD-ROM配合使用,可用于在计算机上欣赏VCD片或光盘中的MPEG电影。目前有两类MPEG卡:一类不带屏幕缩放功能,只能全屏幕播放MPEG电影;另一类带有屏幕缩放功能,不仅可以全屏幕播放,而且可以缩小电影播放的窗口,便于用交互方式进行操作控制。

随着CPU和图形卡性能的提高,许多计算机现已用解压缩软件来代替MPEG卡以节约成本,播放的质量也可满足一般用户的要求。

(5) TV卡

TV卡由TV调谐卡和视频叠加卡合并构成,前者能通过高频头选择接收电视台的信号,把它们转换为视频信号;后者可将电视的视频信号与显示器的VGA信号叠加在一起,在计算机显示器上显示。有些TV卡上还设有视频输入口,可直接接收录像机或摄像机的视频信号。因此除观看电视外,还可观看录像带或摄像机的画面。

2. 数码相机与数码摄像机

数码相机与数码摄像机是目前常用的两种数字化视频输入设备。

一般的数码相机大都具有拍摄数字视频的功能。数码相机常用CCD作为感光元件。部件主要由摄像镜头、CCD阵列、A/D转换器、存储器和I/O接口组成。目前数码相机的存储器大都是以存储卡形式设计的,主要有CF卡、记忆棒(Memory Stick)、SD卡和SM卡等。

数码摄像机是数字视频获取最主要的设备之一。主要有三种类型:数字摄像头、数码摄像机和网络摄像机。

(1) 数字摄像头

数字摄像头作为一种视频输入设备,因其小巧的外形和较好的图像效果已广泛运用于可视电话、视频聊天等。随着技术的发展和USB接口的普及,目前的大多数数字摄像头都可以通过内部电路直接把图像转换成数字信号传送到电脑上。只要CPU处理速度足够快,CCD捕捉到的图像信号基本可以达到实时的动态效果。

(2) 数码摄像机

数码摄像机(DV)依据记录介质的不同可以分为Mini DV(采用Mini DV带)、Digital 8 DV(采用D8带)、超迷你型DV(采用SD或MMC等扩展卡存储)、数码摄录放一体机(采用DVCAM带)、DVD摄像机(采用可刻录DVD光盘存储)、硬盘摄像机(采用微硬盘存储)和高清摄像机(HDV)等。目前大多数数码摄像机都支持IEEE1394火线或是USB连接个人计算机的方式。DV真正实现了个人影像普及化的概念,拥有DV的人,很容易就可以制造自己的电影和音像制品。将火线与电脑相连,就可把DV上的音视频转化为数字格式,在电脑上进行非线性编辑。DV转录到个人电脑的视频文件为AVI格式,未经压缩的AVI格式非常大,通常10分钟的AVI就会占用2G的空间。但是图像和声音效果十分出色。也可以录制DVD格式,或者转录DV带和家庭录像机的VHS格式,从数码摄像机的存储技术发展情况来看,DVD数码摄像机、硬盘式数码摄像机和高清数码摄像机代表了未来的发展方向。

(3) 网络摄像机

网络摄像机可以被看作摄像机和电脑的结合体,它能够像其他任何一种网络设备一样直接接入到网络中。网络摄像机拥有自己独立的IP地址,能够直接连接到网络并内置Web服务器、FTP服务器、FTP客户端、E-mail客户端、报警管理、可编程能力以及其他众多的智能功能。网络摄像机无须与PC机连接,它可以独立运行,并可安置在任何一个具备IP网络接口的地点。与视频摄像头不同,它们必须通过USB或者IEEE1394端口与PC机连接之后才能够正常运行。除了视频信息之外,网络摄像机还能够通过同一网络连接实现更多其他的功能,并传输其他一些有用信息,例如视频移动侦测、音频、数字化输入和输出(可用于实现报警联动,如触发警报或激活现场照明等)、传输串行数据或进行PTZ设备驱动的串行端口等。网络摄像机中的图像缓存还可以保存并发送报警发生前后的视频图像。

5.4.3 视频信息的数字化

通常,摄像机和录像机(VCR)所提供的视频信息是模拟量,要使计算机能接收并处理,需将其数字化,即将原先的模拟视频变为数字化视频。视频图像数字化通常有两种方法:一种是复合编码,它直接对复合视频信号进行采样、编码和传输;另一种是分量编码,它先从复合彩色视频信号中分离出彩色分量(Y:亮度。U、V:色度),然后数字化。我们现在接触到的大多数数字视频信号源都是复合的彩色全视频信号,如录像带、激光视盘、摄像机等。对这类信号的数字化,通常是先分离成YUV或RGB分量信号,然后用三个A/D转换器分别对它们数字化。目前,这种方案已成为视频信号数字化的主流。自90年代以来颁布的一系列图像压缩国际标准均采用分量编码方案。视频数字化系统如图5.28所示。

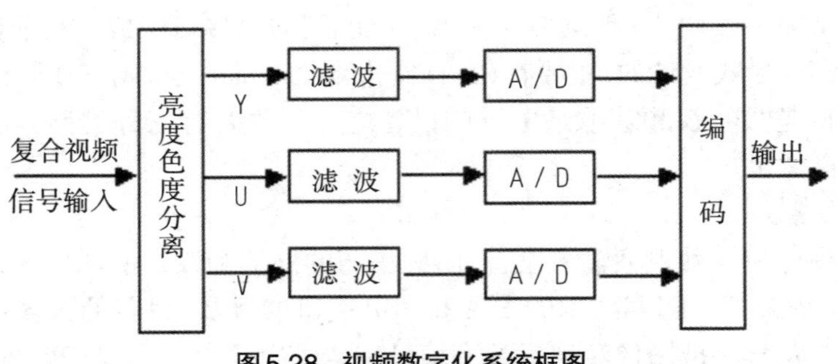

图5.28 视频数字化系统框图

5.4.4 视频信息的编码

数字化后的视频信号将产生大量的数据。例如，一幅具有中等分辨率(840×480)的彩色(24 bit/像素)数字视频图像的数据量约占1 MB的存储空间，一个100 MB的硬盘也只能存储约100帧静止图像画面。如果以25帧/秒的帧率显示运动图像，一个100 MB的硬盘所存储的图像信息也只能显示约4秒钟。由此可见，如何高效实时地对视频信号的数据进行编码压缩，成为多媒体计算机系统不可回避的关键性技术问题之一。

数据压缩之所以可以实现是因为原始的视频图像信息存在很大的冗余度。例如，当移动视频从一帧移到另一帧时，大量保留的信息是相同的，压缩(或硬件)检查每一帧，经判别后可仅存储从一帧到另一帧变化的部分。此外，在同一帧里面某一区域可能由一组相同颜色的像素组成，压缩算法可将这一区域的颜色信息作为一个整体对待，而不是分别存储每个像素的颜色信息。这些冗余归结起来可有三种能够易于识别的类型。

① 空间冗余，由相邻像素值之间的关系所致。

② 频谱冗余，由不同颜色级别或频谱带的关系所致。

③ 暂存冗余，由一个图像序列中不同帧之间的关系所致。

压缩方案可以针对任一种类型或所有类型进行压缩。另外，由于在多媒体应用领域中，人是主要接收者，眼睛是图像信息的接收端，就有可能利用人的视觉对于边缘急剧变化不敏感(视觉掩盖效应)和眼睛对图像的亮度信息敏感、对颜色分辨力弱的特点以及听觉的生理特性实现高压缩比，而使由压缩数据恢复的图像信号仍有满意的主观质量。

编码压缩的目的在于移走冗余信息，减少表示对象所需的存储量。其方法基本可分为两种类型：无损压缩和有损压缩。

在无损压缩中，压缩后重构的图像在像素级是等同的，因而压缩前后显示的效果是一样的，显然，无损压缩是理想的，然而仅可能压缩少量的信息。

在有损压缩中，重构的图像和原先的图像相比退化了，结果能获得比无损压缩更高的压缩率。一般来说，压缩率越高，重构后的图像退化越严重。

下面列出几种目前较有影响的图像/视频压缩方案：

1. 电视电话/会议电视P×64 k位/秒(CCITTH.28)标准

国际电报电话咨询委员会(CITT)第15研究组积极进行视频编码和解码器的标准化工作，于1984年提出了“数字基群传输电视会议”的H.120建议。其中图像压缩采用“帧间条件修补法”的预测编码、“变字长编码以及梅花型亚抽样/内插复原”等技术。该研究组又在1988年提出“电视电话/会议电视H.28”建议P×64 k位/秒，P是一个可变参数，取值为1到30，P=1或2时，支持1/4中间格式(Quarter Common Intermediate Format，简称QCIF)每秒帧数较低的视频电话；当P≥8时可支持通用中间格式(Common Intermediate Format，简称CIF)每秒帧数较高的电视会议。

P×64 k位/秒视频编码压缩算法采用的是混合编码方案，即基于DCT的变换编码以及带有运动预测的差分脉冲编码调制(DPDM)预测编码方法的混合。在低速时(P=1或2，即64或128 k位/秒)除采用QCIF外，还可采用亚帧(subframe)技术，即隔一(或二、三)帧处理一帧，压缩比可达48:1。

2. MPEG-1标准

MPEG是活动图像专家组(Moving Picture Experts Group)的缩写，于1988年成立。MPEG-1是该组织专门为处理运动视频定义的一个压缩标准，于1992年通过。它包括三部分：MPEG视频、MPEG音频和MPEG系统。由于视频和音频需要同步，所以MPEG压缩算法对视频和音频联合考虑，最后产生一个电视质量的视频和音频压缩形式，位速率约为15 Mb/s

的MPEG单一位流。

MPEG-1声音编码压缩方案分为三个层次:层1(layer 1)的编码较简单,主要用于数字盒式录音磁带;层2(layer 2)的算法复杂度中等,其应用包括数字音频广播(DAB)和VCD等;层3(layer 3)的编码较复杂,主要应用于因特网上高质量声音的传输。如今流行的"MP3音乐"就是一种采用MPEG-1层3编码的高质量数字音乐,它能以10倍左右的压缩比降低高保真数字声音的存储量,使一张普通CD光盘上可以存储大约100首MP3歌曲。

MPEG视频压缩算法采用两个基本技术:运动补偿即预测编码和插补编码,变换域(DCT)压缩技术。在MPEG中,如果一个视频剪辑的背景在帧与帧之间是相同的,MPEG将存储这个背景一次,然后仅存储这些帧之间不同的部分。MPEG平均压缩比为50:1。

此外,MPEG的内部编码能力在其压缩算法的对称性方面不同于JPEG,它是非对称的,MPEG压缩全运动视频比解压缩需要利用更多的硬件和时间。VCD采用的是MPEG-1视频压缩标准。

3. MPEG-2标准

MPEG-2是活动图像专家组制定的用于视频压缩的又一国际标准,该标准制定于1994年,是为高级工业标准的图像质量以及更高的传输率而设计的。编码率从每秒3兆比特到100兆比特,是广播级质量的图像压缩标准,并具有CD级的音质。因此它在常规电视的数字化、高清晰电视HDTV、视频点播VOD、交互式电视等各个领域中都是核心技术之一。由于MPEG-2在设计时的巧妙处理,大多数MPEG-2解码器也可播放MPEG-1格式的数据,如VCD。MPEG-2的音频编码可提供左、右、中及两个环绕声道,以及一个加重低音声道和多达7个的伴音声道。我们平时所说的DVD就是采用MPEG-2编码压缩的,所以可有8种语言的配音。除了作为DVD的指定标准外,MPEG-2的应用前景非常广阔,MPEG-2还可用于广播、有线电视网、电缆网络以及卫星直播(Direct Broadcast Satellite)提供广播级的数字视频。MPEG-2的另一特点是可提供一个较广的范围改变压缩比,以适应不同画面质量、存储容量以及带宽的要求。对于最终用户来说,随着高清数字电视HDTV的普及,MPEG-2所带来的高清晰度画面质量在家用电视机上也有较好的表现,其音频特性,如加重低音,多伴音声道等特性也非常突出。

4. MPEG-4标准

与MPEG-1和MPEG-2相比,MPEG-4(2000年发布)更适用于交互AV服务以及远程监控,它的设计目标使其具有更广的适应性和可扩展性。MPEG-4传输速率在4 800~6 400 bps之间,分辨率为176×144,可以利用很窄的带宽通过帧重建技术压缩和传输数据,从而能以最少的数据获得最佳的图像质量。因此,它将在数字电视、动态图像、互联网、实时多媒体监控、移动多媒体通信、Internet/Intranet上的视频流与可视游戏、DVD上的交互多媒体应用等方面大显身手。

5. MPEG-7标准

MPEG-7标准(2001年发布)被称为"多媒体内容描述接口",为各类多媒体信息提供了一种标准化的描述,这种描述与内容本身有关,允许用户快速和有效地查询感兴趣的资料。它扩展了现有内容识别专用解决方案的有限的能力,特别是它还包括了更多的数据类型。换言之,MPEG-7是一个用于描述各种不同类型多媒体信息的描述符的标准集合。MPEG-7的最终目的是把网上的多媒体内容变成像现在的文本内容一样,具有可搜索性。

6. H.264标准

H.264是国际标准化组织(ISO)和国际电信联盟(ITU)共同提出的继MPEG-4之后的新一代数字视频压缩标准。它也称为MPEG-4 Part 10或AVC(高级视频编码)。在不影响图像质量的情况下，与采用M-JPEG和MPEG-4 Part 2标准相比，H.264编码器可使数字视频文件的大小分别减少80%和50%以上。这意味着视频文件所需的网络带宽和存储空间将大大降低。H.264已经应用于手机和数字视频播放器等新一代电子产品中，并且迅速获得广大用户的青睐。

7. H.265标准

H.265是国际电信联盟继H.264之后所制定的又一新的视频编码标准。H.265标准全称为高效视频编码（High Efficiency Video Coding，即HEVC），相较于之前的H.264标准有了相当大的改善。H.265可在有限带宽下传输更高质量的网络视频，仅需原先的一半带宽即可播放相同质量的视频。H.265标准也同时支持4 k（4 096 × 2 160）和8 k（8 192 × 4 320）超高清视频。除了在编解码效率上的提升外，在对网络的适应性方面H.265也有显著提升，可很好地运行在Internet等复杂网络条件下。目前国内部分方案提供商已经陆续推出了基于H.265编码算法的压缩芯片，与此同时，一些厂家也相继推出了支持H.265编码算法的产品并广泛用于高清监控等领域。

5.4.5　Windows 中的视频播放软件

Microsoft Windows Media Player（以下称为Media Player）是Windows操作系统自带的一种通用多媒体播放机，使用Media Player可以播放CD、DVD和VCD，能从CD中复制曲目，创建自己的音频和数据CD，收听电台广播，搜索和组织数字媒体文件及向便携设备（如Pocket PC和便携式数字音频播放机）复制文件。

1. Media Player的运行

Media Player的运行步骤如下：单击“开始”→“程序”→“附件”→“娱乐”→“Windows Media Player”即可运行该软件。软件运行后，屏幕便出现图5.29所示的运行界面（Media Player 9.0）。

Media Player的运行界面由“菜单栏”“快速访问面板”“正在播放区域”“播放控件区域”和“播放信息区域”等部分组成。其中“快速访问面板”由“正在播放”等8个按钮组成。

① 正在播放：观看视频、可视化效果或有关正在播放的内容的信息。要快速选择CD、DVD、VCD、唱片集、艺术家、流派、播放列表或电台，可以单击“快速访问面板”按钮（“正在播放”旁边的箭头）。

② 媒体指南：在Internet上查找数字媒体。

③ 从CD复制：播放CD或将特定曲目复制到计算机上的媒体库中。

④ 媒体库：组织计算机上的数字媒体文件以及链接指向Internet上的内容，或创建一个播放列表，让其包含你喜爱的音频和视频内容。

⑤ 收音机调谐器：在Internet上查找并收听电台广播，并预置你喜爱的电台，以便将来可以快速访问这些电台。

⑥ 复制到CD或设备：使用已存储在媒体库中的曲目创建（刻录）自己的CD。你还可以利用这一功能将曲目复制到便携设备或存储卡中。

⑦ 精品服务：通过在线订阅服务来访问数字媒体。

⑧ 外观选择器：使用外观选择器可以更改Windows Media Player的外观显示。

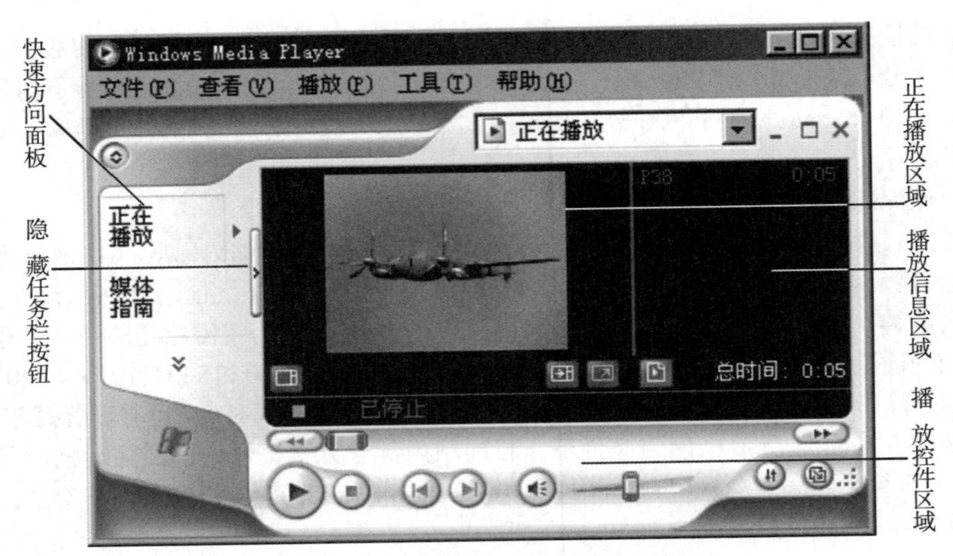

图 5.29 Windows Media Player 的运行界面

2. Media Player 支持的媒体格式

Media Player可支持多种音频、视频格式。详见表5.2。

表5.2 Microsoft Windows Media Player 支持的文件格式

文件类型(格式)	文件扩展名
CD音乐(CD音频)	.cda
音频交换文件格式(AIFF)	.aif、.aifc和aiff
Windows Media 音频和视频文件	.asf、.asx、.wax、.wm、.wma、.wmd、.wmp、.wmv、.wmx、.和.wvx
Windows 音频和视频文件	.avi和.wav
Windows Media Player外观	.wmz
运动图像专家组(MPEC)	.mpeg、.mpg、.mlv、.mp2、.mpa、.mp2v*和mpv2
音乐器材数字接口(MIDI)	.mid、.midi和.rim
AU (UNIX)	.au和.snd
MP3	.mp3和.m3u
DVD视频	.vob
Macromedia Flash	.swf

说明:要播放 .mp2v 文件,计算机上必须安装有 DVD 解码器软件或硬件。

3. 如何利用Media Player观看DVD

可以使用 Windows Media Player 在计算机上观看 DVD。与普通 DVD 播放机相同,使用 Media Player播放机也可以跳至特定的标题和章节、播放慢镜头、使用特殊功能并切换音频和字幕的语言。除了这些普通的 DVD 播放机任务之外,还可以从 Internet 上检索有关每张光盘的信息。操作步骤如下。

① 在"播放"菜单上指向"DVD、VCD 或 CD 音频",然后单击包含 DVD 的驱动器。

② 在播放列表窗口中单击适当的 DVD 标题或章节名。

说明:要播放DVD,计算机上必须安装有 DVD-ROM 驱动器、DVD 解码器软件或硬件。如果未安装兼容的 DVD 解码器,播放机将不会显示与 DVD 相关的命令、选项和控件,也就无法播放DVD。默认情况下,Windows不含DVD解码器。

4. 如何利用Media Player观看VCD

利用Media Player观看VCD的操作步骤如下。

① 运行Media Player。

② 将VCD插入CD-ROM驱动器中,VCD就会自动开始播放。若Windows Media Player播放机正在播放其他内容,可以使用"播放"菜单播放VCD。

5. 如何利用Media Player播放视频文件

若要在Media Player中播放视频文件,操作步骤如下。

① 运行Media Player。

② 单击"文件"→"打开"命令。

③ 选择要播放的视频文件。

5.4.6　视频的编辑

视频编辑是对已有的视频材料进行次序调整,加工处理其中的某些内容,组成一份新的视频剪辑的操作。这种操作以前在电视节目制作、电影制片厂中是司空见惯的。但早期的视频编辑大都是基于模拟视频的,用于编辑的设备价格都比较昂贵,并且最大的问题是它们是完全线性的,即用户编辑时若要从录像带的一段跳到另一段必须按顺序一段一段找下去,这是非常耗时的,甚至像擦除和渐隐这样最简单的操作也要增加许多设备投资才能做到。

近年来,由于数字视频技术的引进以及各种视频软、硬件的推出,廉价、高效、非线性的桌面视频编辑已成为可能,涌现出了像Premiere、绘声绘影等非线性视频桌面编辑系统。Windows XP也自带了一个视频编辑软件——Movie Maker,可以使用Windows Movie Maker通过摄像机、Web摄像机或其他视频源将音频和视频捕获到计算机上,然后在Windows Movie Maker中完成对音频与视频内容的编辑(包括添加标题、视频过渡或效果等)后,就可以保存最终完成的电影。有兴趣的读者不妨上机一试。

5.4.7　数字视频的应用

随着视频处理技术的日趋成熟,数字视频已应用于社会的许多方面。其应用领域主要有下列几个方面。

1. 娱乐出版

数字视频在娱乐、出版业的应用是有目共睹的。其表现形式主要有VCD、DVD、视频游戏和名目繁多的CD光盘出版物。

2. 广播电视

在广播电视业数字视频的主要应用有高清晰度电视(HDTV)、交换式电视(iTV)、视频点播(VOD)、电影点播(MOD)、新闻点播(NOD)、卡拉OK点播(KOD)等。

3. 教育训练

数字视频在教育、训练中的应用主要有多媒体辅助教学、远程教学、远程医疗等。

4. 数字通信

数字视频的实用化为通信业提供了新的应用服务,主要有视频电话、视频会议、网上购物、计算机支持的协同工作等。

5. 监控

目前,数字视频也用于各种数字视频监控系统中,这种系统的性能优于模拟视频监控系统,有着广阔的发展前景。

§ 5.5 计算机动画技术

计算机动画是多媒体应用系统中不可缺少的重要技术之一。动画作为一种人们喜闻乐见的信息表现形式,在多媒体计算机的多种信息媒体中受到了人们的普遍欢迎。从专业影视片的制作、广告宣传、教育培训到工程设计,几乎无处不有。目前计算机动画已从早期的二维动画发展到三维动画,一些在高性能机器上制作的动画甚至可以达到以假乱真的程度。

5.5.1 计算机动画及应用

计算机动画的应用十分广泛,可用于影视领域中的电影特技、动画片制作、片头制作,基于虚拟角色的电影制作等;还有电视广告制作,教育领域中的辅助教学、教育软件等;科技领域中的科学计算可视化,复杂系统工程中的动态模拟;视觉模拟领域中的作战模拟、军事训练,驾驶员训练模拟;此外还有娱乐业中的各种大型游戏软件,尤其是与虚拟现实技术相结合可创建各种幻想游乐园。下面介绍计算机动画在几个主要方面的应用情况,读者从中可窥见一斑。

1. 在电影工业中的应用

早在20世纪60年代,两位来自贝尔实验室的科学家Messrs Zajac和Knowtion就开始把计算机动画应用于电影工业,后来由于计算机图形学方面的进步和一系列图形输出设备的推出,在电影界开始用计算机代替手工制作动画。据资料介绍,近年来所推出的影视作品中的动画和特技镜头,大多是计算机的杰作。看过《侏罗纪公园》这部电影的观众一定会对影片中那些栩栩如生的庞然大物——恐龙记忆犹新,如图5.30所示。它能和演员同处一个画面,并能将汽车掀翻。这部影片中所有的动画镜头都是计算机制作的,其效果达到了以假乱真的程度。另外,《星球大战》也是一部许多人熟悉的科幻影片,在影片中出现的X机翼战斗机,看上去和真实的模型几乎没有区别。

图5.30 《侏罗纪公园》中的恐龙

利用计算机动画制作电影的好处在于能让计算机控制物体的运动，无须重构每一步。这样便提高了真实感，并且降低了制作成本。然而用计算机制作动画也需较长的时间，动画的质量越高所需的时间越长，因为其中将涉及许多复杂的数学计算。这些数学公式能被用于处理景物和产生带有真实感的特殊效果的图像。时至今日，计算机图形学和计算机图形硬件的发展已取得很大的突破，一些厂家已相继推出了面向动画制作和图像处理的图形工作站。制作动画对大多数人来说已不再是一件难事。然而，好的动画设计毕竟还需要艺术天赋，尤其是用于影视艺术的动画。对于一般的动画制作，今天的软件已能使大多数初学计算机的人就可方便地进行，其过程基本上是自动的。

2. 在教育中的应用

计算机动画在教育领域中的应用有着光辉灿烂的未来。随着个人计算机的不断普及，将会有越来越多的课程利用计算机辅助教学。在计算机辅助教学中，利用动画可以教幼儿识数，辨别上、下、左、右；利用动画可以演示一个物理定律或说明一个化学反应过程。目前，我国已有为数众多的计算机辅助教学软件用于幼儿园、小学、中学、大学乃至职业培训，如图5.31所示。

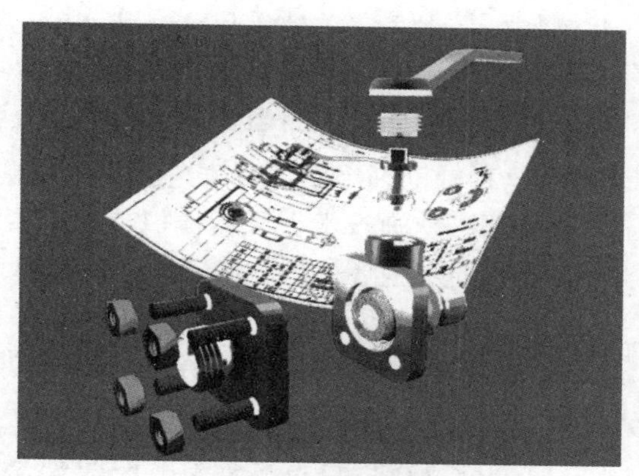

图5.31　计算机辅助教学软件

在这些软件中，出现了大量的计算机动画，学习者可以自己操纵计算机，计算机按照人们输入的信息显示各种信息和动画的运动过程，这会极大提高学习者的兴趣，巩固所学的知识。例如，有些化学实验的化学反应，需要一定的时间(有的长达几天)，并且若操作不当还会发生爆炸、燃烧等危及人身安全的情况，同时，化学实验还需耗费大量的实验材料；而利用计算机动画模拟化学实验，学生只需在计算机上选择所要做的实验以及进行该实验的材料、步骤，计算机便会用动画动态地模拟实验的每一步过程，给出反馈信息和学生学习情况，使学生从计算机屏幕上能够一目了然地获得实验数据。

3. 在科学研究中的应用

动画在科学研究中被大量用来模拟和仿真某些自然现象、物体的内部构造及其运动规律。在空间探测领域，计算机动画被用来模拟飞行器或行星的运行轨道或太空中的某些自然现象。凡看过卫星发射电视转播的人都还记得，在卫星发射中心的控制室的大屏幕上能动态地显示出卫星的运行轨道及所处的位置，使控制中心的工作人员一目了然。这便是计算机动画所起的作用。当卫星发射后，各种测量仪器将测量的卫星飞行数据源源不断地送往控制中心的计算机中，计算机再根据这些数据，准确、及时地在屏幕上画出卫星的飞行情况。图5.32给出了美国"旅行者号"火星车着陆火星表面行走的动态模拟。

在医学研究中，计算机动画能够帮助医生和研究者可视化地构造特定的器官和骨骼结构，分析病人的病症，对症下药。如今像这些带有计算机动画功能的医疗设备在一些大的医院和医学研究机构已随处可见。

图5.32 美国“旅行者号”火星车表面爬行的模拟图

4. 在训练模拟中的应用

计算机动画也可用于训练模拟。例如,在运动员训练中,可以利用计算机帮助运动员改进他们的动作。当一个运动员跑步时,计算机能根据捕获的图像数据,分析运动员训练时存在的问题,给出相应的训练建议和动作要求,其中动作的要求也由计算机用动画产生,运动员可根据计算机的动画演示,来进行动作训练,同样这也可用于游泳、网球等。据资料介绍,这种辅助训练系统对改正运动员不规范的动作、提高运动成绩有很大的帮助。

计算机动画技术在飞行模拟器中起着非常重要的作用。该技术主要用来实时生成具有真实感的周围环境的图像,如机场、山脉和云彩等。此时,飞行员驾驶舱的舷舱成为计算机屏幕,飞行员的飞行控制信息转化为数字信号直接输出到电脑程序中,进而电脑程序模拟飞机的各种飞行特征。飞行员可以模拟驾驶飞机进行起飞、着落、转身等操作,如图5.33所示。

图5.33 飞行模拟器

5. 在工程设计中的应用

计算机辅助设计(CAD)在如今的工程界已不再是一个新的名词了,在世界许多国家有大量的计算机用于工程设计,如今的CAD软件已能做到设计完成后动态地将设计结果用三维图形显示出来(如图5.34所示)。例如,当一个机械设计师为某一机器设计了一个部件后,计算机便可模拟这个部件的真实情况,以不同的光洁度和不同的视角显示设计结果,如果是一组配套部件,还能够显示装配过程。

图5.34　计算机辅助设计的应用

在建筑工程中,在开始施工之前就提供大楼的建筑模型能有助于避免由于设计时的疏忽所引起的不良结果。例如,当一幢大楼设计完毕,计算机能显示这幢楼房的模型,同时计算机动画还能模拟这幢楼房对周围环境的影响。它能动态显示太阳升起时,各个不同时刻光线照在楼房窗子上的情况,各个不同角度的光线反射情况,如果反射的光线直接影响楼房入口处,或楼房边马路上汽车驾驶员的行驶(如发生交通事故等危险),那么设计师们将根据计算机动画的模拟结果,修改大楼的设计方案,调整大楼的位置或角度。

6. 计算机动画在艺术和广告中的应用

计算机和艺术家相结合无疑会给艺术家的艺术创作提供极大的便利和许多艺术灵感,计算机的绘画软件能提供比他原先绘画更多的色彩,并提供使物体更具真实感的各种光照模型,且用计算机作画、修改也极为方便。

在广告领域,计算机动画是大有用武之地的,如今各类电视广告在各种节目中出现,而在这些广告中,有相当一部分是利用计算机动画软件来制作产生的。如今某些专用动画软件的功能是许多艺术家所望尘莫及的,而对使用者的要求很低,只要略懂一点计算机就行了。

计算机动画除了应用于影视广告之外,在各类信息板、广告牌中也大量使用。如今在繁华闹市到处可见五颜六色的各类大型电子广告牌,而这些广告牌中显示的文字、图案、动画均是计算机的杰作。图5.35为计算机制作的汽车广告。

图5.35　计算机制作的汽车广告动画

5.5.2 计算机动画的分类

计算机动画的分类方法有多种,按不同的方法有不同的分类。按生成动画的方式分为帧到帧动画(Frame by Frame Animation)、实时动画(Real Time Animation);按运动控制方式分为关键帧动画、算法动画、基于物理的动画;按变化的性质又可分为运动动画(如景物位置发生改变)、更新动画(如光线、形状、角度、聚焦发生改变)。以下介绍按运动控制方式分类的动画。

1. 关键帧动画

关键帧动画实际上是基于动画设计者提供的一组画面(即关键帧),自动产生中间帧的计算机动画技术。关键帧动画有以下几种实现方法。

① 基于图形的关键帧动画,它是通过关键帧图形本身的插值获得中间画面,其动画形体是由它们的顶点刻画的。运动由给定的关键帧规定,每一个关键帧由一系列对应于该关键帧顶点的值构成,中间帧通过对两关键帧中对应的顶点施以插值法来计算得出,插值法可以是线性或三次曲线或样条的插值,我们在网上所见到的大多数Flash动画都是此类动画。

② 参数化关键帧动画,又称关键—变换动画。可以这样认为:一个实体是由构成该实体模型的参数所刻画的,动画设计者通过规定与某给定时间相适应的该参数模型的参数值的集合来产生关键帧,然后,对这些值按照插值法进行插值,由插值后的参数值确定动画形体的各中间画面的最终图形。

2. 算法动画

算法动画中形体的运动是基于算法控制和描述的。在这种动画中,运动使用变换表(如旋转大小、位移、切变、扭曲、随机变换、色彩改变等),由算法进行控制和描述,每个变换由参数定义,而这些参数在动画期间可按照任何物理定律来改变。常用的物理定律包括运动学定律、动力学定律。这些定律可以使用解析形式定义或使用复杂的过程(如微分方程的解)来定义。

3. 基于物理的动画

基于物理的动画是指采用基于物理的造型,运用物理定律以及基于约束的技术来推导、计算物体随时间运动和变化的一种计算机动画。

基于物理的造型将物理特性并入模型中,并允许对模型的行为进行数值模拟,使其模型中不仅包含几何造型信息,而且也包含行为造型信息,它将与其行为有关的物理特性、形体间的约束关系及其他与行为的数值模拟相关的信息并入模型中。动画的运动和变化的控制方法中引进了物理推导的方法,使产生的运动在物理上更准确、更有吸引力、更自然。

5.5.3 常用的动画文件

动画图像设计只涉及平面时被称为二维动画,当图像设计具有真实感时,被称为三维动画。如果注入真实色彩,三维动画效果将显得更加逼真。常用的动画文件格式有MOV、SWF等。

动画文件指由相互关联的若干帧静止图像所组成的图像序列,这些静止图像连续播放便形成一组动画,通常用来完成简单的动态过程演示。

常用的动画文件有GIF文件和Flic文件两种。

1. GIF文件(.gif)

GIF是图形交换格式(Graphics Interchange Format)的英文缩写,是一种高压缩比的彩色图像文件格式。针对网络传输带宽的限制,在GIF图像格式中采用了无损数据压缩方法中压缩效率较高的LZW(Lempel Ziv & Welch)算法,由于GIF图像文件的尺寸通常比其他图像文件(如PCX)小很多,所以得到了广泛的应用。考虑到网络传输中的实际情况,GIF图像格式除了一般的逐行显示方式之外,还增加了渐显方式,即在图像传输过程中,用户可以先看到图像的大致轮廓，然后随着传输过程的继续而逐渐看清图像的细节部分，这种方式适应了用户的观赏心理。目前Internet上大量采用的彩色动画文件多为这种格式的文件。GIF只能表示256种色彩。

2. Flic文件(.flc)

Flic文件是二维和三维动画制作软件中采用的彩色动画文件格式，其中，.fli是最初的基于320×200分辨率的动画文件格式，而.flc则是.fli的进一步扩展，采用了更高效的数据压缩技术，其分辨率也不再局限于320×200。Flic文件采用行程编码(RLE)算法和Delta算法进行无损的数据压缩，首先压缩并保存整个动画序列中的第一幅图像，然后逐帧计算前后两幅相邻图像的差异或改变的部分，并对这部分数据进行RLE压缩，由于动画序列中前后相邻图像的差别通常不大，因此采用行程编码可以得到相当高的数据压缩率。

GIF和Flic文件通常用来表示由计算机生成的动画序列，其图像相对而言比较简单，因此可以得到比较高的无损压缩率，文件尺寸也不大。然而，对于来自外部世界的真实而复杂的影像信息而言，无损压缩便显得无能为力，而且，即便采用了高效的有损压缩算法，影像文件的尺寸也仍然相当庞大。

5.5.4 动画制作软件Flash MX简介

Flash MX是美国Macromedia公司出品的矢量图形编辑和动画创作软件，它与该公司的Dreamweaver（网页设计）和Fireworks(图像处理)组成了网页制作的“三剑客”，而Flash则被誉为“闪客”。

Flash MX动画是由以时间发展为先后顺序排列的一系列编辑帧组成的，在编辑过程中，除了传统的“帧—帧”动画变形以外，还支持过渡变形技术，包括移动变形和形状变形。过渡变形方法只需制作出动画序列中的第一帧和最后一帧（关键帧)，中间的过渡帧可通过Flash计算自动生成。这样不但大大减少了动画制作的工作量，缩减了动画文件的尺寸，而且过渡效果非常平滑。对帧序列中的关键帧的制作，会产生不同的动画和交互效果。播放时，也是以时间线上的帧序列为顺序依次进行的。

Flash MX动画与其他电影的一个基本区别就是具有交互性。所谓交互就是受众通过使用键盘、鼠标等工具，可以在作品各个部分跳转，参与其中。从制作的角度说，Flash MX简单易学，用户可以很轻松地掌握Flash，并制作出效果非凡的Flash动画。

1. Flash MX的启动与用户界面

(1) Flash MX 2004的启动

单击“开始”按钮，选择“程序”→“Macromedia”→ “Macromedia Flash MX 2004”命令，当第一次打开Flash MX的时候，会弹出一个“欢迎”对话框，该对话框把用户分为“设计者”“一般用户”和“开发者”三类。当用户选择适合于自身的一类后，即可按照随后出现的提示，快速打开与之相适应的初始界面。

对于一般的初学者，可忽略三类用户的选择，直接单击对话框右上角的关闭按钮。此时屏幕将显示Flash MX初始界面，以下操作均跳过用户类别选择。

(2) Flash MX 2004的用户界面

启动Flash MX 2004后，屏幕上便呈现出如图5.36所示的Flash MX 2004工作界面，熟悉该工作界面的构成是正确使用Flash MX 2004的基础。

① 菜单栏。菜单栏包括除绘图命令以外的绝大多数Flash命令。可依次选择“文件”

“编辑”“视图”等,了解各主菜单包含的子菜单。

② 标准工具栏。标准工具栏如图5.36所示。它不仅包括文件和编辑菜单中的常用命令,还包括Flash中的一些工具按钮,如对象的旋转、缩放等。选择“窗口”→“工具栏”→“控制器”命令可显示或隐藏标准工具栏。

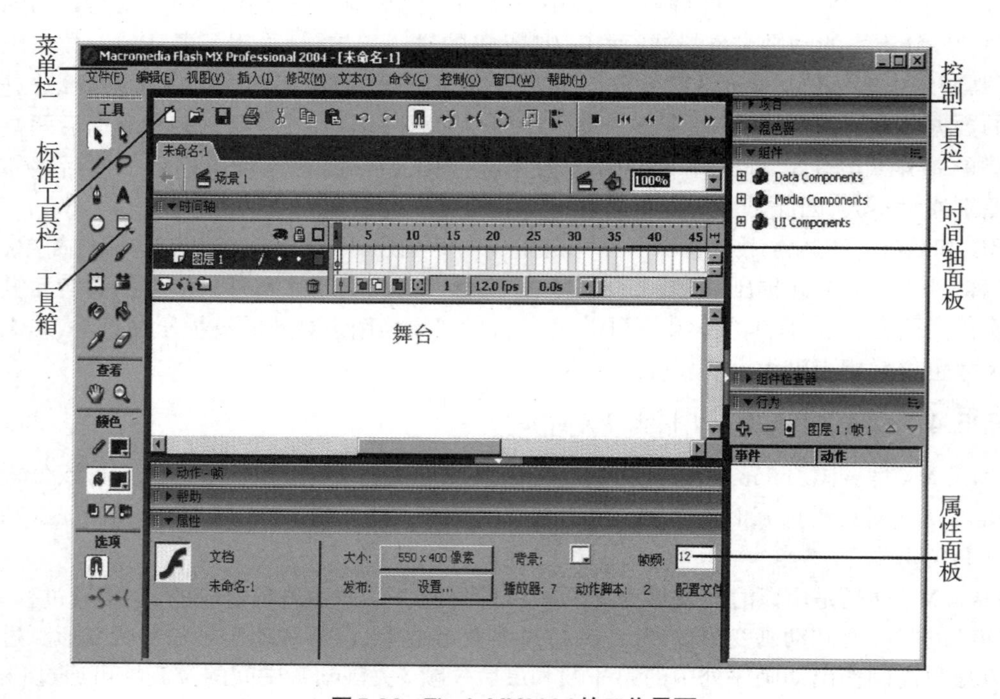

图5.36 Flash MX2004的工作界面

③ 控制工具栏。控制工具栏用于控制动画的播放,如图5.36所示,该栏中按钮与录音机的按钮十分相似。选择“窗口”→“工具栏”→“控制器”命令可显示或隐藏控制工具栏。

④ 工具箱。工具箱包括用于创建、放置和修改文本与图形的工具。它位于窗口的左侧,可以使用鼠标将其拖至窗口的任意位置。

⑤ 浮动面板。浮动面板是指可以在窗口任意位置移动的面板。Flash MX保留了Flash 5中的一些浮动面板,对某些面板进行了改进(如时间轴面板、调色板面板),并且新增了一些面板(如属性面板、组件面板、组件选项面板等)。

⑥ 时间轴面板。时间轴用于组织和控制影片在一定时间内播放的层数和帧数。时间轴面板位于标准工具栏下方,如图5.37所示。选择“窗口”→“时间轴”命令,可打开或关闭时间轴面板。

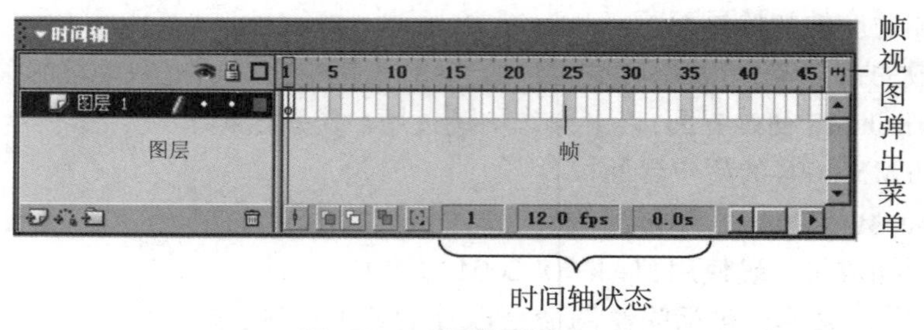

图5.37 时间轴面板

时间轴的各组成部分如下。

- 时间轴的主要组件是图层、帧。与胶片一样,Flash影片也将时长分为帧。图层就像层叠在一起的幻灯胶片一样,每个图层都包含一个显示在舞台中的不同图像。
- 文档中的图层列在时间轴左侧的列中。每个图层中包含的帧显示在该图层名右侧的一行中。时间轴顶部的时间轴标题显示帧编号。
- 时间轴状态显示在时间轴的底部,它指示所选的帧编号、当前帧频以及到当前帧为止的运行时间。
- 可以更改帧的显示方式,也可以在时间轴中显示帧内容的缩略图。时间轴可以显示影片中哪些地方有动画,包括逐帧动画、补间动画和运动路径。
- 时间轴的图层部分中的控件可以隐藏或显示、锁定或解锁图层以及将图层内容显示为轮廓。
- 可以在时间轴中插入、删除、选择和移动帧,也可以将帧拖到同一图层中的不同位置,或是拖到不同的图层中。

⑦ 属性面板。属性面板是Flash MX新增的面板,它集成了Flash 5浮动面板中的常用选项。当在工作区中选取某一对象或在绘图工具栏中选择某些工具时,属性面板中将显示与它们对应的属性。例如,单击绘图工具栏中的“文本工具”,屏幕下方即显示如图5.38所示的文本工具属性面板。

图5.38　文本工具属性面板

⑧ 舞台。舞台是创作影片中各个帧的内容的区域,用户可以在其中自由地绘图,也可以在其中安排导入的插图,编辑和显示动画,并配合控制工具栏的按钮演示动画。

2. 利用工具箱中的工具画图

Flash的工具箱包括许多工具按钮,如图5.39所示。工具箱由工具、查看、颜色和选项四个区域组成,其中的选项区用于显示工具所包含的功能键选项,当用户选择不同的工具时,选项区中就会出现与之相应的功能键。可分别选择下列工具,在舞台中绘制简单图形,验证其功能。

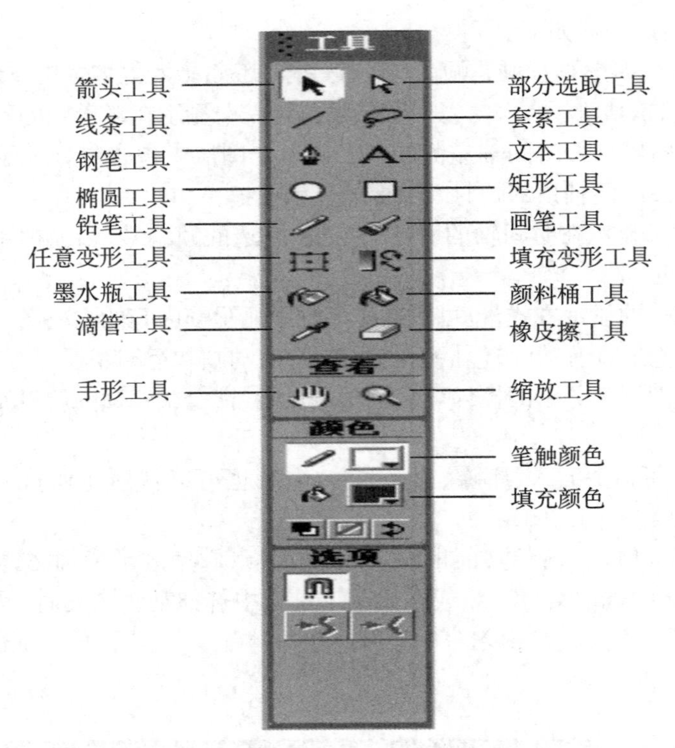

图5.39 Flash MX工具箱

(1) 画椭圆和矩形

① 单击椭圆工具,在舞台中拖放鼠标绘制椭圆。若按住Shift键拖动鼠标则绘制圆。

② 单击矩形工具,拖放鼠标绘制矩形。若按住Shift键拖动鼠标则绘制正方形。

(2) 画线

利用线条工具、铅笔工具和钢笔工具可绘制各种线条。

① 单击线条工具,在舞台中拖放鼠标可绘制直线。若按住Shift键拖动鼠标则绘制垂直、水平直线或45°斜线。

② 单击铅笔工具,可以画直线或曲线。

③ 单击钢笔工具,可以绘制连续的线条与贝塞尔曲线,且绘制后还可以配合部分选取工具来加以修改。用钢笔工具绘制的不规则图形,可以在任何时候重新调整。

要调整所画的图形,可选择如图5.39所示的箭头工具。单击箭头工具,在工具箱的选项部分,可根据情况在选项栏部分选择“对齐对象”(绘制、移动、旋转或调整的对象将自动对齐)、“平滑”(对直线和形状进行平滑处理)和“伸直”(对直线和形状进行平直处理)。

(3) 选择图形并移动

利用工具箱中的部分选取工具、套索工具可选择已画好的图形对象或拖放鼠标使其移动。

① 单击部分选取工具,用拖放鼠标的方法圈出一个矩形,选中圆(或正方形)对象后,将显示出一条带有节点(小方块或圆)的蓝色线条。若单击套索工具可以选择不规则区域。观察“选项”栏的显示,工具中包括“魔术棒”和“多边形模式”两种,魔术棒可根据颜色选择对象的不规则区域,多边形模式可选择多边形区域。

② 拖动鼠标将选中的图形移到所要的位置。

(4) 图形的填充

用于图形填充的工具主要有:填充变形工具、墨水瓶工具和颜料桶工具。

填充变形工具可对有渐变色填充的对象进行操作,可改变图形对象中的渐变色的方向、深度和中心位置等。

① 单击椭圆工具和“颜色”栏的“填充颜色”按钮,打开颜色选择框。

② 选择颜色选择框的底部左起的第4个渐变色按钮。

③ 在舞台绘制一个有渐变色的圆。

④ 选择填充变形工具,再单击上述有渐变色的圆,该圆被选中,并显示圆和正方形等标记。

⑤ 对选取的圆进行相关操作。

墨水瓶工具可用来更改线条的颜色和样式。

颜料桶工具可用来更改填充区域的颜色,操作步骤如下。

① 单击颜料桶工具,它的选项栏包括“空隙大小”和“锁定填充”两项。空隙大小决定如何处理未完全封闭的轮廓,锁定填充决定Flash填充渐变的方式。

② 选择空隙大小和填充颜色,单击圆或椭圆,改变填充颜色。

③ 单击锁定填充按钮,再选择一种填充颜色,依次单击圆和正方形,改变其填充颜色。

(5) 图形的擦除

橡皮擦工具可以完整或部分地擦除线条、填充颜色及形状。

3. 简单动画的制作

Flash动画只包含有两种基本的动画制作方式,即补间动画和逐帧动画。Flash生成的动画文件的扩展名默认为.fla和.swf。前者只能在Flash环境中运行,后者可以脱离Flash环境独立运行。

(1) 补间动画

补间动画可用于创建随时间移动或更改的动画,例如对象大小、形状、颜色、位置的变化等。在补间动画中,用户只需创建起始和结束两个关键帧,而中间的帧则由Flash通过计算自动生成。由于补间动画只保存帧之间更改的值,因此可以有效减小生成文件的大小。

补间动画分为补间动作动画和补间形状动画两种。

① 补间动作动画。在改变一个实例、组或文本块的位置、大小和旋转等属性时,可使用补间动作动画。使用补间动作动画还可以创建沿路径运动的动画。

② 补间形状动画。在改变一个矢量图形的形状、颜色、位置,或使一个矢量图形变为另一个矢量图形时,可使用补间形状动画。

(2) 逐帧动画

逐帧动画是一种传统的动画形式,在逐帧动画中用户需要设置舞台中每一帧的内容。由于逐帧动画中Flash要保存每个帧的内容,因此采用逐帧动画方式的文件通常要比采用补间动画的文件大。

逐帧动画模拟传统卡通片的逐帧绘制方法,不仅费时,而且要求用户具有较高的绘图能力。补间动画则不然,由于所有中间帧均由工具自动完成,因此不会绘画的用户也可轻松地制作出形状和色彩逐渐变化、移动速度快慢随意的动画,动画文件的容量也较逐帧动画小得多,因而它更适合于绘画水平不高的初学者使用。

【例5.6】利用Flash MX创建一个简单动画，显示一个圆变为矩形的过程。

操作步骤如下。

① 运行Flash MX。单击“开始”按钮，选择“程序”→“Macromedia”→“Macromedia Flash MX 2004”命令，显示如图5.40所示的运行界面。

② 在时间轴的第1帧处，选择工具箱中的椭圆工具，并在填充色中选择绿色渐变色；在场景1的舞台中央画出一个圆，显示界面如图5.41所示。

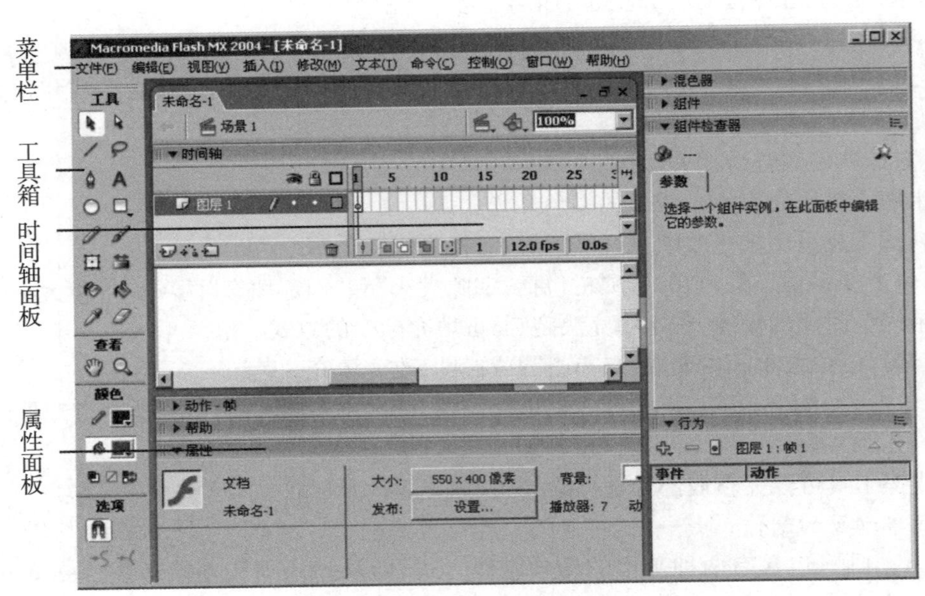

图5.40 Flash MX运行界面

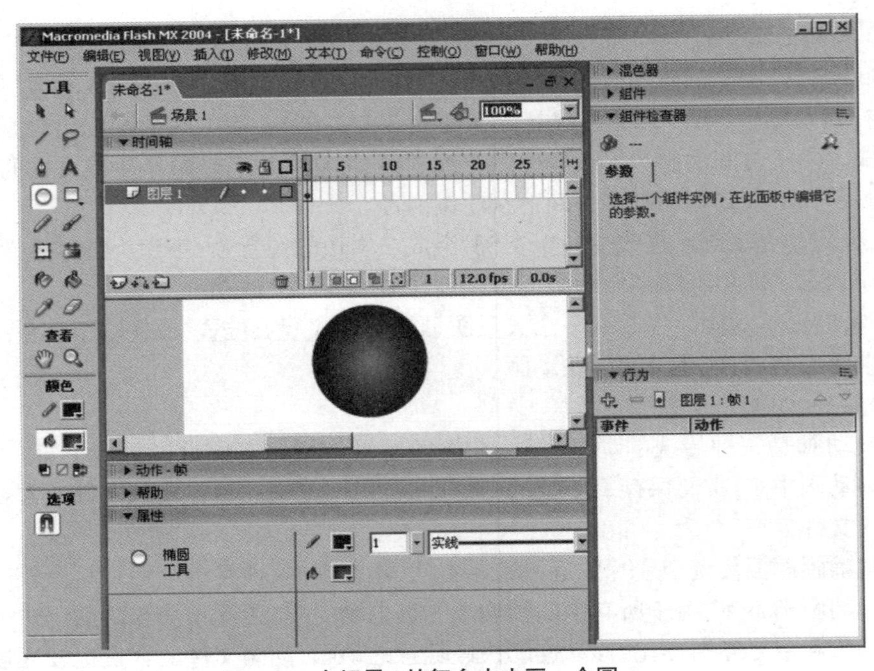

图5.41 在场景1的舞台中央画一个圆

③ 在第30帧处，单击鼠标右键，在快捷菜单中选择“插入空白关键帧”命令；选择工具箱中的矩形工具，并在填充色中选择红色渐变色；在场景1的舞台中央画出一个矩形。

④ 单击第1帧处，在属性面板中的“补间”下拉列表中选择“形状”，如图5.42所示。

图5.42　设置属性面板中的值

⑤ 按Enter键，查看动画效果。

⑥ 单击“文件”中的“保存”命令，以文件名animitor1，保存到C:\下。

【例5.7】利用Flash MX创建一个简单的运动动画，显示一只小鸡从树下走向小屋的过程，如图5.43所示。

图5.43　运动动画

操作步骤如下。

① 运行Flash MX，单击属性面板中的“文档属性”按钮，在弹出的“文档属性”对话框中，设定动画的大小为500 px × 300 px。

② 单击“文件”菜单中的“导入”命令，导入本书所配光盘中的文件：背景1.jpg。

③ 在时间轴窗口的第1帧处，单击工具箱中的任意变形工具 ，将导入的图片调整到与舞台同等大小。

④ 在图层1的第50帧处单击鼠标右键，在弹出的快捷菜单中选择“插入帧”命令，使图片在动画的全过程中一直显示。

⑤ 单击时间轴面板中的“插入图层”按钮，创建图层2。

⑥ 选中图层2中的第1帧，单击“文件”菜单中的“导入”命令，导入本书所配光盘中的文件：公鸡1.bmp。

⑦ 使用任意变形工具 ，将导入的图片调整到合适的大小。

⑧ 选择“修改”菜单中的“分离”命令将图片打散。

⑨ 单击工具箱中的套索工具 ，在其选项区中选择魔术棒工具 ，单击公鸡图片的背景，然后按Delete键将打散后图片的白色背景去掉。

⑩ 选择“修改”菜单中的“转换为元件”命令,将处理好的图片转换为一个“图形”类型的符号,如图5.44所示。

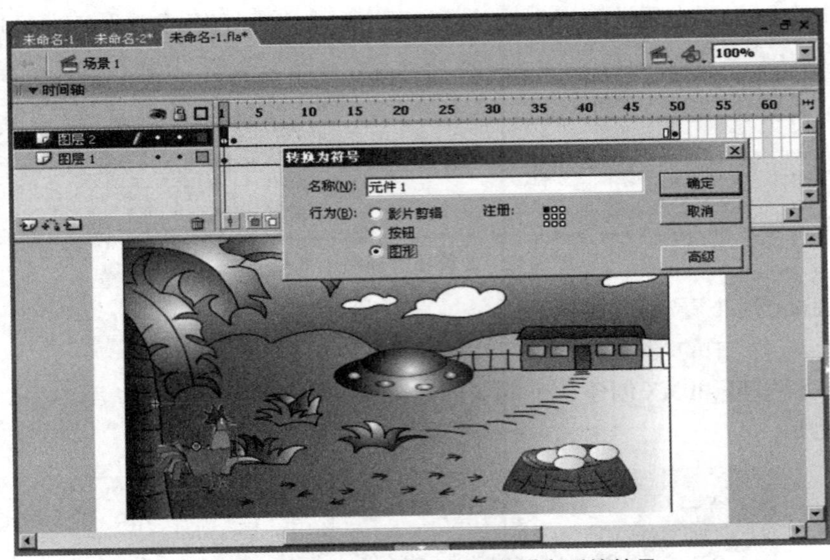

图5.44　把图片转换为一个“图形”类型的符号

⑪ 在图层2的第1帧处将小鸡移到舞台外围的左下部,如图5.45所示。

图5.45　制作图层2的第1帧

⑫ 在图层2的第50帧处单击鼠标右键,在弹出的快捷菜单中选择“插入关键帧”命令,插入一个关键帧。

⑬ 在50帧处将小鸡移到小屋处。

⑭ 单击图层2时间轴面板中的第1帧处,在属性面板中的“补间”下拉列表中选择“动作”。

⑮ 按Enter键,看动画效果。

⑯ 单击“文件”中的“保存”命令，以给定的文件名保存。

Flash MX的动画功能非常强大，这里仅介绍其中最简单的一部分，有兴趣的读者可查阅相关书籍，进一步学习。

本章小结

本章主要介绍了多媒体与多媒体技术的基本概念、数字音频、数字图像、数字视频、计算机动画的计算机处理技术，对目前常用的几种多媒体应用软件及其基本操作方法做了较详细的介绍。

多媒体技术是伴随着计算机技术、电子技术和通信技术而不断发展的一门新的技术。多媒体技术是交互式综合处理多种信息媒体的技术。它具有信息载体的多样性、集成性和交互性这三个主要特征。其应用范围涉及人类社会的众多方面。

自然界的声音是一种模拟的音频信息，是连续量。计算机只能处理离散量的数字量，为了便于计算机进行处理，就必须将其转换成数字编码的形式，这个过程称为声音信号的数字化。声音信号数字化的过程可分为采样、量化和编码三步。由此获得的声音称为数字声音（又称为波形声音）。计算机中用于声音数字化的硬件称为声卡（或声音处理部件）。影响波形声音质量好坏的主要参数有：采样率、量化精度、声道数和使用的压缩方法。利用专用的声音编辑软件可以方便地对声音进行录音和编辑处理等操作。MIDI音乐是乐曲数字化的又一种形式，具有占用的存储空间小、容易编辑等优点。

数字图像是对图像数字化的结果。图像数字化过程，大体分为采样、分色和量化三步。扫描仪、数码相机是最常见的图像输入设备。像素是构成数字图像的基本单位，在计算机中存储的每一幅数字图像，除了所有的像素数据之外，还涉及图像大小（也称为图像分辨率）、位平面的数目、颜色空间的类型和像素深度等图像描述信息。数字图像有多种图像格式和压缩标准，JPEG是使用较多的一种数字图像压缩标准。利用图像处理软件可对数字图像进行不同的处理。

数字视频与计算机动画是多媒体技术处理的重要内容。数码摄像机与视频卡是视频数字化的主要设备。MPEG-1、MPEG-2、MPEG-4和MPEG-7是目前使用较多的视频编码标准。我们所熟悉的VCD采用的是MPEG-1标准，DVD采用的则是MPEG-2标准。

计算机动画是视频的一种特殊表现形式。一段动画事实上是由相互关联的若干幅静止图像组成的图像序列所构成的，由于人类“视觉暂留”的生理现象，当连续播放这些静止图像时便形成一组动画。利用动画制作软件可以方便地完成一般动画的制作。

习 题 五

1. 什么是媒体?什么是多媒体?其主要特点是什么?
2. 何为多媒体技术?多媒体系统如何构成?
3. 声卡的主要功能有哪些?声卡一定是一块卡吗?
4. 何为视频卡?有哪几种类型?
5. 多媒体软件分为哪几种类型?各有什么功能?
6. 声音如何数字化?声音数字化主要有哪几步?
7. 何为MIDI音乐?MIDI音乐是如何产生的?有什么优点和不足?
8. 什么是图像?在空间上和二维平面上图像是如何表示的?
9. 什么是计算机图像处理?数字图像处理技术包括哪些内容?
10. 图像数字化过程的基本步骤是什么?
11. 图像数字化的主要设备有哪些?
12. 图像的描述信息(属性)主要有哪些?何为真彩色?
13. 颜色深度反映了构成图像的颜色总数目,某图像的颜色深度为16,则可以同时显示的颜色数目是多少?
14. 常见的数字图像文件格式有哪些?
15. 图像分辨率与屏幕分辨率有何区别?有一幅分辨率为320×240像素的彩色图像,在显示器分辨率为640×480像素的屏幕上显示,图像在屏幕上的显示面积占整个屏幕的多少?如果有一幅分辨率为280×960像素的彩色图像,显示器的分辨率为640×480的像素,那么在屏幕上只能看到整幅图像的多少?
16. 什么是多媒体计算机系统?是由什么组成的?多媒体操作系统、多媒体创作工具和多媒体应用软件主要的作用是什么?
17. 声卡的主要功能是什么?使声音比较真实、音质清晰取决于声卡的什么性能?
18. 视频卡的主要作用是什么?视频捕捉卡能捕捉什么信号?保存为什么格式的文件?
19. 视频捕捉卡主要涉及哪些性能指标?
20. CD-ROM有内置式和外置式,它们分别与计算机怎样连接?通常所说的CD-ROM的倍速具体是针对什么而言的?
21. 数码摄像头像素数在30万以上,最高解析度怎样?
22. 什么影视格式是Windows直接支持的?这种文件格式是采用什么方式压缩的?画面质量怎样?
23. 试计算以44.1 kHz采样,16位量化精度,双声道录制5分钟的波形声音,若未加压缩,其信息量为多少。
24. 数字图像存储所需的数据量如何计算?一幅1 024×768、256色的数字图像,未压缩时的数据量为多少?
25. 用于静态图像、动态图像压缩最流行的国际标准有哪些?
26. 何为MP3?其压缩标准是什么?
27. 何为VCD、DVD?其压缩标准分别是什么?

实验5.1　声音编辑

一、实验目的

1. 掌握Windows“录音机软件”的使用
2. 掌握Cool Edit运行方式和声音编辑与处理的常用处理技术
3. 了解和熟悉Cool Edit基本工具和使用方法
4. 掌握对数字声音进行合成、转换等操作的方法

二、实验内容

(1) 利用Windows中的“录音机软件”分别录制两段语音信息,内容如下:

第1段：

登鹳雀楼——王之涣

白日依山尽,黄河入海流。

欲穷千里目,更上一层楼。

第2段：

诗文赏析

黄昏时分登上鹳雀楼,万里河山,尽收眼底;夕阳也在遥远的天际渐渐沉落。首二句诗“缩万里于咫尺”,使咫尺有万里之势,苍茫壮阔,气势雄浑。末二句是境界的升华,出人意表,别有一番新意,既有高瞻远瞩之胸襟,又寓孜孜进取之深意,有情有理。

(2) 利用CoolEdit将两段录音合并为一段,要求第2段在第1段之后。

(3) 为编辑的声音配背景音乐,背景音乐文件自己选择,可为mp3、wav、mid等格式的文件。

(4) 单击“播放”按钮预听处理后的效果。

(5) 将正在编辑的文件转化为mp3格式,并存盘保存。

三、实验步骤

(1) 运行Windows中的“录音机软件”,分别录制第1段、第2段,将其保存在C盘中,文件名分别为one.wav和two.wav。

① 将麦克风插入计算机的麦克风插孔。

② 在Windows中单击“开始”→“所有程序”→“附件”→“娱乐”→“音量控制”,打开录音机软件控制面板。如图5.46所示。

③ 按下程序界面上的红色“录音”按钮,对着麦克风朗读第1段录音材料,程序便开始接收由麦克风输入的声音。如图5.47所示。

默认录音“长度”值为60秒,当录音进行到60秒时将自动停止。如果再次按下“录音”按钮,“长度”值将会增加60秒。

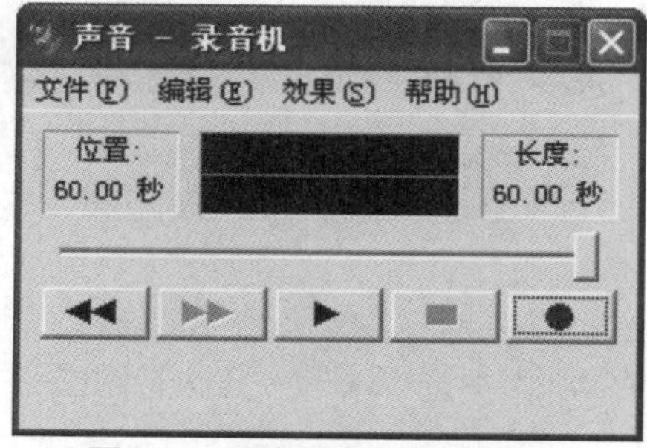

图5.46　录音机程序录音界面1

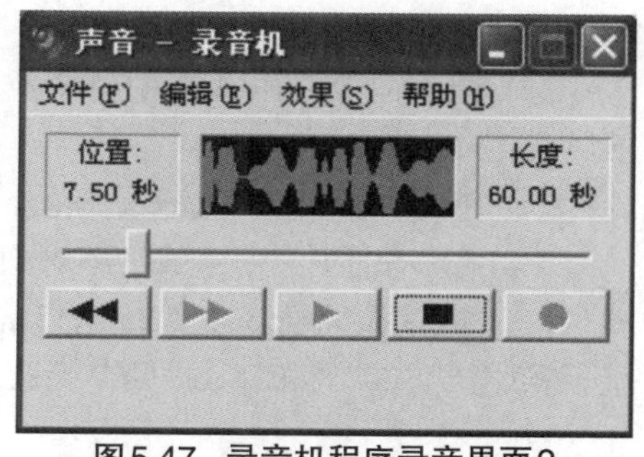

图5.47　录音机程序录音界面2

④ 本段录音结束之后,选择“文件”→“保存”命令,输入文件名one.wav,便可将刚录入的数字声音存盘。

⑤ 重复上述步骤②~④录入第2段录音材料。

(2) 利用Cool Edit将两段录音合并为一段,第2段在第1段之后。

图5.48 Cool Edit运行界面

① 运行Cool Edit 2.0软件,打开刚录制的语音文件one.wav。如图5.48所示。

② 打开two.wav文件。

③ 键入Ctrl+A选中全部波形,单击“Edit”菜单,选择“复制”命令,将选中部分复制到剪贴板。

④ 单击文件面板中的one.wav,将光标移到波形图的最后,单击“Edit”菜单,选择“粘贴”命令,便将声音文件two.wav并到one.wav文件的后面,如图5.49所示。

图5.49 声音合并后的运行界面

(3) 为正在编辑的文件配上背景音乐。

① 选择一个准备配音的背景音乐(假设背景音乐文件名为music.mp3)。

② 打开文件py.mp3。

③ 键入命令Ctrl+A选中整个波形;单击“Edit”菜单,选择“复制”命令,将选中部分复制到剪贴板。

④ 单击“编辑”菜单,选择“混合粘贴”命令。

(4) 单击“播放”按钮试听编辑效果。

(5) 将正在编辑的文件转化为mp3格式,并存盘保存。

单击“文件”菜单下的“另存为”,为文件取名,在“保存类型”中选*.mp3,并点击“确定”。

实验5.2　图像编辑(一)

一、实验目的

1. 掌握Photoshop运行方式和数码照片常用处理技术
2. 了解和熟悉Photoshop基本工具的作用和使用方法
3. 掌握对数码相片中人脸的修饰和美化方法
4. 熟练使用套索工具、羽化工具和仿制图章工具

二、实验内容

利用Photoshop导入一幅人物数码相片，对人脸进行修饰。要求在尽可能多地保持皮肤原来肤色和光泽的同时，消除眼袋。要编辑的图像的前后效果如图5.50所示。

图5.50　编辑的图像的前后效果

三、实验步骤

(1) 运行Photoshop软件。

单击“文件”菜单，选择“打开”，选择需要处理的数码相片。

(2) 消除黑眼袋。

① 选择工具箱中的仿制图章工具，在选项栏上设定画笔的大小，一般来说，画笔的宽度应该等于要修复区域的一半或略多。

② 选项栏上的“不透明度”设置为50%，并把“模式”改为“变亮”，其目的是使所做的操作只影响比采样点更暗的区域。

③ 按住Alt键，在右眼附近无眼袋的区域点击一次，Photoshop 7.0将把这个区域作为采样区。

④ 选择“仿制图章”工具，拖动鼠标在黑眼袋的部位绘制，以减轻或清除眼袋。一般需要多描几笔，直至彻底消除黑眼袋。

⑤ 用同样的操作去除面部的其他黑斑。

实验5.3 图像编辑(二)

一、实验目的

1. 了解和熟悉Photoshop7.0基本工具的作用和使用方法
2. 掌握对数码相片中背景的修饰及对光线的调节方法
3. 掌握前后背景切换及对裁剪工具、画笔工具和图层的使用

二、实验内容

利用Photoshop导入一幅数码相片,将天空变为蓝色。原始照片如图5.51所示。

图5.51 待编辑的照片

三、实验步骤

(1) 运行Photoshop,导入要编辑的数码相片。

(2) 将前景的沙丘、远山背景与灰色天空分开。

① 选择菜单命令“滤镜”→“抽出”,打开“抽出”命令对话框,如图5.52所示。

图5.52 “抽出”命令对话框

② 在左侧的工具栏中选择最上面的边缘高光工具(快捷键为B),在右侧的选项栏中将笔刷尺寸设为20。

③ 在图像中天空与沙丘、远山背景的交界处涂抹上绿色高光。涂抹一定要贯穿整个图像,不留间断;对于比较复杂的边缘,可以涂抹得粗重一点;涂抹过程中可用橡皮擦工具修改。

④ 选择填充工具(快捷键为G),在图像中需要保留的部分,单击填充透明的蓝色。在选项栏中将光滑度设为2,然后按下"OK"按钮。我们看到图像的白色背景已经变成透明的了,也就是说前景部分被我们"抽出"来了。如图5.53所示。

图5.53　抽取后的效果

(3) 制作蓝天。

① 在图层调板上,我们注意到原来的背景图层已经变成了普通图层"图层0",单击"图层",选择"新建图层"创建一个新的图层,命名为"蓝天",如图5.54所示。

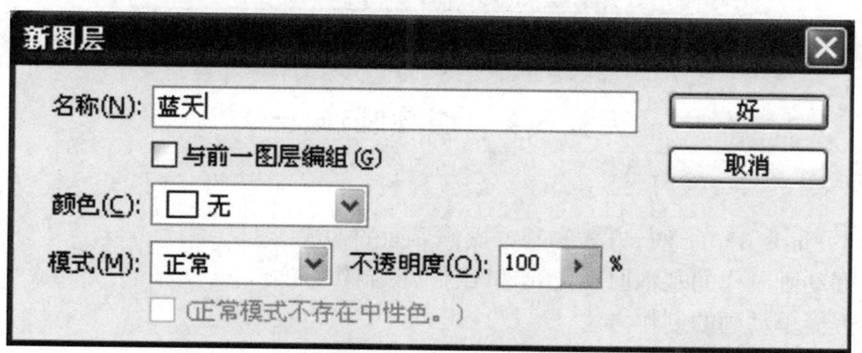

图5.54　新图层对话框

② 单击工具栏上的"前景色色块",在弹出的拾色器对话框中将前景色的颜色值设为R50、G110、B210的蓝色,如图5.55所示。再用同样的方法将背景色设为R120、G180、B250的浅蓝色。

③ 选择渐变工具,在选项栏上的渐变拾色器中选择前景色到背景色的渐变,如图5.56所示。然后在图像中的透明区域上方单击并向斜下方拖动,得到蓝色渐变的天空。

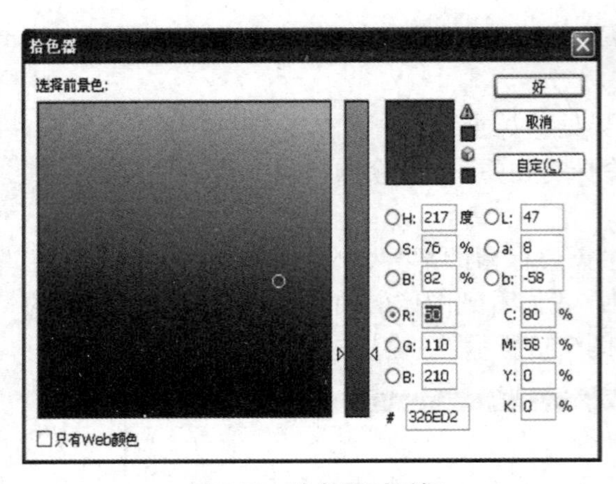

图5.55　拾色器对话框

图5.56　选项栏上的渐变拾色器对话框

(4) 单击“图层”菜单选择“排列”将“蓝天”置为底层(结果如图5.57所示)。

图5.57　编辑后的图像效果

实验5.4　动画制作(一)

一、实验目的

1. 熟悉Flash MX的运行方式和基本操作界面的构成
2. 掌握动画制作的基本原理及元件(组件)的制作方法
3. 掌握简单动画的制作方法
4. 掌握补间形状动画的制作方法
5. 掌握动画作品的保存与发布方法

二、实验内容

利用Flash的补间形状动画的制作方法,创作一个球由大变小的Flash动画。

三、实验步骤

① 运行Flash MX。在时间轴的第1帧处，选择工具箱中的椭圆工具，并在填充色中选择绿色渐变色；在场景1的舞台中央画出一个小圆。

② 在第30帧处，单击鼠标右键，在快捷菜单中选择“插入空白关键帧”命令；选择工具箱中的矩形工具，并在填充色中选择绿色渐变色；在场景1的舞台中央画出一个大圆。

③ 单击第1帧处，在属性面板中的“补间”下拉列表中选择“形状”。

④ 按Enter键，查看动画效果。

⑤ 单击“文件”中的“保存”命令，以给定的文件名保存到C盘中。

实验5.5　动画制作(二)

一、实验目的

1. 熟悉Flash MX中图像文件的导入操作
2. 掌握补间动画中运动动画制作的基本原理
3. 掌握元件(组件)的制作方法
4. 掌握图层、场景等方法的运用
5. 掌握为运动对象绘制运动路径的方法

二、实验内容

制作一个小船移动的动画。要求随着小船的远去，小船慢慢变小，最后从人们视线中消失。如图5.58所示。

图5.58　动画效果示意

三、实验步骤

① 运行Flash MX,单击属性面板中的“文档属性”按钮,在弹出的文档属性对话框中,设定动画的大小为500 px×300 px。

② 单击“文件”菜单中的“导入”命令,打开背景图片文件:river.jpg。

③ 在时间轴窗口的第1帧处,单击工具箱中的任意变形工具,将导入的图片调整到与舞台同等大小。

④ 在图层1的第50帧处单击鼠标右键,在弹出的快捷菜单中选择“插入帧”命令,使图片在动画的全过程中一直显示。

⑤ 单击时间轴面板中的“插入图层”按钮,创建图层2。

⑥ 选中图层2中的第1帧,单击“文件”菜单中的“导入”命令,导入小船文件:boat.bmp。

⑦ 使用任意变形工具,将导入的图片调整到合适的大小。

⑧ 选择“修改”菜单中的“分离”命令将图片打散。

⑨ 单击工具箱中的套索工具,在其选项区中选择魔术棒工具,单击小船图片的背景,然后按Delete键将打散后图片的白色背景去掉。

⑩ 选择“修改”菜单中的“转换为元件”命令,将处理好的图片转换为一个“图形”类型的符号。

⑪ 在图层2的第1帧处将小船移到舞台左下部的河面上。

⑫ 在图层2的第20帧处单击鼠标右键,在弹出的快捷菜单中选择“插入关键帧”命令,插入一个关键帧。将小船移到小河的转弯处。

⑬ 在图层2的第50帧处单击鼠标右键,在弹出的快捷菜单中选择“插入关键帧”命令,插入一个关键帧。将小船移到小河的最远处。

⑭ 单击图层2时间轴面板中的第1帧处,在属性面板中的“补间”下拉列表中选择“动作”。

⑮ 按Enter键,看动画效果。

⑯ 单击“文件”中的“保存”命令,以给定的文件名保存。

四、思考与实践

如何让小船在由近变远的过程中越来越小?

第六章 数据库基础

随着计算机技术特别是数据库技术、网络技术的不断发展，社会信息化的进程得到了长足的发展。不论是生产企业、商业、金融、政府还是个人越来越离不开计算机信息系统。而数据库技术是计算机信息系统的基础和核心，所以了解数据库技术的有关概念、原理和设计方法，对于使用计算机信息系统是非常重要的。

通过本章的学习，学生要掌握数据处理及数据库系统的有关概念，掌握关系型数据库的特点及相关术语，了解数据库的设计方法，掌握Access数据库的建立、数据维护和数据查询的操作方法，了解SQL语句的使用方法。

§6.1 数据库技术概述

6.1.1 数据管理技术的发展

数据管理技术是应数据处理发展的客观要求而产生的，反过来，数据管理技术的发展又促进了数据处理的广泛应用。数据处理是指数据的分类、组织、编码、存储、查询、统计、传输等操作，向人们提供有用的信息，所以，在许多场合人们不加区分地把数据处理称为信息处理。数据处理中的数据可以是数值型数据，也可以是字符、文字、图表、图形、图像、声音等非数值型数据。

下面简单介绍数据处理的三个不同发展阶段。

1. 人工管理阶段

在计算机应用于数据处理初期，数据管理处于人工管理阶段，程序员不仅要规定数据的逻辑结构，而且还要设计数据的物理结构，包括数据的存储位置、存取方式等。其主要特点是数据依附应用程序，数据独立性差，数据不能共享。

2. 文件管理阶段

为了克服人工管理阶段的弊端，20世纪50年代后期至60年代中期，数据管理进入文件管理阶段。文件管理阶段，数据以独立于应用程序的文件来存储，应用程序通过操作系统对数据文件进行打开、读写、关闭等操作。解决了应用程序与数据过分依赖的问题，实现了一定限度内的数据共享。图6.1反映了应用程序与数据文件的关系。可以看出，一个应用程序可以访问多个数据文件，一个数据文件也可为多个应用程序所使用。

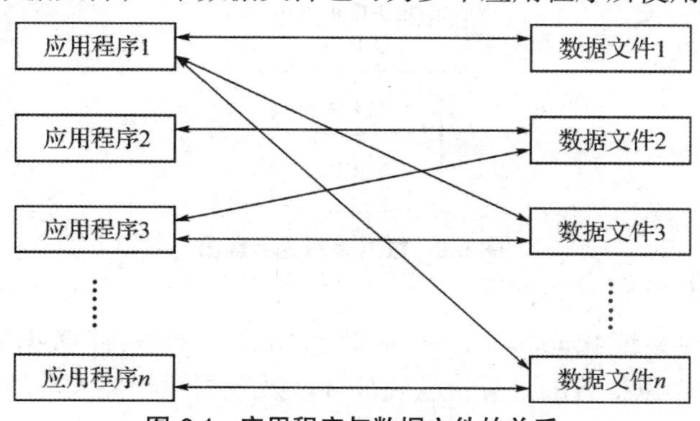

图 6.1 应用程序与数据文件的关系

尽管文件管理阶段较人工管理阶段数据管理有了长足的发展,推动了计算机在数据处理方面的应用。但是在面对数据量大且结构复杂的数据处理任务时,文件管理还存在着许多致命的弱点,归纳起来主要有如下几点。

① 数据独立性差。数据文件通常是按记录的形式来存放数据的,一旦记录的结构发生变化势必导致相应的应用程序被修改。因此,虽然数据与应用程序在物理上是独立的,但是数据的逻辑独立性仍然得不到保证。

② 数据冗余度大。在文件系统中,数据文件一般为某一个用户或某一个用户组所有,数据仍然是面向用户的,数据共享性差,冗余度大,极易导致数据的不一致。

③ 数据处理效率低。文件系统一般不具有支持多个应用程序同时访问同一个数据文件的能力(即并发访问能力),因此系统效率低下。

④ 数据的安全性、完整性得不到控制。数据无集中管理,不能提供一套安全控制措施及完整性约束机制。

⑤ 数据是孤立的。文件之间缺乏联系,相互独立,不能反映客观世界各种事物之间的千丝万缕的联系。

由于文件系统存在以上自身难以解决的问题,导致数据处理效率低,维护成本高,阻碍了计算机数据处理的发展,这正是数据库系统产生的背景。

3. 数据库管理阶段

20世纪60年代后期,为了克服文件系统的弊端,适应迅速发展的庞大而复杂的数据处理应用需求,以数据统一管理和数据共享为特征的数据库管理系统(Data Base Management System,简称DBMS)诞生了。当然,数据库管理系统的推广使用也归功于当时的大容量快速硬盘相继投入市场。世界上最早推出的数据库系统当属美国通用电气公司于1963年研制出的IDS(Integrated Data Store)系统。

数据库有数据独立性强、冗余度小、安全可靠等许多优点(详见6.1.3小节)。这主要是由于数据库的数据是结构化的数据;数据库的数据不仅反映数据本身的定义,同时还反映数据之间的联系;数据库数据的存取和维护都是由数据库管理系统进行统一管理。应用程序与数据库的关系如图6.2所示。可以看出,所有应用程序都是通过数据库管理系统访问数据库的。

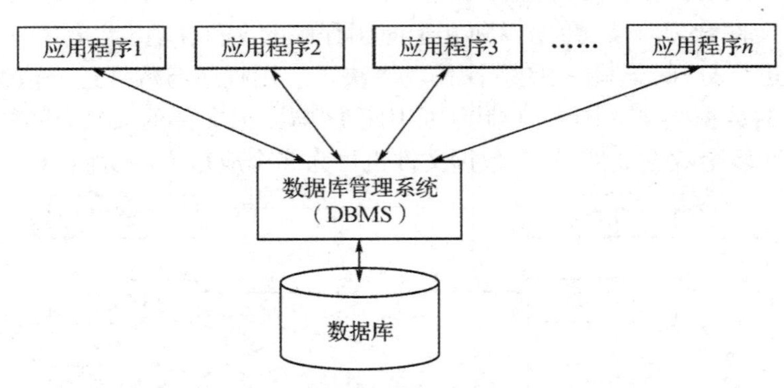

图6.2 数据库系统示意图

6.1.2 数据库系统

一般认为数据库系统(Database System,简称DBS)是数据库、数据库管理系统、应用程序、数据库管理系统赖以执行的计算机软硬件环境及数据库相关人员的总称。

1. 数据库

数据库(Data Base,简称DB)是指按一定的数据结构进行组织的、可共享的、长期保存的相关信息的集合。数据库中不仅保存了用户直接使用的数据,还保存了定义这些数据的数据类型、模式结构等数据——"元数据"。数据库管理系统就是通过"元数据"对数据库进行管理和维护的。

2. 数据库管理系统

数据库管理系统(DBMS)是对数据进行管理的软件系统,它是数据库系统的核心软件,如Oracle、SQL Server、Access等由计算机软件生产企业提供的数据库管理系统。DBMS的主要组成如图6.3所示。

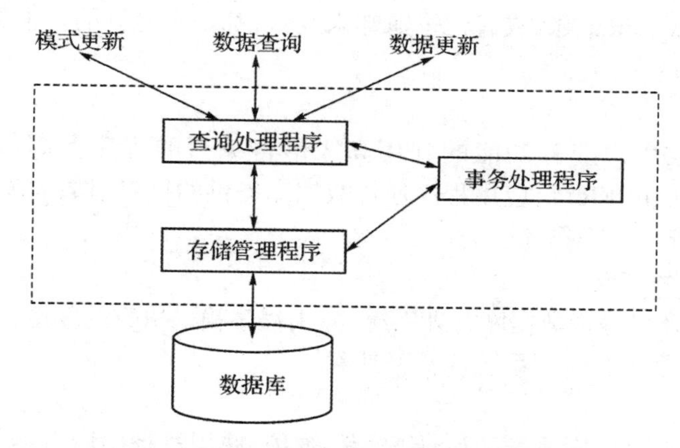

图 6.3　数据库管理系统的主要组成部分

数据库管理系统接口接收三种类型的输入,即模式更新、数据查询、数据更新,由查询处理程序解释优化这些请求,然后提交给存储管理系统进行对数据库的操作。

(1) 模式更新

数据模式的修改是指对数据的逻辑结构的修改,可以是增加新的数据对象或修改已存在的数据对象结构。如在一个学生学籍数据库中增加学生获奖数据,或在已存在的学生数据中增加照片信息。模式更新命令一般只能由数据库管理员使用,属于数据定义功能(Data Definition Language,简称DDL)。

(2) 数据查询

数据查询是对数据库进行查询和统计,通常有两种方式:一是通过联机终端直接进行交互式查询;二是通过应用程序访问数据。

(3) 数据更新

数据更新是对数据进行插入、修改和删除等功能。对数据的更新和对数据的查询一样,也可以有交互方式和程序方式。

数据查询、数据更新同属于数据库的数据存取功能(Data Manipulation Language,简称DML)。

(4) 查询处理程序

查询处理程序的功能是接收到一个较高级语言所表示的数据库操作后,进行解释、分析、优化,然后提交给存储管理程序,使其执行。查询处理程序最复杂和最重要的部分是查询优化,在庞大复杂的数据库中,设计一条最优的查询计划,如先做什么、后做什么等,这直接影响查询的效率,有时不当的查询次序甚至是不可行的。

(5) 存储管理程序

根据查询处理程序的请求,存储管理程序的功能可以是更新数据库中的数据,也可以是获取数据库中的数据并返回给查询处理程序。存储管理程序是低层直接存取数据库物理数据块的管理程序。

(6) 事务处理程序

从图6.3中可以看出,事务处理程序控制着查询处理程序、存储管理程序的执行。所谓事务是指一组按顺序执行的操作单位,这组操作要么"全部执行",要么"一个也不执行",这样才能保证数据库数据的一致性。如从自动取款机取款和客户账户的记账就是一个事务,显然,如果只吐出钱而未记账,或者记了账却未吐钱,都是不允许的。事务处理正是为了解决这类问题而设计的。

3. 应用程序

一般是指完成用户业务功能的利用高级语言编写的程序。高级语言可以是VB、DELPHI、POWERBUILDER等,应用程序通过数据库提供的接口对数据库的数据进行增加、删除、修改、查询、统计等操作。

4. 计算机软硬件环境

计算机软硬件环境是指数据库管理系统、应用程序赖以执行的环境,包括计算机硬件设备、网络设备、操作系统及应用系统开发工具等。

5. 相关人员

相关人员是指在数据库系统的设计、开发、维护、使用过程中所有参与的人员。主要有数据库管理员(Data Base Administrator,简称DBA)、系统分析设计人员、系统程序员、用户等,其中数据库管理员在大型数据库应用中负有重要的职责,负责对数据库进行有效的管理和控制,解决系统设计和运行中出现的问题。

可以看出,数据库、数据库管理系统、数据库系统是不同的概念,使用时要注意区分。

6.1.3 数据库系统的特点

数据库系统不仅克服了文件管理系统存在的主要问题,而且提供了强有力的数据管理功能,数据库系统的主要特点归纳如下。

1. 数据的结构化

数据库数据是按照一定的数据结构来组织、描述和存储的,称为数据集成化或数据结构化。数据库数据不仅反映数据本身,而且反映数据之间的联系。这是数据库与文件系统之间的本质区别之一,也是数据库优越性的前提和保证。

2. 数据冗余小

数据库数据通常是面向一个单位或一个领域应用的,或者说是面向系统的,而不是面向个别的,这样可减少系统中数据的重复存储,实现数据的整合、优化,大大降低数据的冗余度,保证数据的一致性。

3. 数据共享

数据库数据是面向系统的,可为多种语言、多个用户共同使用。每个用户根据访问权限控制访问数据库数据的一个子集。数据共享是数据库技术发展的客观要求,也是数据库先进性的一个重要体现。

4. 数据独立性强

数据独立性是指数据独立于应用程序，它包括数据的逻辑独立性和物理独立性。数据的逻辑独立性是指数据库整体逻辑结构的变化，如修改数据定义、改变数据间的联系等，不需要修改应用程序。数据的物理独立性是指数据的物理结构的变化，如存储设备的更换、物理存储格式和存取方式的改变等，不影响数据的逻辑结构，因而也不需要修改应用程序。

5. 数据统一管理和控制

数据库是由数据库管理系统进行统一管理和控制的，要解决多用户数据共享问题。因此，数据库管理系统还要提供数据安全性、数据完整性、并发控制及故障恢复等功能。

6.1.4　数据库系统体系结构的发展

20世纪80年代以来，数据库技术在信息管理领域中得到了广泛的应用。人力资源管理、工资管理、企业进销存管理、证券交易系统、酒店管理无不是数据库应用的成功实例。近年来，计算机网络技术、多媒体技术、面向对象技术的发展，为数据库应用领域开辟了新的空间，数据库体系结构也随着其赖以执行的软硬件环境的变化而不断演变。

1. 集中式数据库系统

早期的DBMS是以分时操作系统为运行环境，采用集中式数据库管理，用户通过终端或远程终端访问数据库系统。在这种系统中，数据是集中存储在本单位的主机上的，数据的管理也是集中的。

2. 客户/服务器结构(Client/Server，简称C/S)

随着计算机网络技术，特别是Internet技术的发展，数据库系统体系结构发生了重大的变化，客户/服务器结构替代了传统的集中式数据库管理模式。所谓客户是指用户使用的工作站，它直接面向用户，接收并处理任务，将其中需要对数据库操作的任务委托给服务器去执行；服务器响应客户机的请求，完成对数据库的查询、更新操作，并将结果反馈给客户机，如图6.4所示。可以看出，客户/服务器结构的数据管理仍然是集中的，但处理上是分布的，从而降低了对数据库服务器的性能要求。

图6.4　C/S结构

目前，一般利用高级语言如VB、Delphi、PowerBuilder作为客户机系统开发的工具，其中嵌入SQL语言可通过开放数据库互连(ODBC)接口访问服务器端数据库。为了适应企业应用发展的需要，近年来又提出了一种三层客户/服务器结构。所谓三层，是指在客户层与服务器层之间添加了一层用于实现企业业务规则的中间层。

3. 浏览器/服务器结构(Browser/Server，简称B/S)

浏览器/服务器结构由三个层次组成：Web浏览器、Web服务器和数据库服务器。如图6.5所示。客户端只需安装通用的浏览器软件，下载Web服务器的网页，对数据库中的数据进行查询和更新等操作。应用系统只需安装在Web服务器端，为应用系统的安装、升级和维护提供了极大的方便性。浏览器/服务器结构中，数据仍然是集中式管理的。

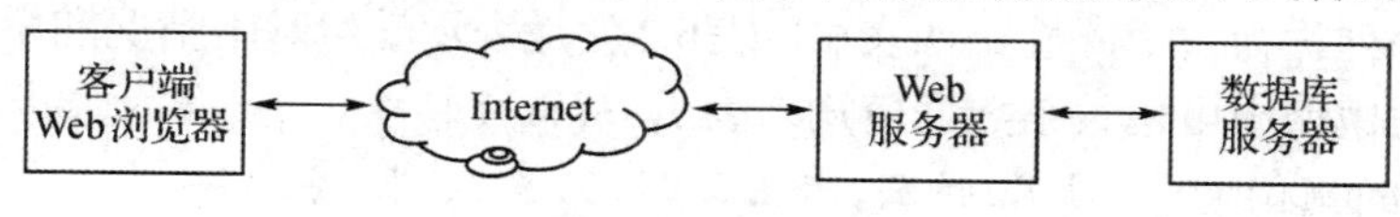

图6.5　B/S结构

4. 分布式数据库

由于数据库应用规模的扩大和用户地理位置分散的实际情况,数据的集中管理将会产生许多问题。如每个用户的结点计算机通过网络存取数据,通信开销很大,影响存取效率;更严重的是如果集中式数据库不能正常工作,将导致整个系统的瘫痪,在某些应用场合这是不能容忍的。由此促进了分布式数据库的研究与发展。

分布式数据库中,数据按其来源和用途,合理地分布在系统中多个地理位置不同的计算机结点上,使大部分数据能就近存取。数据在物理上的分布,由系统统一管理。

随着应用需求的不断发展,数据库应用范围越来越广泛,除以上谈到的集中式和分布式数据库系统外,还有并行数据库系统、工程数据库系统、空间数据库系统、多媒体数据库系统、模糊数据库系统、主动数据库系统等。近年来,数据库技术应用于决策支持领域,又引出了数据仓库、数据挖掘等概念。

§6.2 关系型数据库

6.2.1 数据模型

数据模型(Data Model)是现实世界数据特征的抽象,是用来描述数据的一组概念和定义。由于计算机不能直接处理现实世界中的具体事物,所以人们必须事先把具体事物转换成计算机能够处理的数据,即按DBMS支持的特定数据模型组织数据。通常,一个数据库的数据模型由数据结构(如树型、网状型等)、数据操作(如查询、更新操作等)和数据约束条件三部分组成。

1. 常用数据模型

上一节已介绍了数据库中的数据是按照一定的结构(数据模型)来组织、描述和存储的。常见的数据模型有网状数据模型、层次数据模型、关系数据模型和面向对象数据模型。

① 层次模型:按树型结构描述客观事物及其联系。

② 网状模型:按网状结构描述客观事物及其联系。

③ 关系模型:按二维表结构描述客观事物及其联系。关系型DBMS一直是数据库管理系统的主流产品,PC机上使用的数据库有Visual Foxpro、Access等,大中型数据库有Oracle、Sybase、SQL Server等。

④ 面向对象模型:用更接近人类思维的方式描述客观世界的事物及其联系,而且描述问题的问题空间和解决问题的方法空间在结构上尽可能一致,以便对客观实体进行结构模拟和行为模拟。

关系型数据模型概念清晰、简洁,能用二维表表示事物和事物之间的联系,因此,目前关系型数据库应用非常广泛。为此,这里只介绍关系数据模型。

2. 关系数据模型

在关系数据模型中,所有的信息都是用二维表表示的,每一张二维表称为一个关系(relation)或者表(table),用来表示客观世界中的事物。它由表名、行和列组成,每一行称为一个元组,每一列称为一个属性。如表6.1、表6.2就是表示学生基本情况和学生成绩的二维表,在关系数据模型中可用关系数据模式来表示:

学生基本情况(*学号,姓名,性别,出生日期,院系,专业,备注)

学生成绩(★学号,姓名,★课程,成绩)

可以看出,关系数据模式由以下几部分组成。

① 关系名:“学生基本情况”“学生成绩”。

② 属性:“学号”“姓名”“性别”“出生日期”“院系”“专业”“备注”为关系学生基本情况的属性名,“学号”“姓名”“课程”“成绩”为关系学生成绩的属性名。

③ 主键:学生基本情况关系中,“学号”为主键,学生成绩关系中,“学号”“课程”属性组为主键(关系数据模式中主键是指该模式的某个或某几个属性,它能唯一确定二维表中的一个元组)。

表6.1　学生基本情况表

学号	姓名	性别	出生日期	院系	专业	备注
00010101	李林	男	1981-8-4	中文系	现代汉语	
01020102	高山	男	1982-4-20	计算机系	计算机应用	党员
01020201	林一风	女	1983-5-2	计算机系	计算机应用	
01010201	朱元元	女	1982-7-15	中文系	新闻	班长

表6.2　学生成绩表

学号	姓名	课程	成绩
00010101	李林	大学英语	84
00010101	李林	计算机信息技术	92
00010101	李林	大学语文	82
01010201	朱元元	大学英语	70
01010201	朱元元	计算机信息技术	87
01010201	朱元元	大学语文	55
01020102	高山	大学英语	90
01020102	高山	计算机信息技术	90
01020102	高山	大学语文	84
01020201	林一风	大学英语	78
01020201	林一风	计算机信息技术	52
01020201	林一风	大学语文	72

3. 联系

现实世界中的事物是有联系的,在关系数据模型中,表与表之间的联系有三种:

(1) 一对一联系

一对一联系是指对于表A中任一元组,表B中至多有一元组与之对应,反之亦然。假定有表6.1所示的“学生基本情况表”及“学生家庭情况表”,“学生家庭情况表”也以学号为主键,每一位学生的家庭情况用一个元组表示,那么,这两个表的联系就是一对一联系,因为一个学生只有一个家庭情况与之对应,反之,一个家庭情况也只能是一个学生的。

(2) 一对多联系

一对多联系是指对于表A的每一个元组,表B中有若干个元组与之对应;而对于表B中的每一个元组,表A中只有一个元组与之对应。如表6.1“学生基本情况表”与表6.2“学生成绩表”之间的联系就是一对多联系,因为每一个学生有多门课程成绩,而每一门成绩只能属于一个学生。

(3) 多对多联系

多对多联系是指对于表A的每一个元组,表B中有若干个元组与之对应;而对于表B中的每一个元组,表A中也有若干个元组与之对应。如“教师表”与“课程表”就是多对多联系,因为每一个教师承担多门课程的教学,而每一课程的教学可由多位教师来承担。

6.2.2 关系型数据库术语

关系型数据库支持关系数据模型,或者说关系型数据库采用关系数据模型描述客观事物及其联系。在关系数据模型中,用到了关系、元组、属性、联系等术语,在关系型数据库中同样也用到了表、列、行等术语,为了便于以后章节的叙述,有必要对关系型数据库中的有关术语进行解释。

(1) 表

表对应于关系数据模型中的术语关系,它由表名、列名和数据行组成。在关系型数据库中,客观事物及其联系都是通过表来表达的。如表6.1“学生基本情况表”就可以作为数据库表来存储,当然,要给它规定表名。

(2) 列

列对应于关系数据模型中的术语属性,在数据库中,也称为字段或域。表中的每一列都包含一类信息,如“学号”列只包含学生的学号信息。列都有列名及数据类型,如“姓名”列数据类型为字符型,而“出生日期”列数据类型为日期型。

(3) 行

行对应于关系数据模型中的术语元组,在数据库中,也称为记录。表中每一行都由若干列的值组成,表示一个对象的信息。例如在表6.1中,第二条记录表示一个学号为“01020102”、姓名为“高山”的学生的出生日期、所在院系等信息。

(4) 值

表的行列交叉处为值,是数据库中最基本的信息单位,它一般有一定的取值范围(值域),属于某种数据类型。在数据库中还有一个特殊值即空值(Null),表示其值还未确定,它既不是空格也不是零。

(5) SQL

SQL(Structured Query Language)即结构化查询语言,是用来定义、操作、查询和控制数据库的语言。它是关系型数据库的标准语言,具有功能丰富、使用方便灵活、语言简单易学等特点。

§ 6.3 数据库设计

6.3.1 数据库设计概述

数据库及其应用系统开发的全过程可分为两大阶段:数据库系统的分析与设计阶段,数据库系统的实施、运行与维护阶段。本节主要介绍数据库系统的分析与设计。

数据库设计的基本任务是根据一个单位的信息需求、处理需求和具体的数据库管理系统及软硬件环境，设计出数据模式以及应用程序。其中信息需求是指一个单位所需要的数据及其结构。处理需求是指一个单位经常进行的数据处理，如学生的成绩查询、平均成绩统计等。前者表达了对数据库的内容及结构的要求，也就是静态要求；后者表达了基于数据库的数据处理的要求，也就是动态要求。

在简单的关系型数据库的应用中，数据模式设计主要包括基本表(逻辑模式)的设计和视图(外模式)的设计。基本表用来存储应用系统中所有的基础数据，存储在数据库中，而视图是从基本表中导出数据的描述，用户可以像使用基本表一样使用视图。

前面讨论的学生成绩应用中，表6.1"学生基本情况表"、表6.2"学生成绩表"可以作为查询学生信息、学生成绩应用的视图，但一般不作为数据库基本表。因为，不难发现两表中存在着多处的数据冗余，如"学生基本情况表"中的院系、专业，"学生成绩表"中的课程，这样容易导致数据的不一致性。在开发一个数据库信息管理系统时，数据库数据模式设计直接关系到系统性能的高低，甚至关系到系统设计的成败。

实际上，数据库设计是对客观世界数据的抽象过程。这个抽象过程一般分为以下两个阶段。

(1) 现实世界到概念系统的抽象

按用户的观点准确地模拟应用单位的信息需求及处理需求，即对现实世界的数据建模，它不依赖于具体的数据库管理系统，即概念模型设计。

在现实世界中事物多种多样，可以是具体的(如学生、成绩)，也可是抽象的(如兴趣、爱好)，凡是可以被人们识别而又可以相互区别的客观对象统统抽象为实体。同一性质的一类实体的集合称为实体集。如李林、朱元元、高山等学生都是学生实体，而所有的学生构成实体集。实体一般具有特征和性质，称为属性，如学生实体包含学号、姓名、性别、院系等属性。现实世界的事物也是有关联的，在概念模型中抽象为联系。如学生实体集与成绩实体集就存在着一个学生有多门课程成绩的联系。

目前常用E-R(实体—联系)图方法来建立概念模型。建立概念模型的目的是进行概念系统到计算机系统的抽象。

(2) 概念系统到计算机系统的抽象

概念系统以形式化的方法准确地描述了用户的需求，这为抽象成计算机系统的具体的数据模型奠定了基础。本次抽象是把概念模型转换为计算机中DBMS所支持的数据模型，最终形成数据库系统的数据模式。

6.3.2　数据库设计的一般步骤

数据库设计一般分为四步：需求分析、概念设计、逻辑设计和物理设计。下面以学生的成绩管理为例，简单介绍数据库设计的一般步骤。

1. 需求分析

需求分析是对用户提出的各种要求加以分析，对各种原始数据加以综合、整理，以确定应用系统的信息需求、处理需求、安全及完整性要求等，是对系统设计目标的界定。

在学生的成绩管理中，要保存学生的基本信息、学生各门功课的成绩，还涉及相关院系、专业、课程等信息。处理要求主要包括学生成绩的登记、查询、统计等功能，并要求学生只能通过口令查询自己的成绩，而管理人员可以查询、统计所有学生的成绩。为了减少问题的复杂度,这里讨论的学生基本信息包括学号、姓名、性别、出生日期、院系、专业、备注,成绩信息包括学号、姓名、课程、成绩。

2. 概念设计

概念设计是对用户需求进行进一步抽象、归纳,并形成独立于具体DBMS和软硬件环境的概念设计模型,数据库的概念结构通常用E–R模型等来刻画。如图6.6是学生成绩管理的E–R模型。

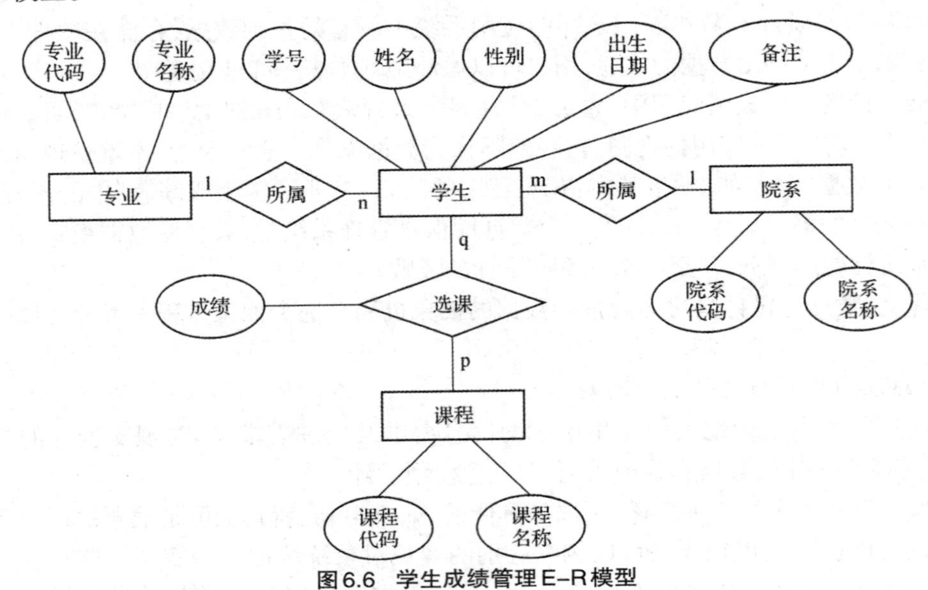

图6.6 学生成绩管理E–R模型

说明:

① 在E–R图中,用矩形框表示实体,菱形框表示联系,椭圆框表示属性。

② 在E–R图中,包括学生、院系、专业、课程实体,学生的成绩是学生选课联系的属性。

③ 专业与学生、院系与学生是一对多联系,学生与课程是多对多联系。这样的设计就不允许一个学生选择多个专业,也不允许一个学生属于多个院系,显然这是符合当前的实际情况的。

概念设计的最终成果除了反映数据概念结构的E–R图外,还包括应用系统的功能设计描述,如系统的功能概图、数据流程图等。

3. 逻辑设计

E–R模型所表示的全局概念结构,是对用户数据需求的一种抽象表示形式,它独立于任何一种数据模型,因而也不为任何一种DBMS所支持。逻辑设计是将概念结构进一步转化为某个具体的DBMS所支持的数据模型,然后再对数据模型的结构进行适当调整和优化,形成合理的全局逻辑结构即基本表,并设计出用户视图。

图6.6表示的全局概念结构可转换成关系模型,具体关系模式如下:

专业(专业代码,专业名称)

院系(院系代码,院系名称)

课程(课程代码,课程名称)

学生(学号,姓名,性别,出生日期,院系代码,专业代码,备注)

选课(学号,课程代码,成绩)

说明：

① 一个实体转换为一个关系模式，实体的属性就是关系的属性，实体的主键就是关系的主键（如关系“学生”中带下划线的“学号”便为主键）。

② 多对多联系转换为关系模式，如“学生”与“课程”实体间的联系“选课”转换为关系“选课”；一对一联系或一对多联系可转换为一个独立的关系模式，也可合并到与之关联的实体中，如“院系”与“学生”之间的一对多联系就合并到关系“学生”中，用属性“院系代码”来表示。

表6.1“学生基本情况表”、表6.2“学生成绩表”要表达的信息是由以上基本表派生出来的视图。

值得注意的是，在一个复杂的数据库应用中，逻辑结构的设计是一项复杂的工作，既要考虑结构准则以保持数据的特性，又要考虑性能准则以获得较高的存取效率。如在关系型数据库设计中，有关系规范化理论专门用于关系的设计，这里不再叙述。

4. 物理设计

数据库在物理设备上的存储结构与存取方式称为物理数据库。数据库物理设计就是为给定的逻辑结构模型选取一个最合适的应用环境的物理结构，以便在时间和空间效率等方面达到设计要求。数据库物理设计不仅依赖于用户的应用要求，而且与DBMS的功能、计算机系统所支持的存储结构、存取方式和数据库的具体运行环境都有密切的关系。如数据存放位置的规划、数据库分区的设计、索引存取方式的选择等都是数据库物理设计的内容。

总之，数据库设计过程具有一定的规律和标准，通常采用“自顶向下、逐步求精”的设计原则。数据库设计不可能“一气呵成”，需要反复推敲和修改才能完成。

§6.4 Access数据库

6.4.1 Access数据库简介

Access 2016数据库是Office 2016软件包系列产品中的一员，它属于桌面关系型数据库管理系统，提供了一个数据管理工具包和应用程序的开发环境，主要适用于小型数据库系统的开发。启动Access 2016，选择新建空白桌面数据库，显示如图6.7所示的工作窗口界面。

Access 2016工作窗口与Office 2016其他应用程序界面的一致性，使得熟悉Word、Excel

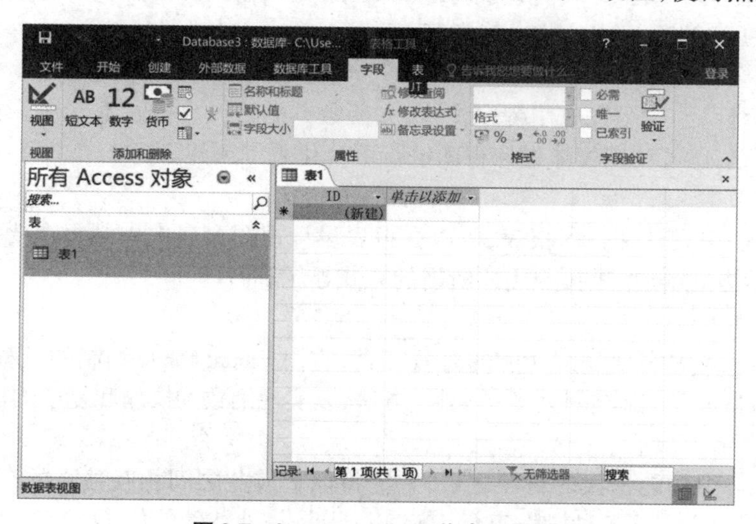

图6.7　Access 2016 工作窗口界面

等软件操作的用户很容易地学会Access 2016的操作。如用户只要单击左窗格中不同的对象就可以进行相应功能的操作。

Access 2016像其他Office 2016应用程序一样提供了强大的帮助功能,用户可以按F1键,获得联网在线帮助。图6.8为Microsoft Access帮助界面。

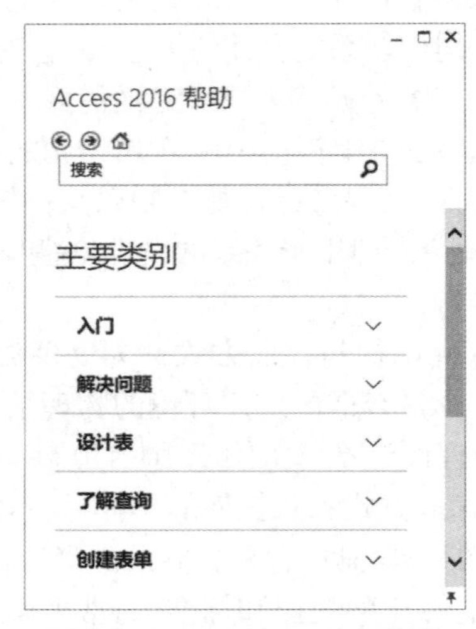

图6.8 Microsoft Access 帮助

Access 2016提供了多种对象以概括数据库应用开发所需的功能。

1. 表对象

表对象提供了设计视图和数据表视图功能。设计视图用于创建和修改表结构,为用户提供了可视化的定义表结构的方法,用户可像填写表格一样定义字段的字段名、数据类型、默认值、有效性规则等。

数据表视图以表格形式向用户提供了直观的数据录入、修改和删除等数据维护功能,同时还提供了数据筛选、排序、打印、数据导出等其他功能。

2. 查询对象

查询用于在一个或多个表内查找特定的数据,完成数据的检索和汇总功能,同时,利用查询也可对数据表进行生成、删除、替换等。

3. 窗体对象

利用窗体可以创建用户应用程序窗口,方便数据的输入、修改、显示等。窗体可利用向导一步步地建立,也可利用窗体设计视图进行可视化手工创建。

4. 报表对象

报表对象用来设计和打印报表,可以在报表设计视图窗口中控制每个要打印元素的大小、位置和显示方式,使报表按照用户所需的方式显示和打印。

5. 模块对象

模块是Access中实现复杂功能的有效工具,它由Visual Basic编制的过程和函数组成。使用Visual Basic可以编制各种对象的属性、方法,以实现细致的操作和复杂的控制功能。

6. 宏对象

宏是Access中功能强大的对象之一,它能将以上彼此之间相互独立的5种对象有机地结合起来,帮助用户实现各种操作集合。宏实际上是一种特殊的代码。

Access数据库是微机上使用的小型数据库管理系统，在大型的数据库应用中，其在数据的检索、维护、并发控制、数据安全等方面都显得薄弱。然而，Access数据库方便、易学、易用，对于小型数据库开发，就显现出其优越性，使用它可以在极短的时间内开发出一个较完善的数据库应用系统，特别适合非计算机专业人士使用。

6.4.2 数据库的建立与维护

Access 2016数据库是许多数据库对象的集合，包含表、查询、窗体、报表、宏和模块。建立Access数据库即是创建诸多的与特定应用有关的对象，这些数据库对象均保存在同一个以.accdb为扩展名的数据库文件中。本小节以学生成绩管理关系模式为例，介绍Access 2016数据库的建立过程，包括数据库的创建、表的建立、记录的输入等内容。

为方便起见，数据库名称定义为“学生成绩.accdb”，数据库各表名称及其字段名称同相应的关系模式名称和属性名称。各数据库表记录内容分别如表6.3、表6.4、表6.5、表6.6、表6.7所示。

表6.3 学生表

学号	姓名	性别	出生日期	院系代码	专业代码	备注
00010101	李林	男	1981-8-4	01	0101	
01020102	高山	男	1982-4-20	02	0201	党员
01020201	林一风	女	1983-5-2	02	0201	
01010201	朱元元	女	1982-7-15	01	0102	班长

表6.4 课程表

课程代码	课程名称
0001	大学英语
0002	计算机信息技术
0003	大学语文

表6.5 院系表

院系代码	院系名称
01	中文系
02	计算机系

表6.6 专业表

专业代码	专业名称
0101	现代汉语
0102	新闻
0201	计算机应用

表6.7 选课表

学号	课程代码	成绩
00010101	0001	84
00010101	0002	92
00010101	0003	82
01010201	0001	70
01010201	0002	87
01010201	0003	55
01020102	0001	90
01020102	0002	90
01020102	0003	84
01020201	0001	78
01020201	0002	52
01020201	0003	72

1. 新建空数据库

新建空数据库是首先建立一个没有任何数据库表、查询、窗体、报表等对象的空数据库,然后再根据需要逐一地创建所需对象。

启动Access数据库,选择"空白桌面数据库"选项,建立数据库。若已经进入Access,可单击"文件"按钮,再执行"新建"菜单功能。

选择保存位置并输入数据库名"学生成绩.accdb",单击"创建"。如图6.9所示。

图6.9 创建空白桌面数据库

2. 打开数据库

对数据库操作,首先要打开数据库,新建数据库完成时,数据库处于打开状态。如果对已存在的数据库进行操作,可按如下步骤进行。

① 启动Access,单击"文件"按钮,执行"打开"菜单功能,然后在最近打开的文件列表中选择数据库文件。

② 若最近打开的文件列表中没有要打开的数据库文件,则可执行"打开"菜单功能,然后单击"浏览",打开如图6.10对话框,选择正确的文件路径及数据库文件,并打开。

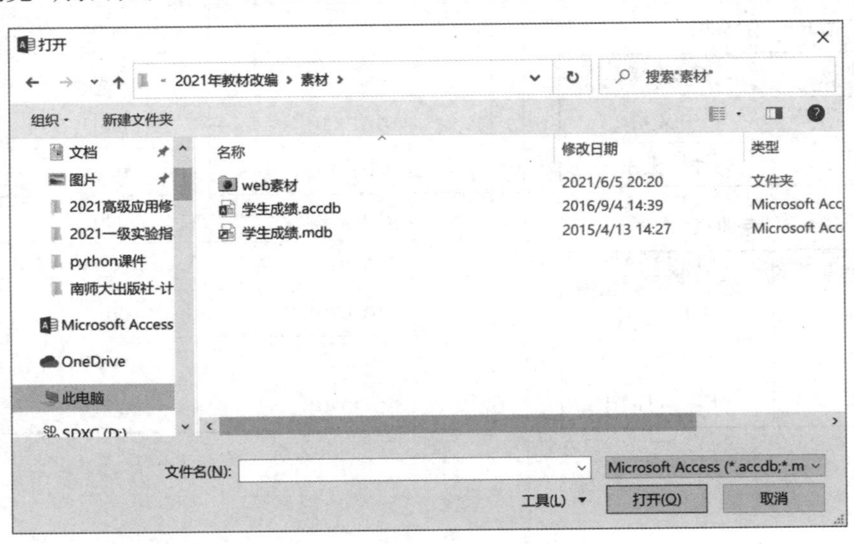

图6.10 "打开"对话框

3. 建立表

建立一个空数据库后，紧接着应该建立数据库表，Access 2016数据库表可以通过使用向导创建表、使用设计器创建表或通过输入设计创建表，也可以通过导入数据生成数据库表和记录。这里所说的建立数据库表是指创建表的结构，表结构包括表的每一个字段的字段名及其数据类型、字段属性、主关键字及索引等内容。

使用设计器创建表，用户可直接输入字段名、选择数据类型等生成自己的表。使用设计器创建表是在数据表"设计视图"下进行的。

主要步骤如下。

① 在如图6.7所示的数据库窗口，单击"所有Access对象"下拉按钮，选择表对象(若当前显示的已是表对象则此步可略)。

② 执行"创建""表格""表设计"功能，打开如图6.11表设计视图对话框。

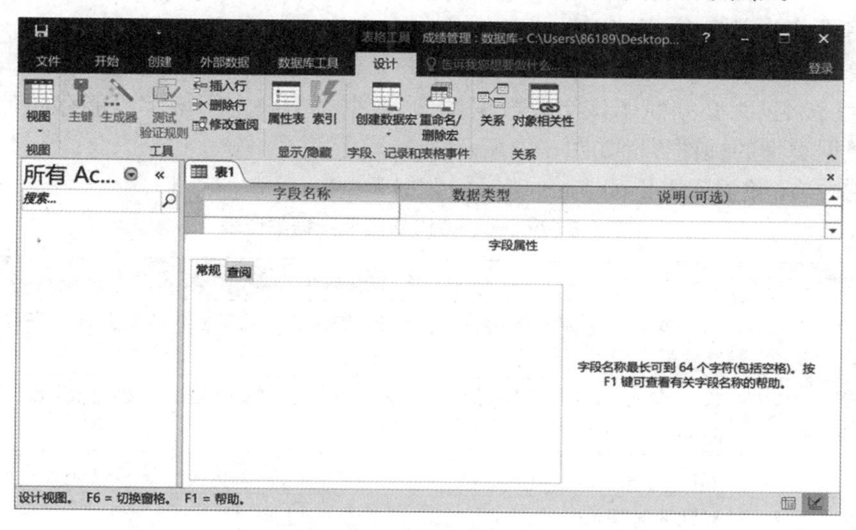

图6.11　表设计视图

③ 输入所有字段，选择其数据类型，并输入其字段大小。

④ 若有必要指定主键字段，可选择该字段(若是多字段构成主键，可按住Ctrl键，选择多个字段)，在"数据库工具"组中选择"主键"功能。

⑤ 以上工作完成后，执行"文件""保存"功能或关闭表设计窗口，在打开的提示窗口中输入新表名称，保存新表。

⑥ 若新表未指定主键，则提示如图6.12所示的信息框，若选择"是"，则在表中增加一自动编号的字段(参见表6.8关于自动编号字段的说明)用于主键。

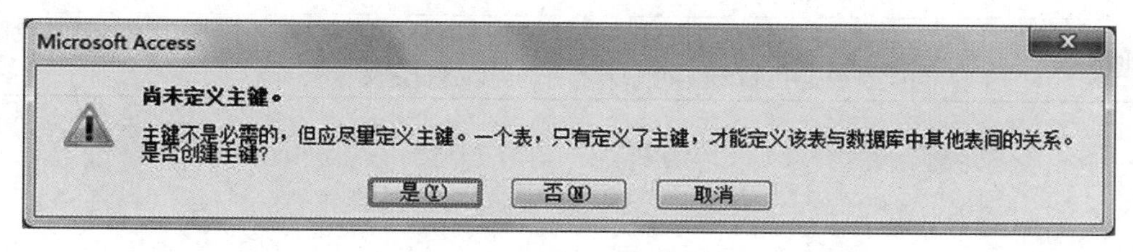

图6.12　提示未建立主键的信息框

Access 2016数据库还提供了通过输入数据创建表的方法,用此方法创建的表使用默认的字段名(字段1、字段2……),Access会根据输入的记录自动指定字段的数据类型,读者不妨一试。

不管用什么方法创建数据库表,都要确定字段名、数据类型及字段说明、字段属性、主键、索引等内容。

(1) 字段名

字段是表的基本存储单位,为字段命名可以方便地使用和识别字段。字段名在表中应是唯一的,最好使用便于理解的名字。给字段命名,必须遵循以下命名规则。

① 字段名最长可达64个字符(包括空格)。

② 字段名可以包含字母、汉字、数字和其他一些字符。

③ 字段名不能包含句号(。)、感叹号(!)或方括号([ ])。

④ 字段名首字符不可为空格。

(2) 数据类型

输入字段名后,必须赋予该字段数据类型,数据类型决定了该字段能存储什么样的数据,选择数据类型的操作界面如图6.13所示。

Access 2016数据库支持如表6.8所示的数据类型。

表6.8 Access 2016数据库数据类型表

数据类型	可存储的数据
短文本	文本或文本与数字的组合,替代低版本的“文本”数据类型,最多存储255个字符
长文本	长文本或文本与数字的组合,替代低版本的“备注”数据类型,最多存储63 999个字符
数字	数值
日期/时间	日期或时间值
货币	货币数据
自动编号	在添加记录时自动插入的序号(每次增加1)
是/否	逻辑值(是/否,真/假)
OLE对象	Microsoft Access表中链接或嵌入的对象(例如Microsoft Excel电子表格、Microsoft Word文档、图形、声音或其他二进制数据)
超级链接	保存超级链接的字段
附件	附加到数据库的外部文件
计算	用于计算的字段
查阅向导	创建字段,该字段将允许使用组合框来选择另一个表或一个列表中的值。从数据类型列表中选择此选项,将打开向导以进行定义

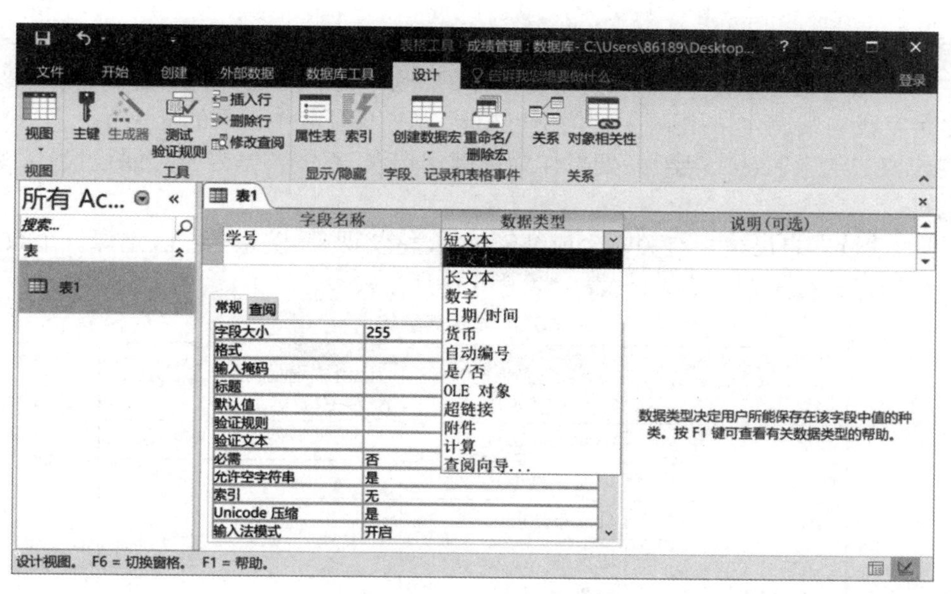

图 6.13　定义数据类型

（3）字段说明

字段说明仅仅用于帮助用户记住或者使其他用户了解它的用途。如果为某一字段输入了字段说明，则每当在 Access 中使用该字段时，字段说明就显示在状态栏上。

输入字段说明的方法是单击“说明”列中的空白位置，然后直接输入字段说明即可。如可在“学号”字段的“说明”列中输入“学号由 8 个数字组成”。

（4）字段大小

字段大小属性可确定一个字段的长度。对于短文本数据类型，字段大小属性值可以为 1 到 255 个字符。对于数字数据类型，可从下拉列表中选择一个值来存储数字的类型，如图 6.14 所示，可选择“整型”“长整型”“单精度型”“双精度型”等。

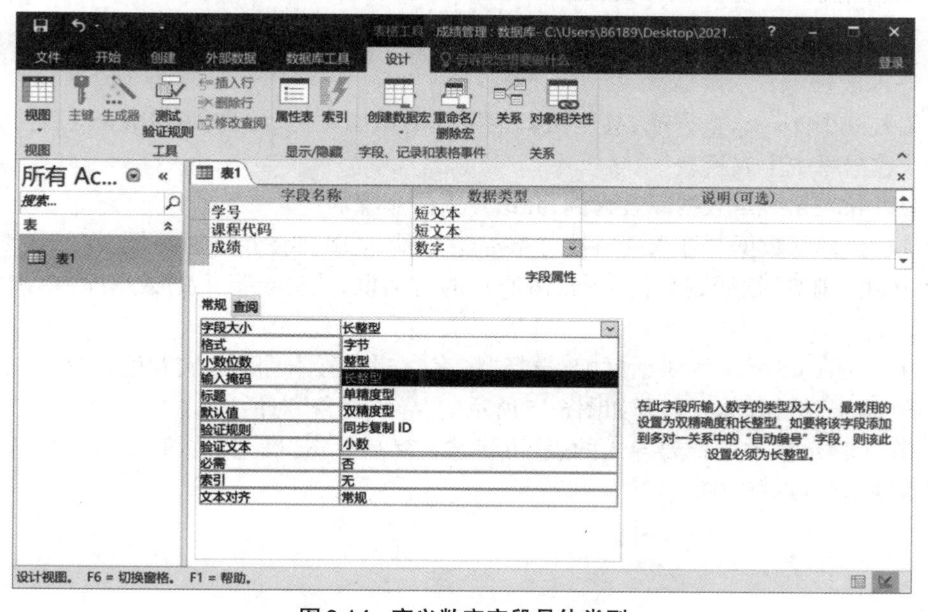

图 6.14　定义数字字段具体类型

(5) 主键

主键即主关键字,对一个表来说不是必需的,但一般都指定一个主键。主键可以由一个或多个字段构成,不同的记录主键值不可相同,从而保证表中记录的唯一性。

例如,在"学生"表中,"学号"便可作为主键;"选课"表中,"学号"与"课程代号"组合可作为主键。

最后,请读者自己建立有关学生成绩管理的学生、课程、院系、专业、选课五个数据表。具体要求见表6.9、表6.10、表6.11、表6.12、表6.13所示。

表6.9 学生表结构

字段名称	数据类型(长度)	说明
学号	短文本(8)	作为主键
姓名	短文本(4)	
性别	短文本(1)	
出生日期	日期/时间	
院系代码	短文本(2)	
专业代码	短文本(4)	
备注	长文本	

表6.10 课程表结构

字段名称	数据类型(长度)	说明
课程代码	短文本(4)	作为主键
课程名称	短文本(10)	

表6.11 院系表结构

字段名称	数据类型(长度)	说明
院系代码	短文本(2)	作为主键
院系名称	短文本(10)	

表6.12 专业表结构

字段名称	数据类型(长度)	说明
专业代码	短文本(4)	作为主键
专业名称	短文本(10)	

表6.13 选课表结构

字段名称	数据类型(长度)	说明
学号	短文本(8)	作为主键
课程代码	短文本(4)	
成绩	数字(整型)	

4. 导入数据

可从另一个Access数据库,甚至从其他格式的数据文件(如Excel、dBase等)导入数据,在Access数据库中生成新表。

下面以导入Access数据库表为例,介绍导入的步骤。

① 执行"外部数据""导入并链接""Access"功能,打开如图6.15对话框。

② 单击"浏览"按钮,打开如图6.16所示的对话框,选择要导入的数据库,单击"打开"按钮。

③ 在如图6.15所示的对话框中,选择"将表、查询、窗体、报表、宏和模块导入当前数据库",单击"确定"按钮,此时打开如图6.17所示的"导入对象"对话框。

④ 在"表"页框中选择要导入的表(可多选),然后单击"确定"按钮。至此,所选数据表全部导入到当前数据库中。

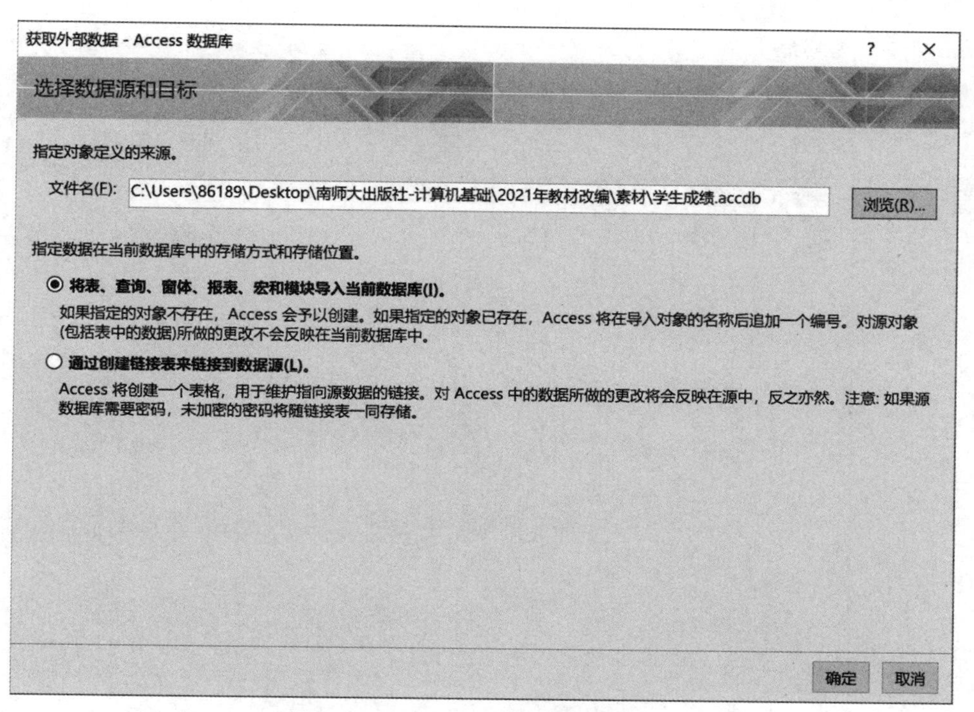

图6.15　导入Access数据库对话框

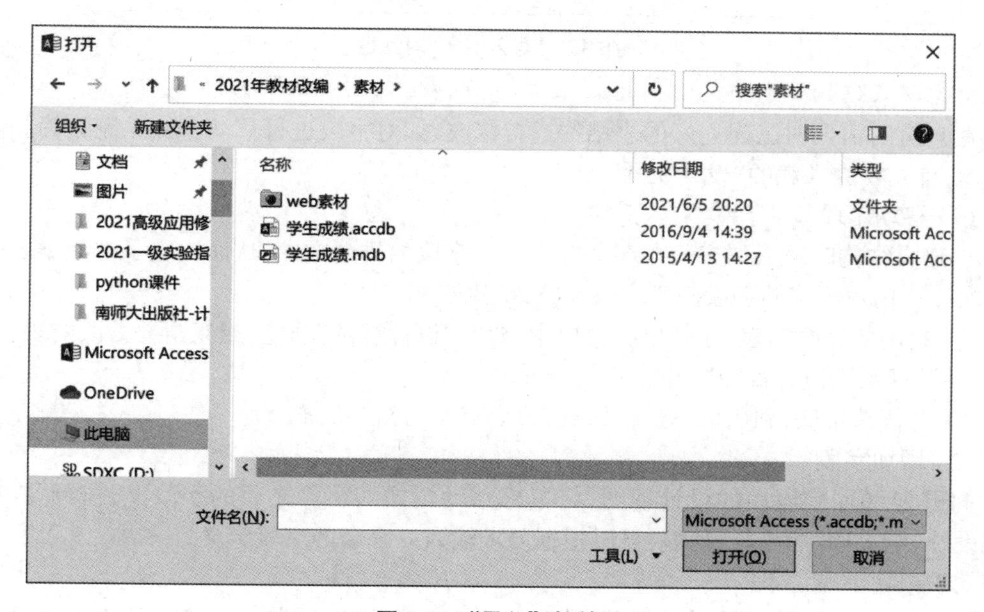

图6.16　“导入”对话框

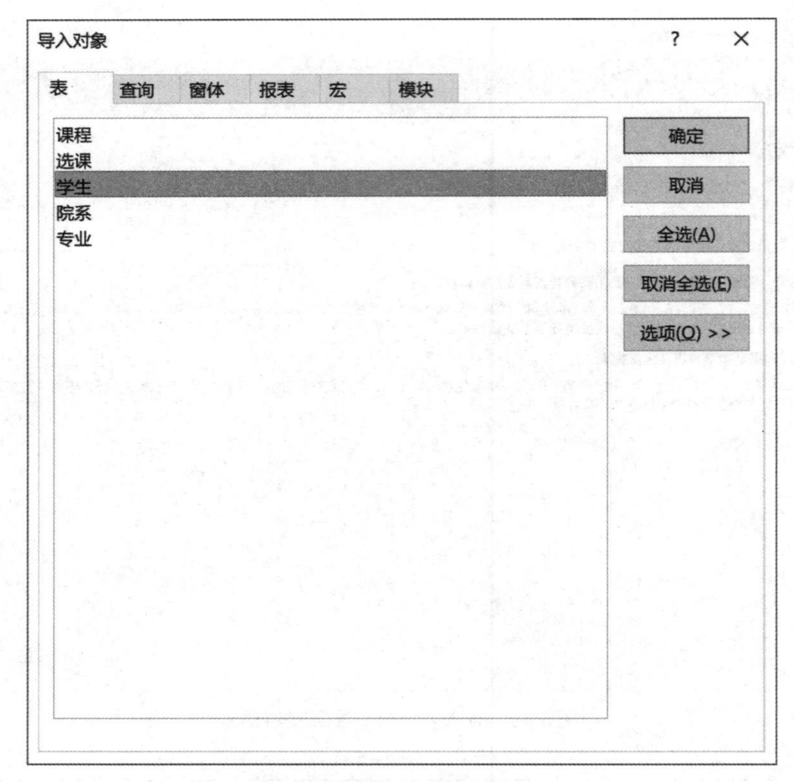

图6.17 “导入对象”对话框

5. 编辑表结构

用户有时需要对已建立好的表结构进行修改，如对字段进行移动、增加、删除等。修改表结构，首先要进入表的“设计视图”。

（1）移动字段

创建表结构时输入的字段顺序决定了表中字段的排列次序，从而决定了在数据表中的显示次序。用户可移动字段改变字段次序，步骤如下。

① 右击要修改的表，在弹出的菜单中，执行“设计视图”功能，或双击要修改的表，再执行“开始”“视图”“设计视图”功能。

② 在行选定区，利用鼠标进行拖放，改变字段的相对位置。

（2）增加字段

打开要增加字段表的设计视图，将鼠标移动到插入字段之后的字段上，执行“表格工具”“设计”“工具”“插入行”功能，可以根据要求输入一个新的字段定义。

（3）删除字段

打开要删除字段表的设计视图，将鼠标移动到要删除的字段上，执行“表格工具”“设计”“工具”“删除行”功能，或者直接按Delete键。

注意：

① 当删除的字段已经包含数据，系统将出现一个警告对话框，提示将丢失此字段的数据。

② 对于重新编辑的字段，如果在查询、窗体和报表中对其进行了引用，则需要进行手工调整，否则运行时会出错。

6. 记录的输入和编辑

数据表结构建立后，就可以输入记录了。在Access中，记录的输入和编辑通常是在“数据表视图”中进行的，可以在输入记录的同时进行修改。输入表6.3、表6.4、表6.5、表6.6、表6.7给出的记录。

（1）数据表视图

打开数据表视图有两种方法。

① 打开数据库，选择表对象，双击要浏览的数据表，打开如图6.18所示的数据表。

② 在数据表“设计视图”中，在“视图”组中，选择“数据表视图”。

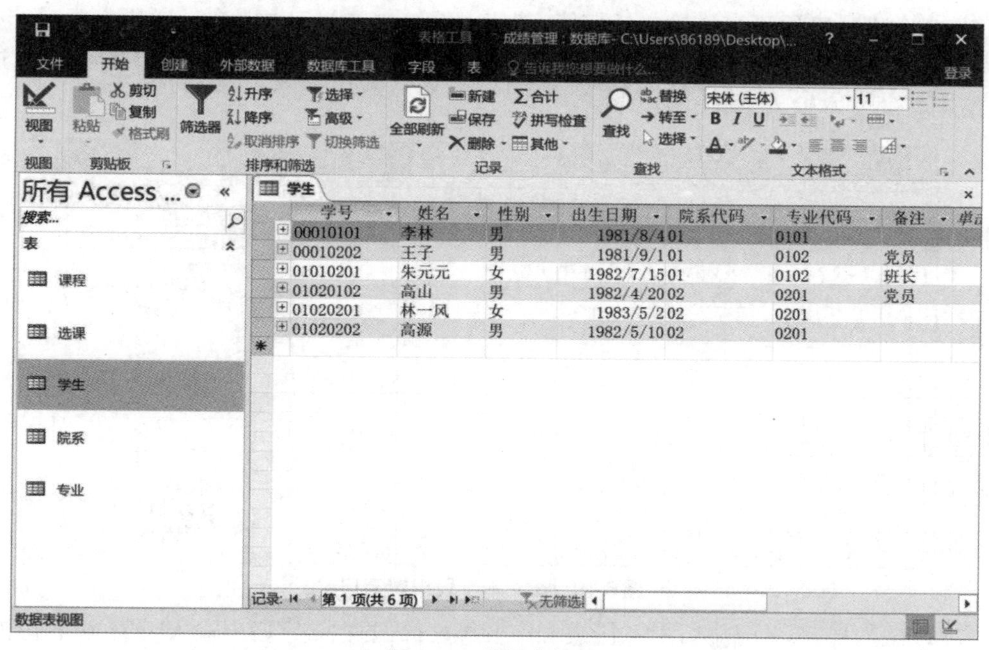

图6.18　数据表视图

在数据表视图中，可以看出每一行显示一条记录，每一行第一列是行定位器，单击行定位器可以选定整行。用颜色表示该行是当前操作行，被称为当前记录。表的每一列显示一个字段，每一列的第一行（标题行）称为列定位器，单击列定位器选择该整列。行列交叉处称为单元格，显示记录的字段值。

在数据表视图的下方显示的是记录浏览器按钮，中间的数字表示当前记录项。可分别单击内侧按钮，选定上一条记录或下一条记录，单击外侧按钮则选定首条记录或最后一条记录。

（2）记录的基本操作

记录的基本操作包括记录的添加、修改、删除操作。在数据表视图中每次只能对当前记录进行操作，当修改的当前记录还未保存时，行定位器上显示“笔型图标”。若其他用户通过网络也在修改同一记录时，行定位器上将显示“锁定图标”。

第一，添加记录。

将鼠标移动到末尾的空白行（定位器上通常显示*的行），或执行“开始”“记录”“新建”功能，插入点光标跳至末尾的空白行，然后输入记录便可，当离开此记录时会自动保存输入的记录。

在数据表的单元格中输入数据通常会受字段数据类型的限制,当输入的数据不符合定义的数据类型时,系统会给出一个提示框。

① 短文本字段其最大可输入的文本长度由该字段的"字段大小"属性值决定,在短文本字段中输入的任何数据都将作为文本字符保存。

② 数字及货币字段只允许输入有效数字。如果输入的是字母,Access将会提示"您为该字段输入的值无效"。

③ 日期/时间字段,只允许输入有效的日期和时间。

④ 是/否字段,只能输入表示是或否的Yes、No,True、False,On、Off及0、1。

⑤ 自动编号字段不允许输入任何值,其值由系统在增加记录时自动递增生成。

⑥ 长文本字段,允许输入的文本长度可达63 999字节。输入时可按Shift+F2键,进入带有滚动条的文本输入框,如图6.19所示。

图6.19 长文本字段编辑窗口

⑦ OLE对象字段可输入图形、图表和声音等文件,要在该字段中输入对象,可右击该字段,执行"插入对象"功能,在打开的如图6.20对话框中选择要插入的对象类型或文件。

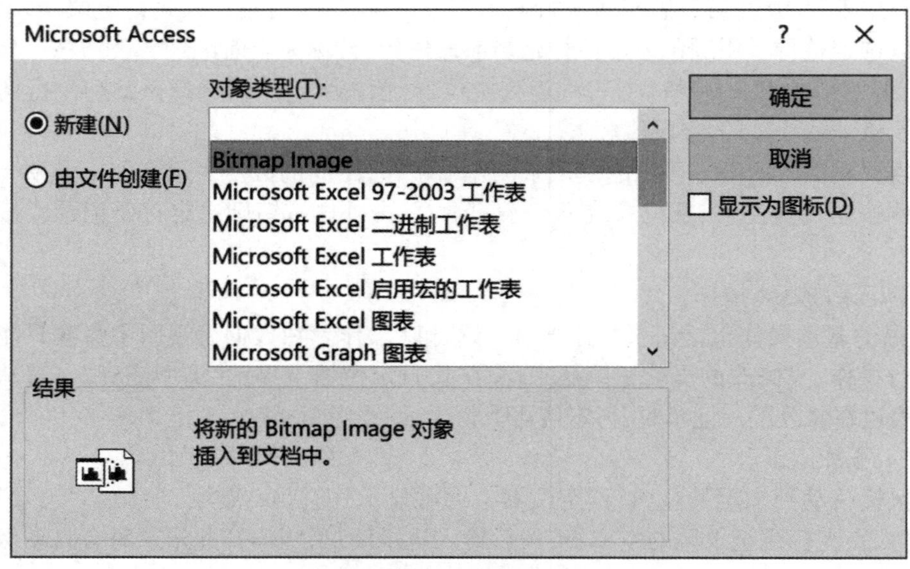

图6.20 "插入对象"对话框

第二,修改记录。

直接按Tab键定位单元格,或把鼠标移动到要修改的单元格的左边框,待光标变成一个空心的十字光标时,单击鼠标左键,单元格的内容以反白显示,表示已选中该单元格。此时键入新值即可替换旧值。

若要在原字段值基础上进行修改,可单击相应单元格,使光标定位在某字符前面,直接对原值进行修改。在修改过程中,可单击工具栏上的“撤销”按钮(也可按ESC键),放弃最近一次修改(不可撤销最近一次以前的修改)。

Access 2016支持利用剪贴板实现记录的复制。注意:若表中设置了非自动增量的主键,复制操作将失败,因为主键不可重复。

第三,删除。

删除操作包括删除记录(整行)、删除列(整个字段及其值)和删除单元格的数据。

删除记录的主要步骤如下。

① 用鼠标单击行定位器,整条记录颜色发生变化,表示已选择该条记录。

② 若选择多条记录,则在行定位区拖动鼠标,或把鼠标移到最后一条记录再同时按下鼠标和Shift键,被选择的记录颜色发生变化。

③ 执行“开始”“记录”“删除”功能,或直接按Delete键即可删除选定的记录。

删除列的主要步骤如下。

① 用鼠标单击列定位器,整列颜色将发生变化,表示已选择该列。

② 执行“开始”“记录”“删除”功能,将删除选定列。

删除列不仅删除列数据,而且删除表结构中相应的字段,所以系统每次都将给出警告信息,以便用户确认。

删除单元格数据,只要选中单元格,按Delete键即可删除所选单元格数据。

6.4.3 数据表关系及子数据表

前面已经讨论过在学生成绩数据库中,数据表之间存在多个一对多的关系(也称联系)。如院系表与学生表关于院系代码存在一对多关系,学生表与选课表关于学号存在一对多关系。Access 2016数据库支持这种关系的定义,有了关系,Access数据库就能帮助维护这些相关表的数据完整性,并方便用户访问相关表中的数据。

1. 建立表关系

下面以建立学生数据库表间关系为例,介绍表关系建立的一般步骤。

① 打开学生数据库。

② 执行“数据库工具”中“关系”组的“关系”命令,打开如图6.21所示的“关系”窗口,执行“显示表”命令,打开“显示表”对话框(如果是首次定义关系,Access数据库会自动打开)。

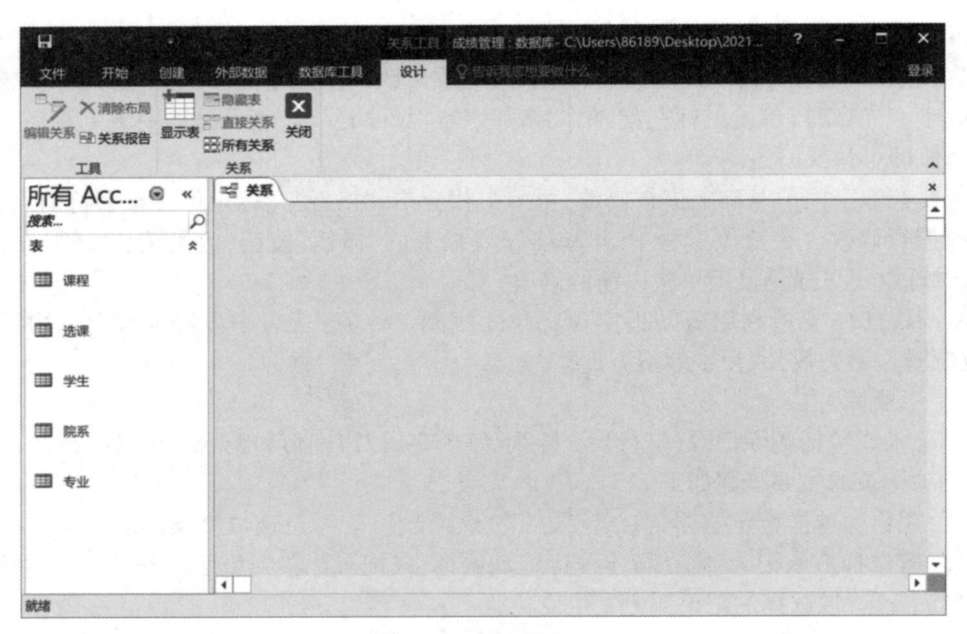

图6.21 “关系”窗口

③ 选择“表”选项，并分别选择列表中显示的“学生”“院系”“专业”“课程”“选课”表，单击“添加”按钮，将所选的数据表添加到“关系”窗口中，如图6.22所示。

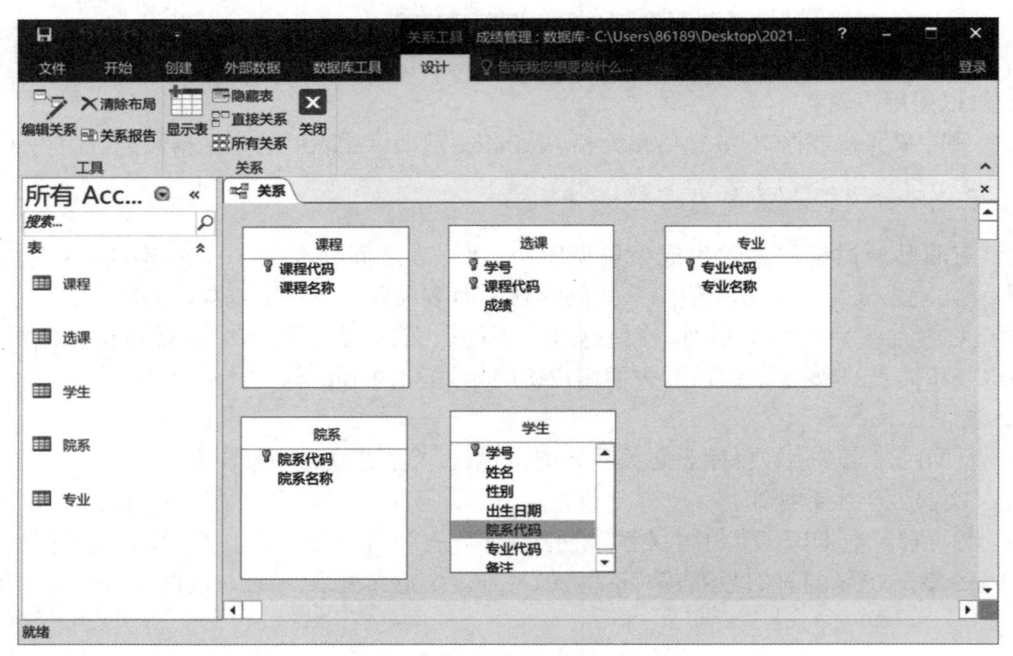

图6.22 将表添加到“关系”窗口

④ 选择“学生”表中“院系代码”字段，并拖放到相应的“院系”表“院系代码”字段上（一般情况，被拖放的字段是其中一个表的主键，这个表为一对多关系中的“一”方，而另一表为“多”方，前者叫主表并显示在左边，后者叫相关表并显示在右边），此时打开如图6.23所示的对话框。

⑤ 选择需要的关系选项，然后单击“创建”按钮。Access数据库将关闭对话框，并在两个表间设置一根连接线，如图6.24所示。

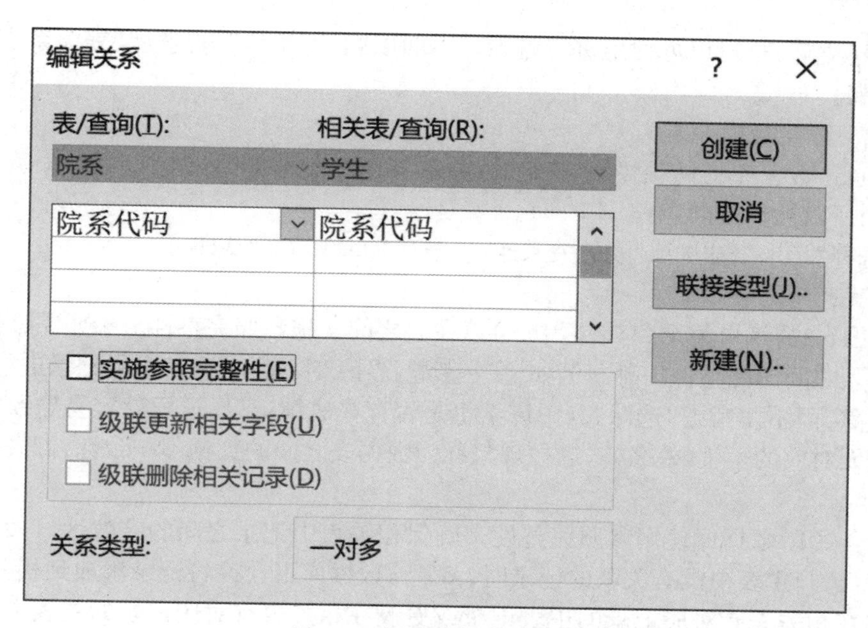

图6.23　“编辑关系”对话框

⑥ 重复④⑤步骤，建立其他表间关系。

⑦ 单击“关系”窗口上的“关闭”按钮，此时打开如图6.25所示的对话框，单击“是”按钮即可保存表间的关系。

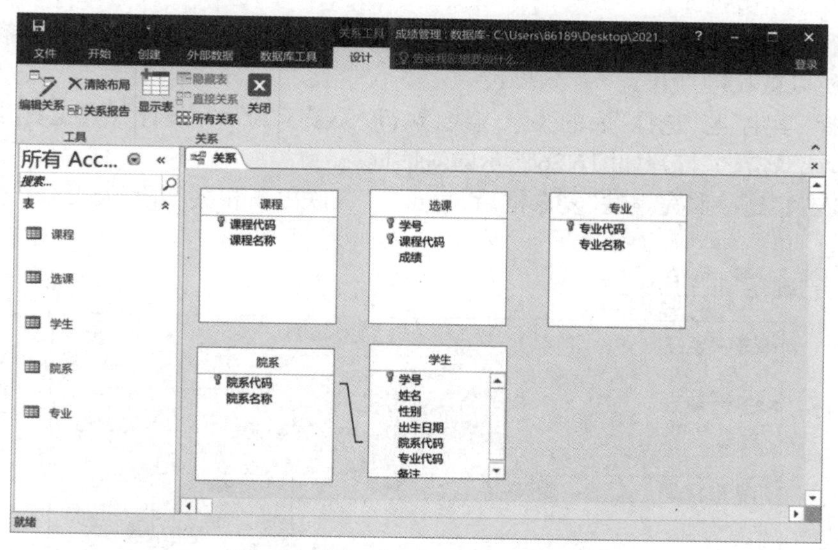

图6.24　“院系”与“学生”之间的关系

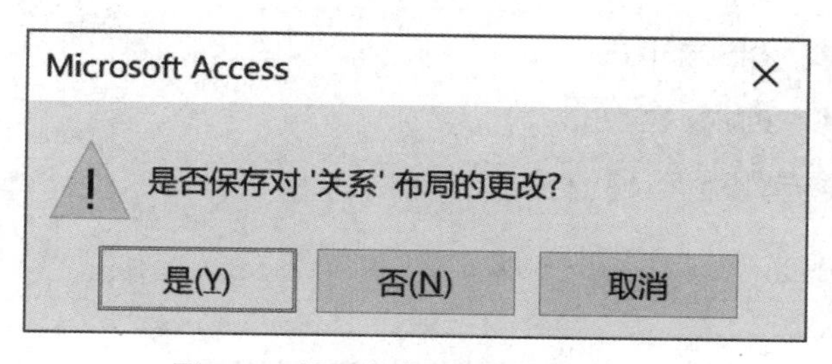

图6.25　提示保存关系对话框

关系建立后,也可以方便地进行删除。下面以删除"学生"与"选课"表关系为例,介绍其主要步骤。

① 打开学生数据库。

② 执行"数据库工具"中"关系"组的"关系"命令,打开如图6.24所示的"关系"窗口(关系已建立,所以被直接打开)。

③ 选择"学生"与"选课"表的关系连线,按Delete键,并确认即可。

2. 设置关系选项

在如图6.23"编辑关系"对话框中,可以在表之间实施参照完整性。参照完整性是为了实现表与表之间的完整性控制。例如,在一般情况下,对"学生"表某学号记录进行删除时,可直接删除,而不用考虑"选课"表中该学生是否存在成绩记录,这样就容易导致"选课"表中的成绩无对应的学生(姓名)。这种现象称为数据表之间的数据不一致性,即失去了数据的完整性。

Access 2016数据库使用参照完整性来确保相关表中记录之间的有效性。如果实施了参照完整性,当主表中没有关联的记录时,Access数据库不允许将记录添加到相关表,也不允许删除在相关表有对应记录的主表记录或更改在相关表有对应记录的主表主键值。当然,在编辑关系时,可以设置"级联更新相关字段"和"级联删除相关字段"使得主表、相关表同步更新和删除。

设置参照完整性的主要步骤如下。

① 打开学生数据库。

② 执行"数据库工具"中"关系"组的"关系"命令,打开如图6.24所示的"关系"窗口(关系已建立,所以被直接打开)。

③ 选择"学生"与"选课"表的关系连线,执行"关系工具"—"设计"中"工具"组的"编辑关系"命令,或双击之,打开如图6.26所示的对话框。

④ 点击"实施参照完整性"复选框后,再点击"级联更新相关字段"及"级联删除相关记录"复选框。

⑤ 单击"确定"按钮。

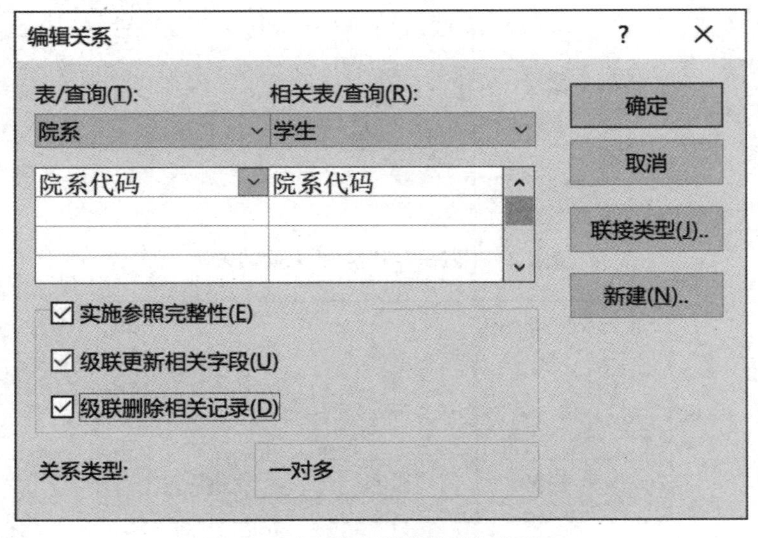

图6.26 "实施参照完整性"对话框

说明:

① “实施参照完整性”:禁止了在“选课”表中,添加学号不存在于“学生”表中的记录。

② “级联更新相关字段”:当修改“学生”表主键“学号”值时,同时更新相关表“选课”表对应记录的学号。

③ “级联删除相关记录”:当删除“学生”表某学号记录时,同时删除相关表对应记录。

3. 子数据表

Access 2016数据库允许用户在数据表视图中查看子数据表。利用子数据表用户可在一个窗口中查看相关的数据,而不是只看数据库中单个的数据表。

子数据表是建立在表关系基础之上的。例如,图6.27显示的是“学生”表记录中包含了选课表(成绩)子数据表,两者之间是一对多的关系。

说明:单击数据表记录前面的“+”号,可逐级展开子数据表。

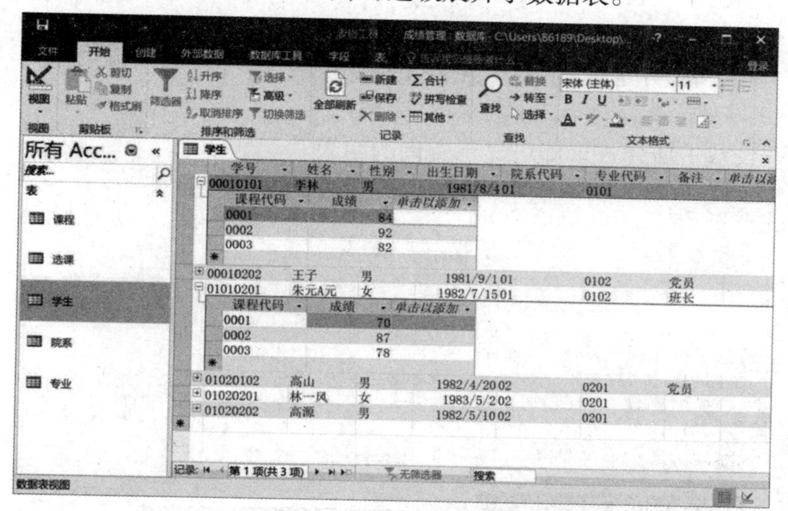

图6.27　含有子数据表的“学生”表

6.4.4　数据查询

数据查询是对Access数据库中的数据进行处理和分析,可以对数据库表中的数据进行统计、分析,也可对数据库表中的数据进行增加、修改和删除。

Access中建立查询,常常需要使用表达式,而表达式由常数、函数和运算符组成。如查询输出列为数据库表字段的运算表达式,查询条件为一个逻辑表达式。

(1) 常数的表示

在Access中用英文的引号表示文本常量,用#号表示日期常量,数值直接使用,字段名需要用方括号括起来。如"CC112"、#2005-06-10#、60、[姓名]分别表示文本、日期、数值和字段名。

(2) 运算符

运算符有算术运算符、字符运算符、关系运算符、逻辑运算符和特殊运算符。

算术运算符、字符运算符、关系运算符、逻辑运算符与VB语言类似,这里不再重述。查询条件中还包括一类特殊运算符。

In,用于指定一个列表,并判断查询值是否包含其中。

Between,用于判断查询值的范围,范围之间用AND连接。

Like,用于指定文本字段查询值的字符模式。在字符模式中,用“?”表示可匹配任何一个字符,用“*”表示可匹配任何多个字符,用“#”表示可匹配任何一个数字,用方括号表示可匹配其中描述的字符范围。

Is null,用于判断查询值为空值。

Is not null,用于判断查询值为非空值。

(3) 函数

Access提供了大量的内置函数,如算术函数、字符函数、日期/时间函数、统计函数等。函数的格式和功能,可以通过Access帮助查询。

1. 利用查询向导建立简单查询

【例6.1】打开学生成绩数据库,使用向导建立查询学生表的“学号”“姓名”。

① 执行“创建”中“查询”组的“查询向导”命令,选择“简单查询向导”,打开如图6.28所示的对话框。

② 选择“学生”表,并选择“学号”“姓名”两字段。

③ 单击“下一步”,输入查询名称,单击“完成”。

查询建立后,双击所建查询即可显示查询的结果。

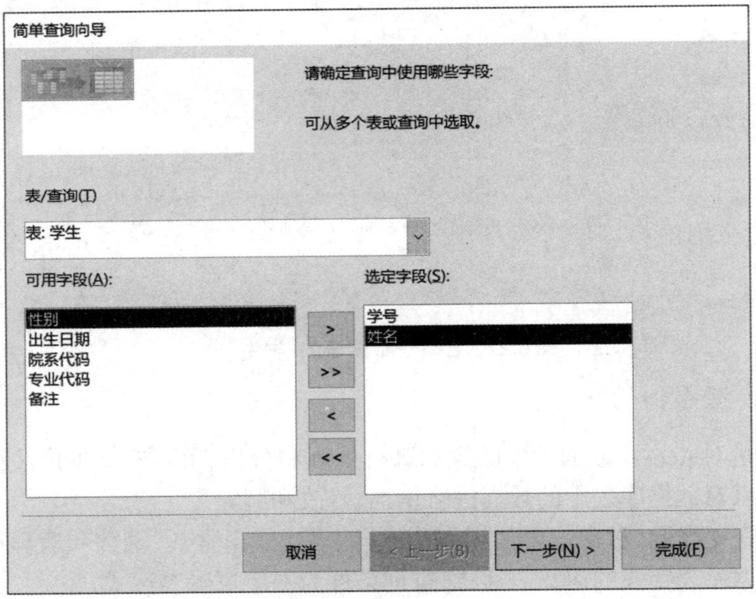

图6.28 “简单查询向导”对话框

【例6.2】打开学生成绩数据库,使用向导建立查询学生的各课程成绩,要求输出“学号”“姓名”“课程名称”“成绩”。

① 执行“创建”中“查询”组的“查询向导”命令,选择“简单查询向导”,打开如图6.28所示的对话框。

② 选择“学生”表,选择“学号”“姓名”两字段。

③ 再选择“课程”表,选择“课程名称”字段。

④ 然后选择“选课”表,选择“成绩”字段,如图6.29所示。

⑤ 单击“下一步”,输入查询名称,单击“完成”,显示如图6.30查询结果。

注:所选择的表之间必须建立了关系。

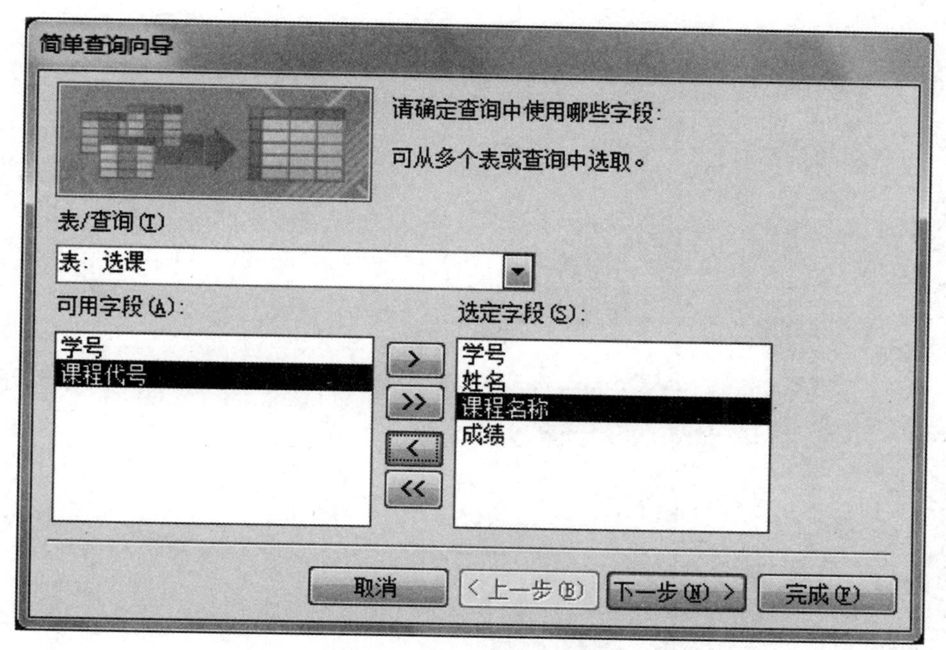

图6.29　选择“选课”表字段

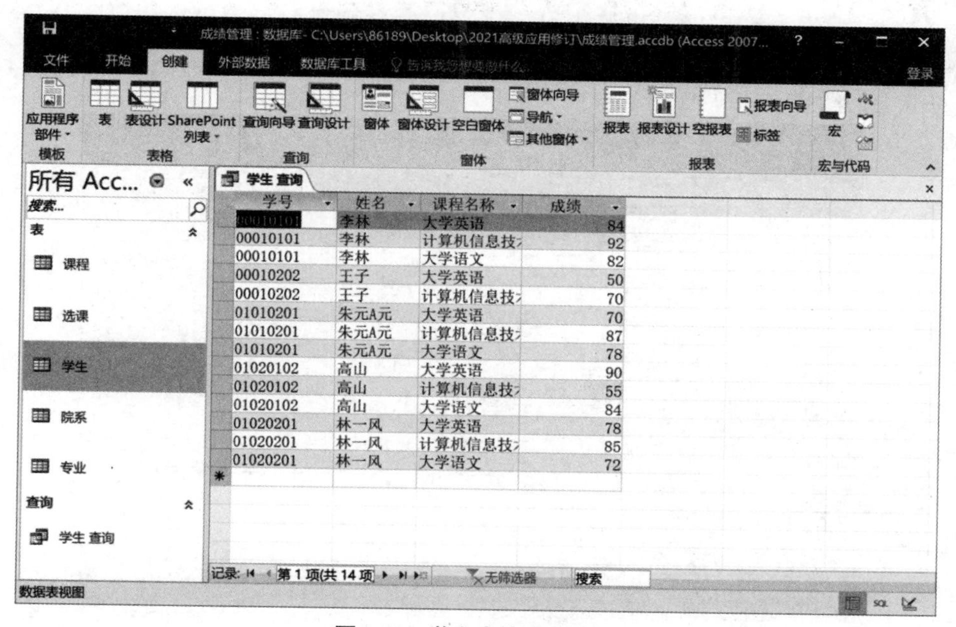

图6.30　学生成绩查询结果

2. 利用查询设计器创建简单查询

【例6.3】打开学生成绩数据库，使用查询设计器建立查询学生表“学号”“姓名”。

① 执行“创建”中“查询”组的“查询设计”命令，打开如图6.31所示的对话框。

② 选择“学生”表，并单击“添加”按钮，然后关闭。

③ 在如图6.32所示的窗口中，选择所需字段(拖放或选择列表)。

④ 单击运行按钮“!”，查看查询结果。

⑤ 关闭设计窗口，提示保存。

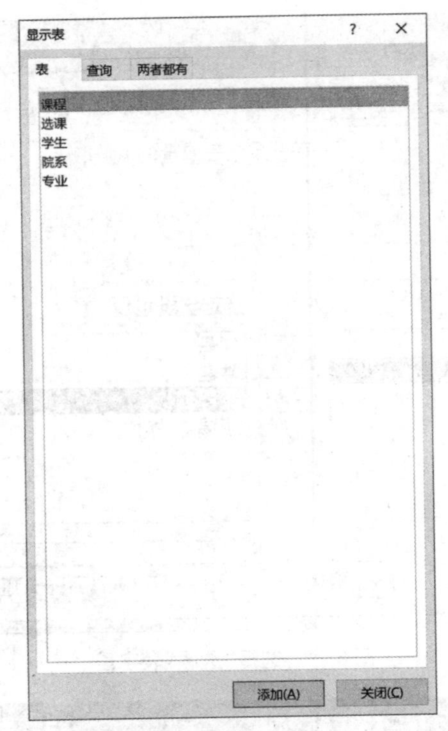

图6.31 “显示表”对话框

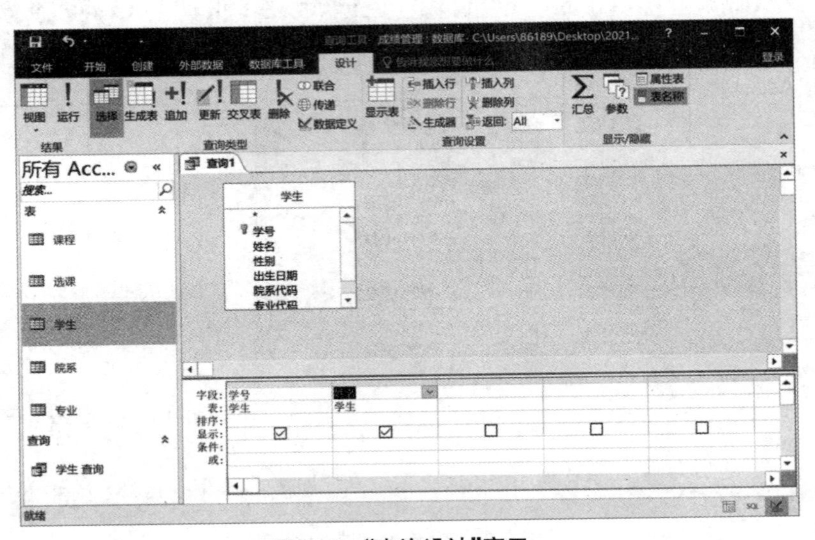

图6.32 “查询设计”窗口

【例6.4】打开学生成绩数据库,使用查询设计器建立查询学生的各课程成绩,要求输出“学号”“姓名”“课程名称”“成绩”。

① 执行“创建”中“查询”组的“查询设计”命令,打开如图6.31所示的对话框。

② 依次选择“学生”“课程”“选课”表并添加,完成后关闭。

③ 在如图6.33所示的窗口中,依次在各表中选择所需字段(拖放或选择列表)。

④ 单击运行按钮“!”,查看查询结果。

⑤ 关闭设计窗口,根据提示保存为“查询成绩表”。

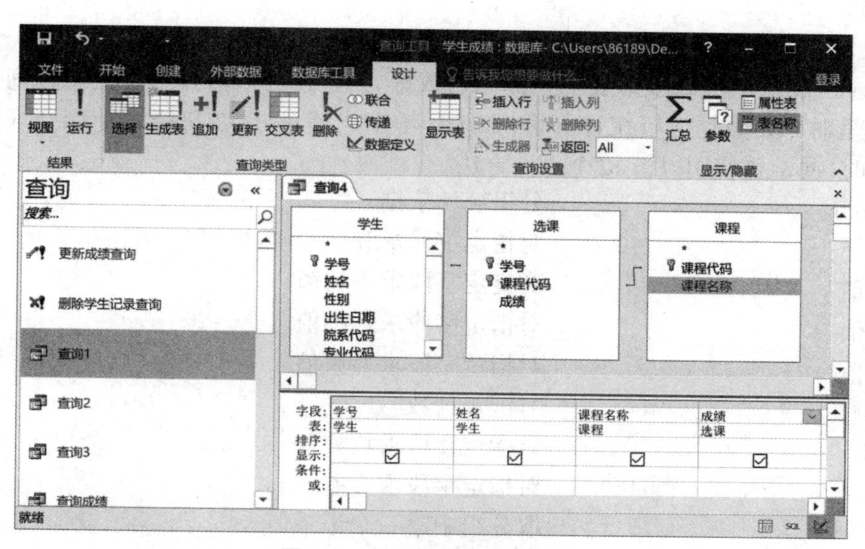

图6.33　“多表查询设计”窗口

注:所选择的表之间必须建立了关系。若未建立,可以将关联字段从一个表拖放到关联表的对应字段上。

3. 修改查询

选择“查询”对象,选择要修改的查询,按右键打开快捷菜单,选择设计视图,此时便可对查询进行增加字段、删除字段等修改工作。

① 打开查询(进入设计视图)。

② 删除字段:只要选择要删除的列,按DEL键,即可删除,如图6.34所示。

③ 增加字段:选择“工具”组的“插入列”功能,插入一空列,然后再添加字段。

④ 修改字段顺序:选择一列后,拖放鼠标。

⑤ 重命名字段:在原字段左边输入新字段名,并用英文“:”作为分隔符。

⑥ 关闭设计窗口。

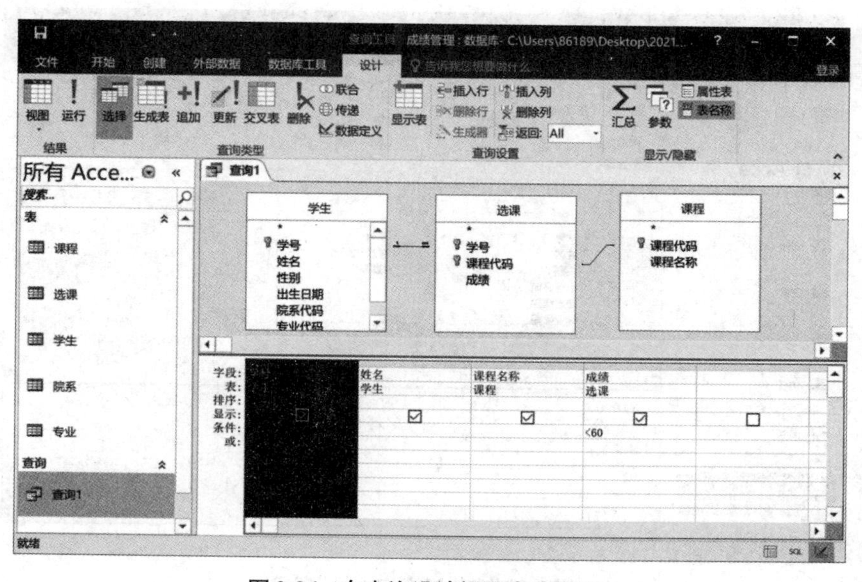

图6.34　在查询设计视图中选择列

4. 建立汇总查询

Access可以从单个或多个表中查询原始数据,而且还可以对其进行汇总查询。所谓汇总查询就是对原始数据进行统计分析,如统计学生成绩总分、按班级统计均分等。在进行汇总查询时,通常要使用以下12个总计方法。

Group by	分组统计依据
合计	对指定字段求和
平均值	对指定字段求平均值
最小值	对指定字段求最小值
最大值	对指定字段求最大值
计数	对记录计数
Stdev	对指定字段求均方差
变量	对指定字段求方差
First	取分组中第一个记录值
Last	取分组中最后一个记录值
Expression	计算式
Where	筛选条件

【例6.5】打开学生成绩数据库,查询学生成绩总分。

① 执行“创建”中“查询”组的“查询设计”命令,打开如图6.31所示的对话框。

② 依次选择“学生”“选课”表并添加,完成后关闭。

③ 在“查询工具”—“设计”的“显示/隐藏”组中,单击“Σ汇总”按钮,显示出“总计”行。

④ 在如图6.35所示的窗口中,依次在各表中选择所需字段(拖放或选择列表)。

⑤ 分别在“学号”“姓名”字段的“总计”行,选择“Group By”;在“成绩”字段的“总计”行,选择“合计”。

⑥ 单击运行按钮“!”,查看查询结果。

⑦ 关闭设计窗口,保存为“查询汇总1”。

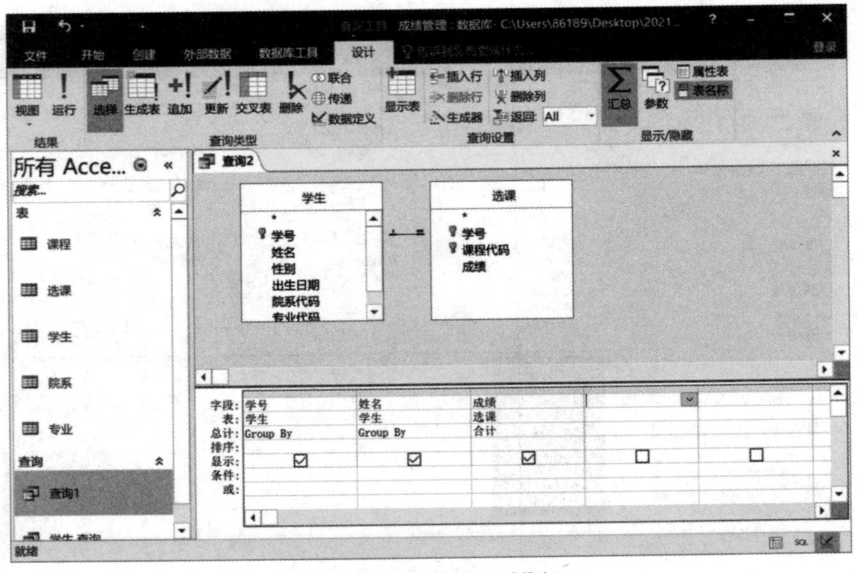

图6.35 “分组查询设计”窗口

【例6.6】打开学生成绩数据库,查询学生总分、均分、最高分、最低分。

① 执行“创建”中“查询”组的“查询设计”命令,打开如图6.31所示的对话框。

② 依次选择“学生”“选课”表并添加,完成后关闭。

③ 在“查询工具”—“设计”的“显示/隐藏”组中,单击“∑汇总”按钮,显示出“总计”行。

④ 在如图6.36所示的窗口中,依次在各表中选择所需字段(拖放或选择列表)。

⑤ 分别在“学号”“姓名”字段的“总计”行,选择“Group By”;依次将多个“成绩”字段的“总计”行,设置为“合计”“平均值”“最大值”“最小值”。

⑥ 单击运行按钮“!”,查看查询结果。

⑦ 关闭设计窗口,提示保存为“查询汇总2”。

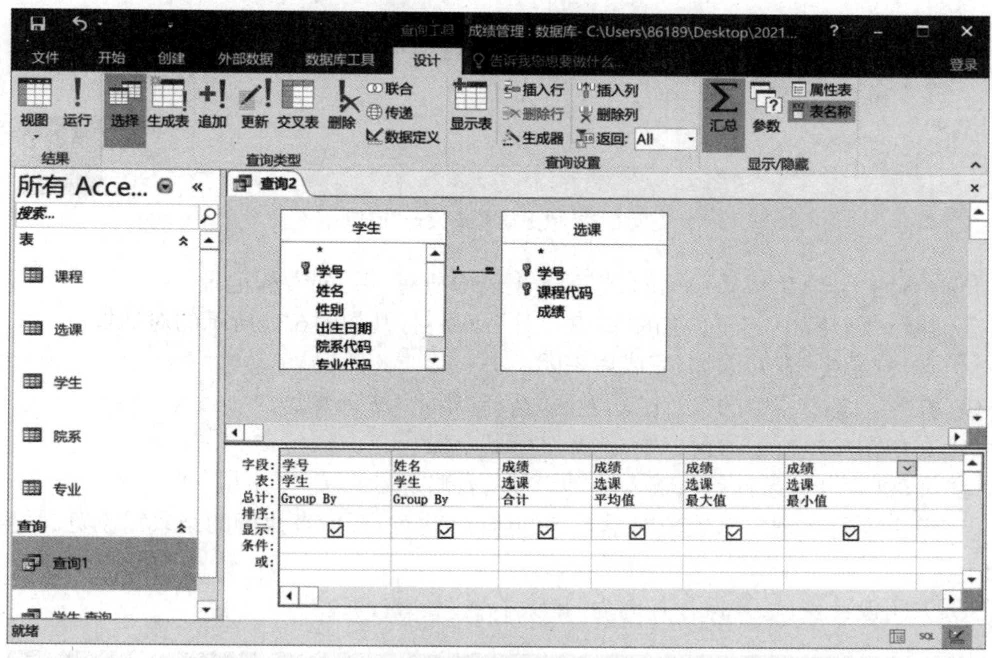

图6.36　“总分、均分、最高分、最低分分组查询设计”窗口

5. 动作查询

查询还包括对数据库进行修改、删除等功能。

【例6.7】打开学生成绩数据库,将课程代号为“0001”课程的所有成绩增加5分。

① 执行“创建”中“查询”组的“查询设计”命令,打开如图6.31所示的对话框。

② 选择“选课”表并添加,完成后关闭。

③ 在“查询工具”中的“设计”功能区,选择“更新”查询类型。

④ 在如图6.37所示的窗口中,选择“成绩”“课程代码”两字段。

⑤ 在“成绩”的“更新到”行,输入“[成绩]+5”;在“课程代码”的“条件”行,输入“="0001"”(可省略等号)。

⑥ 单击运行按钮“!”,完成对成绩的修改(注意:要检查执行的结果需浏览“选课”表查看)。

⑦ 关闭设计窗口,并保存查询为“更新成绩查询”。

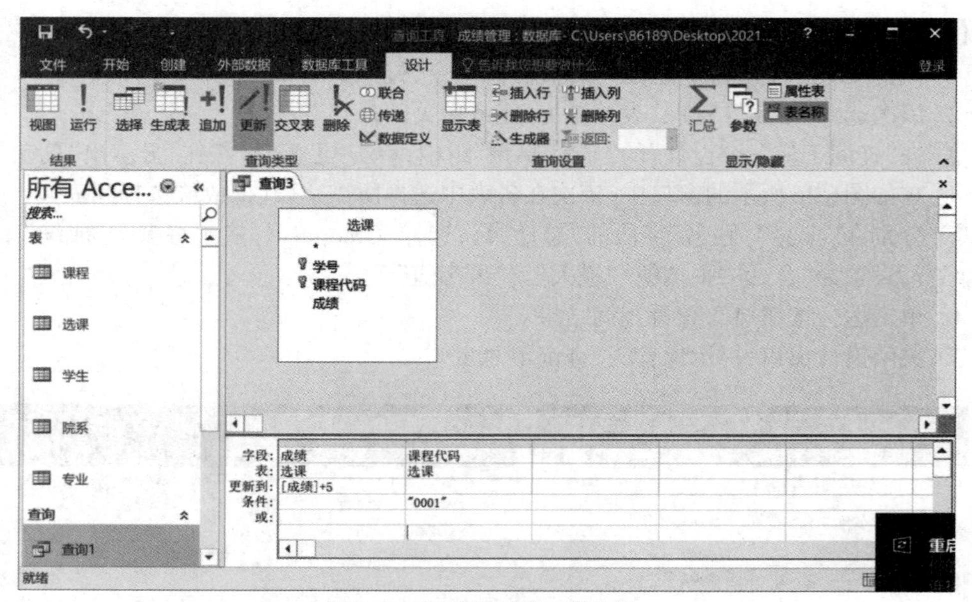

图6.37 “更新查询设计”窗口

【例6.8】打开学生成绩数据库,删除学生表中所有“男”同学的记录。

① 执行“创建”中“查询”组的“查询设计”命令,打开如图6.31所示的对话框。

② 选择“学生”表并添加,完成后关闭。

③ 在“查询工具”中的“设计”功能区,选择“删除”查询类型。

④ 在如图6.38所示的窗口中,选择“性别”字段。

⑤ 在“性别”的“条件”行,输入“="男"”(可省略等号)。

⑥ 单击运行按钮“!”,完成对学生表的删除(注意:要检查执行的结果需浏览“学生”表查看)。

⑦ 关闭设计窗口,并保存查询为“删除学生记录查询”。

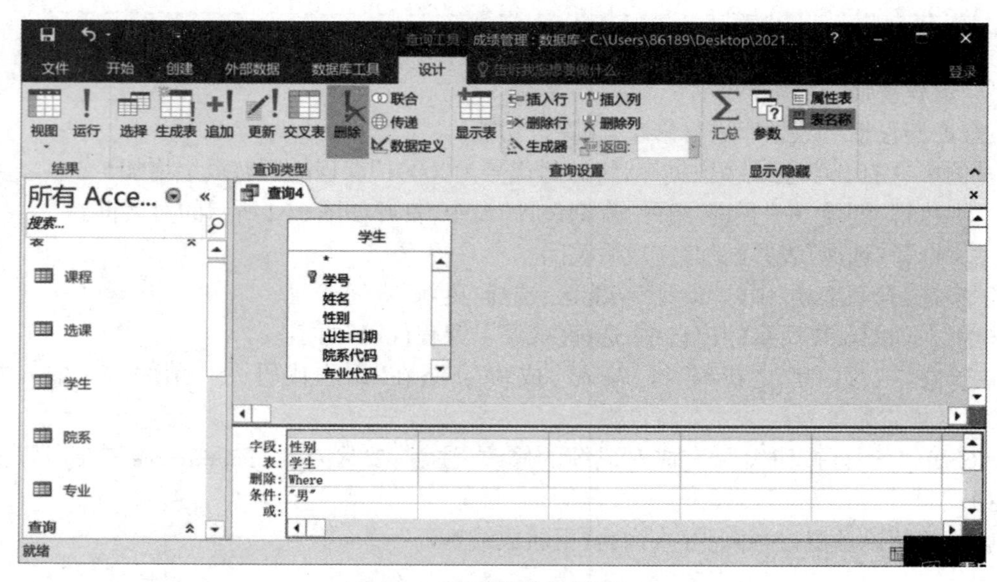

图6.38 “删除查询设计”窗口

6.4.5　SQL语句

SQL是关系数据库标准的访问语言，它提供了一系列完整的数据定义、数据查询、数据操纵和数据控制等功能。SQL语言可以直接在查询窗口中以人机交互方式使用，也可以嵌入到程序设计语言中执行。我们学习了利用查询设计器完成对数据库的查询、更新、删除操作，实际上查询设计器是一个交互式的辅助生成SQL语句的工具。

例如，打开“查询成绩表”，选择“视图”中的“SQL视图”，显示如图6.39。图中显示的是一个标准的SQL查询语句，它就是利用查询设计器生成的。在SQL视图中，可以输入和修改SQL语句，甚至可输入查询设计器无法实现的复杂SQL语句。

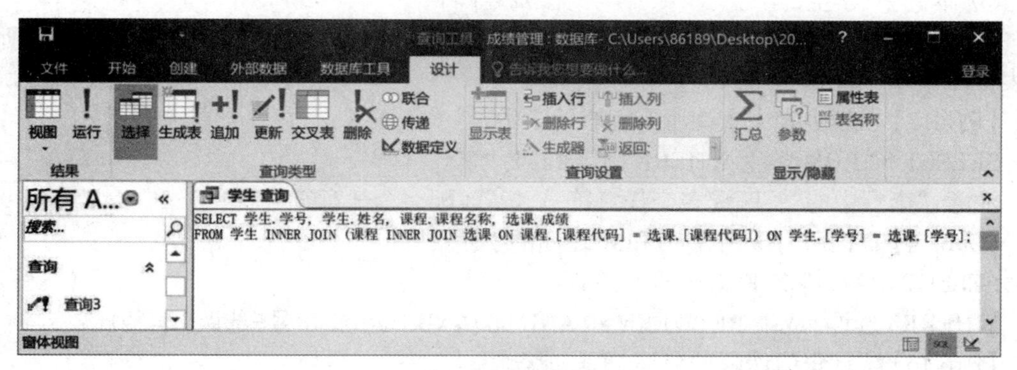

图6.39　SQL视图

虽然SQL语言功能强，但仅有为数不多的几条命令，语法也非常简单。下面简单介绍一下SQL常用的语法格式。

1. SQL查询语句

SQL的核心是查询功能，SQL的查询命令也称作SELECT命令，它的常用语法格式如下：

SELECT[ALL|DISTINCT][TOP (表达式)] …　　*说明要查询的数据*

FROM[数据库名!]<表名>　　*说明数据来源*

[[INNER|LEFT[OUTER]|RIGHT[OUTER]]　　*说明与其他表的联接方式*

JOIN数据库名! 表名 ON <联接条件>]

WHERE…　　*说明查询的条件*

[GROUP BY…]　　*对查询结果进行分组*

[HAVING…]　　*限定分组满足的条件*

[ORDER BY…]　　*对查询结果进行排序*

[UNION [ALL]…]　　*对多个查询结果进行合并*

【例6.9】查询学生表中所有字段。

SELECT * FROM 学生

注意：*是通配符，代表全部字段列表。

【例6.10】查询学生表中所有学号和姓名。

SELECT 学号,姓名 FROM 学生

注意：字段名之间要用英文逗号分隔。

【例6.11】从成绩表中查询所有成绩>85分的学号。

SELECT DISTINCT 学号 FROM 选课 WHERE 选课. 成绩>85

注意:DISTINCT用于去掉重复值。

【例6.12】查询至少有一门课程成绩大于85分的学生姓名。

SELECT 姓名 FROM 学生,选课

WHERE 选课.成绩>85 and 学生.学号=选课.学号

注意:

① 这里所要查询的数据分别来自"学生"和"选课"表。

② 如果在FROM之后有2个表,那么这2个表之间一定有一种关系,如本例中的"学生"表和"选课"表都有"学号"字段,否则无法构成检索表达式。

③ 本例中"学生.学号=选课.学号"是联接条件。

④ 当FROM后面有多个表含有相同的字段名时,必须用表别名前缀直接指明字段所属的表,如"学生.学号"。

【例6.13】在学生表中查询所有姓李的学生。

SELECT * FROM 学生 WHERE 姓名 LIKE "李*"

注意:"李*"中的"*"匹配多个任意符号,"?"匹配一个任意符号。

【例6.14】查询所有成绩在80和90之间的学生。

SELECT 学生.姓名 FROM 学生,选课

WHERE (选课.成绩 BETWEEN 80 AND 90)AND (学生.学号=选课.学号)

【例6.15】统计每门课程的名称、平均成绩。

SELECT课程.课程名称,AVG(选课.成绩) as "平均成绩" FROM 课程,选课;

WHERE选课.课程代码=课程.课程代码 GROUP BY 课程.课程名称

【例6.16】查询选修了3门以上课程的学生的学号。

SELECT学号 FROM 选课 GROUP BY 学号 HAVING count(*)>=3

说明:HAVING子句的作用是指定查询的结果所满足的条件,通常和GROUP BY配合使用;而WHERE子句的作用是指定参与查询的表中数据所满足的条件。

【例6.17】按学号升序、成绩降序检索学生成绩。

SELECT * FROM选课 ORDER BY 学号 ASC,成绩 DESC

说明:SQL使用ORDER BY进行排序的操作,ASC表示升序,DESC表示降序,默认为升序排序。

【例6.18】将"学生"表和"成绩"表按内部联接,查询每个学生的学号、姓名、课程代码、成绩。

SELECT学生.学号,学生.姓名,选课.课程代码,选课.成绩

FROM学生 INNER JOIN 选课 ON 学生.学号=选课.学号

说明:SQL中FROM子句后的JOIN联接有3种形式,其意义如下。

内部联接[INNER] JOIN,内部联接与普通联接相同,只有满足条件的记录才出现在查询结果中。

左联接LEFT [OUTER] JOIN,在查询结果中包含JOIN左侧表中的所有记录,以及右侧表中匹配的记录。

右联接RIGHT [OUTER] JOIN,在查询结果中包含JOIN右侧表中的所有记录,以及左侧表中匹配的记录。

2. SQL数据操纵语句(动作查询)

删除记录的SQL语言命令格式为:

DELETE FROM <表名> WHERE <条件表达式>

更新是指对记录进行修改,用SQL语言更新记录的命令格式为:

UPDATE <表名> SET <字段名1>=<表达式1>[,<字段名2>=<表达式2>…];

WHERE <条件表达式>

【例6.19】删除学生表中所有“男”同学的记录。

DELETE FROM 学生 WHERE 学生.性别=“男”

注意:若省略WHERE子句,将对表中全部记录进行删除。

【例6.20】将成绩表中所有课程代号为“0001”的成绩增加5分。

UPDATE选课 SET 成绩=成绩+5 WHERE 课程代号='0001'

本章小结

本章介绍了数据管理技术的发展、数据库系统的组成和特点、数据库系统体系结构的发展;介绍了数据模型特别是关系数据模型的有关概念及关系型数据库设计的概要;通过实例介绍了创建Access数据库及利用查询设计器创建查询的方法,并简单介绍了SQL语言语法。

应用推动了数据管理技术的发展,数据管理技术从人工管理阶段发展到文件管理阶段,再发展到现在的数据库管理阶段。数据库系统由数据库、数据库管理系统、应用程序、计算机软硬件环境以及相关人员所组成,其具有数据结构化、数据冗余小、数据独立性强、共享性能好以及便于数据的统一管理和控制等特点。随着应用的需要,数据库系统结构由早期的集中式数据管理发展到数据处理上分布的C/S和B/S结构,发展到分布式数据库和并行数据库系统等。

数据库是根据特定的数据模型组织数据的,常见的数据模型有层次模型、网状模型、关系模型和面向对象模型。关系数据模型概念清晰、简洁,能用二维表表示事物及其联系,因此,目前关系型数据库应用非常广泛。关系数据库中,关系是用表来表示的,它由表名、行和列组成,表与表之间存在三种联系,即一对一联系、一对多联系和多对多联系。

数据库及其应用系统开发的全过程可分为两大阶段:数据库系统的分析与设计阶段;数据库系统的实施、运行与维护阶段。数据库设计的基本任务之一是根据一个单位的信息需求、处理需求和具体数据库管理系统及软硬件环境,设计出数据模式以及应用程序。数据库设计一般分为四步:需求分析、概念设计、逻辑设计和物理设计。概念设计常借助于E-R模型工具。数据库设计过程具有一定的规律和标准,通常采用“自顶向下、逐步求精”的设计原则。

Access 2016数据库是Office 2016软件包系列产品中的一员,它属于桌面关系型数据库管理系统,提供表对象、查询对象、窗体对象、报表对象等多种对象以概括数据库应用开发所需的功能。通过表对象,在数据表设计视图下创建新表,定义字段名、数据类型、宽度及主键,在数据视图下,添加、编辑和删除记录。通过查询对象,在设计视图下,创建简单查询、统计查询和动作查询,在数据视图中查看数据,在SQL视图中,查看或输入SQL语句。

习 题 六

1. 什么是数据库系统？试述数据库系统的特点。
2. 文件系统与数据库系统有何区别和联系？
3. 除了关系数据模型外,常用的数据模型还有哪几种？试说明关系数据模型的主要特征。
4. 数据库设计一般分为哪几步？每一步骤的主要任务是什么？
5. Access属于哪一类数据库？其主要功能是什么？
6. SQL语言是什么类型数据库的标准语言？它主要有哪几方面的功能？
7. 什么是主键？主键有什么作用？
8. Access中可以建立哪几种类型关系？建立关系的类型是由什么决定的？
9. 在汇总查询中,Group By子句有什么作用？求和、求平均值及统计记录个数的函数名分别是什么？

实验6.1　建立数据库及创建查询

一、实验目的

1. 掌握Access数据库建立的方法
2. 掌握数据库表结构的设置
3. 掌握数据库表记录的维护方法
4. 掌握表与表之间关系的建立方法
5. 掌握利用查询设计器建立查询的方法
6. 了解SQL语言的使用方法

二、实验内容

建立包含“院系”“学生”“专业”“课程”“选课”5个表的“学生成绩”数据库,并设置表之间的关系。分别利用查询设计器和SQL语言,查询所有不及格学生的学号和姓名,查询各系科各专业的男、女生人数。

三、实验步骤

1. 学生成绩数据库的建立

① 创建如图6.40所示“学生成绩”数据库,各表结构见表6.9至表6.13。

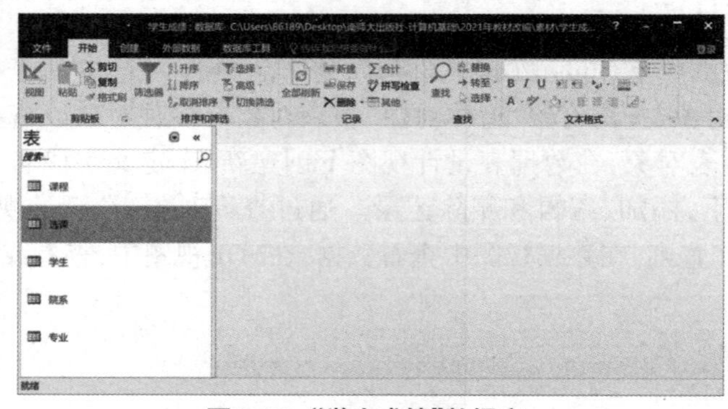

图6.40　“学生成绩”数据库

② 输入各表记录，记录内容见表6.3至表6.7。

③ 建立表之间关系，如图6.41。

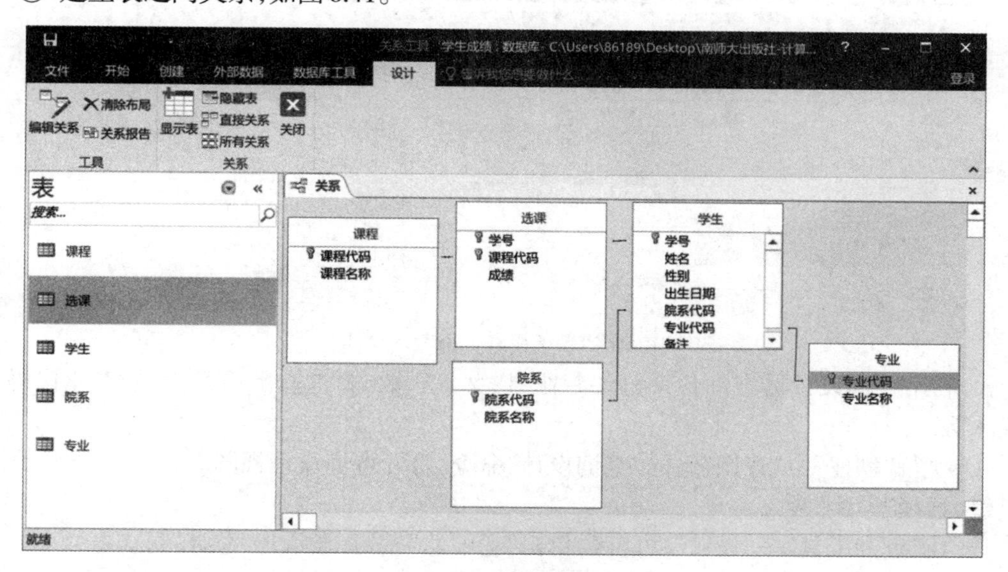

图6.41　数据表关系

2. 利用查询设计器查询所有不及格学生的学号及姓名

① 执行“创建”中“查询”组的“查询设计”命令，打开查询设计视图。

② 选择“学生”及“选课”表。

③ 如图6.42所示的窗口中，依次选择“学号”“姓名”“成绩”。

④ 在“成绩”字段的“条件”行，输入“<60”，并设置该字段不显示。

⑤ 在“学号”字段的“排序”行，设置为“升序”。

⑥单击运行按钮“!”或在“视图”中选择“数据表视图”功能，查看查询结果，如图6.43。

⑦ 关闭设计窗口，根据提示保存为“查询实验1”。

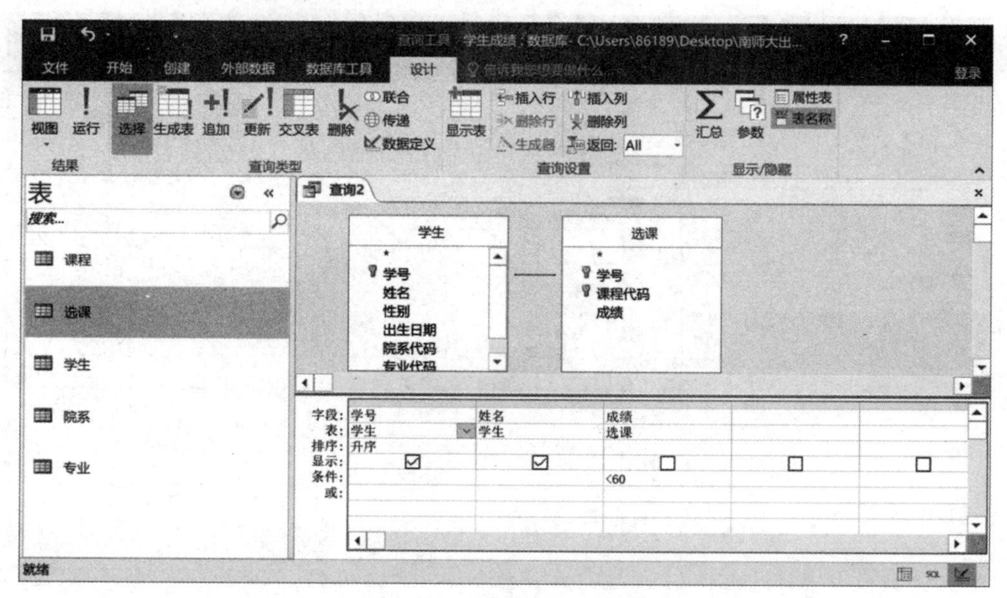

图6.42　“学生成绩查询设计”窗口

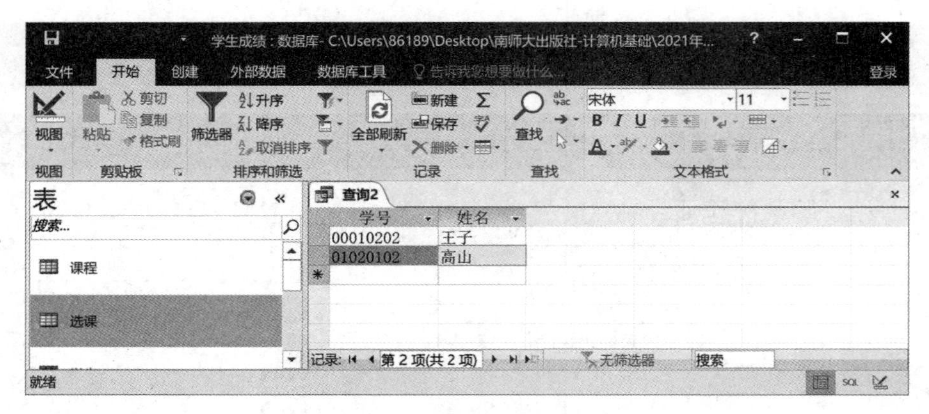

图6.43 “学生成绩查询”数据视图

3. 利用查询设计器查询各系科各专业男、女生人数，要求输出系科代码、专业代码、性别及人数

① 执行“创建”中“查询”组的“查询设计”命令，打开查询设计视图。

② 选择“学生”表。

③ 在“查询工具”—“设计”功能区，单击“∑汇总”按钮，显示出“总计”行。

④ 在如图6.44所示的对话框中，依次选择“院系代码”“专业代码”“性别”“学号”(这里选择了“学号”，只是为了统计记录个数，实际上可选择任何其他字段)。

⑤ 分别在“院系代码”“专业代码”“性别”字段的“总计”行，选择“Group By”(题目要求按系科、专业、性别进行统计，因此应按系科、专业、性别来分组)。

⑥ 在“学号”字段的“总计”行，设置为“计数”。在“学号”左边加上“人数”并用“:”隔开(“人数”将作为查询的列名)。

⑦ 单击运行按钮“!”或在“视图”中选择“数据表视图”功能，查看查询结果，如图6.45。

⑧ 关闭设计窗口，根据提示保存为“查询实验2”。

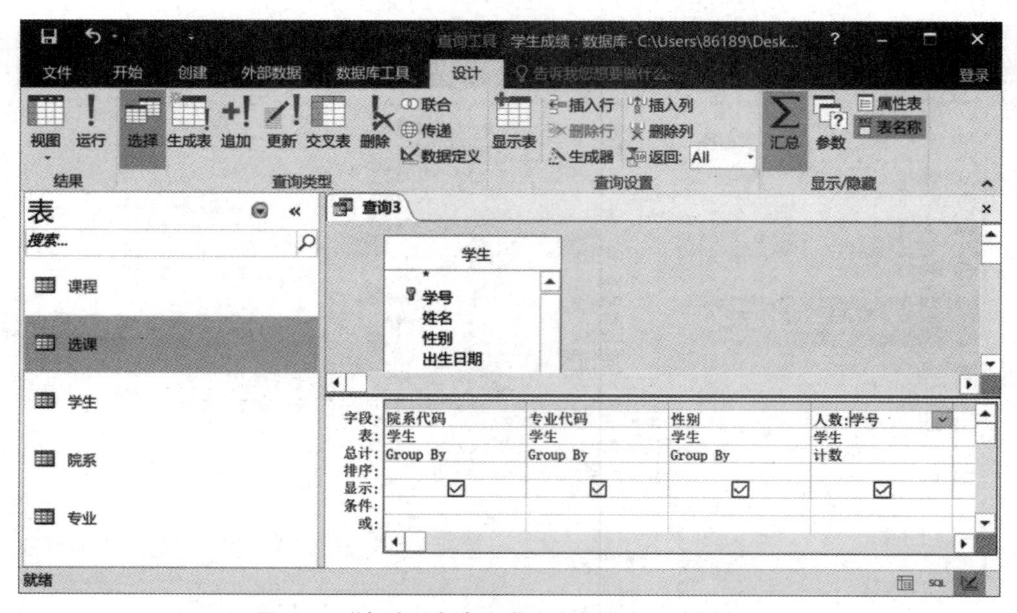

图6.44 “各院系各专业学生人数查询设计”窗口

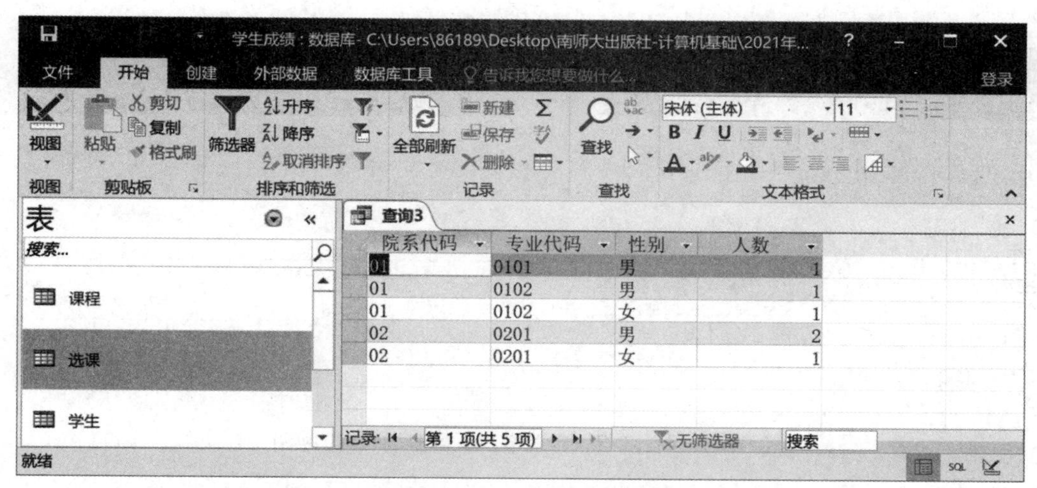

图6.45 “各院系各专业学生人数查询”数据视图

4. 使用SQL语言创建查询所有不及格学生的学号及姓名

① 执行“创建”中“查询”组的“查询设计”命令，打开查询设计视图。

② 关闭“显示表”对话框。

③ 在“视图”中选择“SQL视图”功能，视图如图6.46。

④ 输入SQL语句。

⑤ 在“视图”中选择“数据表视图”功能，查看查询结果。

⑥ 关闭设计窗口，根据提示保存为“查询实验3”。

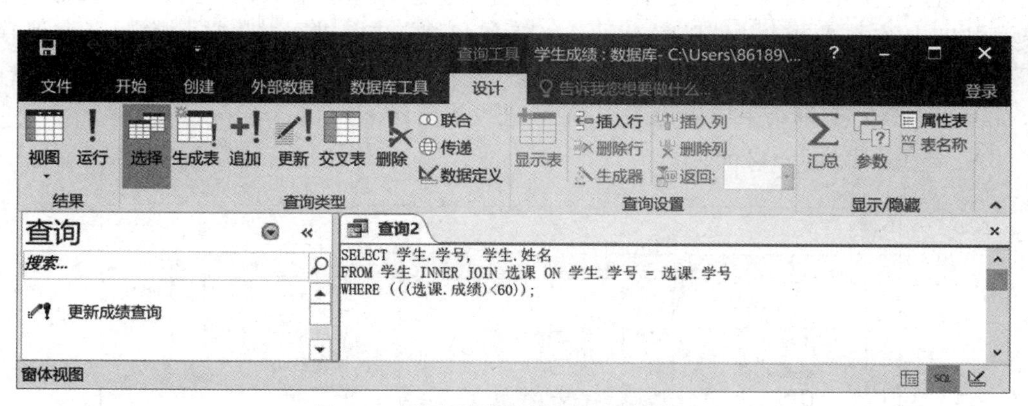

图6.46 “不及格学生查询”SQL视图

5. 使用SQL语言创建查询各院系各专业男、女生人数，要求输出系科代码、专业代码、性别及人数

① 执行“创建”中“查询”组的“查询设计”命令，打开查询设计视图。

② 关闭“显示表”对话框。

③ 在“视图”中选择“SQL视图”功能，视图如图6.47。

④ 输入图中SQL语句。

⑤ 在“视图”中选择“数据表视图”功能，查看查询结果。

⑥ 关闭设计窗口，根据提示保存为“查询实验4”。

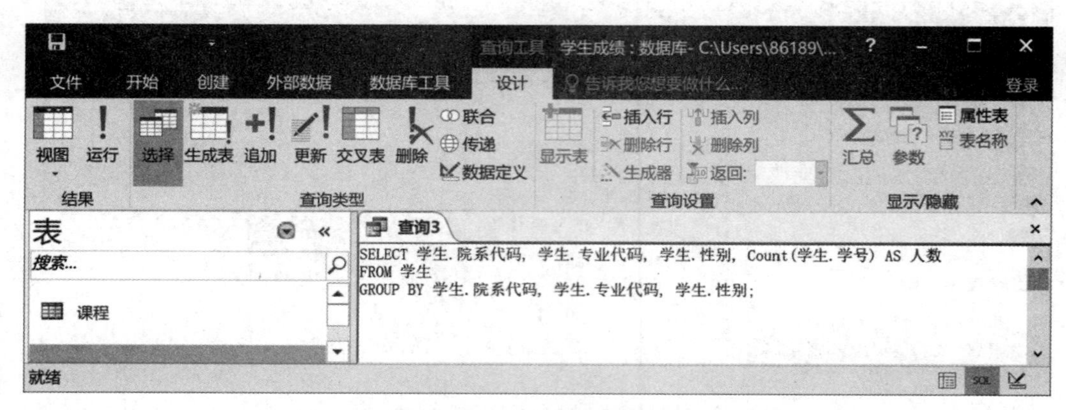

图6.47 “各院系各专业学生人数查询”SQL视图

四、思考与实践

1. 在“SQL视图”中,输入SQL语句,再选择“设计视图”,看看效果。

2. 设计一个实验,验证INNER JOIN与LEFT JOIN、RIGHT JOIN有何区别。

3. 可以在一个查询的基础上再新建一个查询吗? 试试看。

4. 打开“test2.accdb”数据库,涉及的表及关系如图6.48所示,按下列要求操作:

① 基于“教师”表,查询具有留学经历、硕士学位的教师名单(留学地字段为空值表示无留学经历),要求输出“工号”、“姓名”、“留学地”,查询保存为“CX1”。

② 基于“院系”及“教师”表,查询各学院各类引进人才人员数(引进人才字段为非空值表示引进人才),要求输出“院系代码”、“院系名称”、“引进人才”、“人数”,查询保存为“CX2”。

③ 将“CX2”查询结果导出为工作簿“引进人才统计.xlsx”。

④ 保存数据库“test2.accdb”。

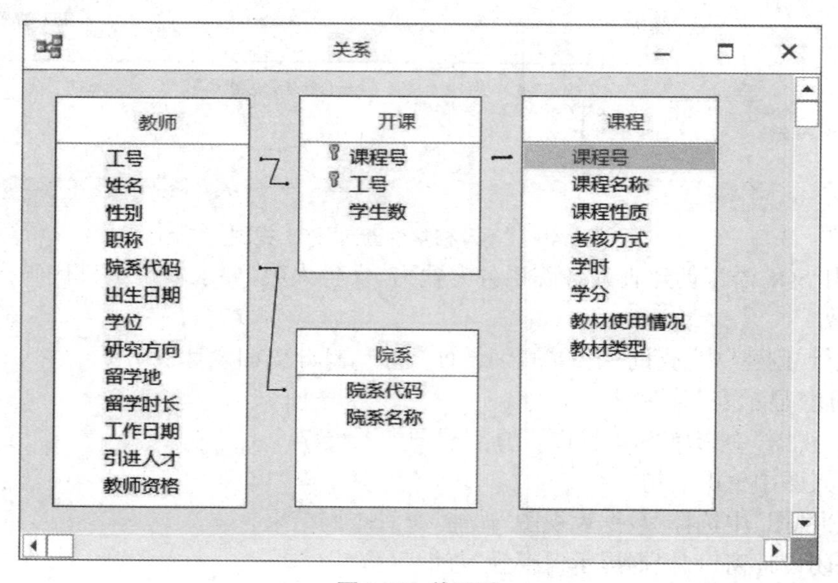

图6.48 关系图

第七章 办公软件

Microsoft公司Office软件包包含了文字处理Word、电子表格Excel以及演示文稿PowerPoint等常用应用软件。Office软件包中各软件都支持对象链接与嵌入功能，可方便地实现各应用软件的信息共享。

Office 2016与Office 2010版本的界面风格基本相同，它提供了一套以工作任务为导向的用户界面，大大提高了用户工作效率。在Office 2016中，传统的菜单和工具栏已被功能区所代替，功能区是一种全新的设计，它以选项卡的方式对命令进行分组和显示，同时功能区的选项卡在排列方式上与用户所要完成的任务的顺序相一致，选项卡中命令的组合方式更加直观，同时进一步加重了扁平化设计，在配合Windows 10的触控操作方面也有了很多改进。Word 2016功能区中包括了“开始”“插入”“页面布局”“引用”“邮件”“审计”“视图”等选项卡，每个选项卡中包含若干个组，每个组中包含若干个命令按钮。需要说明的是，在处理某些对象时，Word 2016功能区还会动态显示浮动的选项卡，任务窗格的窗口可随用户的需要打开或关闭。Office 2016应用程序界面如图7.1所示。

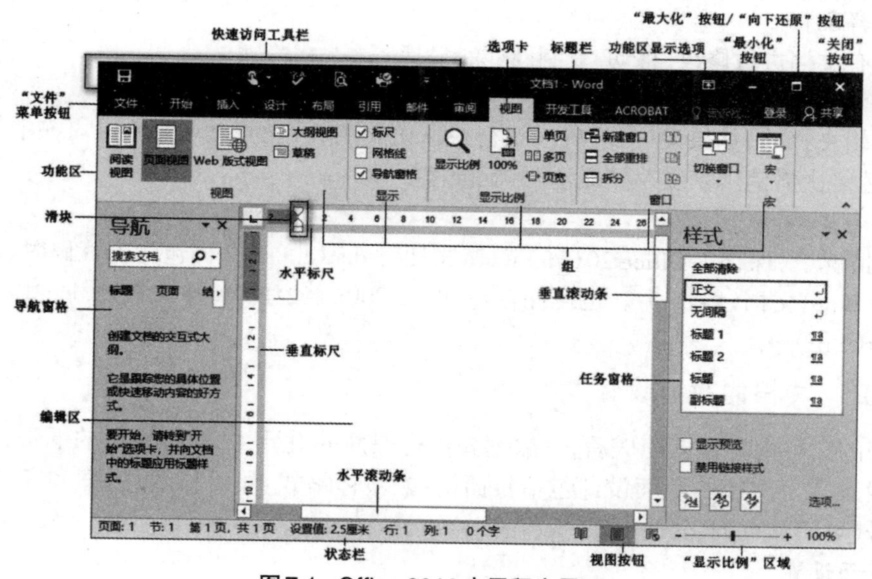

图7.1 Office 2016应用程序界面

本章首先概括了以上三个软件的常用功能，然后安排了有关文字处理、电子表格和演示文稿共八个实验。实验以应用为目的，以任务为驱动，给出了较详细的操作步骤。要求学生通过实验（实验所需素材请见书后二维码），掌握各应用软件的使用方法并能熟练地解决一般实际应用问题，进一步提高获取信息、处理信息和交流信息的能力。

§7.1 Word 2016常用功能

Word 2016具有处理文字、图形、图片、表格、数学公式、艺术字等多种对象的能力，生成图文并茂的文档形式，还提供了模板、邮件合并、宏、域等高级功能。可以用来起草会议通知、编写文稿、输入高级语言源代码等。

7.1.1 文档的创建和编辑

建立Word文档最基本的步骤是:创建文档、输入文字、保存文档。如果文档已经存在,那么要首先打开文档,然后对文档内容进行添加、修改、复制、删除等操作。为了方便操作,Word提供了页面视图、阅读版式视图、Web版式视图、大纲视图及草稿视图。页面视图用来编排打印版式,阅读版式视图用来方便阅读,Web版式视图用于编辑文档的网页形式,大纲视图用于编辑大的文档,草稿视图用来快速编辑文本。

1. 创建文档

启动Word后,系统提供最近使用的文档列表以便于用户打开已有文档,同时提供"空白文档""欢迎使用"等文档模板,以便用户根据现有文档模板(也可登录网站获取网上模板)新建含有模板文档格式的文档,提高工作效率。在Word界面中,也可单击"文件"按钮,执行弹出的"新建"功能,打开或创建新文档。

2. 输入文字

输入文字时,不应输入多余的空格和回车,加大行距和缩进应在版面格式中设定。系统提供自动和手工拼写检查及更正功能,文档中公式、特殊符号可通过执行"插入"选项卡的"符号"组的功能实现。

3. 编辑文档

对已有文档进行修改、移动、复制、删除、替换等。

4. 撤消与恢复

在编辑文档时,如果发生误操作,执行快速访问工具栏的"撤消"命令,可撤消上一次操作,可连续多次撤消。"恢复"是"撤消"的反操作。

5. 保存文档

默认情况下,保存为Office 2016的Word文档(*.docx)。当文档包含宏代码时,应保存为启用宏的Word文档(*.docm)。也可保存与Office 2003兼容的Word文档(*.doc)以及RTF格式的文档(*.rtf)等。

7.1.2 文档的版面设计

文档的文字内容输入完成后,一般都要进行版面的设计,如打印输出的纸张大小、标题字体的设置等。文档的版面设计包括页面格式、字体格式、段落格式、边框和底纹、项目符号和编号、页眉和页脚、分栏、分节等操作。

1. 页面设置

页面设置的内容包括:设置纸张的大小、页边距、页眉和页脚的位置及奇偶页显示方式、每页行数及每行字数等。一般在字符、段落格式设置之前先进行页面设置,以便在页面大小范围内进行文档的排版。页面设置通过执行"布局"选项卡的"页面设置"组的功能实现。

2. 字体格式

字体格式的设置就是对文档中的汉字、字母、数字和标点符号等进行字体、字形(加粗和倾斜)、字号、颜色、下划线、着重号、字符间距的设置等。字体格式的设置通过执行"开始"选项卡的"字体"组的功能实现。

3. 段落格式

选择一段或多段,进行段落格式设置。段落格式设置包括:设置段落对齐方式、行间距、段落前后的间距、缩进方式、换行和分页控制等。段落格式的设置通过执行“开始”选项卡的“段落”组的功能实现。

4. 首字下沉

首字可通过“首字下沉”设置成两种特殊效果——“下沉”和“悬挂”，可指定首字下沉行数及字体等。首字下沉通过执行“插入”选项卡的“文本”组的功能实现。

5. 边框和底纹

选择段落后可以设置文字、段落、页框的边框的线型、颜色和宽度等，同时可设置边框内的填充色和图案样式等底纹效果。边框和底纹的设置通过执行“设计”选项卡的“页面背景”组的功能实现。

6. 项目符号和编号

文档中的并列段(项目)前面经常需要加上符号(如圆点、菱形等)或编号，以便于阅读。选择并列段，执行“开始”选项卡的“段落”组的项目符号、编号功能实现项目符号和编号的设置。

7. 分栏

默认情况下，Word文档按一栏显示。可设置文档多栏显示，在分栏对话框中设置分栏数、每栏宽度和间距。只有在“页面视图”或“打印预览”状态下，才能看到分栏的效果。分栏通过执行“布局”选项卡的“页面设置”组的功能实现。

8. 页眉和页脚

在文档的顶部和底部分别可以显示页眉和页脚。可在页眉、页脚区输入文字，插入页码、页数、日期时间、图片和“文档部件”等。页眉和页脚的设置通过执行“插入”选项卡的“页眉和页脚”组的功能实现。

9. 样式及目录

长文档的段落多、标题多，各级标题要求设置不同的格式，而同一级别的标题或正文段落要求使用统一的格式。Word提供的样式功能很好地解决了这些问题。样式集字体格式、段落格式、项目编号格式于一体。用样式编排长文档格式可实现文档格式与样式格式同步自动更新，即修改了某一样式格式，文档中使用了此样式的段落格式自动修改，大大提高了长文档编排的效率。

Word 2016提供了内置的快速样式集，包括标题样式、正文样式等，用户可以直接使用，如果内置的样式不能满足自己的排版需要，用户还可以定义自己的样式。对长文档设置标题样式后，导航窗格可按照文档的标题级别显示文档的层次结构，用户可根据标题快速定位文档，还可以基于标题样式，自动插入目录。

应用样式通过执行“开始”选项卡的“样式”组的功能实现。插入目录通过执行“引用”选项卡的“目录”组的功能实现。

10. 其他

在Word文档中，还可以插入脚注、尾注、题注、交叉引用、超级链接等。

7.1.3　图文排版

Word支持图文混排功能，可在文档中插入图片、屏幕截图、图形、艺术字、文本框、公式和其他应用程序对象，还可在文档中绘制图形，从而使用Word可方便地制作电子板报、论文和书稿等。

1. 插入图片

在文档的任何位置可插入图片,图片可以是系统自带的剪贴画、磁盘上的图片文件和屏幕截图等。插入图片通过执行"插入"选项卡的"插图"组的功能实现,插入图片后,使用自动显示的"图片工具"中的"格式"选项卡功能,可设置图片样式、颜色、大小及环绕方式等。

2. 绘制图形

在Word文档中可绘制矩形方框、椭圆、直线、箭头及各种自选图形等图形对象。可在图形中添加文字,可设置图形线条的线形、颜色、大小及环绕方式等。可组合多个图形对象为一个大的对象,在图形对象相互重叠时,还可设置图形的叠放次序。绘制图形通过执行"插入"选项卡的"插图"组的"形状"功能实现。

3. 插入SmartArt图形

在Word文档中可插入SmartArt图形,SmartArt图形包括图形列表、流程图和层次结构图等。可在图形中添加文字,可设置图形线条的线形、颜色、大小及环绕方式等。插入SmartArt图形通过执行"插入"选项卡的"插图"组的"SmartArt"功能实现。

4. 插入艺术字

艺术字是Word中产生的文字图形,可选择多种艺术字式样,产生特殊的艺术效果。插入艺术字通过执行"插入"选项卡的"文本"组的"艺术字"功能实现,通过"绘图工具"还可方便地设置艺术字的形状、样式、大小和环绕方式等。

5. 插入文本框

在同一版面中有多种不同排版风格的文字,如既有水平排版的又有垂直排版的,用于表达文档的引述、摘要等,这时往往需要使用文本框。插入文本框通过执行"插入"选项卡的"文本"组的"文本框"功能实现,通过"绘图工具"还可方便地设置其形状填充、形状轮廓、形状效果,文本框大小及环绕方式等。

6. 插入对象

在Word文档中还可插入水印、数学公式、Excel工作表、画笔位图、视频等对象。

7.1.4 表格制作

表格在文档中有着非常重要的作用,它使文档内容简明扼要并便于对比分析。Word文档提供了表格的插入和编辑等功能。

1. 插入表格

Word文档中可直接插入指定行数和列数的表格,也可通过绘制表格功能绘制不规则表格,还可通过快速表格功能插入内置的表格模板。插入表格后,可在表格单元格中输入文字、插入图片等,每个单元格相当于一个小文档,可设置字体和段落格式。插入表格通过执行"插入"选项卡的"表格"组的"表格"功能实现。

2. 编辑表格

表格建立后,可插入、删除表格行和列,也可插入、删除单元格,对单元格还可进行拆分和合并,表格的行高与列宽可根据需要进行调整。编辑表格通过"表格工具"中的"设计"和"布局"选项卡中的功能实现。

3. 文本与表格的转换

文档中的文字可通过"文字转换成表格"功能转换为表格,反之,也可将表格转换成文字。

§ 7.2 Excel 2016常用功能

Excel 2016电子表格软件可用来处理由若干行和若干列表格单元所组成的表格，每个表格单元可以存放数值、文字、公式等，从而我们可以方便地进行表格编辑，并方便使用公式及内部函数对数据进行计算，还可以使用排序、筛选、数据透视表及分类汇总等功能，对数据进行分析处理。

7.2.1　工作簿的建立

Excel工作簿由工作表组成，如图7.2所示。单击工作表标签，即可选择相应的工作表。每个工作表是一个16 384列1 048 576行的表格，行和列交叉的部分称为单元格，是存放数据的最小单元，用列标和行号来唯一地标识一个单元格。

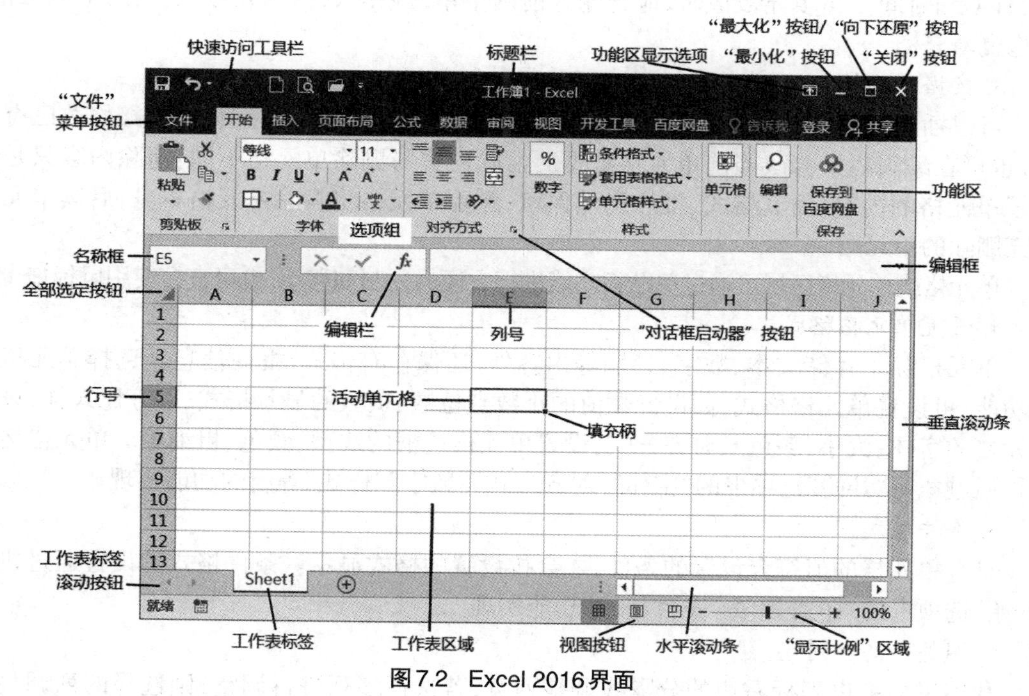

图7.2　Excel 2016界面

1. 创建工作簿

启动Excel后，系统提供最近使用的工作簿列表以便于用户打开已有工作簿，同时提供"空白工作簿""欢迎使用Excel"等工作簿模板，以便用户根据现有工作簿模板（也可登录网站获取网上模板）新建含有模板工作簿格式的文档，提高工作效率。在Excel界面中，也可单击"文件"按钮，执行弹出的"新建"功能，打开或创建新的Excel工作簿。

2. 工作表管理

一个工作簿最多可以管理255个工作表。创建空白工作簿时，默认只建立1张工作表。可以进行插入新的工作表、删除原工作表、重命名工作表、复制工作表、移动工作表位置和保护工作表等操作。工作表管理通过执行"开始"选项卡的"单元格"组的功能实现。

3. 保存文档

默认情况下，保存为Office 2016的Excel工作簿（*.xlsx）。当文档包含宏代码时，应保存为Excel启用宏的工作簿（*.xlsm），也可保存为其他文件格式，如纯文本（*.txt）、网页（*.htm）等。

7.2.2 工作表的基本操作

工作表是用来存储和处理数据的电子表格,其基本操作是输入数据和设置格式,当然在操作过程中,往往还要进行插入、修改、移动、复制和删除等编辑操作。

1. 手工输入数据

在单元格中,可以输入文本、数值、日期和时间。在输入由数字组成的文本时,须在前面加上英文单引号,如学号013060101,应输入:'013060101。输入日期时,可用斜杠"/"或减号"-"分隔年、月、日,如2006/10/30。输入时间时,可用冒号":"分隔时、分、秒,如11:30:10。在单元格中,还可以输入分数,如输入1/3,只需在前面加上零和空格,即输入:0 1/3。

2. 自动填充数据

对于一些连续的数据可以使用"自动填充"的方法,快速输入数据。可以填充文本、数值、日期和时间。当填充数值时,应先输入前两个单元格的数据,然后选定这两个单元格,再拖曳填充柄。

3. 数据的编辑

可以插入单元格、行或列,也可删除单元格、行或列。可以在单元格中直接修改已有数据,也可在编辑栏中修改当前单元格数据。清除内容与删除单元格不同:清除内容只是删除了单元格的内容,而其格式、批注仍然保留;删除单元格将删除单元格本身,后续单元格填充删除的单元格。

单元格或单元格区域可通过剪贴板功能进行方便的复制和移动,也可直接使用鼠标拖曳。

4. 设置单元格格式

单元格除了存储文本、数字、日期等内容外,还保存有格式、批注信息。选择单元格格式功能,可设置单元格格式,如设置数值的小数点位数、负数的显示格式、百分比式样,设置单元格的字体、大小、颜色及对齐方式,设置单元格边框的线型、颜色、粗细等。单元格格式设置通过执行"开始"选项卡的"字体""对齐方式""数字""样式"等组的功能实现。

5. 条件格式

只有单元格的值符合设置的条件,才会按设置的格式显示。条件格式的设置通过执行"开始"选项卡的"样式"组的"条件格式"功能实现。

6. 调整行高和列宽

利用鼠标拖曳列标右边的分隔线调整列宽,若选择多列进行调整,则选择的列调整为相同的宽度,双击列标右边的分隔线,则以最适当的宽度调整该列,当列的宽度调整为零时,列被隐藏。列宽的调整也可执行"开始"选项卡的"单元格"组的"格式"功能实现。行高的调整与列宽的调整类似。

7.2.3 公式的建立

在单元格中,可输入公式进行运算。公式以等号"="开始,由常量、单元格引用、函数及运算符组成。公式可以是一个简单的算术表达式,也可以是使用函数对单元格、单元格区域进行求和、求平均值等的复杂表达式。公式可以在单元格中进行输入编辑,也可在编辑栏进行输入编辑。

1. 运算符

Excel中包含算术运算符、文本运算符、比较运算符和引用运算符。算术运算的结果为数值,文本运算"&"是将两个字符串合并成一个字符串,比较运算的结果为逻辑值TRUE或

FALSE。

算术运算符："+"(加)、"-"(减)、"*"(乘)、"/"(除)、"%"(百分比)、"^"(指数)。

字符运算符："&"(连接)。

比较运算符："="(等于)、">"(大于)、"<"(小于)、">="(大于等于)、"<="(小于等于)

引用运算符：":"(冒号)、","(逗号)、空格。

2. 单元格引用

单元格引用就是标识工作表上的单元格或单元格区域，指明公式中所使用的数据的位置。在Excel中，可以引用同一工作表不同部分的数据，同一工作簿不同工作表的数据，甚至不同工作簿的单元格数据。

单元格或单元格区域引用的一般式为：[工作簿名]工作表名！单元格引用。如：[学生成绩.xls]Sheet2！A2，表示引用"学生成绩"工作簿中的"Sheet2"工作表的A2单元格。在引用同一工作簿的单元格时，工作簿可以省略，在引用同一工作表时，工作表可以省略。如：=Sheet2!A2+ A2，表示求工作表Sheet2的A2单元格与当前工作表的A2单元格之和。

单元格引用的运算符有3个。

① 冒号(:)——区域运算符，如：A2:E6表示A2单元格到E6单元格矩形区域内的所有单元格。

② 逗号(,)——联合运算符，将多个引用合并为一个引用，如：=SUM(A1:B4,E5:F10)，表示对A1至B4以及E5至F10所有单元格求和(SUM是求和函数)。

③ 空格(　)——交叉运算符，如：=SUM(A1:C6 C5:E9)，表示求A1:C6与C5:E9两区域交叉单元格C5、C6之和。

3. 函数

Excel提供了强大的内置函数，实现数值统计、逻辑判断、财务计算、工程分析等功能。使用"开始"选项卡的"编辑"组的"自动求和"按钮和编辑区的"粘贴函数"按钮 *fx*，用户很容易根据向导实现对指定的单元格区域进行求和，求平均值、最大值、最小值等。用户也可直接输入函数公式。

4. 公式复制与单元格绝对地址

单元格的公式也可进行复制，复制到目标单元格中的公式地址将随着目标单元格的相对位移而自动改变，这种单元格引用地址称为相对地址。如将单元格E2中的公式"= C2+D2"，复制到E3，E3的公式则为"= C3+D3"。

但是，有的时候希望复制到目标单元格的公式地址不要发生变化，此时可以在公式中使用绝对地址，绝对地址的表示方式是在行和列前加上"$"符号，如E2中的公式"= C2+$D$2"，复制到E3，E3的公式则为"= C3+$D$2"。

7.2.4　图表的制作

Excel可以根据工作表中的数据生成各种不同类型的图表，图表可形象地、直观地表达一个或多个区域的相关数据，便于数据比较和分析。

1. 创建图表

选取用于绘制图表的数据区，执行"插入"选项卡的"图表"组的功能实现。

① 数据源可以选取一行或一列数据，也可选取连续或不连续的数据区域，但一般包括列标题和行标题，以便标题文字标注在图表上。

② 生成的图表类型可以是“柱形图”“条形图”“饼图”等。

③ 图表包括“图表标题”“坐标轴标题”“坐标轴”及“图例”等内容。

④ 图表可嵌入已有工作表中,也可作为单独的一张图表插入工作簿内。

2. 图表修改

在Excel中,图表可以看作一个完整的对象,因此可以对它进行移动、复制和删除等操作。同时,图表又是由绘图区、图表标题、坐标轴标题、坐标轴、图例、数据标签、网格线和趋势线等图表元素组成,对每一个图表元素都可以进行编辑,从而完成对图表的修改。另外,图表与对应的表格数据是互动的,即表格的值变了,图表自动改变,反之亦然。图表修改可通过执行“图表工具”的“设计”“格式”选项卡中各组的功能实现。

7.2.5 数据管理与统计

为了实现数据管理与统计,Excel要求数据必须按数据清单(数据列表)格式来组织,Excel可以实现对数据列表的排序、筛选、分类汇总和数据透视等功能。

1. 数据清单

每列包含相同类型的数据,列表首行由互不相同的字符串组成(称为“字段名”),其余各行包含一组相关数据(称为“记录”)的连续单元格区域。

2. 数据排序

排序是将数据清单中的记录按某些字段值的大小,重新排列记录次序,一次排序可以选择多个关键字,它们的含义是:首先按“主要关键字”排序,当“主要关键字”相等时,检查第一次序“次要关键字”的大小,若第一次序“次要关键字”相等,则检查第二次序“次要关键字”的大小,以此类推,从而决定记录的排列次序。另外,每种关键字都可以选择是按“升序”还是“降序”排列。数据排序可通过执行“开始”选项卡的“编辑”组的“排序和筛选”功能实现。

3. 数据筛选

筛选功能可以只显示数据清单中符合筛选条件的行,而隐藏其他行。筛选功能中,给多个字段加上筛选条件,表示筛选同时满足这些字段条件的记录。数据筛选可通过执行“数据”选项卡的“排序和筛选”组的功能实现。

4. 分类汇总

对数据进行分类汇总是Excel提供的基本的数据分析方法。操作时必须首先按“分类”字段进行了排序,然后再对指定字段进行求和、求平均值等。分类汇总可通过执行“数据”选项卡的“分级显示”组的功能实现。

5. 数据透视

Excel提供强有力的数据透视功能,数据透视是依据用户的需要,从不同的角度在列表中提取数据,重新拆装组成新的表。它不是简单的数据提取,而是伴随着数据的统计处理。数据透视可通过执行“插入”选项卡的“表格”组的功能实现。

§7.3 PowerPoint 2016常用功能

PowerPoint 2016是专门用来制作演示文稿的应用软件,利用它可制作集文字、图形、图像、声音以及视频剪辑等多媒体于一体的演示文稿。

7.3.1　演示文稿的创建和编辑

PowerPoint演示文稿由一系列幻灯片组成，PowerPoint有普通视图、大纲视图、幻灯片浏览视图、备注页视图和阅读视图。

1. 创建演示文稿

启动PowerPoint后，系统提供最近使用的演示文稿列表以便于用户打开已有演示文稿，同时提供“空白演示文稿”“欢迎使用PowerPoint”等演示文稿模板，以便用户根据现有演示文稿模板（也可登录网站获取网上模板）新建含有模板演示文稿内容及格式的文档，提高工作效率。在PowerPoint界面中，也可单击“文件”按钮，执行弹出的“新建”功能，打开或创建新的PowerPoint演示文稿。

2. 插入幻灯片

插入一张新幻灯片，系统提供的版式有“标题幻灯片”“标题与内容”“节标题”等。幻灯片版式包含多种组合形式的文本和对象占位符，文本占位符中可输入标题、副标题和正文内容，对象占位符用于添加表格、图片、图表、声音和视频等。插入幻灯片通过执行“开始”选项卡的“幻灯片”组的功能实现。

3. 编辑幻灯片

编辑幻灯片一般在普通视图下进行，在文本占位符的位置上输入文字，在对象占位符的位置上插入相应的对象。在幻灯片中，也可直接插入文本框、图片、表格、图表、声音、视频和SmartArt图形等，并可通过相应的工具中“格式”选项卡中的功能设置其格式。

4. 更改幻灯片次序

可在普通视图的幻灯片或大纲窗口中，拖动幻灯片图标到新的位置，或在幻灯片浏览视图中，拖动幻灯片到新的位置。

5. 复制和删除幻灯片

在普通视图的幻灯片或大纲窗口中，选定幻灯片后，利用剪贴板功能即可实现幻灯片的复制。按DEL键便可删除选定的幻灯片。

6. 保存演示文稿

默认情况下，保存为Office 2016的PowerPoint演示文稿（*.pptx），也可保存为其他文件格式，如可直接放映的放映文件（*.ppsx）等。

7.3.2　外观设计

PowerPoint提供了主题和背景等设计，通过它们可以设置演示文稿的外观。此外，还可以使用母版使幻灯片具有一致的外观。

1. 应用主题

主题是一组设置好的字体、颜色、外观效果的设计方案，可以应用于已有演示文稿，从而快速地改变演示文稿的外观。PowerPoint提供了几十种内置的风格各异的主题，用户也可以自定义主题的颜色、字体和效果。应用主题通过执行“设计”选项卡的“主题”组的功能实现。

2. 背景设置

幻灯片的背景可以是颜色、纹理、图案和图片。同一演示文稿中的可以使用同一种背景，也可以各自使用不同的背景，但一张幻灯片只能使用一种背景。背景设置通过执行“设计”选项卡的“自定义”组的功能实现。

3. 母版设置

PowerPoint有三种母版:幻灯片母版、讲义母版和备注母版。幻灯片母版为快速设计统一风格、插入相同的对象演示文稿的幻灯片提供了方便。幻灯片母版由一整套版式组成,其中第一个最大的幻灯片称为母版幻灯片。在母版幻灯片上修改对象格式或插入新的对象,则会影响幻灯片母版中其他所有版式。如在母版幻灯片上插入一个图片,则所有版式上都会显示这张图片。

幻灯片母版中的各版式都包含文本占位符和页脚(如日期、时间和幻灯片编号)占位符。当修改幻灯片母版中的版式后,演示文稿中使用相应版式的幻灯片自动修改。母版设置通过执行“视图”选项卡的“母版视图”组的功能实现。

7.3.3 动画设置及超链接

幻灯片中不仅能够播放声音和视频等多媒体对象,而且能够设置幻灯片切换、文字、图片等对象的动画效果,还可以在幻灯片中增加超级链接,增强幻灯片放映时的多媒体效果。

1. 幻灯片切换

可设置放映时幻灯片切换到下一张幻灯片的切换方式、效果、切换速度、切换声音及换片方式[单击鼠标切换和(或)自动换片]。设置幻灯片切换效果通过执行“切换”选项卡的“切换到此幻灯片”中“计时”组的功能实现。

2. 动画

可设置放映时幻灯片中各个对象(如文本框、图表、图片等)的动画效果,包括进入效果、强调效果、退出效果和动作路径等,如设置文本框对象的文字动画效果为“自左侧飞入”并伴有“风铃”声,“按字/词”发送。设置动画效果通过执行“动画”选项卡的“动画”中“高级动画”和“计时”组的功能实现。

3. 超链接

在演示文稿中可为文字、图片等对象设置超链接,通过超链接跳转到不同的幻灯片位置或链接到Internet上的任意URL地址。设置超链接通过执行“插入”选项卡的“链接”组的功能实现。

4. 动作设置

在幻灯片中,可插入动作按钮,或选择文字、图片等对象,为其设置超链接。插入动作按钮通过执行“插入”选项卡的“插图”组的“形状”功能实现。为文字、图片等对象设置超链接通过执行“插入”选项卡的“链接”组的“动作”功能实现。

7.3.4 幻灯片放映及打印

1. 自定义幻灯片放映

利用自定义放映功能,可以对不同的观众选择演示文稿中的部分幻灯片进行放映,而不必建立一个内容相似的演示文稿。自定义幻灯片放映通过执行“幻灯片放映”选项卡的“开始放映幻灯片”组的功能实现。

2. 设置幻灯片放映

放映类型有“演讲者放映(全屏幕)”“观众自行浏览(窗口)”和“在展台浏览(全屏幕)”三种。一般经常使用第一种方式,在这种方式下,演讲者具有完全的控制权,可以暂停放映,也可以改变放映顺序而跳转到任意一张幻灯片进行放映。还可以设置“循环放映,按ESC键终止”的全自动放映方式,但此时幻灯片换页方式需设置为自动延时切换。设置幻灯片放映通过执行“幻灯片放映”选项卡的“设置”组的功能实现。

3. *启动幻灯片放映*

执行“幻灯片放映”选项卡“开始放映幻灯片”组的“从头开始”“从当前幻灯片开始”功能可启动幻灯片放映。也可按F5键，从头启动幻灯片放映，或单击右下方的“幻灯片放映”按钮从当前幻灯片进行放映。

4. *打印幻灯片*

打印幻灯片通过单击“文件”按钮，执行弹出的“打印”功能实现。

实验7.1　制作Word电子板报(一)

一、实验目的

1. 掌握页面设置的方法
2. 掌握字体、段落格式的设置方法
3. 掌握分栏的使用方法
4. 掌握页眉和页脚、脚注、尾注的设置方法
5. 掌握带格式替换文字的方法

二、实验内容

制作如图7.3所示的格式文档。

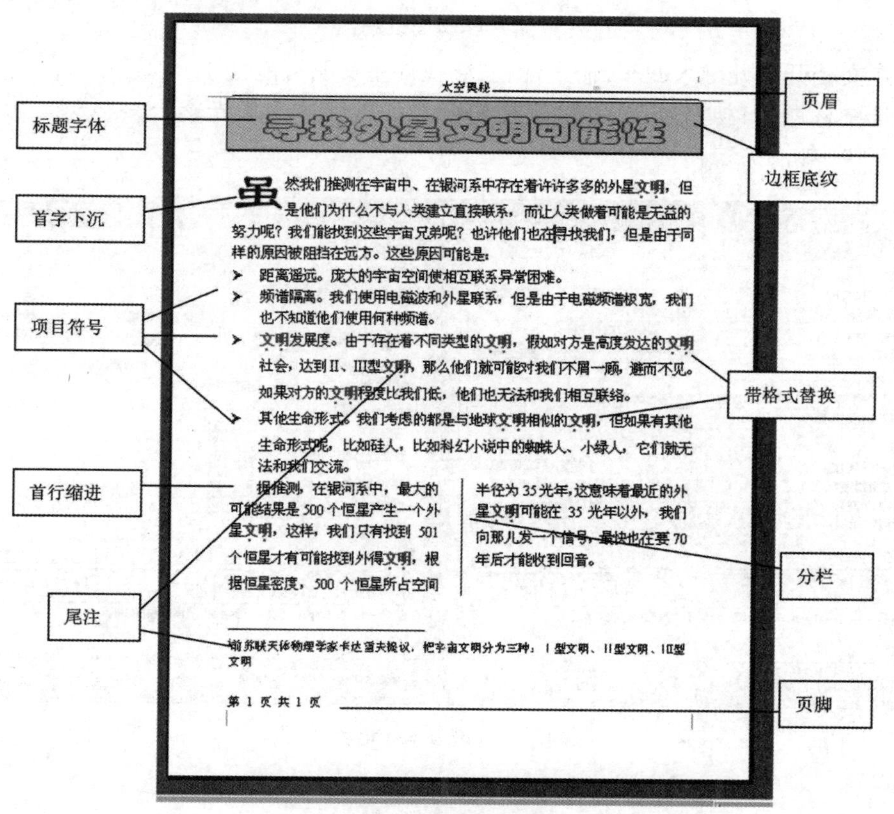

图7.3　电子板报(一)

三、实验步骤

① 打开“实例7–1素材.docx”。

② 执行“布局”—“页面设置”功能,设置纸型宽度为15厘米、高度为20厘米,设置上下边距为2厘米、左右边距为1.5厘米,设置每页26行、每行35字,如图7.4。

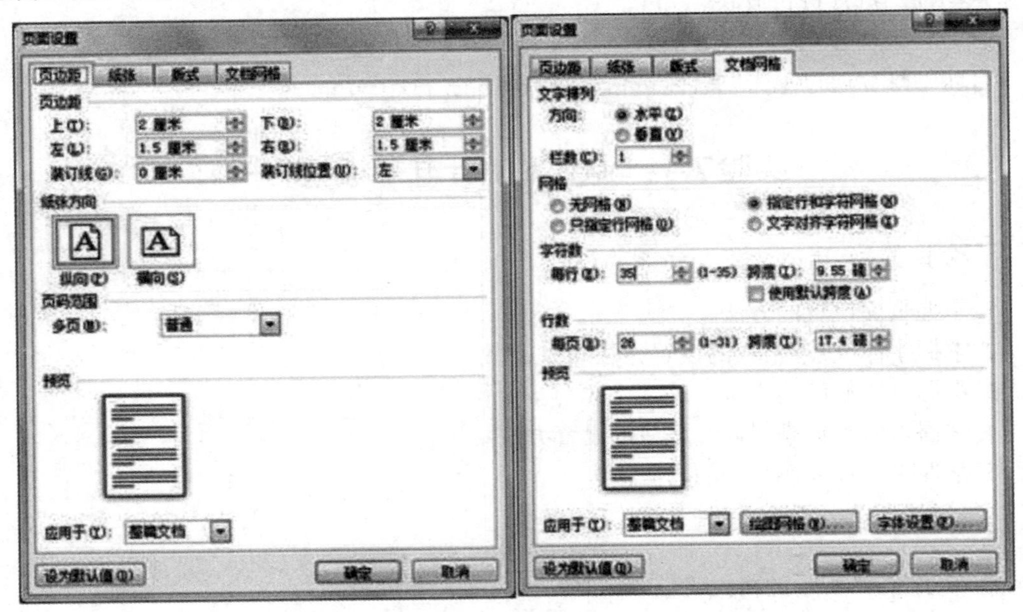

图7.4 页面设置

③ 在文档开始处键入回车,输入标题“寻找外星文明可能性”。

④ 选中标题行,执行“开始”—“字体”功能,设置字体为华光彩云、二号字、红色,字符缩放为150%,如图7.5。

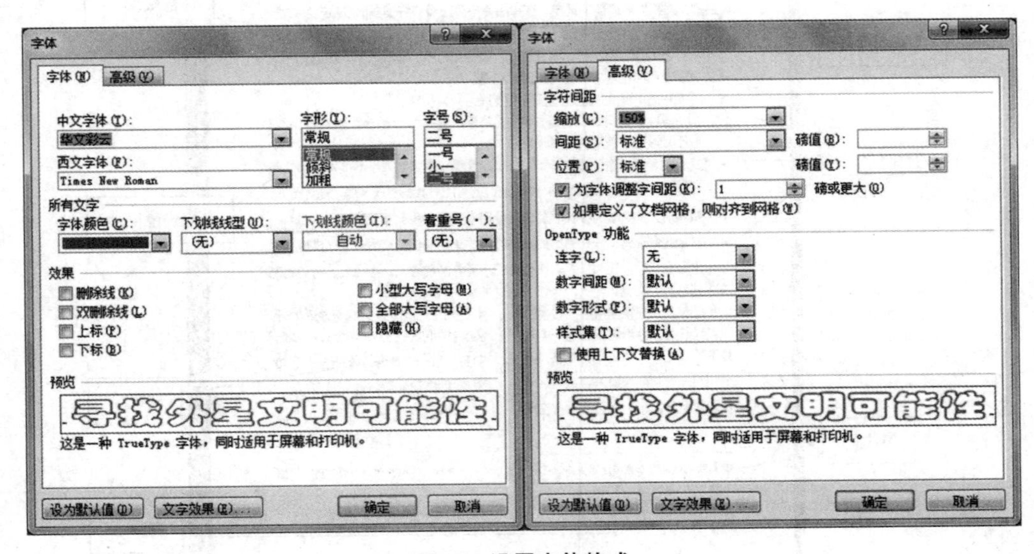

图7.5 设置字体格式

⑤ 选中标题行，执行“开始”—“段落”功能，设置对齐方式为居中，段后间距1行，选择最后一段，执行“开始”—“段落”功能，设置特殊格式为首行缩进2字符，如图7.6。

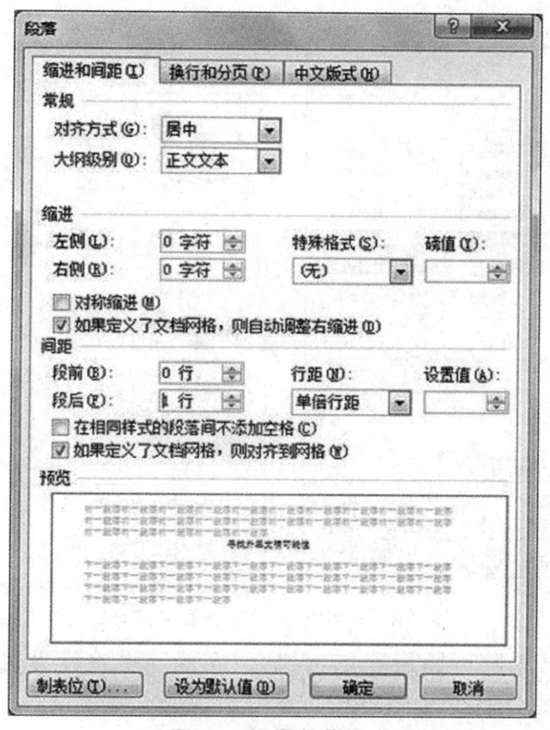

图7.6　设置段落格式

⑥ 选中标题行，执行“设计”—“页面背景”—“页面边框”功能，设置边框颜色为蓝色、宽度为1.5磅，底纹填充为灰色、背景2、深色10%，如图7.7。

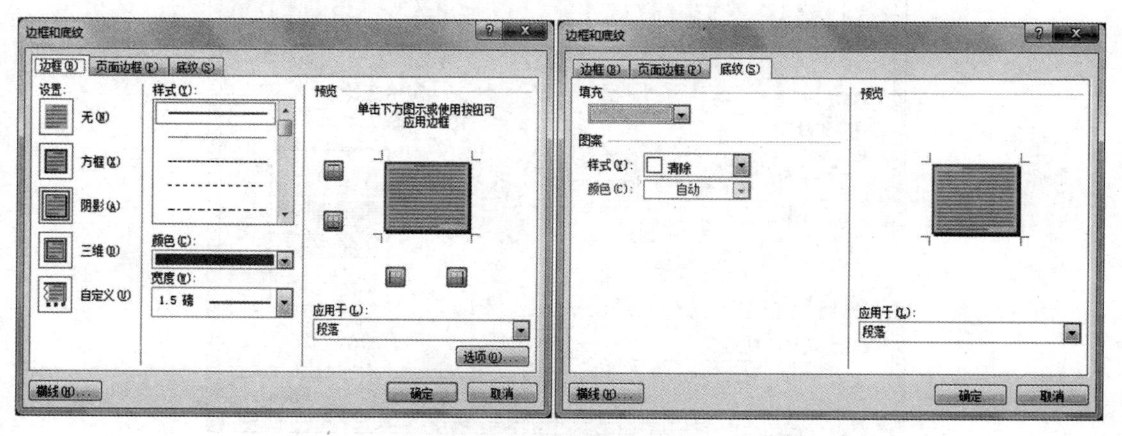

图7.7　设置边框和底纹

⑦ 将插入点移至正文第一段,执行“插入”—“文本”—“首字下沉”功能,设置下沉行数为3,首字字体为隶书;选择第二至五段,执行“开始”—“段落”—“项目符号”功能,设置项目符号,如图7.8所示。

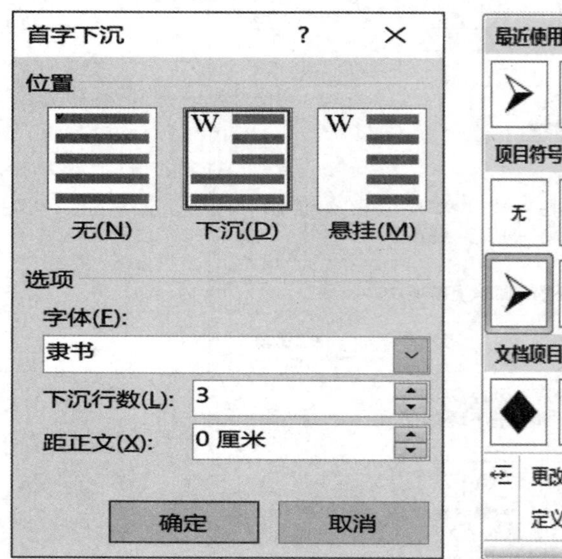

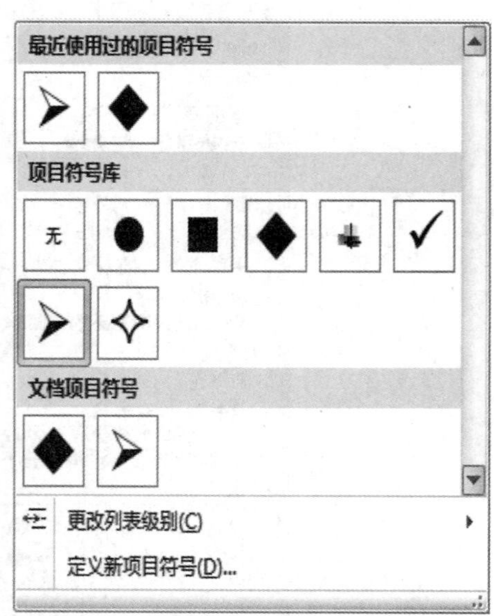

图7.8 设置首字下沉及项目符号

⑧ 选中最后一段(尾部可插入回车),执行“布局”—“页面设置”—“分栏”—“更多分栏”功能,设置分两栏,加分隔线,如图7.9。

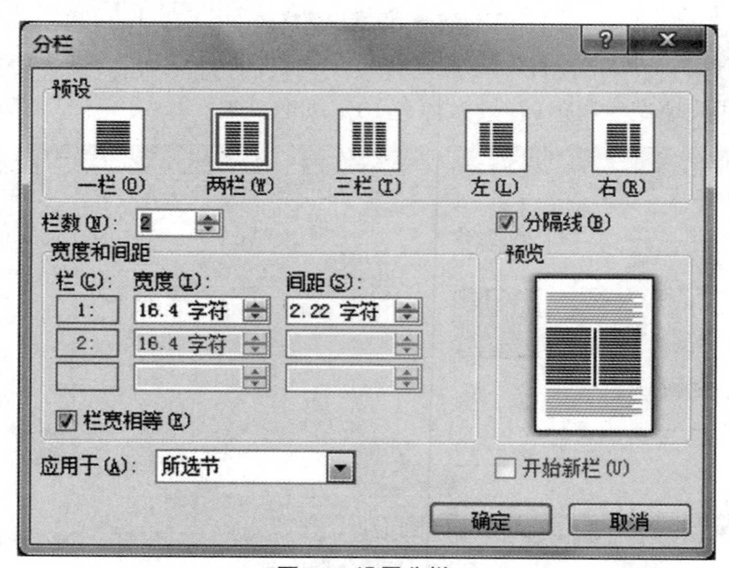

图7.9 设置分栏

⑨ 将插入点移到第4段的“达到Ⅱ、Ⅲ型文明”的位置,执行“引用”—“脚注”功能,选择编号格式后,在正文末尾输入尾注“前苏联天体物理学家卡达雪夫提议,把宇宙文明分为三种:Ⅰ型文明、Ⅱ型文明、Ⅲ型文明”,如图7.10。

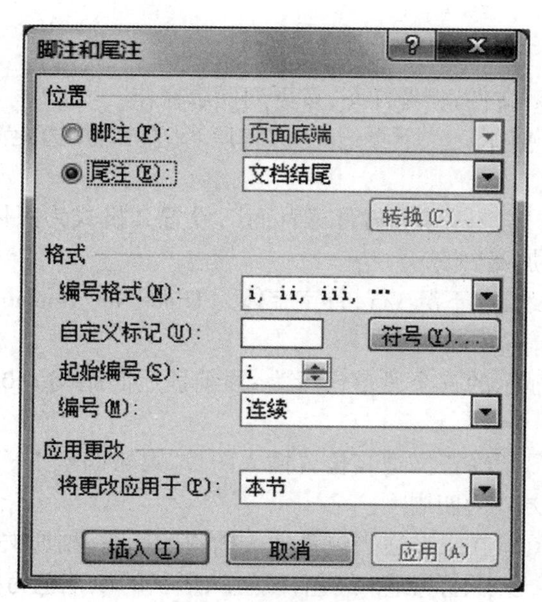

图7.10 插入尾注

⑩ 分别执行“插入”—“页眉和页脚”—“页眉”和“页脚”功能，在页眉中输入“太空奥秘”，在页面底端插入页码“加粗显示的数字2”。

⑪ 选中全部正文，执行“开始”—“编辑”—“替换”功能，“查找内容”及“替换为”均为“文明”，单击“更多”按钮，在展开的对话框中，单击“格式”按钮，选择字体功能，设置替换后的文字为加粗、红色、着重号（注意格式一定要加在“替换为”位置的文字上），如图7.11。

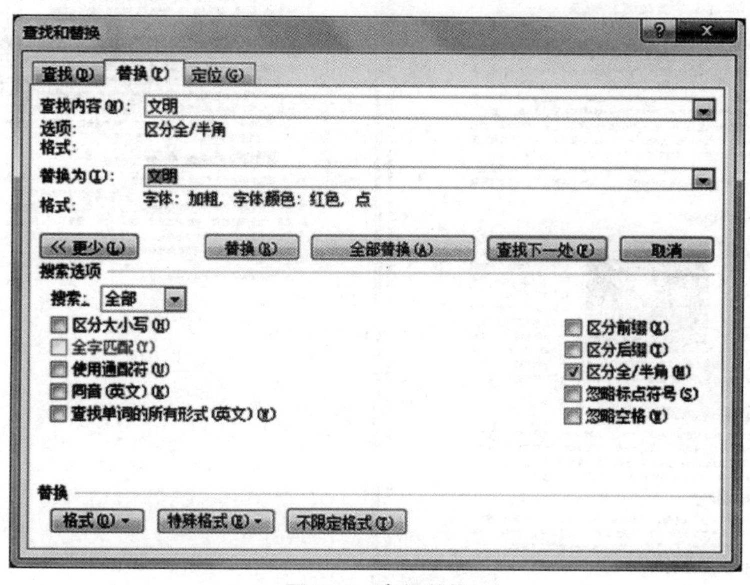

图7.11 高级替换

⑫ 保存文件。

四、思考与练习

打开素材“ED1.docx”文件,参考样图,按下列要求操作。

① 将页面设置为:A4纸,上、下页边距为2.6厘米,左、右页边距为3.2厘米,每页42行,每行40个字符。

② 给文章加标题“嫦娥四号登陆月球背面”,设置其格式为黑体、三号字、标准色-蓝色,居中显示,字符间距加宽2磅。

③ 设置正文第一段首字下沉3行,首字字体为Times New Roman,其余段落设置为首行缩进2字符。

④ 将正文中加粗显示的五个段落设置为:段前段后间距均为0.5行,以青绿色突出显示文本。

⑤ 参考图7.12样图1,在正文适当位置插入图片“嫦娥四号.jpg”,设置图片高度为4厘米、宽度为5厘米,环绕方式为四周型。

⑥ 参考图7.12样图1,在正文适当位置插入椭圆形标注,添加文字“中国人的骄傲”,文字格式为:华文琥珀、四号字、标准色-红色,设置该形状的填充色为标准色-黄色,无轮廓,环绕方式为紧密型。

⑦ 将正文最后两段分为等宽的两栏,栏间加分隔线。

⑧ 保存文件ED1.docx。

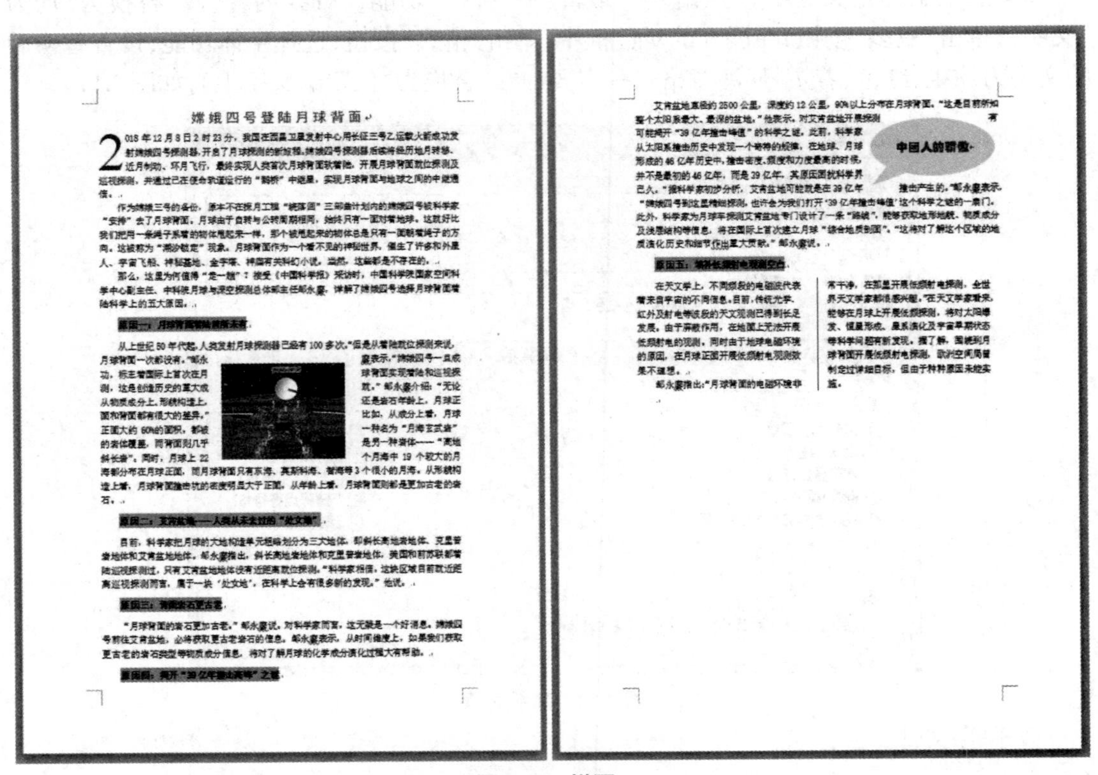

嫦娥四号登陆月球背面

2018年12月8日2时23分,我国在西昌卫星发射中心用长征三号乙运载火箭成功发射嫦娥四号探测器,开启了月球探测的新旅程。嫦娥四号探测器后续将经历地月转移、近月制动、环月飞行,最终实现人类首次月球背面软着陆,开展月球背面就位探测及巡视探测,并通过已在使命轨道运行的“鹊桥”中继星,实现月球背面与地球之间的中继通信。

作为嫦娥三号的备份,原本不在探月工程“绕落回”三部曲计划内的嫦娥四号被科学家“安排”去了月球背面。月球由于自转与公转周期相同,始终只有一面对着地球。这就好比我们把用一条绳子系着的物体甩起来一样,那个被甩起来的物体总是只有一面朝着绳子的方向。这被称为“潮汐锁定”现象。月球背面作为一个看不见的神秘世界,催生了许多和外星人、宇宙飞船、神秘基地、金字塔、神庙有关科幻小说。当然,这些都是不存在的。

那么,这里为何值得“走一趟”?接受《中国科学报》采访时,中国科学院国家空间科学中心副主任、中科院月球与深空探测总体部主任邹永廖,详解了嫦娥四号选择月球背面着陆科学上的五大原因。

原因一:月球背面着陆前所未有

从上世纪50年代起,人类发射月球探测器已经有100多次。“但是从着陆就位探测来说,月球背面一次都没有。”邹永廖表示,“嫦娥四号一旦成功,标志着国际上首次在月球背面实现着陆和巡视探测,这是创造历史的重大成就。”邹永廖介绍:“无论从物质成分上、形貌构造上,还是岩石年龄上,月球正面和背面都有很大的差异。”比如,从成分上看,月球正面大约60%的面积,都被一种名为“月海玄武岩”的岩体覆盖,而背面则几乎是另一种岩体——“高地斜长岩”。同时,月球上22个月海中19个较大的月海都分布在月球正面,而月球背面只有东海、莫斯科海、智海等3个很小的月海。从形貌构造上看,月球背面撞击坑的密度明显大于正面。从年龄上看,月球背面则都是更加古老的岩石。

原因二:艾肯盆地——人类从未去过的“处女地”

目前,科学家把月球的大地构造单元粗略划分为三大地体,即斜长高地岩地体、克里普岩地体和艾肯盆地地体。邹永廖指出,斜长高地岩地体和克里普岩地体,美国和前苏联都着陆巡视探测过,只有艾肯盆地地体没有近距离就位探测。“科学家相信,这块区域目前就近距离巡视探测而言,属于一块‘处女地’,在科学上会有很多新的发现。”他说。

原因三:背面岩石更古老

“月球背面的岩石更加古老。”邹永廖说,对科学家而言,这无疑是一个好消息。嫦娥四号前往艾肯盆地,必将获取更古老岩石的信息。邹永廖表示,从时间维度上,如果我们获取更古老的岩石类型等物质成分信息,将对了解月球的化学成分演化过程大有帮助。

原因四:揭开“39亿年撞击高峰”之谜

艾肯盆地直径约2500公里,深度约12公里,90%以上分布在月球背面,“这是目前所知整个太阳系最大、最深的盆地。”他表示,对艾肯盆地开展探测有可能揭开“39亿年撞击峰值”的科学之谜。此前,科学家从太阳系撞击历史中发现一个奇特的规律,在地球、月球形成的46亿年历史中,撞击密度、频度和力度最高的时候,并不是最初的46亿年,而是39亿年,其原因困扰科学界已久。“据科学家初步分析,艾肯盆地可能就是在39亿年撞击产生的。”邹永廖表示,“嫦娥四号到这里精细探测,也许会为我们打开‘39亿年撞击峰值’这个科学之谜的一扇门。此外,科学家为月球车探测艾肯盆地专门设计了一条“路线”,能够获取地形地貌、物质成分及浅层结构等信息,将在国际上首次建立月球“综合地质剖面”。“这将对了解这个区域的地质演化历史和细节作出重大贡献。”邹永廖说。

原因五:填补低频射电观测空白

在天文学上,不同频段的电磁波代表着来自宇宙的不同信息。目前,传统光学、红外及射电等波段的天文观测已得到长足发展。由于屏蔽作用,在地面上无法开展低频射电的观测,同时由于地球电磁环境的原因,在月球正面开展低频射电观测效果不理想。

邹永廖指出:“月球背面的电磁环境非常干净,在那里开展低频射电探测,全世界天文学家都很感兴趣。”在天文学家看来,能够在月球上开展低频探测,将对太阳爆发、恒星形成、星系演化及宇宙早期状态等科学问题有新发现。据了解,国际到月球背面开展低频射电探测,欧洲空间局曾制定过详细目标,但由于种种原因未能实施。

图7.12 样图1

实验7.2　制作Word电子板报(二)

一、实验目的

1. 掌握文本框的插入及其属性设置的方法
2. 掌握图片的插入及其属性设置的方法
3. 掌握自选图形的插入及其属性设置的方法
4. 掌握艺术字的插入及其属性设置的方法

二、实验内容

制作如图7.13所示格式文档。

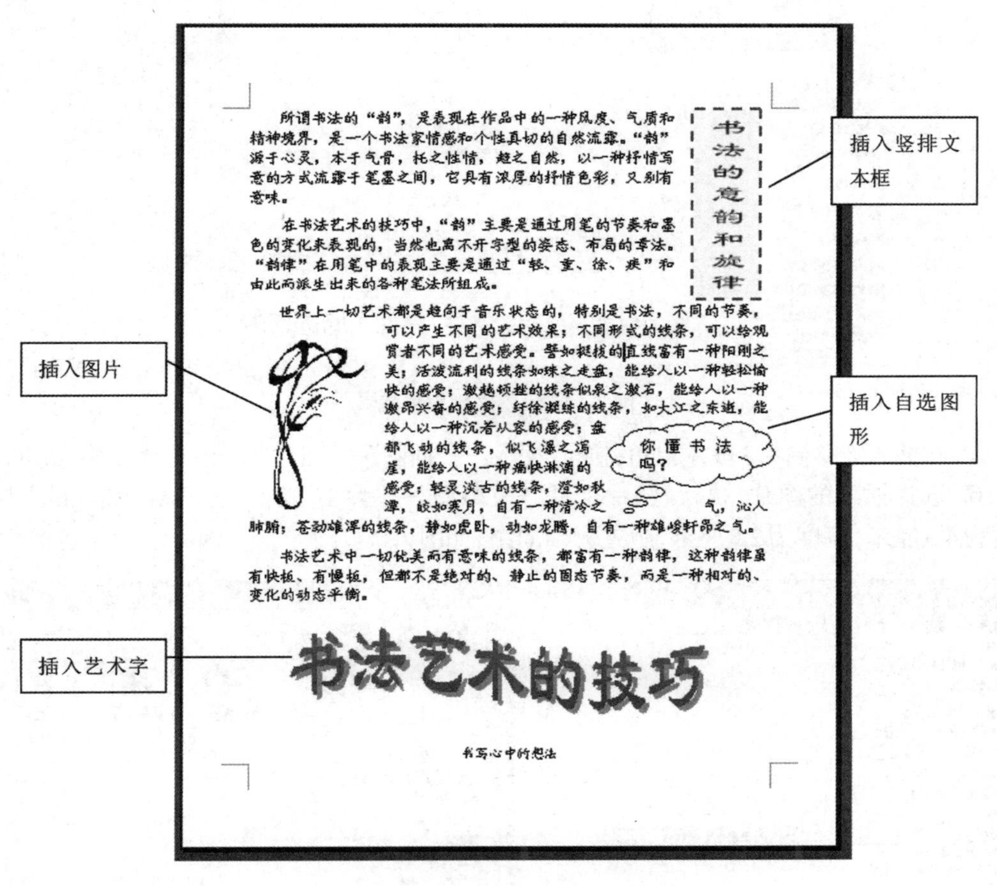

图7.13　电子板报(二)

三、实验步骤

① 打开素材“实例7-2素材.docx”。

② 执行“插入”—“文本”—“文本框”—“绘制竖排文本框”功能，在文档右上方插入文本框，在其内输入文字“书法的意韵和旋律”。

③ 选择输入的文字，执行“开始”—“字体”功能，设置文字：隶书、蓝色—个性色5—淡色40%、二号、字符缩放66%。

④ 选择插入的文本框(单击文本框边框),执行“绘图工具”—“格式”—“形状样式”功能,设置文本框填充:橙色、透明度50%。设置文本框线条:红色、2磅、短划线。执行“格式”—“大小”功能,设置高、宽分别为4.5厘米、1.5厘米;执行“格式”—“排列”—“位置”功能,设置顶端居右、四周型环绕,如图7.14。

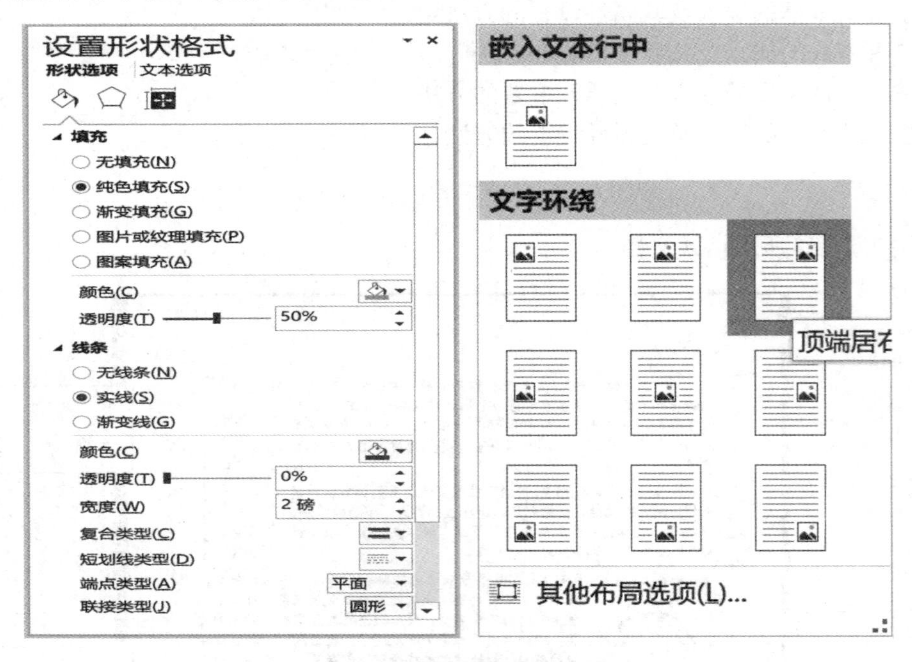

图7.14　设置文本框格式

⑤ 将插入点移到第3段左上角,执行“插入”—“插图”—“图片”功能,选择图片“sf.wmf”。

⑥ 选择插入的图片,执行“图片工具”—“布局”—“大小”功能,打开对话框,设置图片高度为4.5厘米,宽度为2.5厘米,版式为四周型,如图7.15。

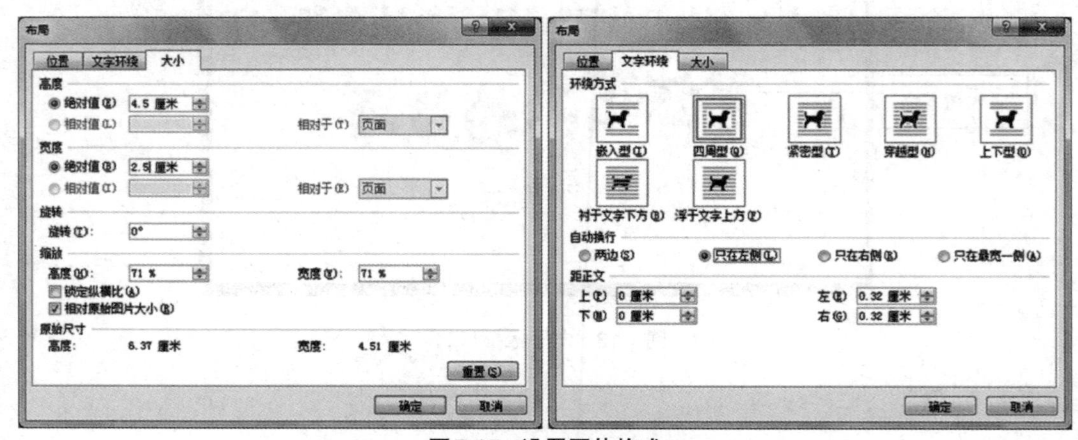

图7.15　设置图片格式

⑦ 执行“插入”—“形状”功能,选择“标注”中的“云形标注”,将插入点移到第3段右下角,拖曳鼠标插入自选图形,在其中输入“你懂书法吗?”。选择标注,执行“绘图工具”—“格式”—“排列”—“环绕文字”功能,设置“紧密型环绕”。

⑧ 执行“插入”—“文本”—“艺术字”功能，选择第2行第2列艺术字式样，输入艺术字“书法艺术的技巧”，将插入的艺术字拖曳到底部。选择艺术字，执行“绘图工具”—“格式”—“艺术字样式”—“文本效果”功能，设置艺术字转换弯形为“波形1”，如图7.16。

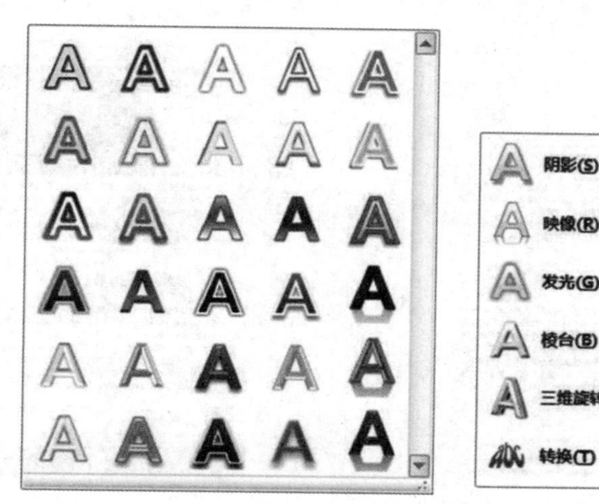

图7.16　插入艺术字

⑨ 保存文件。

四、思考与练习

打开素材“ED2.docx”文件，参考样图，按下列要求操作。

① 将页面设置为：A4纸，上、下页边距为2.6厘米，左、右页边距为3.2厘米，每页42行，每行38个字符。

② 给文章加标题“人工智能的应用”，设置其格式为方正姚体、二号字、标准色–蓝色、字符间距加宽5磅，居中显示。

③ 设置正文第一段首字下沉2行，首字字体为黑体，其余段落设置为首行缩进2字符（小标题除外）。

④ 参考图7.17样图2，在正文适当位置插入图片AI.jpg，设置图片高度为5厘米、宽度为8厘米，环绕方式为四周型。

⑤ 参考图7.17样图2，为正文倒数第三段添加标准色–绿色、1.5磅、单波浪线方框，底纹填充主题颜色–橄榄色、强调文字颜色3、淡色60%。

⑥ 设置奇数页页眉为“人工智能”，偶数页页眉为“医疗应用”，均居中显示，并在所有页的页面底端插入页码，页码样式为“轮廓圆2”。

⑦ 将正文最后一段分为等宽的三栏，栏间加分隔线。

⑧ 修改“标题2”样式的编号为“一、二、三……”，并将文档中加粗文字的小标题段落应用“标题2”样式。

⑨ 在文章标题后建立目录，目录格式为“优雅”，显示2级目录，设置字体为微软雅黑、小四号、加粗字形、2倍行距。

⑩ 保存文件ED2.docx。

人工智能

人 工 智 能 的 应 用

一、 预测疫情

二、 抗击癌症

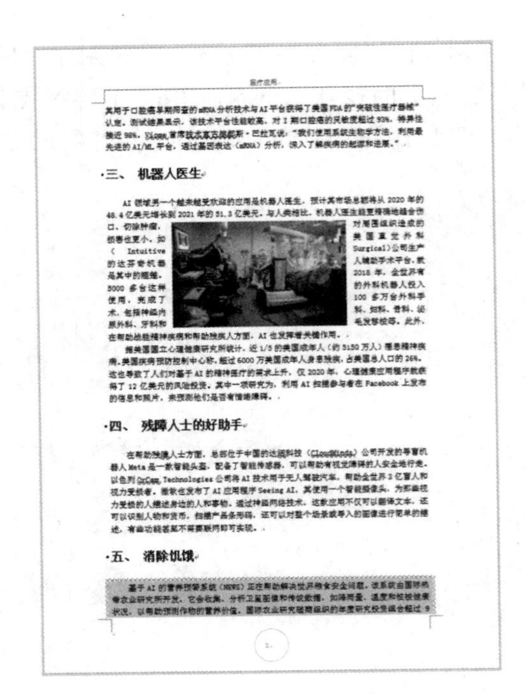

医疗应用

三、 机器人医生

四、 残障人士的好助手

五、 消除饥饿

图7.17 样图2

实验7.3 制作Word表格

一、实验目的

1. 掌握表格的插入方法
2. 掌握合并单元格及设置其有关属性的方法
3. 掌握表格边框线的设置方法
4. 掌握表格和边框工具栏的使用方法

二、实验内容

制作如图7.18所示格式的表格。

课次 \ 星期		星期一	星期二	星期三	星期四	星期五
上午	第1节	数学	英语	数学	英语	数学
	第2节	数学	英语	数学	英语	数学
	第3节	语文	政治	语文	政治	语文
	第4节	语文	政治	语文	政治	语文
下午	第5节	物理	化学	课外活动	生物	计算机
	第6节	物理	化学	课外活动	生物	计算机
	第7节	体育	自习	课外活动	体育	自习
晚上	第8节	自习	自习	自习	自习	自习
	第9节	自习	自习	自习	自习	自习

图7.18 表格

三、实验步骤

① 新建Word文档。

② 执行“插入”—“表格”—“插入表格”功能，输入列数为7、行数为10，如图7.19。

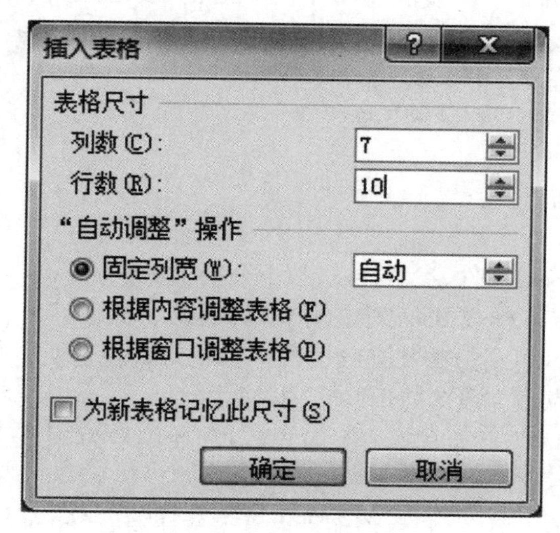

图7.19 插入表格

③ 选择表格第1行的第1—2列，执行“表格工具”—“布局”—“合并”—“合并单元格”功能，在合并后的单元格中输入两行文字——“星期”和“课次”，并设置“星期”靠右对齐。

④ 选择表格第1列的第2—5行，执行“表格工具”—“布局”—“合并”—“合并单元格”功能，在合并后的单元格中输入文字“上午”。

⑤ 选择文字“上午”，执行“表格工具”—“布局”—“对齐方式”—“文字方向”功能，如图7.20，使其垂直显示，然后执行“开始”—“段落”—“分散对齐”功能。

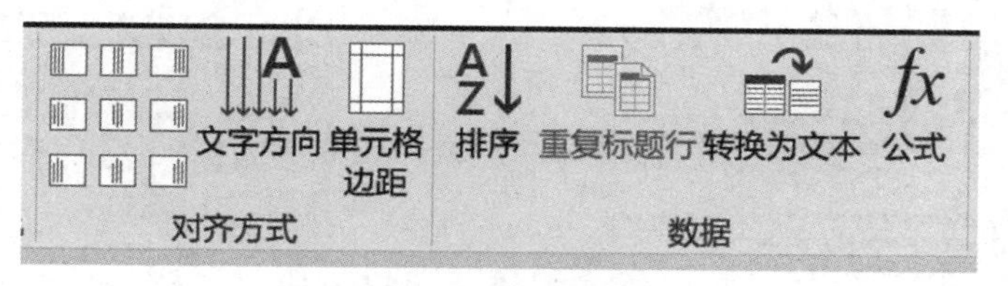

图7.20 设置文字方向

图7.21 表格工具

⑥ 用同样的方法输入“下午”“晚上”,并设置其格式。

⑦ 选择整个表格,单击“表格工具”中的“设计”选项卡,在“边框”组中,设置表格线型及宽度,单击“边框”按钮,设置外框线,如图7.21。

⑧ 选择表格左上单元格,在“边框”组中,单击“边框”按钮,划单元格斜线。

⑨ 选择表格第1行,单击“表格工具”中的“设计”选项卡,在“边框”组中,设置表格线型为双线,单击“边框”按钮,设置下框线。

⑩ 输入其他单元格文字,并设置其格式。

⑪ 保存文件。

四、思考与练习

打开素材“民法典.docx”文件,参考样图,按下列要求操作。

① 导入素材文件“导入样式.docx”中的样式“标题2”、“标题3”。

② 删除多余的空行(可通过查找连续的段落标记来查找替换空行),将所有节标题应用“标题2”样式,各项条款所在段落应用“标题3”样式。

③ 设置自动条款编号与手动编号一致,即条款起始编号为“十三”,隐藏所有手动编号“第一节”、“第十三条”等。

④ 修改并更新“标题3”样式,将段落缩进设置为悬挂缩进6字符。

⑤ 参考图7.22样图3,设置正文文档页眉页脚:分奇偶页不同;页脚页码均位于页面底端,奇数页为样式“三角形2”,偶数页为样式“三角形1”;页眉的奇数页内容为“第二章 自然人”,偶数页内容随“标题2”变化(可用StyleRef域实现)。

⑥ 保存文档“民法典.docx”。

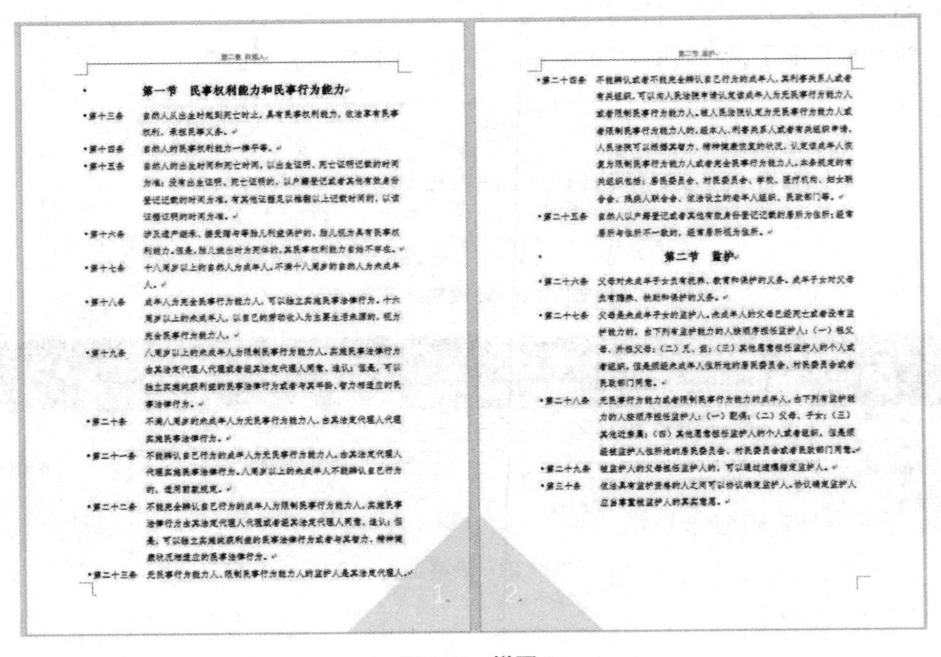

图7.22 样图3

实验7.4　制作Excel数据表

一、实验目的

1. 掌握Excel工作表的基本操作方法
2. 掌握利用填充柄自动输入序列数的方法
3. 掌握常用函数的使用方法
4. 掌握条件格式的使用方法
5. 掌握单元格合并居中、边框底纹设置的方法

二、实验内容

编辑如图7.23所示的"学生成绩册"工作表。

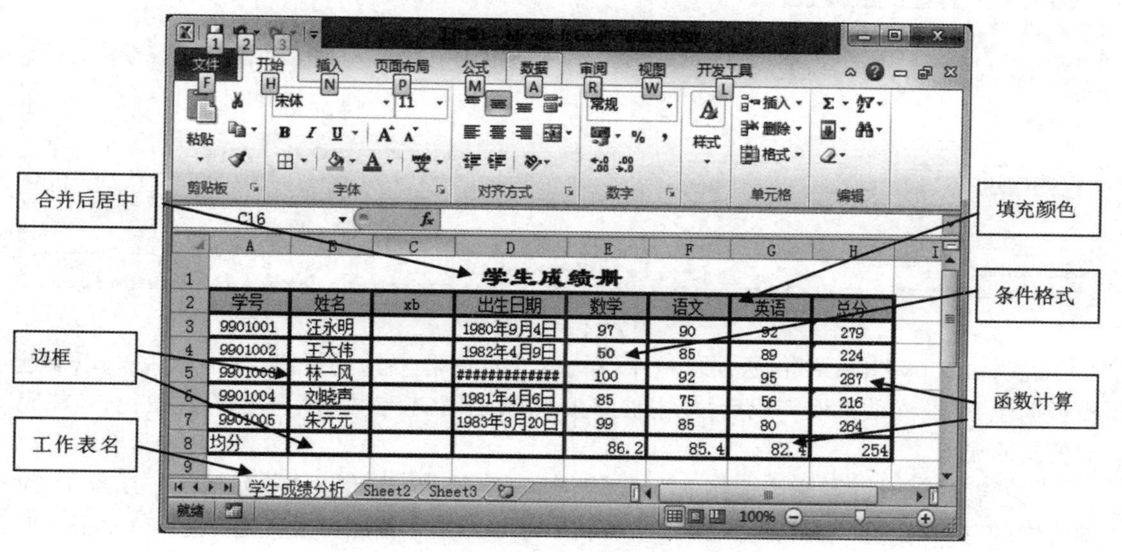

图7.23　学生成绩册

三、实验步骤

① 启动Excel,在当前工作表sheet1中,输入表7.1的内容。

表7.1　学生成绩册

学号	姓名	出生日期	数学	语文	英语	总分
9901001	汪永明	1980/09/04	97	90	92	
9901002	王大伟	1982/04/09	50	85	89	
9901003	林一风	1980/11/10	100	92	95	
9901004	刘晓声	1981/04/06	85	75	56	
9901005	朱元元	1983/03/20	99	85	80	

注:学号是数字字符值,第一行应输入"'9901001",其他行学号利用填充柄自动输入。

② 在"姓名"与"出生日期"之间插入"性别"列。选择"出生日期"所在的C列或C列上任意一单元格,执行"开始"—"单元格"—"插入"—"插入工作表列"命令。然后在C列分别

输入标题及性别。

③ 计算每个学生三门课程的总分。选择数值区域及“总分”列(即区域E2:H6),单击“开始”—“单元格”—“编辑”组中的自动求和按钮,便可在空列自动计算总分(实际上,在空列自动生成公式,如H2单元格的公式为“=SUM(E2:G2)”)。

注:本例也可利用简单公式计算学生总分,在单元格H2中输入“=E2+F2+G2”,其他行利用填充柄自动复制公式即可。

④ 使用求平均值的函数求各门课程的平均分。选择单元格E7,单击编辑栏上的插入函数按钮“fx”,选择“常用函数”中的“AVERAGE”,检查数据区引用正确后,单击“确定”即可,如图7.24。使用填充柄复制单元格E7中公式至F7、G7中。

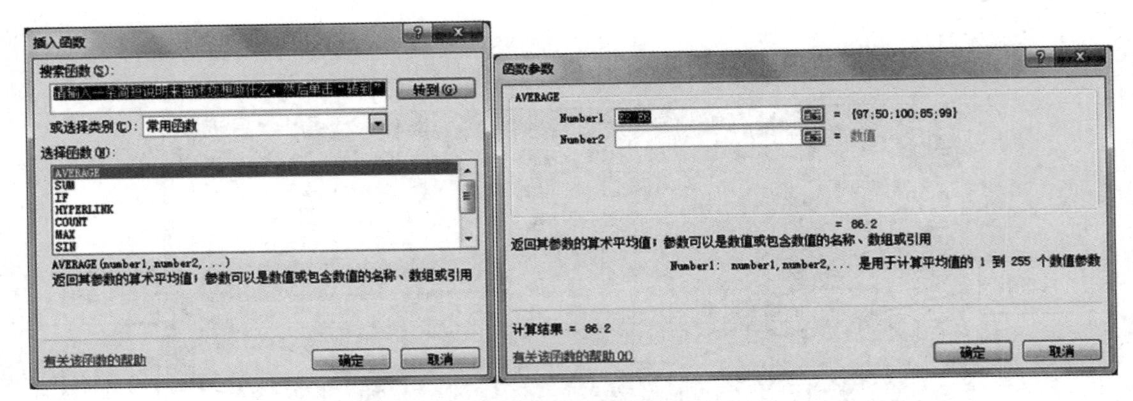

图7.24 插入函数

说明:在“AVERAGE”函数对话框中,单击Number1框右边的按钮,缩小对话框,以便选择数据区参数,参数选取完成后,单击被缩小的AVERAGE参数对话框的右边按钮,才能完成公式的输入。

⑤ 给表格加标题“学生成绩册”。选择第一行,执行“开始”—“单元格”—“插入”下拉列表中的“插入工作表行”命令,增加空行,在A1单元格中输入标题内容,选择单元格区域A1:H1,单击“对齐方式”组中“合并后居中”按钮。

⑥ 选择单元格区域A1:H1,选择“开始”选项卡,打开“字体”对话框,设置字体为隶书,字形为加粗,字号为18。选择表格头信息,即A2:H2单元格区域,单击“字体”组中的“填充颜色”按钮,设置单元格主题颜色为灰色25%、背景2、深色10%,如图7.25。

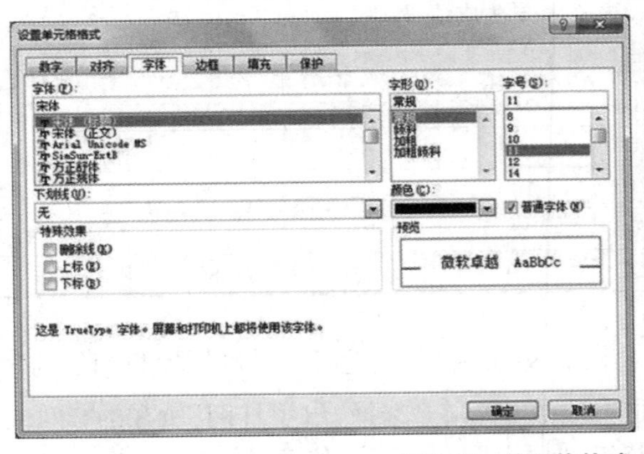

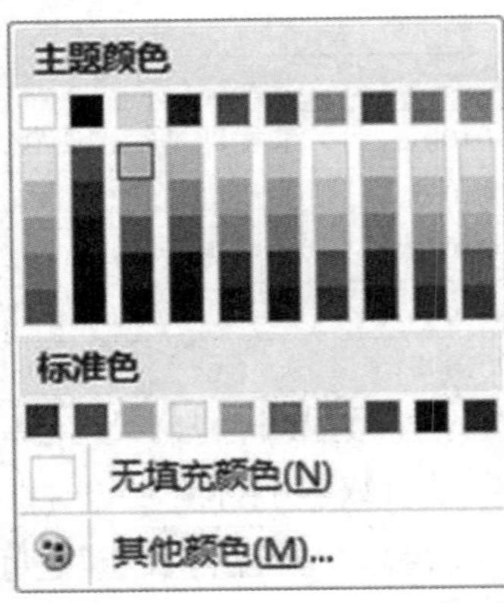

图7.25 单元格格式

⑦ 选择E3:G7单元格区域,执行“开始”—“样式”—“条件格式”功能,设置小于60分,显示红色、加粗,如图7.26。

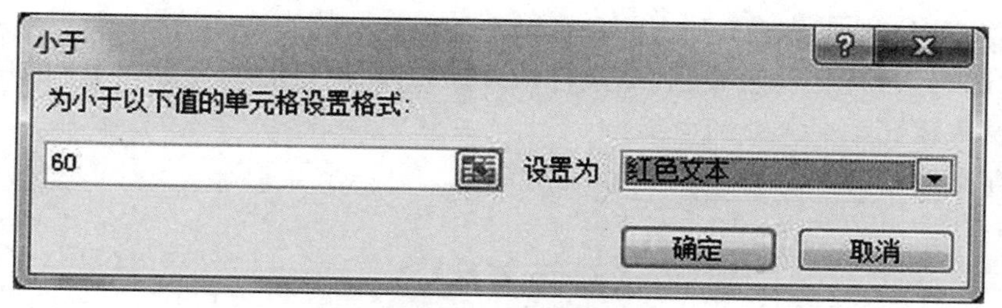

图7.26　条件格式

⑧ 设置日期显示格式。选择单元格区域D3:D7,选择“开始”选项卡,打开“字体”对话框,选择“分类”中的“日期”,并在“类型”中选择类型“2012年3月14日”,如图7.27。

说明:若D列中出现“######”,调整D列列宽使其足够宽,以便显示新格式的数据。

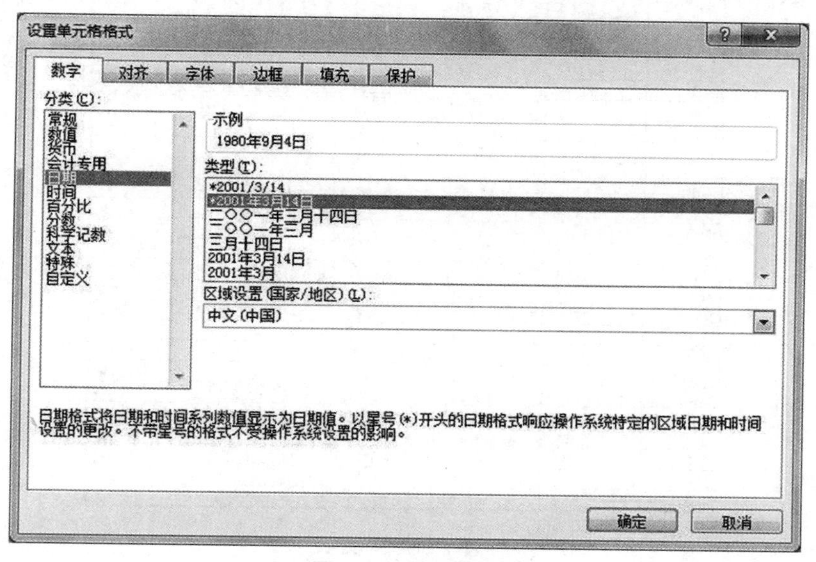

图7.27　日期格式

⑨ 选择单元格区域A2:H8,执行“开始”—“字体”—“边框”下拉列表中的“其他边框”命令,在“样式”中选择线型后,单击“外边框”“内部”按钮。

⑩ 双击sheet1工作表标签,输入工作表名称“学生成绩分析”。

⑪ 保存工作簿为“学生成绩.xlsx”。

四、思考与练习

打开素材EX4.xlsx文件,参考样图,按下列要求进行操作。

① 在“新增人口”工作表中,设置第一行标题文字“各地区新增人口”,在A1:F1单元格区域合并后居中,设置字体格式为黑体、20号字、标准色-绿色。

② 在“新增人口”工作表的E列中,利用公式计算各地区自然增长率(自然增长率=出生率-死亡率)。

③ 在“新增人口”工作表的F列中,利用公式计算各地区新增人口(新增人口=总人口×

自然增长率/1000),结果以带2位小数的数值格式显示。

④ 设置“新增人口”工作表的A3:F34单元格区域外框线为最粗实线,内框线为最细实线。

⑤ 将“新增人口”工作表B列中的数据以不带小数的数值格式显示。

⑥ 在“新增人口”工作表中,利用条件格式,将E列中自然增长率大于8的单元格设置为标准色-黄色填充。

⑦ 保存文件EX4.xlsx,存放于T盘中。

各地区新增人口

单位:万人

地区	总人口	出生率(‰)	死亡率(‰)	自然增长率(‰)	新增人口
北京	1755	8.06	4.56	3.5	6.14
天津	1228	8.3	5.7	2.6	3.19
河北	7034	12.93	6.43	6.5	45.72
山西	3427	10.87	5.98	4.89	16.76
内蒙古	2422	9.57	5.61	3.96	9.59
辽宁	4319	6.06	5.09	0.97	4.19
吉林	2740	6.69	4.74	1.95	5.34
黑龙江	3826	7.48	5.42	2.06	7.88
上海	1921	8.64	5.94	2.7	5.19
江苏	7725	9.55	6.99	2.56	19.78
浙江	5180	10.22	5.59	4.63	23.98
安徽	6131	13.07	6.6	6.47	39.67
福建	3627	12.2	6	6.2	22.49
江西	4432	13.87	5.98	7.89	34.97
山东	9470	11.7	6.08	5.62	53.22
河南	9487	11.45	6.46	4.99	47.34
湖北	5720	9.48	6	3.48	19.91
湖南	6406	13.05	6.94	6.11	39.14
广东	9638	11.78	4.52	7.26	69.97
广西	4856	14.17	5.64	8.53	41.42
海南	864	14.66	5.7	8.96	7.74
重庆	2859	9.9	6.2	3.7	10.58
四川	8185	9.15	6.43	2.72	22.26
贵州	3798	13.65	6.69	6.96	26.43
云南	4571	12.53	6.45	6.08	27.79
西藏	290	15.31	5.07	10.24	2.97
陕西	3772	10.24	6.24	4	15.09
甘肃	2635	13.32	6.71	6.61	17.42
青海	557	14.51	6.19	8.32	4.64
宁夏	625	14.38	4.7	9.68	6.05
新疆	2159	15.99	5.43	10.56	22.80

图7.28 样图4

实验7.5 Excel工作表数据引用及图表的创建

一、实验目的

1. 掌握利用函数公式引用其他工作表数据进行统计的方法
2. 掌握利用填充柄复制公式的方法
3. 掌握利用向导创建图表的方法
4. 掌握图表修改的方法

二、实验内容

利用成绩表数据,在新工作表中统计各专业各门课程的均分,并根据统计数据创建图表,如图7.29所示。

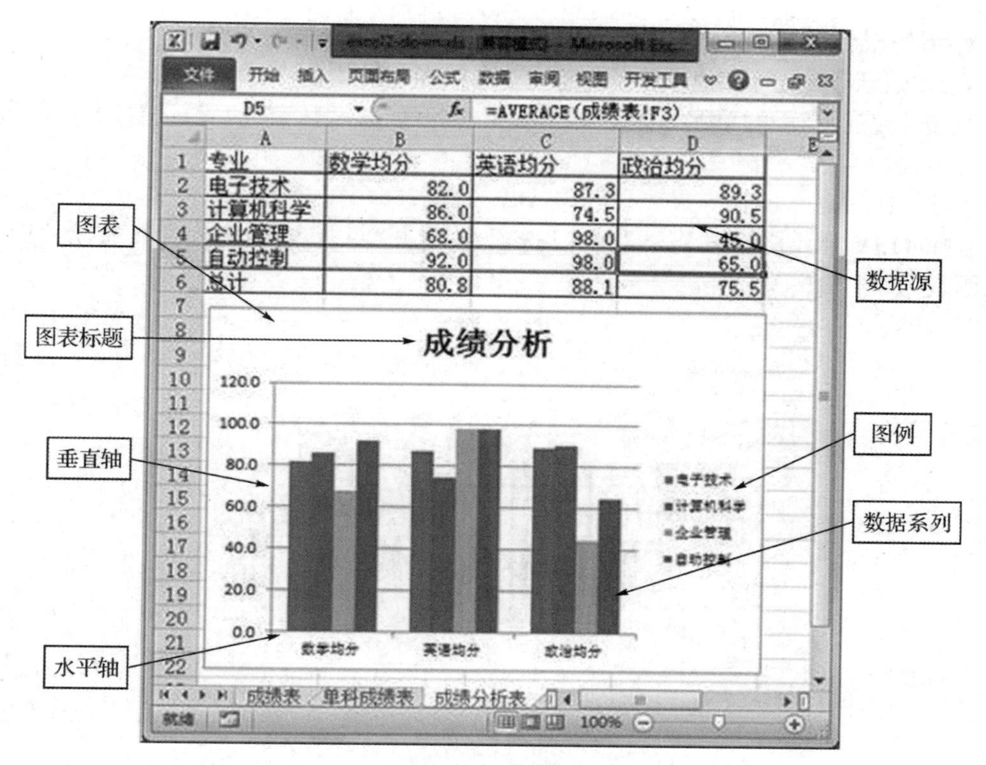

图7.29　图表样式

三、实验步骤

① 打开实验素材“excel2.xlsx”工作簿。

② 根据工作表“成绩表”中的数据，在工作表“成绩分析表”中统计各专业各门成绩的均分。

选择工作表“成绩分析表”，选择B2单元格，单击编辑栏上插入函数按钮“fx”，选择“常用函数”中的“AVERAGE”，在函数对话框中，单击Number1右边的按钮，折叠对话框，此时单击工作表“成绩表”标签，显示出成绩表数据，按住Ctrl键，分别选择单元格D6及单元格区域D8:D9，单击被缩小的参数对话框的右边按钮，以展开对话框，如图7.30，再单击“确定”。

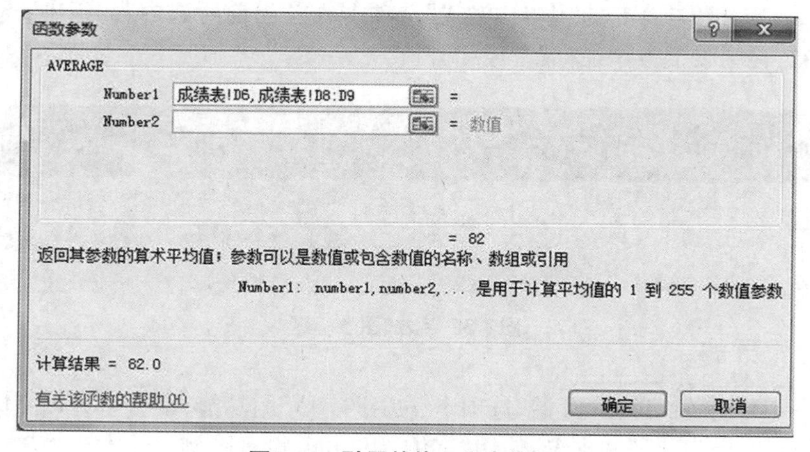

图7.30　引用其他工作表数据

利用填充柄复制B2的公式到C2、D2单元格,统计英语和政治的均分。

重复以上步骤,统计其他专业及所有专业各门课程的均分。

③ 选择统计结果的单元格区域B2:D6,执行“开始”—“数字”功能,设置均分统计值保留一位小数。

④ 生成图表。

选择A1:D5单元格区域,选择“插入”选项卡,打开“图表”对话框,选择“簇状柱形图”,插入图表,如图7.31。

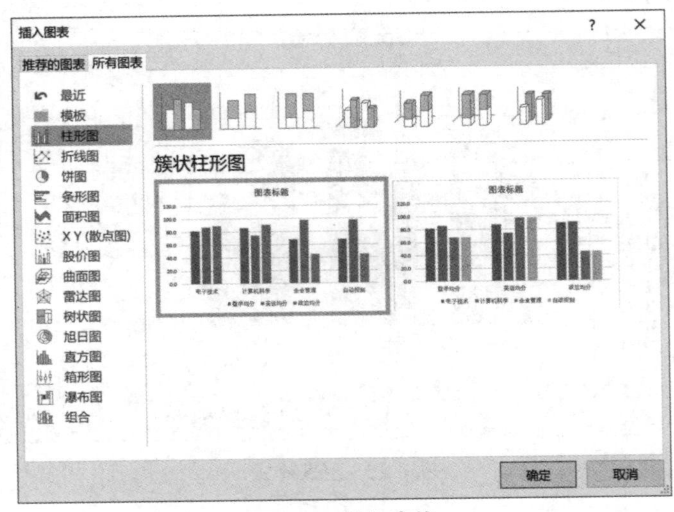

图7.31 插入表格

在“图表工具”的“设计”选项卡中,使用“数据”组功能,可以重新修改图表数据源及系列产生在“行”或“列”。使用“图表样式”组功能,可以重新修改图表样式。使用“位置”组功能,可以将生成的图表作为独立的工作表存放。

单击图表,即选定了图表,此时图表边框上有8个标识点,拖曳鼠标移动图表至适当位置。将鼠标移至标识点,拖曳鼠标改变图表大小。

⑤ 设置图表格式。

选择图表,点击“图表工具”中的“格式”选项卡,在“当前所选内容”组中,选择“图表标题”,如图7.32,在图表上方添加标题“成绩分析”。

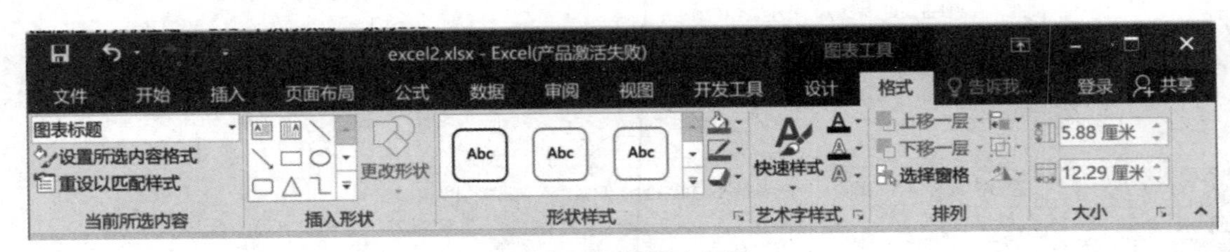

图7.32 添加图表标题

选择水平(类别)轴,选择“开始”选项卡,使用“字体”组功能,设置坐标轴字体大小为8。

选择图例,选择“开始”选项卡,使用“字体”组功能,设置图例字体大小为8。

⑥ 保存工作簿为“学生成绩分析.xlsx”。

四、思考与练习

打开素材EX5.xlsx文件，参考样图，按下列要求进行操作。

① 在“人口抽样统计”工作表中，设置第一行标题文字“抽样人口统计分析”，在A1:G1单元格区域合并后居中，字体格式为仿宋、20号字、加粗、标准色-红色。

② 在“人口抽样统计”工作表中，设置A2:G2单元格区域填充颜色为：标准色-浅蓝，设置A3:A23单元格区域填充颜色为：标准色-黄色。

③ 在“人口抽样统计”工作表的B23:D23单元格中，利用公式分别计算各列的和。

④ 在“人口抽样统计”工作表的E列和F列中，利用公式分别计算各年龄段的男性比重和女性比重（男性比重=抽样男性人数/抽样总人数，女性比重=抽样女性人数/抽样总人数），结果以带2位小数的百分比格式显示。

⑤ 在“人口抽样统计”工作表的G列中，利用公式分别计算各年龄段性别比（性别比=抽样男性人数/抽样女性人数×100），结果以带2位小数的数值格式显示。

⑥ 设置“人口抽样统计”工作表的A2:G23单元格区域外框线为最粗实线，内框线为最细实线。

⑦ 参考图7.33样图5，在“人口抽样统计”工作表中，根据各年龄范围的性别比数据（不包括总计行），生成一张“折线图”，嵌入当前工作表中，水平（分类）轴标签为年龄范围，图表上方标题为“各年龄段性别比”、16号字，无图例。

⑧ 保存文件EX5.xlsx。

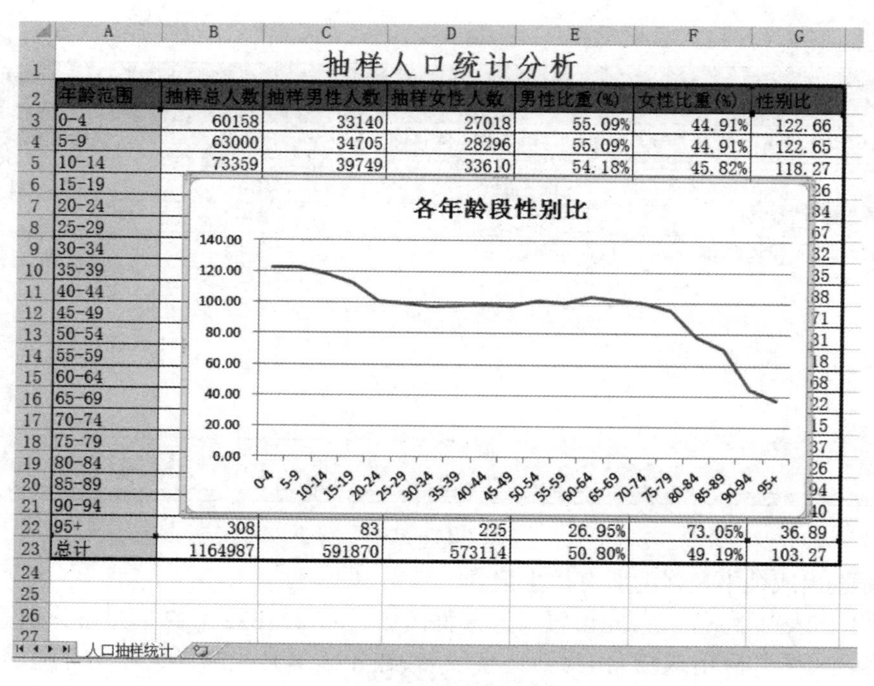

图7.33　样图5

实验7.6 Excel数据处理

一、实验目的

1. 掌握数据排序的操作方法
2. 掌握自动筛选和高级筛选的使用方法
3. 掌握分类汇总的使用方法
4. 掌握数据透视的使用方法

二、实验内容

将“成绩表”按多关键字进行排序,并利用高级筛选功能筛选各科不及格的学生记录。复制“单科成绩表”工作表,对其进行分类汇总,统计各专业均分,并对其进行数据透视,在生成的数据透视表中,根据学生总分评定其为“合格”或“不合格”。

三、实验步骤

① 打开实验素材“excel3. xlsx”工作簿。

② 排序“成绩表”工作表:按总分从高到低排序,总分相同时,按“数学”从高到低排列。

选择工作表“成绩表”,选定数据清单任一单元格,执行“开始”—“编辑”—“排序和筛选”—“自定义排序”功能,打开如图7.34所示的对话框;在“主要关键字”中选择“总分”,设置为“降序”;单击“添加条件”按钮,在增加的“次要关键字”中选择“数学成绩”,设置为“降序”;最后单击“确定”。

图7.34 排序

③ 筛选出成绩不及格的所有学生记录。

选择工作表“成绩表”,首先设置筛选条件区域:在A22、B22、C22单元格分别输入“数学成绩”“英语成绩”“政治成绩”作为筛选字段名,在A23、B24、C25单元格分别输入“<60”“<60”“<60”作为筛选条件(不同行上的条件,表示各条件之间是或者的关系)。

然后,选定数据区任意一单元格,执行“数据”—“排序和筛选”—“高级筛选”命令,如图7.35,选择“将筛选结果复制到其他位置”方式,单击“条件区域”文本框,选择单元格区域A22:C25,单击“复制到”文本框,选择单元格A27,如图7.35,单击“确定”。

图7.35　高级筛选

④ 复制工作表“单科成绩表”。

选择“单科成绩表”工作表标签，按住Ctrl键，拖曳鼠标，复制生成新工作表“单科成绩表(2)”。

⑤ 分类汇总“单科成绩表(2)”表，统计各专业均分。

选择“单科成绩表(2)”工作表，首先按分类字段“专业”进行排序(步骤略)，再执行“数据”—“分级显示”—“分类汇总”命令，如图7.36，选择“分类字段”为“专业”、“汇总方式”为“平均值”、“选定汇总项”为“成绩”，单击“确定”后，显示如图7.37所示的分类汇总结果。

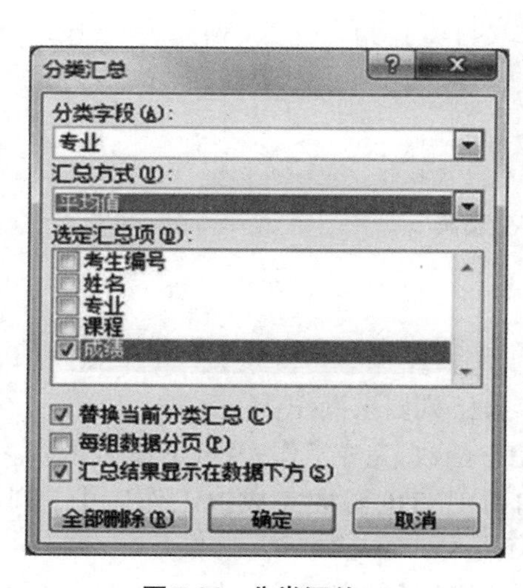

图7.36　分类汇总

图7.37　分类汇总结果

⑥ 对学生成绩进行数据透视。

选择“单科成绩表”工作表任意一单元格，执行“插入”—“表格”—“数据透视表”命令，在显示的对话框中，单击“确定”，显示如图7.38。在数据透视表工具栏上，把“姓名”拖至列区、“课程”拖至行区、“成绩”拖至数据区。

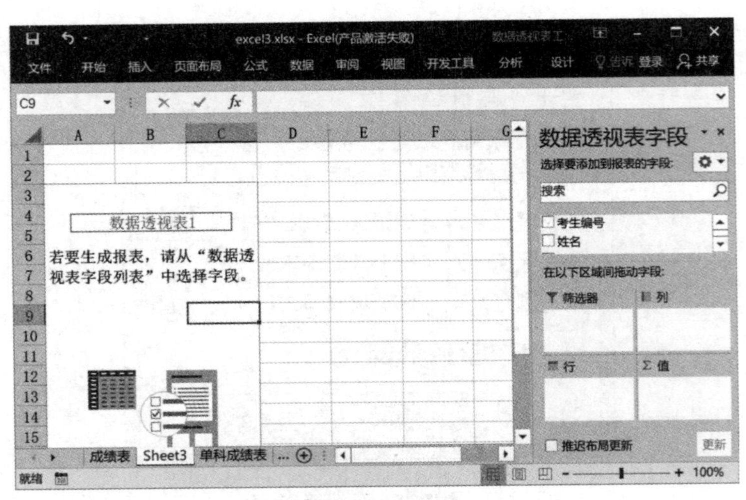

图7.38 数据透视

⑦ 在生成的数据透视表中，评定学生成绩。

在F4单元格中，输入“评定”，在F5单元格中输入公式“=IF(E5>180,“合格”,“不合格”)”。利用单元格复制功能，生成其他行公式，如图7.39所示。

求和项:成绩	列标签				
行标签	数学	英语	政治	总计	评定
洪　波	70	96	45	211	合格
李明明	92	98	65	255	合格
刘晓声	68	98	45	211	合格
孙博伟	45	32	99	176	不合格
汪永明	85	76	92	253	合格
王大伟	87	73	89	249	合格
张大全	45	62	96	203	合格
总计	492	535	531	1558	

图7.39 成绩评定结果

⑧ 将工作簿另存为“成绩评定.xlsx”。

四、思考与练习

打开素材“员工信息表2.xlsm”文件，参照样图，按下列要求操作。

① 根据工作表“学位”中的数据，利用VLOOKUP函数，完成工作表“员工”E列内容。

② 根据工作表“员工”中的数据，利用IF和COUNTIF函数完成该工作表中L列内容(2019年至2021年3年考核全优者为全优奖，否则不是)。

③ 根据工作表“员工”中的数据，利用AVERAGEIF函数完成该工作表中N1:O4单元格区域的计算，统计出各岗位的平均工资。

④ 根据工作表“员工”中的数据，利用数据透视，统计各岗位、各部门工资总额，存放M8开始的位置。

⑤ 保存工作簿“员工信息表2.xlsm”。

工号	姓名	出生日期	部门名称	岗位	2019考核	2020考核	2021考核	工资	入职日期	老员工否
9904010	谢徐	1987/8/19	生产科	职员	优	良	优	9456	2015/11/14	否
9904001	尹哲	23765	生产科	主管	优	优	优	12623	32951	是
9903005	蒋占	1988/2/19	销售科	职员	中	优	优	7303	2014/6/13	否
9903001	潘怡娇	1968/9/24	销售科	职员	优	中	优	9066	1994/9/11	是
9902003	李友健	1990/3/15	财务科	职员	合格	中	不合格	9869	2014/2/15	否
9904005	殷瑶琦	1967/7/1	生产科	经理	良	优	良	19361	2010/3/26	是
9901004	常诚凯	33550	人事科	职员	优	优	优	7597	42398	否
9904004	沈泽思	1979/3/19	生产科	主管	优	中	良	14705	2009/1/16	是
9903004	钱晓岚	32244	销售科	职员	优	优	优	9259	39769	是
9902004	张茹	1969/1/28	财务科	职员	不合格	良	优	8715	2015/4/2	否
9904006	冯易滢	31672	生产科	主管	优	优	优	12156	40572	是
9903007	冯涛琦	1989/2/24	销售科	职员	中	中	优	7915	2018/1/11	否
9903003	卜虎	1979/1/28	销售科	职员	良	优	良	9062	2004/2/11	是
9902002	陈凡启	31489	财务科	职员	优	优	优	9170	40550	是
9903002	方淇	26331	销售科	经理	优	优	优	18303	36839	是
9901003	吴娣	1986/8/22	人事科	职员	优	合格	中	8370	2014/8/26	否
9901005	王明宛	1988/8/7	人事科	经理	合格	优	优	17177	2018/11/18	否
9901001	韦婵娟	29137	人事科	主管	优	优	优	10721	38739	是
9901002	李梦笑	1987/4/27	人事科	职员	中	不合格	中	8530	2011/8/29	是
9902006	章耀	1985/6/22	财务科	主管	良	优	中	13212	2018/5/4	否
9903006	刘有	31489	销售科	主管	优	优	优	12387	42700	否
9902005	黄雨纨	1985/9/23	财务科	经理	优	良	优	18437	2016/4/10	否
9904007	梁柯	1989/1/18	生产科	职员	优	合格	优	8634	2014/2/25	否
9903008	尹豆建	1988/6/15	销售科	主管	中	优	优	14707	2018/10/24	否
9904003	奚礼维	23225	生产科	职员	优	优	优	8259	39440	是
9904008	钟凝	1968/11/18	生产科	职员	良	良	优	7024	2014/12/13	否
9904011	卜磊	1993/4/28	生产科	职员	不合格	合格	中	5235	2015/11/19	否
9904002	方朝贤	1972/6/7	生产科	职员	优	中	良	8951	2005/11/27	是
9904009	严秋涌	1983/9/16	生产科	职员	优	合格	良	7129	2015/6/23	否
9902001	罗胜	1985/2/9	财务科	主管	优	中	优	12086	2009/1/8	是

岗位	平均工资
经理	18319.50
主管	12824.63
职员	8308.00

求和项:工	列标签				
行标签	财务科	人事科	生产科	销售科	总计
经理	18437	17177	19361	18303	73278
职员	27754	24497	54688	42605	149544
主管	25298	10721	39484	27094	102597
总计	71489	52395	113533	88002	325419

图7.40　样图6

实验7.7　演示文稿的制作

一、实验目的

1. 掌握PowerPoint演示文稿的创建方法
2. 掌握幻灯片的插入、复制、移动和删除方法
3. 掌握插入图片、日期时间和页码的方法
4. 掌握“主题”的使用方法
5. 掌握母版的概念及使用方法

二、实验内容

制作如图7.41所示的关于“网络知识讲座”的演示文稿。

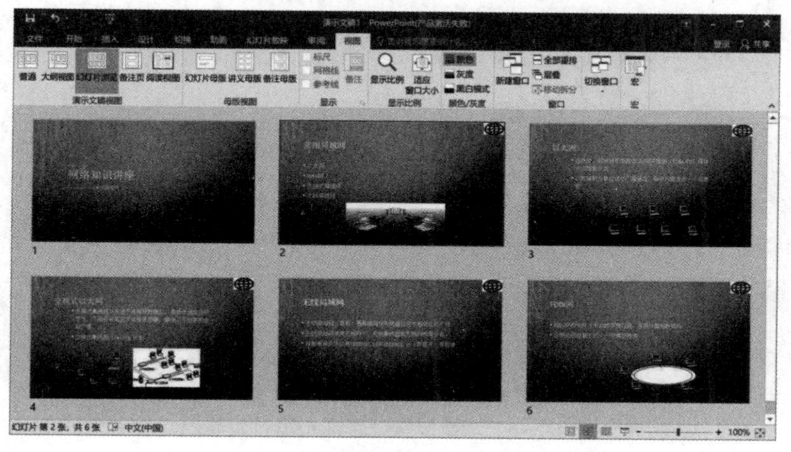

图7.41　幻灯片浏览视图

三、实验步骤

① 启动PowerPoint后，在窗口中选择“空白演示文稿”选项，如图7.42所示。

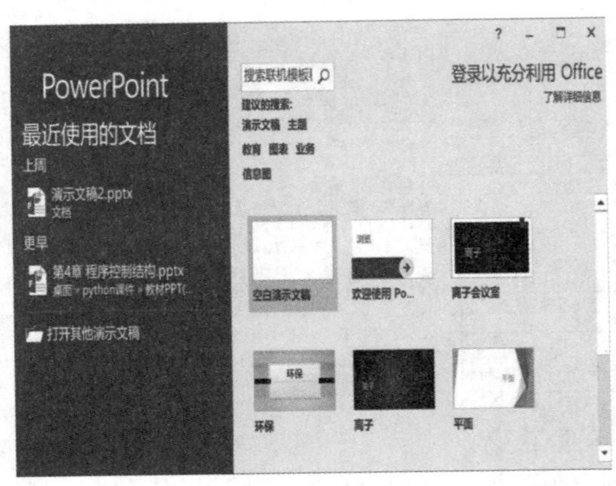

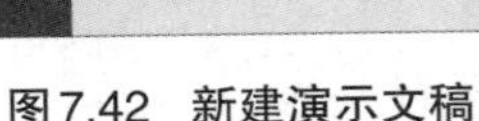

图7.42 新建演示文稿

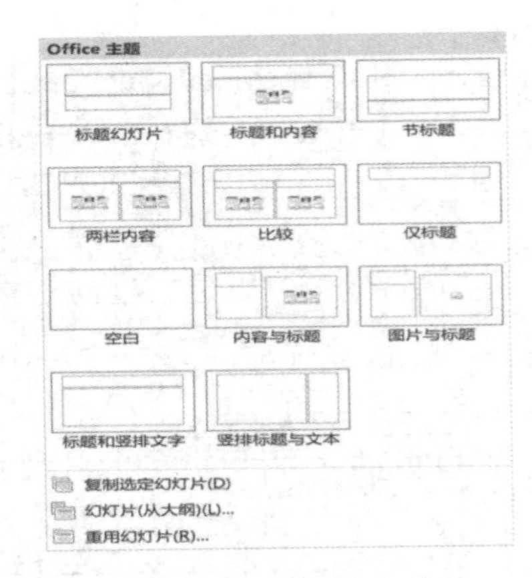

图7.43 新建幻灯片

② 单击“标题”占位符,输入“网络知识讲座”,单击“副标题”占位符,输入“——常用局域网”。

③ 执行“开始”—“新建幻灯片”命令,选择幻灯片版式为“标题和内容”,如图7.43所示。单击“标题”占位符,输入标题“常用局域网”,单击项目占位符,分别输入“以太网”“FD-DI网”“交换式局域网”“无线局域网”四行文字。

④ 执行“插入”—“图片”功能,选择图片“net.jpg”,在文字下方插入图片。选择图片,拖曳鼠标移动图片至适当位置。

⑤ 复制演示文稿“局域网素材.ppt”中所有的幻灯片,将其粘贴到演示文稿尾部。打开“局域网素材.ppt”,在幻灯片区,选择所有幻灯片并复制,切换到新建的演示文稿窗口,将插入点移至尾部,然后执行粘贴功能。

⑥ 交换第5、第6张幻灯片位置。在普通视图的幻灯片区,选择第6张幻灯片的图标,拖曳鼠标至第5张幻灯片的位置,如图7.44。

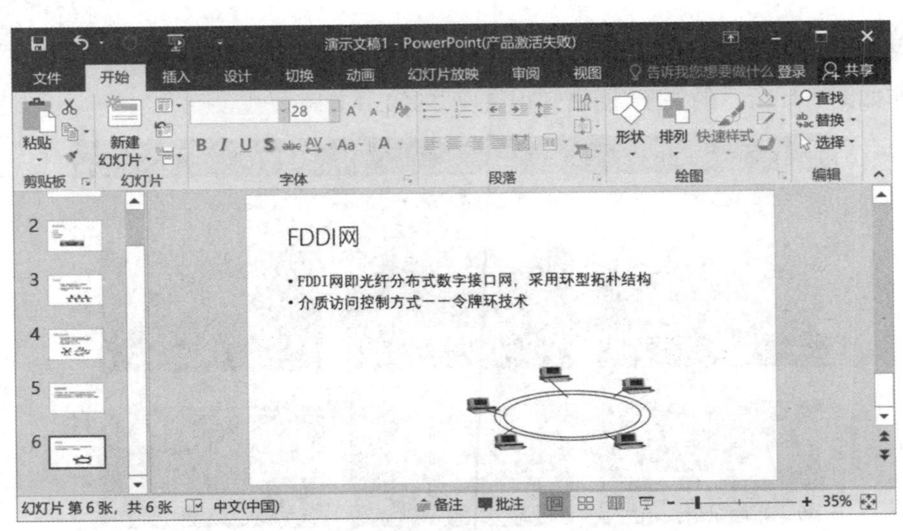

图7.44 普通视图下交换幻灯片位置

⑦ 选择“设计”选项卡,在“主题”组中选择系统内置的“电路”主题,便可看到设计效果。

⑧ 执行“插入”—“文本”—“页眉和页脚”命令,如图7.45所示,选择“自动更新”日期及“幻灯片编号”,单击“全部应用”按钮。

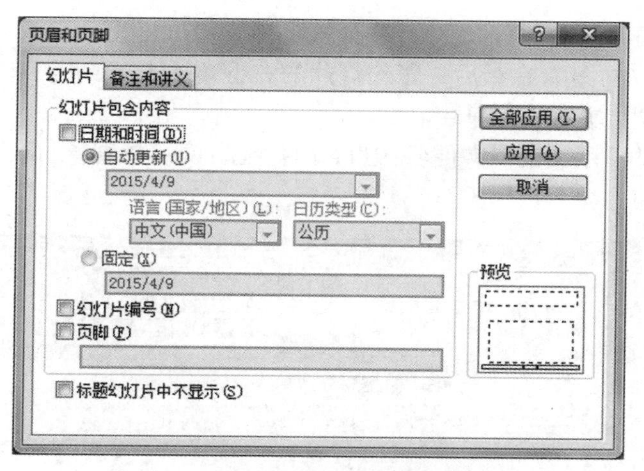

图7.45　页眉和页脚

⑨ 执行“视图”—“幻灯片母版”命令，如图7.46所示，在右上角插入图片“log.jpg”(步骤略)。

当完成母版设置后，执行“幻灯片母版”—“关闭”—“关闭母版视图”功能，切换到幻灯片普通览视图，这时，会发现设置的格式已经应用到除标题幻灯片外的所有幻灯片上了。

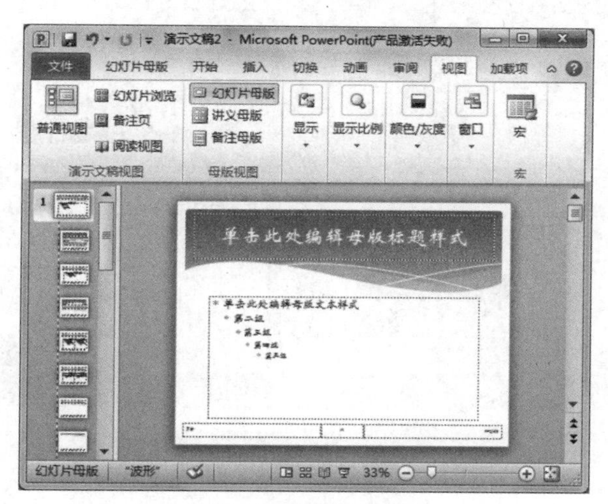

图7.46　幻灯片母版

⑩ 执行“幻灯片放映”—“开始放映幻灯片”—“从头开始”命令，开始放映。

⑪ 保存演示文稿“网络知识讲座.pptx”。

四、思考与练习

打开素材PT1.pptx文件，参考样图，按下列要求进行操作。

① 设置幻灯片的背景样式为“样式2”，第一张幻灯片的背景为图片back.jpg，设置所有幻灯片的切换效果为淡出。

② 为第三张幻灯片中的文字创建超链接，分别指向具有相应标题的幻灯片。

③ 在第四张幻灯片中插入图片rou.jpg，设置图片高度、宽度均为12厘米，图片的位置为：水平方向距离左上角15厘米，垂直方向距离左上角5厘米，设置图片的动画效果为：单击时浮入(下浮)。

④ 除标题幻灯片外,在其他幻灯片中插入页脚“多肉的世界”。

⑤ 参考图7.47样图7,在最后一张幻灯片的右下角插入“第一张”动作按钮,单击时超链接到第一张幻灯片,并伴有鼓掌声。

⑥ 将制作好的演示文稿以文件名:PT1,文件类型:演示文稿(*.pptx)保存。

图7.47　样图7

实验7.8　设置幻灯片动画效果及超链接

一、实验目的

1. 掌握幻灯片的背景设置方法
2. 掌握幻灯片超链接及动作按钮的设置方法
3. 掌握幻灯片切换效果的设置方法
4. 掌握幻灯片背景音乐的设置方法
5. 掌握幻灯片自定义动画的设置方法

二、实验内容

打开演示文稿“网络知识讲座.pptx”，设置首张幻灯片背景填充效果为“水滴”；在第二张幻灯片中，设置超链接指向对应的幻灯片；在第四张幻灯片中，设置文字的自定义动画效果；在最后一张幻灯片中，设置背景音乐，并创建动作按钮指向第一张幻灯片；设置所有幻灯片切换效果为“百叶窗”，单击鼠标或每隔2秒自动换页。

三、实验步骤

具体步骤如下。

① 打开实验素材文件夹中的演示文稿“网络知识讲座.pptx”。

② 设置首张幻灯片背景的填充效果为“水滴”。

选中第一张幻灯片，执行“设计”—“自定义”—“设置背景格式”命令，系统弹出“设置背景格式”对话框，如图7.48所示。选择“图片或纹理填充”，单击“纹理”，在弹出的对话框中选择“水滴”，如图7.49所示，单击“关闭”。

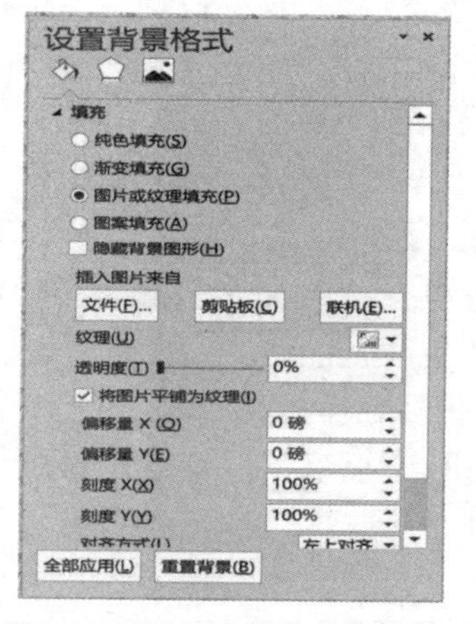

图7.48 “设置背景格式”对话框

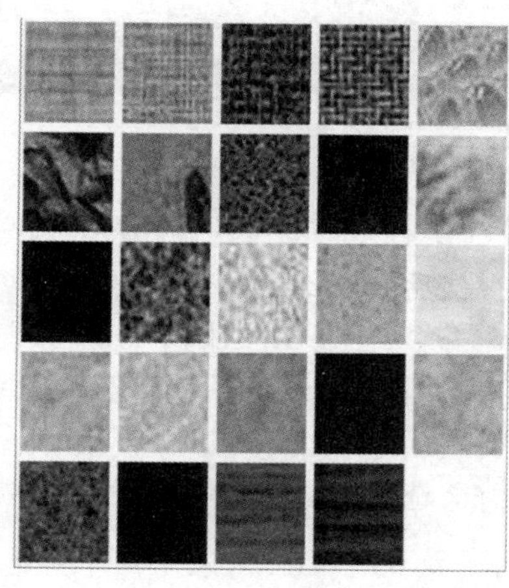

图7.49 “填充效果”对话框

③ 为第二张幻灯片建立超链接，分别链接到相应标题的幻灯片。

选择第二张幻灯片中的“以太网”，单击右键，在弹出的菜单中选择“超链接”，在“插入超链接”对话框中，单击“本文档中的位置”，选择“3. 以太网”，如图7.50所示。单击“确定”按钮，便为第二张幻灯片中的文字“以太网”建立了超链接（建立超链接后，文字改变了颜色）。

用同样的方法为“交换式以太网”“FDDI网”“无线局域网”建立超链接。

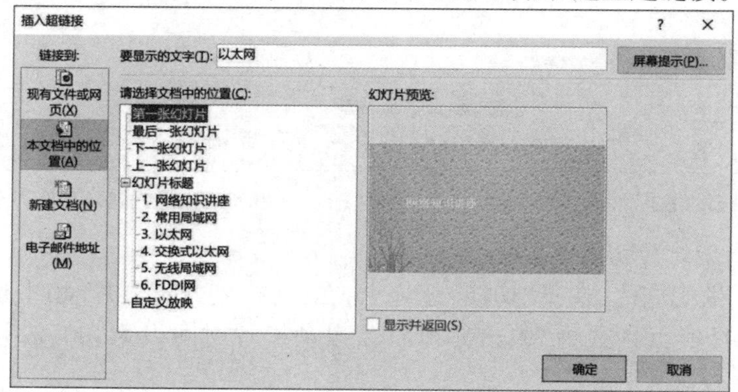

图7.50 “插入超链接”对话框

④ 使用“动画”组功能设置第四张幻灯片的动画效果。

选择第四张幻灯片要添加动画的文本框,选择“动画”选项卡,在“动画”组中选择“飞入”,如图7.51所示。点击“效果选项”按钮,设置动画效果为左侧切入,伴有打字机声音,如图7.52所示。

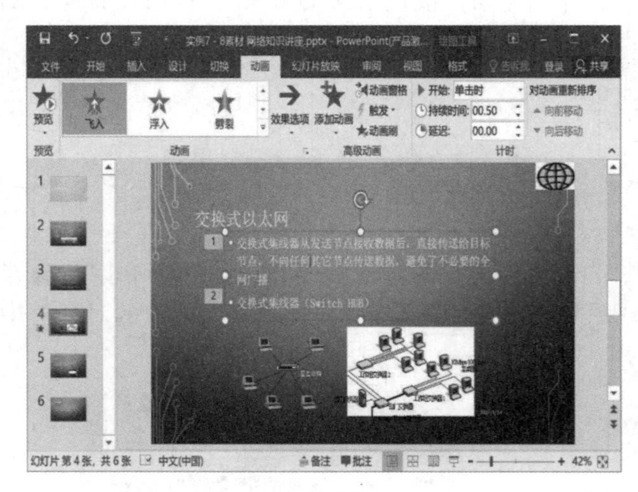

图7.51 设置动画

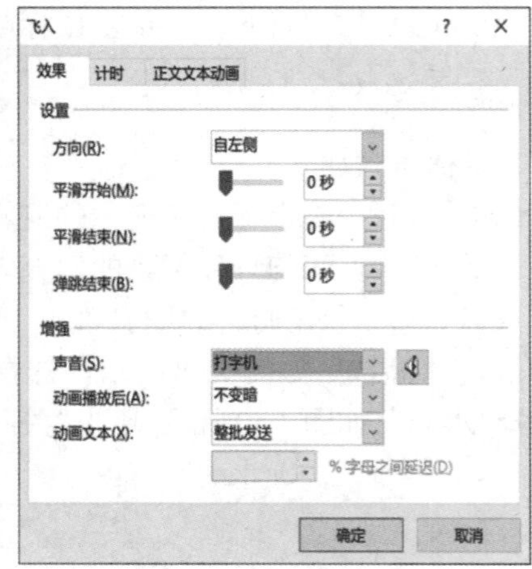

图7.52 设置动画效果

⑤ 为最后一张幻灯片配上背景音乐。

选择最后一张幻灯片,执行“插入”—“媒体”—“音频”—“PC上的音频”命令,如图7.53所示。在“插入音频”对话框中,选择要插入的声音文件“music.mid”,单击“插入”。

⑥ 为最后一张幻灯片创建动作按钮,链接到第一张幻灯片。

执行“插入”—“插图”—“形状”命令,在“动作按钮”中点击“开始”按钮,打开“动作设置”对话框,选择超链接到第一张幻灯片,如图7.54所示。

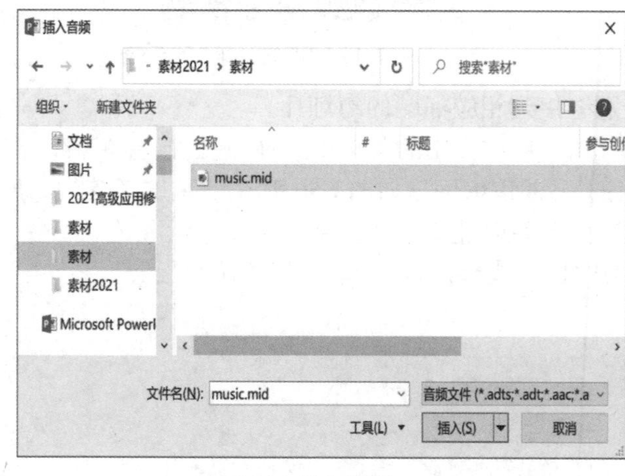

图7.53 插入音频

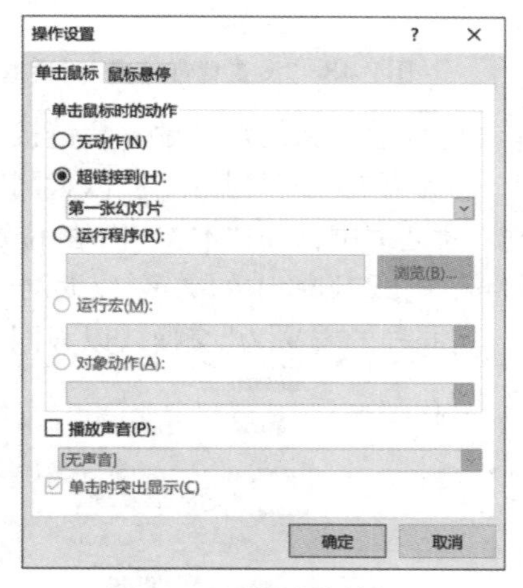

图7.54 设置动作按钮

⑦ 设置所有幻灯片切换效果。

选择任意一张幻灯片,选择“切换”选项卡,在“切换到此幻灯片”组中选择“百叶窗”,“计时”组中,选择换页方式为“单击鼠标时”,自动换片时间设为“00:02”,单击“全部应用”,如图7.55所示。

图7.55　幻灯片切换效果设置

⑧ 演示文稿另存为“网络知识讲座终稿.pptx”。

四、思考与练习

打开素材“饺子.pptx”文件，参考样图，按下列要求进行操作。

① 设置幻灯片主题颜色为“黄绿色”，新建主题字体“饺子”，中文标题字体为“隶书”，中文正文字体为“微软雅黑”。

② 参考图7.56样图8，在第3张幻灯片中，参考三国时期对象动画，设置右侧5组对象动画，所有动画均自上一动画之后开始。

③ 参考图7.56样图8，在第4张幻灯片中将4个白色饺子按备注中的标准颜色进行填充；在饺子下方插入文本框，将备注中的文本填充至相应文本框，设置字号为28号，更改形状为“剪去同侧角的矩形”，置于底层，文本框颜色与对应饺子颜色相同，粗细为1.5磅。

④ 将第6张幻灯片中的内容转换为“垂直图片重点列表”布局的SmartArt图形，图片占位符中插入素材文件中对应名称的图片，更改颜色为“彩色-个性色”，样式为“强烈效果”。

⑤ 修改“三栏”版式：在图片上方插入文本占位符，字号为20，居中对齐，在图片下方插入文本占位符，字号为14号，1.5倍行距；将第7张幻灯片应用该版式；将备注中的文本放置在对应文本占位符中。

⑥ 保存演示文稿“饺子.pptx”。

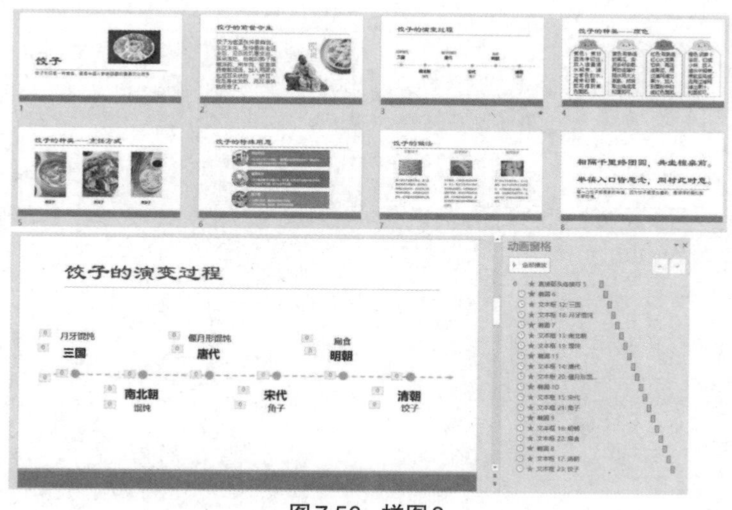

图7.56　样图8

实验素材